전기철도 핵심실무

공 학 박 사
전기철도기술사
전기응용기술사
건축전기설비기술사 이 준 경 著

(株) 圖書出版 技 多 利

머 리 말

전기철도에 관한 참고 서적이 부족하던 시기에 전기철도기술사를 준비하면서 국내외 관련 자료를 취합하여 정리한 서브노트를 대학교, 기술사, 기사 등의 참고용 교재로 "21세기 핵심전기철도"로 출간 한 이후 한 학기 강의용의 대학교 교재가 필요하여 도서출판 기다리에서 "전기철도 핵심정리"이라는 교재로 보완 출간하여 전기철도를 처음 접하는 분들에게 조금이라도 도움 드린다는 마음으로 출간하였습니다.

본서는 본인이 전기설계를 하면서 송전, 변전, 전력, 전차선 등을 검토 및 정리한 내용으로 전기철도와 관련된 내용이면서 일반 전기설비 분야와 연관이 있는 내용위주로 정리한 것으로 대학에서 전기철도 설계실무, 송·변전설비실무, 전기설비실무 등의 참고서로 활용하면 좋을 것입니다.

끝으로 저와 같이 설계를 하는 세종기술 동료 분들과 강의 시간을 배려 해주시는 송진호 사장님께 감사를 드리며, 전기분야 전문 출판을 고집하시는 도서출판 기다리 김복순 사장님과 짧은 시간 교정 및 편집을 맡아주신 김종복님 그 외 본서가 출간되기까지 여러 분야에서 도움주신 분들께 감사를 드리며 본서를 이용하는 모든 전기인에게 하나님의 많은 축복이 있기를 기원합니다.

2008년 8월

저자 이 준 경

전기철도 핵심실무

차 례

제1장 송 전

제2장 변 전

제3장 전력설비

제4장 전차선로

제 1 장

송 전

1-1. 측량용어, 송전경과지선정

1. 일반사항

지중 송전선로 신설공사의 설계 및 시공에 있어 예정 경과지에 대한 정확하고 세밀한 설계 및 지적현황 측량 결과를 통하여 가장 합리적이며 안전하고, 경제적인 송전선로 건설을 위한 제반 설계자료(지지물의 위치, 형 및 높이, 장애물 등)와 대관, 대민 협의 자료를 수집, 검토, 협의, 결정하는데 그 목적이 있다.

1.1 도상 경과지 검토 업무흐름도

(주) 필요시 사전환경성 검토 시행

1.2 측량업무의 용어정의

측량업무의 용어정의는 다음과 같다.

1) 선점

철탑위치는 경간별 장력균형, 철탑높이 및 경간안배는 물론 설비의 안정성과 장래의 유지보수를 고려하여 철탑위치를 선정하며 용지교섭 및 민원발생을 감안하여 분묘, 임야 및 농경지 등의 경계를 최대한 피하도록 하고, 단위 면적이 큰 필지는 경계지점으로 우회하는 한편 철탑부지도 가능한 한 동일 지번으로 선정하는 것을 원칙으로 한다.

2) 경간 및 수평각도

경간은 가급적 표준경간(300[m])을 유지하도록 하고, 수평각도는 각 철탑형의 허용각도를 최대한 이용하여 선정하고 중 각도점이 발생하는 곳에서는 되도록 각을 분산토록 한다.

3) 타 시설물 횡단

경과지 중 배전선, 통신선 등과 같은 타 시설물의 횡단은 발받침 설치 등 공사 및 유지보수가 용이하도록 거의 직각에 가깝도록 한다.

4) 전선드럼 및 엔진 설치장소

중량물 운반이 가능한 도로가 있는 곳을 선정한다.

1.3. 측량 내용

1) 중심 측량

중심측량은 본답사시에 결정된 경과지에 대하여 측량하고 중심선을 설정하는 것을 중심선 측량이라 한다.

2) 종단측량

송전선로의 종단도 작성을 위한 측량을 종단측량이라 한다. 종단측량에는 중심종단측량, 선하종단측량이 있고 선하종단에 부수하여 산복측량을 한다.

3) 평면측량

평면측량은 측량한 경과지 중심선의 좌우 100m구역 내의 송전선과 교차 또는 접근하는 하천, 도로, 건조물 또는 타 공작물 등과의 평면관계위치를 나타내기 위하여 측량하는 것을 평면측량이라 한다.

4) 철탑부지측량

철탑부지의 단면도와 부지평면도를 작성하기 위한 측량을 철탑부지측량이라 한다

5) 산복측량

① 산복측량은 전선의 이도를 상정하고 전선이 60° 횡진 하였을 때 지반, 수목, 타 공작물

등으로부터 각각 이격거리를 유지하기 위한 지지물의 위치와 높이를 결정하기 위하여 시행한다.

② 중심선 선정시 전선의 횡진에 장애가 되는 개소는 가급적 피하는 것으로 하였으나 선로의 전후 지형조건 등 불가피한 개소는 경제적인 철탑의 높이를 선정할 수 있도록 선로의 직각방향으로 산복의 종단측량을 중심선에서 30[m]까지 시행하여 전선 횡진에 대하여 충분한 이격거리를 유지토록 한다.

6) 평판측량

평판측량은 선로중심선을 기준으로 해서 중심측량, 종단측량, 평면측량의 규정에 준하여 실시한다.

7) 진입로측량

① 철탑에 정부지중 굴착 및 운반 장비 진입이 가능한 곳에 대하여 진입로를 개설토록 적절한 노선을 선정후 중심선 측량, 종횡단 및 평판측량을 시행하고 성과도와 야장은 최종보고서와 함께 제출한다.

② 진입로폭은 4m를 기준하고 횡단측량은 측점 20m 기준으로 좌우측 각 10m로 한다.

8) 검 측

① 측량의 결과는 반드시 검측을 한다. 검측에는 중심종단검측, 평면검측, 철탑부지검측 등이 있다.

② 측량시 발생하는 인위적인 오독 또는 기계에서 오는 오차를 방지하기 위하여 공작물 횡단, 각도점, 고저차, 이격거리, 경간, 산복등 중요개소는 재삼 검측을 함으로서 정확한 측량이 되도록 한다.

9) 설계자료 조사

① 조사는 단독조사, 관계관리자 또는 사업자와의 입회조사의 방법 등에 따라 실시한다.

② 관리자 또는 사업자와 협의를 요하는 사항은 인허가조건을 사전에 조사해서 공사시 행시에 이에 대한 대책을 수립토록 한다.

③ 조사시 특수개소(특수기초, 옹벽)에 대하여는 전문부서에서 별도 조사토록 한다.

10) 보고서 작성

보고서 작성은 계획완료 후 제(諸)도면류를 정리하여 지지물형식, 지지물높이, 철탑각(脚), 근권 콘크리트, 철탑기초형, 애자련형, 애자련수증결개소 등을 결정하고 필요에 따라 가섭선의 안전율을 검토하여 철탑형 검토서를 작성하며 횡단물일람표, 선로기별 대장, 자재운반조서 등을 수집하여 측량결과보고서를 작성한다.

1.4 설계측량의 기본방향 및 개요

1) 도상경과지 선정

지형도상에 자연환경 등을 고려한 자료를 검토한 2~3개 후보 경과지를 선정한다.

2) 기본방향

① 구간, 전압, 회선수, 선로길이

② 계획 경과지와 전력계통 구성

③ 전선의 종류 및 규격

3) 설계측량개요

① 가공선로

㉠ 지지물 구조 및 형 결정 ㉡ 애자장치 선정 ㉢ 전선이도표 작성

② 지중선로

㉠ 곡률반경 및 현장여건을 고려한 경과지 선정 ㉡ 맨홀위치 및 수량 선정

㉢ 지하매설물 조사

2. 답 사

예상 경과지에 대한 현지의 지형, 장애물, 지형도 및 도시계획 등을 조사, 확인하는 업무로서 경과지 선정에 대한 기본조건과 반드시 피해야 할 개소 및 가급적 피해야 할 개소를 파악하기 위하여 아래와 같은 항목별 절차를 걸쳐 시행한다.

[예비답사 ⇒ 대관협의 ⇒ 본 답 사 ⇒ 경과지 선정]

2.1 예비답사

1) 도상에서 선정한 계획경과지를 충분히 검토한다.

2) 현지 지형지물과 지형도 및 도시계획도 등을 비교 확인한다.

3) 2~3개의 계획된 경과지를 현지에서 답사한 후 종합개요 특기사항 및 주요 경과지에 대하여 비교 검토한다.

4) 상기 답사시 관련기관에 충분히 조회하여 선로건설 완료후 선로에 지장을 줄 수 있는 각종 구조물의 시설 또는 지형변경 등이 발생하지 않는 범위 내에서 경과지를 선정한다.

2.2 대관협의

공공기관과 협의대상은 관할 도, 시, 군 및 군부대와 협의함을 원칙으로 하되, 별도의 협의를 필요로 할 경우에는 아래의 관련부서와 협의토록 한다.

1) 농지개발, 초지조성, 항공방제 및 산림에 관한 사항 : 농림수산식품부
2) 군시설 보호지역에 관한 사항 : 국방부
3) 도시계획 및 산업기지개발에 관한 사항 : 국토해양부(관할 도, 시, 군)
4) 항공법에 관한 사항 : 국토해양부
5) 문화재에 관한 사항 : 문화체육관광부
6) 광업권 설정에 관한 사항 : 지식경제부
7) 관련법령 일람표

법 령	조 항	내 용
산 림 법	제62조 제90조	보안림 안에서의 제한 임목벌채 등의 허가와 신고
항 공 법 군용항공 기지법	제82조 제83조 제4조	장애물의 제한 항공장애등의 설치등 비행 안전구역의 구분과 기준
도시계획법	전조항	도시계획에 따른 사항
산업기지 개발법	전조항	산업기지 개발에 관한 제한구역
국토이용 관리법	전조항	국토이용에 관한 사항
도로법, 하천법, 자연공원법,환경보전법, 문화재 보호법, 광업법등	관련 조항	관련 사항

2.3 본 답사

1) 예비답사에서 결정된 경과지를 충분히 검토하여 본측량에 변경되지 않도록 확고한 경과지를 선정한다.
2) 본답사시는 부식성 gas, 눈사태, 산사태, 흙사태, 착설, 착빙, 통신선 유도장애, Corona 장애 및 하천횡단 등을 면밀히 조사하여야 하며 지도상으로 식별되지 않은 국부적인 관련 사항도 조사한다.
3) 본답사시에 인부는 가능한 한 현지인을 고용하여 그 지방의 사정을 참고토록 한다.
4) 수평각도, 지반고저차, 경간 등이 큰 개소는 설계조건의 타당성 여부를 실측하여 한다.

2.4 선로중심선의 선정

1) 선로길이가 짧은 중심선을 선정한다.
2) 각도점은 될 수 있는 대로 수평각도가 작게 지반이 낮은 개소 선정
3) 가공선로의 경우 장경간 또는 단경간이 발생되지 않도록 한다.
   (경간은 가급적 같게 할 것. 장경간 : 표준경간+250m)
4) 전후 지지물 위치의 지반고저차가 큰 개소를 피한다.
5) 타공작물과 교차하는 개소는 교차 각도를 크게 한다.
6) 타공작물 근접개소는 가능한 1차 접근상태이상 이격시켜 중심선을 선정한다.
7) 하천횡단 및 장경간 개소는 될 수 있는 대로 장경간 내장을 피하여 장경간 현수철탑이 설치되도록 중심선을 선정한다.
8) 타공작물 횡단시에는 전후 횡단지지물 제원(형, 높이, Arm 길이 등)을 면밀히 조사하여 향후 시공시 제반 문제점이 발생치 않도록 한다.

3. 송전선로 경과지 선정

3.1 가공 송전선로

1) 경과지 선정의 기본 조건
   ① 선로의 건설비 및 유지비 최소화 방안
   ② 설비의 보수가 용이할 것
   ③ 장래의 설비 계획(신증설)에 지장이 없도록 할 것
   ④ 공사시공상 대관, 대민등 보상문제 해결이 용이할 것
   ⑤ 약전류전선로의 유도장애가 최소가 되도록 한다.
   ⑥ 연약한 지반을 피하여야 한다.

2) 반드시 피해야 할 개소
   ① 건조물이 많은 지역으로 주택 등 개발 경향의 장소
   ② 지형 변화가 쉬운 지역(산사태 및 홍수지역)
   ③ 부식성 GAS 발생이 심한 개소
   ④ 이상 풍압 및 돌풍발생 지역
   ⑤ 시가지, 학교, 사적지 기타 인가 밀집지역

3) 가급적 피해야 할 개소

① 비행장 부근

② 화약고 기타 폭발위험이 있는 지대

③ 보수가 곤란한 산악, 하천, 호수 지대

④ 무선 통신소 부근

⑤ 군사시설 보호 지역

⑥ 대단위 농경지 및 과수지역으로 합동방재구역

⑦ 늪지등 지반이 연약한 지대

⑧ 묘지와 근접 및 용지교섭이 곤란한 지역

⑨ 밀림, 죽림, 보안림 및 사방공사 지역

⑩ 용지교섭이 특히 곤란한 지역

⑪ 광업권 설정개소, 채석장 부근

⑫ 산의 경사가 심한 개소(예 : 지형경사가 25° 이상인 개소)

⑬ 착빙설로 피해발생 예상개소

⑭ 시가지 기타 인가 밀집지역

⑮ 기타 특수개소

3.2 지중 송전선로

1) 지중선건설의 기본 조건

① 가공선로의 건설이 다음과 같이 불가능하거나 곤란한 경우

㉠ 법규성 제한 지역 ㉡ 용지상의 제약 지역 ㉢ 관계 관청 지시 및 요청 지역

㉣ 수용가와의 계약 ㉤ 협정상의 제약

② 안전, 지역 환경과의 조화, 경제성 등의 편에서 종합적으로 유리한 경우

③ 기술적 및 설비 보안상 지중선이 타당하다고 인정되는 장소

2) 경과지 선정 원칙

① 장래의 송전계통 구성과 수은 분포의 동향 검토

② 공동요지의 효율적 활용 방안 강구

③ 선로의 설치, 운전 및 보수의 용이성과 안전성 검토

④ 송전선로의 길이

⑤ 도시계획, 도로의 개설 및 확장 계획

⑥ 타 지하 매설물의 현황 및 건설계획
⑦ 도로의 굴곡 및 고저차
⑧ 화학적 영향 및 고열의 발생 여부 조사
⑨ 각종 재해(수해, 지반조선등의 영향)
⑩ 송전손실 및 보수경비 절감방안
⑪ 기설 관로, 전력구와의 연결 및 효율적 이용 방안
⑫ 지역 환경과의 조화
⑬ 법적 제한
⑭ 교통 상황 및 유도장해 등의 영향 검토한다.

4. 경간장의 결정방법

Route의 상태, Cable의 제조, 수송면 등을 고려하여 다음사항을 결정한다.

1) 케이블의 허용장력 및 측압.
2) 맨홀 설치공간 확보.
3) 케이블의 단위조장.
4) 사고시 Cable 교체 및 보수점검.
5) 단심Cable의 경우 Cable시스에 유기되는 대지전압.
6) 온도변화에 의한 케이블 신축.
7) 케이블의 제조능력, 운반 및 포설여건.
8) 경제성 등

5. 자료조사

5.1 조사방법

1) 조사는 단독조사, 관계관리자 또는 사업자와의 입회조사의 방법 등에 따라 실시한다.
2) 관리자 또는 사업자와 협의를 요하는 사항은 인허가 조건을 사전에 조사해서 공사시행 시에 이에 대한 대책을 수립토록 한다.
3) 조사시 특수개소(특수기초, 옹벽)에 대하여는 전문 부서에서 별도 조사토록 한다.

5.2 조사결과 정리사항

항 목 별	조 사 내 용	비 고
① 도로, 철도, 하천횡단 등	○ 기점 및 거리조사 ○ 최대 홍수위 및 유속 등 ○ 이격거리 및 기타사항	횡단사항 일 체
② 가공선로 및 약전류전선로 등	○ 관리자 및 지지물번호 ○ 회선수 및 구조, 형식 ○ 기타 관련사항	근접 공작물 상황 일체
③ 국유림, 보안림, 건조물, 삭도 등	○ 명칭 및 소재 지명 ○ 관리자 및 소유자 ○ 규모 및 관련사항	
④ 지질 등 자연조건	○ 지반변동 및 지하 용수 등 ○ 산사태 등 국지적 특수현상 ○ 부식가스 등 기타 제한지역	지역특수성
⑤ 설계자료 조사일체	○ Engine, Drum장 개소선정 ○ 자재집결소 및 장비운반조건 ○ 골재 채취장소 및 조달방법 ○ 기상 및 오손지역 구분조사 ○ 가설비 및 보호설비 필요개소 ○ 보상관련 관계자료 일체 등	

1-2. 송전선로지상고, 철탑설계 검토

1. 송전선로 지상고 (한전설계기준 1020)

1.1 가공전선로 및 타공작물과의 이격거리

1) 66kV T/L과 66kV이하 전선로 및 타공작물과의 이격거리 : 3m
2) 154kV T/L과 66kV이하 전선로 및 타공작물과의 이격거리 : 4m
3) 154kV T/L과 154kV T/L이하의 이격거리 : 4m
4) 345kV T/L과 66kV이하 전선로 및 타공작물과의 이격거리 : 6.5m
5) 345kV T/L과 154kV T/L과의 이격거리 : 6.5m
6) 345kV T/L과 345kV T/L과의 이격거리 : 8.5m

1.2 전압별 이격거리

구 분 \ 전 압		66kV			154kV			345kV			765kV		
		기준치	가산치	설계치	기준치	가산치	설계치	기준치	가산치	설계치	기준치	가산치	설계치
일 반 평 지		2.12	12.2	14	3.2	12.2	16	5.48	12.2	18	10.52	–	28
철 도 및 전 철		3	12	15	4	12	16	6.5	12	19	15	–	28
도로	고 속 국 도	6	–	15	6.12	–	15	8.28	–	15	13.32	–	28
	일 반 국 도 및 일 반 도 로	3	14.8	18	4	14.8	19	6.5	14.8	21	15	14.8	30
수목	리기다 소나무	2.12	17.9	20	3.2	17.9	21	5.48	17.9	24	10.52	(주1)	(주2)
	낙 엽 송	2.12	20.6	23	3.2	20.6	24	5.48	20.6	26	10.52		
	기 타 수 목	2.12	16.2	18	3.2	16.2	19	5.48	16.2	22	10.52		
농 경 지		3.6	10	14	4.8	10	15	7.65	10	18	13.95	–	28
택지개발 예정지구 및 공단지역(5층)		3.6	20	24	4.8	20	25	7.65	20	28	13.95	20	34
66kV 이하 가공전선로 및 타공작물		2.12	1	3	3.2	1	4	5.48	1	6.5	10.52	–	15
154kV 가공송전선로		3.2	1	4	3.2	1	4	5.48	1	6.5	10.52	–	15
345kV 가공송전선로		5.48	1	6.5	5.48	1	6.5	5.48	3	8.5	10.52	–	15
가공약전류전선로		2.12	–	6	3.2	–	6	5.48	2.6	8.0	10.52	–	15

(주 1) 수종별 실지위지수에 의한 수고

(주 2) 10.52+가산치

〈수종별 평균지위지수에 의한 수고〉

(단위 : m)

수령(년) \ 수명	소나무	리기다소나무	잣나무	참나무	낙엽송
25	12.4	12.6	11.6	12.9	17.1
30	14.5	15.2	13.9	13.7	18.9
35	16.0	17.9	16.2	14.4	20.6
40	17.4	20.6	18.2	15.0	22.0
45	18.4	23.2	20.2	15.4	23.4
50	19.3	25.9	22.2	16.0	24.7

※ 이태리포플러

3년 6.8 m　　6년 14.4 m　　9년 19.7 m

12년 24.0 m　　15년 17.5 m

2. 철탑설계

2.1 철 탑

1) 4각철탑

① 전선로 방향의 강도와 전선로와 직각 방향의 강도 등을 동일하게 설계

② 철탑주체가 4면 동형의 구성

2) 방형(方形)철탑

① 전선로 방향의 강도와 전선로와 직각 방향의 강도 등을 동일하지 않게 설계

② 철탑주체의 마주보는 2면이 각각 동형의 구성

2.3 종 류

1) 표준철탑

표준철탑은 전선로의 표준경간에 대하여 설계하는 것으로 직선철탑, 각도철탑, 보강철탑, 인류철탑 등이 있다

[주] 1. 표준경간이라 함은 전선로의 설계상 표준으로 정하는 경간임.
2. 경간(Span)이라 함은 철탑 중심간의 수평거리임.

① 직선철탑

수평각도가 적은 개소에 사용하는 현수애자장치 철탑을 말하며 그 철탑형의 기호를 "A, F, SF"로 한다.

② 각도철탑

수평각도가 발생되는 개소에서 사용하는 내장애자장치 철탑을 말하며 그 철탑형의 기호를 "B, C, E, D" 로 한다.

③ 보강철탑

전선로를 보강하기 위하여 사용하는 내장애자장치 철탑을 말하며 그 철탑형의 기호를 "Bu, Cu, Eu, Du"로 하며, 전선로의 보강은 다음과 같다.

㉠ 전선로 중 양측 경간의 경간차가 매우 큰 경우(지지물의 좌우 경간비가 2 이상)

㉡ 전선로의 장경간(표준경간에 250m를 가산한 값을 초과) 개소의 당해 지지물 또는 인접 지지물

㉢ 직선철탑이 연속하는 경우 10기 이하마다 1기

㉣ 좌우경간의 불평형장력률이 10% 이상인 경우

④ 인류철탑

전체의 가섭선을 인류하는 개소에 사용하는 내장애자장치 철탑을 말하며 그 철탑형의 기호를 "D0"로 한다.

[주] 가섭선이라 함은 전선 및 가공지선등을 총칭함.

2) 특수철탑

송전선로의 분기개소, 하천·계곡횡단 등의 장경간개소, 표준철탑의 허용 수평각도를 초과하는 중각도개소 등의 특수성으로 표준철탑을 사용할 수 없는 개소에 적용하도록 특수 설계된 것을 말하며, 기호는 표준철탑의 기호 뒤에 S자를 표기하며 연가철탑 기호는 "TC"로 한다.

3) 철탑의 높이

철탑의 높이는 가섭선의 수직선간 거리, 전선의 최대이도, 최하전선의 지상고 등에 의하여 결정한다. 최하전선의 지상고는 한전설계기준 1020(송전선로 지상고기준)에 의한다.

4) 전선의 배치

전선의 배치는 전선이 정지상태에서 표준절연간격을 유지하고 바람에 의하여 철탑에 접근하는 최악상태에서 이상시 절연간격 이상을 유지하도록 한다.

이의 표준 및 최소의 절연간격은 계통의 기준절연레벨(B.I.L), 애자에 대한 염분부착량 상정, 애자장치의 50% 충격섬락전압, 개폐써지 전압의 배율(개폐써지 전압의 상시 대지전압에 대한 비율) 등에 의하여 구한다.

공칭 전압	전선과 철탑과의 간격 (mm)			내장장치의 경우 점퍼선과 암과의 간격 (mm)
	표준	최소	이상시	
66kV	650	400	–	800
154kV	1,300	1,150	450	1,650
345kV	2,700	2,200	1,000	3,300

5) 철탑근개의 크기

철탑근개의 크기는 철탑종류, 철탑높이, 강재의 종류, 기초의 종류, 용지의 상황 및 미관 등을 종합하여 적절하게 정하여야 한다.

직선철탑 및 경각도 철탑	철탑높이의 1/8~1/6
중각도 철탑 및 인류철탑	철탑높이의 1/7~1/5

[주] 1. 4각철탑의 경우이며 여기서 철탑높이는 지표에서 철탑정부(頂部)까지임.

2. 경각도 철탑은 수평각도 20°이하의 각도철탑 및 보강철탑을 말하며, 중각도 철탑은 수평각도 20°를 초과하는 각도철탑 및 보강철탑을 말한다.

6) 표준철탑 설계조건

표준철탑의 설계조건은 아래 표와 같이 함을 원칙으로 하고 특수철탑에 대하여는 이를 기본으로 적절히 조정하여 정한다.

철탑형	수평각도	수평하중경간 (m)	수직하중경간 (m)	주주재 기울기 (Double Slope)	최하단 암위치 탑체폭 (mm)
A	1°	300 (350)	500	18%	1,500 (2,800)
SF	3°	500 (600)	1,200	18%	1,700 (2,900)
F	3°	300 (350)	700	18%	1,500 (2,800)
B, Bu	20°	300 (350)	700	20%	1,700 (3,000)
C, Cu	30°	300 (350)	700	23%	1,700 (3,400)
E, Eu	40°	300 (350)	700	23%	1,700 (3,400)
D, Du	60°	300 (350)	700	26%	1,700 (4,000)
D0	인류	300 (350)	700	26%	1,700 (4,000)

[주] 1. ACSR 410mm2, 330mm2의 단도체 및 복도체 기준이며, ( )는 ACSR 480mm2 4도체 기준임.

2. 주주재 기울기는 최하단 암이 취부되는 부분부터 기초까지의 철탑 정면에서 본 주주재 기울기임.

3. TC형 철탑의 설계조건은 C형에 준한다.

7) 철탑암(Arm)

철탑암은 3각암을 표준으로 하며 다음의 경우에는 4각암으로 한다.

① 현수 철탑의 경우

Catenary Angle의 전후 합계가 50°를 초과하는 경우(2점지지)

② 전선 수평각이 30°를 초과하고 60° 미만인 철탑의 수평각 외측 암

8) 철탑설계 그룹(Group)

탑정까지의 높이(지표~철탑 정부간)에 따라 아래표와 같이 구분하고, 표준철탑의 경우 그룹별로 형별 최대 높이의 풍압하중으로 설계한다.

구 분	154kV급 이하	345kV 급
Ⅰ 그룹	60m 미만	70m 미만
Ⅱ 그룹	60~100m	70~110m
Ⅲ 그룹	100m 초과	110m 초과

철탑각부의 명칭

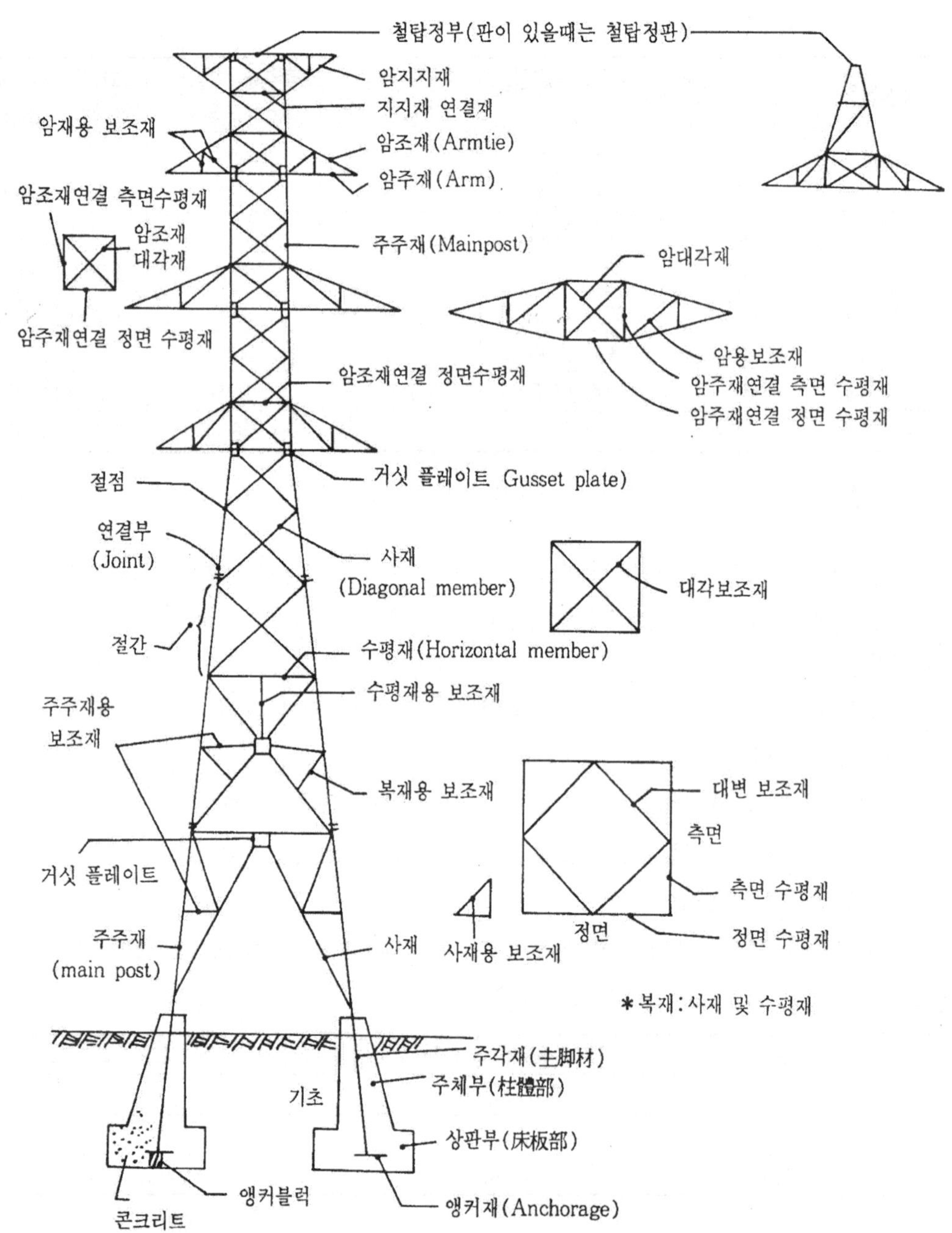
철탑정부(판이 있을때는 철탑정판)
암지지재
지지재 연결재
암재용 보조재
암조재(Armtie)
암주재(Arm)
암조재연결 측면수평재
암조재
대각재
주주재(Mainpost)
암대각재
암주재연결 정면 수평재
암조재연결 정면수평재
암용보조재
암주재연결 측면 수평재
암주재연결 정면 수평재
절점
거싯 플레이트 Gusset plate)
연결부
(Joint)
사재
(Diagonal member)
대각보조재
절간
수평재(Horizontal member)
수평재용 보조재
주주재용
보조재
복재용 보조재
대변 보조재
측면
거싯 플레이트
측면 수평재
주주재
(main post)
사재
사재용 보조재
정면
정면 수평재
*복재:사재 및 수평재
주각재(主脚材)
주체부(柱體部)
기초
상판부(床板部)
앵커블럭
앵커재(Anchorage)
콘크리트

1-3. 가공철탑 기초검토

1. 일반사항

본 검토서는 가공송전선로 철탑기초 설계에 참고하도록 한전설계기준(1110-가공송전선용 철탑기초 설계기준)을 정리한 것이다.

2. 기초의 종류 및 선정

2.1 기초의 종류

송전철탑의 기초는 역T형기초, 심형기초, 말뚝기초 및 락앵커기초등이 있다.

단, 상기 기초 외에도 시공성, 경제성 등을 감안하여 별도의 기초 형식을 적용할 수도 있다.

2.2 기초형식 결정

기초는 상부 구조의 하중조건, 지반특성, 부지의 상황, 시공성 및 기초의 설치로 인하여 인접 지역에 미치게 될 영향 등을 종합적으로 고려하여 기초형식을 결정한다.

1) 일반층의 기초 : 작은 하중인 경우는 역T형기초, 큰하중인 경우는 심형 기초 적용
2) 연약층의 기초 : 작은 용수 개소는 말뚝기초를 적용한다.
3) 암반층의 기초 : 락앵커기초를 적용한다.

2.3 기초지반의 선정

기초 지반은 기초를 안정하게 지지할 수 있는 양질의 지반을 선정해야 하며, 특별한 경우에는 압축력·인발력·수평력등에 대한 안정성을 충분히 검토하여 연약지반을 개량 또는 보강한 다음 지지층으로 할 수도 있다.

2.4 기초의 설계하중

기초 설계에 고려할 하중은 상부구조로부터 기초에 전달되는 압축력, 인발력, 수평력 및 복재수평분력, 기타 특수한 하중

2.5 기초 지반의 지지력

1) 철탑기초에 대한 지반의 지지력

① 압축지지력 : 기초 저면지반의 압축 저항력 등에 의한다.

② 인발지지력 : 기초의 자중과 인발시의 활동 파괴면 내에 있는 흙의 중량, 활동면에 작용하는 전단 저항력 및 앵커(또는 말뚝)의 인발 저항력 등에 의한다.

③ 수평지지력 : 기초저판 측면지반의 수동토압에 의한 저항력과 측면 및 기초 저판의 마찰 저항력 등에 의한다. 단, 모멘트 하중기초의 경우에는 압축, 인발, 수평지지력의 합성에 의한다.

2) 기초지반의 허용 압축 지지력의 표준

① 상시 하중에 대하여는 극한 지지력의 1/3

② 이상시 하중에 대하여는 극한 지지력의 1/2

3) 인발 및 수평지지력에 대한 기초의 안전율의 표준

① 상시 하중에 대하여는 안전율 2 이상

② 이상시 하중에 대하여는 안전율 1.33 이상

3. 기초 재료의 허용응력

3.1 콘크리트의 설계기준 강도(f_{ck})

콘크리트의 설계기준 강도는 재령 28일의 압축강도로서 210 [kgf/cm2]을 표준으로 하며, 특수한 경우에는 별도의 설계기준 강도를 정하여 사용할 수 있다.

3.2 콘크리트의 허용응력 [kgf/cm2]

1) 허용휨압축응력 : $f_{bca} = 0.4 f_{ck}$

2) 허용압축응력 : $f_{ca} = 0.25 f_{ck}$

3) 허용전단응력 : $\tau_{ca} = 0.25\sqrt{f_{ck}}$

4) 허용펀칭전단응력 : $\tau_{ca} = 0.50\sqrt{f_{ck}}$

5) 허용부착응력(콘크리트) : 콘크리트 구조 설계기준 최신판 참조(건설교통부 제정)

6) 허용부착응력(형강 및 강관) :

설계기준강도	180	210	240
허용부착응력	3.5	3.7	4.0

3.3 철근의 허용응력

철근의 허용압축 및 허용인장응력은 다음 식으로 구하되 1,500 [kgf/cm2] 이상 1,800 [kgf/cm2] 이하로 한다.

$f_{sa} = 0.5 f_y$ [kgf/cm2]

단, f_y : 철근의 항복강도 [kgf/cm2]

〈철근의 콘크리트 탄성계수비〉

f_{ck}[kgf/cm²]	210	280	350
n	9	8	7

4. 기초의 형상 및 지지력 검토

4.1 역T형기초

1) 기초체의 기본 형상

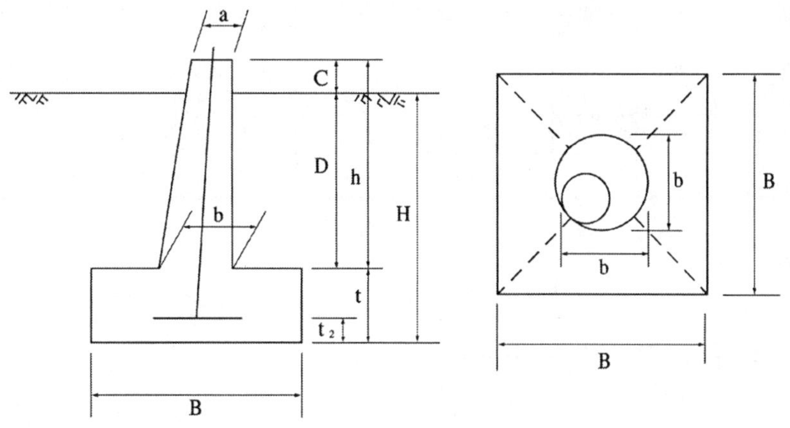

[그림 1] 역 T형 기초의 형상

2) 기초체 각부의 치수 제한

a ≧ 3L (또는 3ϕ)이고, 0.5m 이상

b ≧ a + 0.2h or B/4

c ≧ 0.3m

t ≧ 0.5m

t2 ≧ 0.2m

H ≧ 1.8m

여기서 L : 주각재의 후렌지(flange)폭

ϕ : 강관의 지름

3) 지반정수 결정

① 기초설계에 이용되는 지반정수는 지반조사와 토질시험의 결과를 종합적으로 판단하여 결정하여야 한다.

② 공사규모 및 현장 여건상 토질시험을 시행하지 못할 경우다음 표를 적용

〈N치와 γ_t, ϕ, c의 관계〉

토 질 / 구 분	사질토					점성토				
	매우 느슨한	느슨한	보통	치밀한	매우 치밀한	매우 유연한	유연한	보통	단단한	매우 단단한
N 치	0~4	4~10	10~30	30~50	50 이상	2 이하	2~4	4~8	8~15	15~30
γ_t [t/m^3]	1.5 이하	1.6	1.7	1.8	1.9 이상	1.5 이하	1.55	1.6	1.65	1.7 이상
ϕ [°]	30 이하	30~35	35~40	40~45	45 이상	–	–	–	–	–
c [t/m^2]	–	–	–	–	–	1.0 이하	1~2.5	2.5~5	5~10	10~20

4) 기초체의 설계

① 기초체는 상부 구조로부터 전달되는 하중에 의하여 발생하는 최대응력이 재료의 허용응력 이내가 되도록 치수를 정하여야 한다.

② 주각재 정착은 주체부 정착과 저판 정착을 겸한 병용정착 방식을 표준으로 하되, 주체부 길이가 1m 이하인 경우에는 저판 정착방식으로 한다.

③ 주체부 설계

주체부는 축력 및 수평력을 받는 구조로 하여 단면을 산정하고 철근을 배치한다. 주체

하단부를 검토 단면으로 하여 철근량을 산정하고, 주체부 중간 상부에서는 최소철근 간격 및 시공성을 고려하여 철근량을 반감하는 것으로 한다.

㉠ 휨 모멘트근

주체부에 가해지는 수평력에 의한 휨모멘트에 저항할 수 있도록 철근량을 산정한다.

㉡ 축력근

- 주체부에 가해지는 인발력의 50%를 허용응력 이하로 부담할 수 있도록 철근량을 산정한다.
- 단, 저판 정착방식의 경우의 최소 철근량을 배치표.

〈최소철근량〉

종 별	최소철근량	덮개표준
휨모멘트근	D16@200mm	80mm
축력근	D16@200mm	−
띠철근	D16@200mm	−
중간띠철근	D16@200mm	−
상단균열방지근	ϕ6@100mm	20mm

(@ : 철근간격)

㉢ 띠철근 및 중간 띠철근

주체부에 생기는 전단력을 부담할 수 있도록 띠철근량을 산정하며, 중간 띠철근은 주체부 단면이 사각형일 경우에 〈표 2〉의 최소 철근량을 배치한다.

㉣ 상단균열 방지근

주체부 상단에는 균열방지 철근을 격자형으로 배치한다.

㉤ 최소철근량

철근량 계산결과 소요량이 〈표 2〉의 최소 철근량보다 적을 때는 주체부의 건조수축, 온도변화에 따른 균열방지, 인장응력의 균등분포를 위하여 최소철근량을 배근한다.

④ 저판의 설계

저판은 4개의 사다리꼴 외팔보(Cantilever)로 가정하여 휨모멘트와 전단력을 구하고 소요철근량을 산정한다.

㉠ 압축력에 의한 철근량 산정

㉡ 인발력에 의한 철근량 산정

㉢ 최소철근량

철근량 계산결과 소요량이 아래의 최소철근량보다 적을 때는 아래의 최소 철근량을 배치한다.

- 저판 철근의 최소굵기 : D16mm
- 저판 철근의 최대간격 : 300mm

ⓡ 전단 보강 철근(Stirrup)

- 전단보강 철근의 단면적은 설계 연직하중(압축력 또는 인발력)의 75%를 철근의 허용인장 응력 이하로 부담할 수 있는 양으로 한다.
- 전단보강 철근의 최소규격은 D16mm로 하며 앵커재를 감싸도록 배치하고 간격은 300mm 이하가 되도록 한다.

5) 역T형기초 설계시 개략 적용 공식

① 설계수평력(H)의 결정

$$H = \sqrt{H_F^2 + H_S^2}$$

여기서, H_F^2 : 정면사재 축방향력의 수평분력

H_S^2 : 측면사재 축방향력의 수평분력

② 압축력에 대한 개략 검토식

$$\frac{Q_u}{F} \geq \frac{C + G + W_s}{A} \cdot \mu$$

- Q_U : 지반의 극한 압축지지력 [tf/m^2]
- F : 안전율 (상시하중 : 3.0, 이상시 하중 : 2.0)
- C : 상부구조로부터의 압축력 [tf]
- G : 기초체의 중량 [tf]
- W_s : 기초저판 직상부의 흙의 중량 [tf]
- A : 기초저판 밑면적 [m^2]
- μ : 기초에 작용하는 전도 모멘트에 의한 저판(바닥판) 끝단의 접지압 비율

③ 인발지지력에 대한 개략검토식

$$G + \frac{\gamma(V_E + V_a)}{F} . \eta \geq T$$

여기서, G : 기초체의 무게[t]

F : 안전율(상시하중 : 2.0, 이상시하중 : 1.33)

T : 상부구조로 부터의 인발력[t]

γ : 흙의 등가단위 체적무게[t/㎥]

V_e: 인발력에 저항하는 유효각도 범위내 입체의 부피[㎥]

4.2 기타 기초의 형상

1) 심형기초의 형상및 각부명칭

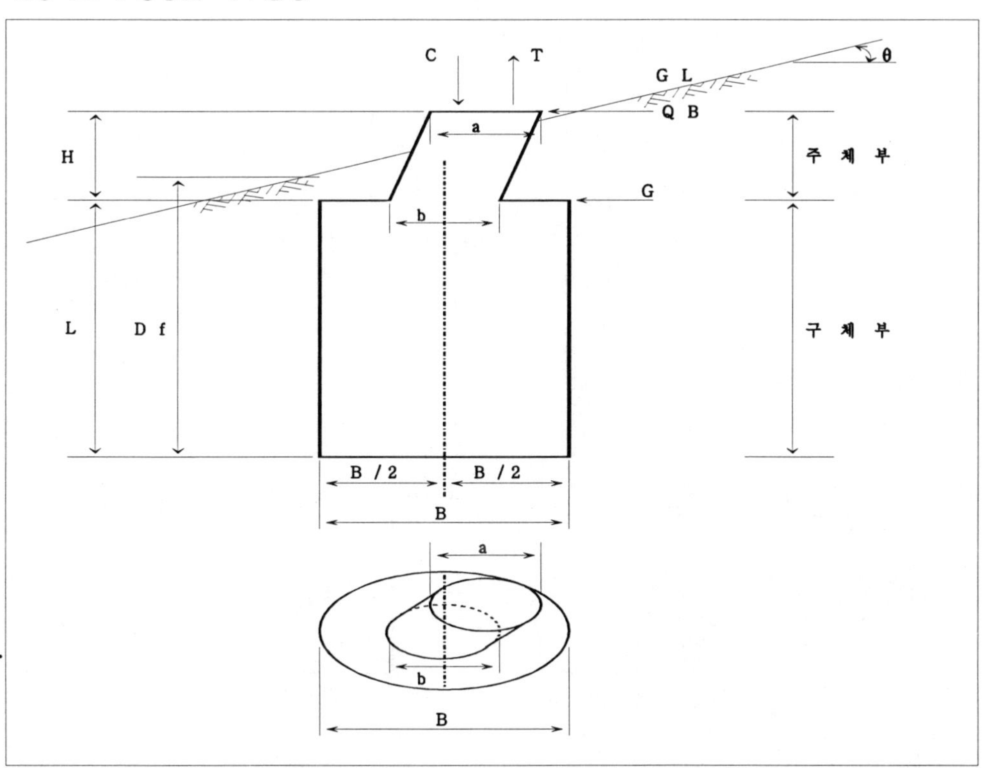

3) 말뚝 기초체의 기본형상

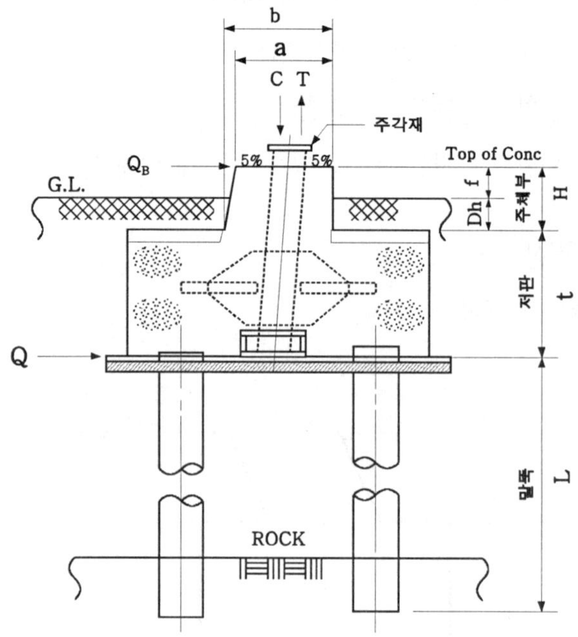

4) 앵커기초의 형상

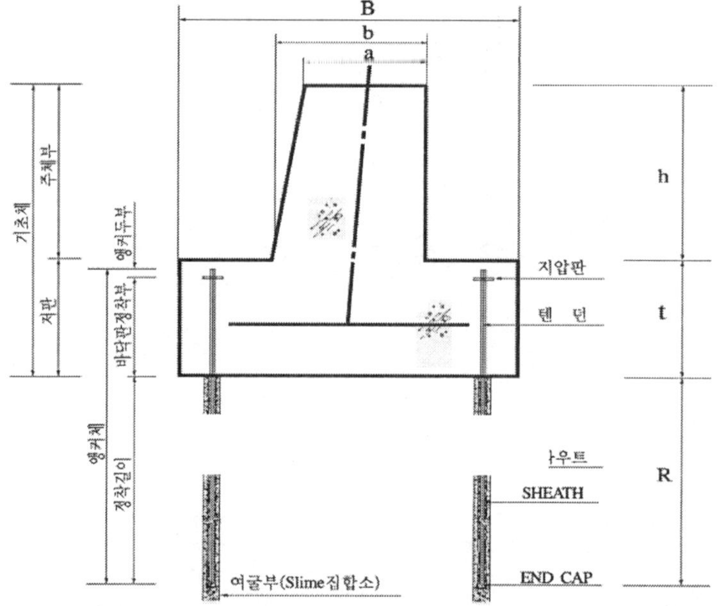

1-4. 철탑접지 검토

1. 접지저항 목표치

1.1 가공지선이 있는 지지물

〈정상 및 과도 접지저항 목표치〉

송전선로전압	접지저항 목표치
345 kV	20Ω 이하
154 kV	15Ω 이하
66 kV	30Ω 이하

1.2 가공지선이 없는 지지물

가공지선이 없는 지지물접지는 전기설비기술기준에 따른다.

2. 접지설계 및 시공

2.1 접지설계

1) 지지물의 접지 방법

① 지지물에는 침상접지봉을 기본적으로 매설한다. 침상접지봉 매설시 철탑은 각 다리, 철주 및 강관주는 기초에 1개의 침상접지봉을 매설한다.

② 철탑(철주)의 앵커재는 철탑기초 콘크리트내의 철근에 접지한다.

③ 철탑조립 후 접지저항이 목표치를 초과하는 경우에는 매설지선과 접지저항저감제를 동시에 설치하여 접지한다.

④ 매설지선 설치 후에도 접지저항이 목표치를 초과하는 경우는 6.4항과 같이 추가 접지를 시행한다.

⑤ 추가접지시공 또는 기타 방법으로도 목표 저항치를 확보하지 못할 경우, 침상접지봉을 설치할 수 있으며 철탑은 각 다리에 4개, 철주 및 강관주는 기초에 4개의 침상접지봉을 매설한다.

2) 접지설계

철탑 조립 후 4각의 합성 정상접지저항(R4)을 측정하여 목표치를 초과하는 경우 식(1)에 의하여 대지저항률(ρ)을 구하고, 그 결과에 따라 아래 표 표준접지시공에 의한 매설지선 길이를 산출한다.

$$\rho = 2\pi r_0 \cdot R\ [\Omega \cdot m] \quad \cdots\cdots (1)$$

여기서 R은 1각의 등가 정상접지저항치로써 식 (2)에 의해 산출하며, r_0는 철탑기초의 대지접촉 표면적 S[m^2]와 같은 표면적을 갖는 반구전극의 반경으로서 식 (3)과 같이 산출한다.

$$R = 4 \times \eta \times R_4\ [\Omega] \quad \cdots\cdots (2)$$

η : 4각 병렬효율 (일반 송전선로 : 0.5)

R_4 : 철탑4각의 합성 정상접지저항

$$r_0 = \sqrt{\frac{S}{2\pi}}\ [m] \quad \cdots\cdots (3)$$

2.2 접지시공

1) 접지시공

① 침상접지봉은 리드선이 연결된 상태로 철탑(철주)의 앵커재에 압축단자로 연결하며, 목표저항치를 확보하지 못하여 추가로 침상접지봉을 사용할 경우는 매설지선 취부용 접지단자 구멍을 이용하여 압축단자를 취부하며 매설깊이는 75cm 이상으로 한다.

② 철탑(철주)의 앵커재를 철탑기초 콘크리드내의 철근에 접지할 때 앵커재와 철근은 38mm 2연동 연선을 사용하여 접속하며, 앵커재의 접속은 압축단자를 이용하여 볼트로 연결하고 철근과의 접속은 접지 스리브를 이용하여 압축 접속한다.

2) 매설지선

① 매설지선은 38mm2(7/2.6mm)의 동복강연선을 표준으로 사용하고 지하 50cm 이상의 깊이에 접지저항저감제를 매설지선과 같이 포설하며, 매설지선을 중심으로 접지저항저감제를 두께 4cm, 폭 10cm 정도로 시공한다.

② 접지시공은 표준접지시공을 원칙으로 하며 접지저항 목표치 이하로 유지하기 어려운 경우에는 추가접지를 시행한다.

3) 추가접지시공

표준접지시공으로 시공한 후 접지저항이 목표치를 초과할 경우 집중접지 개소의 증가, 접지설비 보강 등 별도대책을 강구한다.

〈표준접지시공〉

대지저항율 (Ω m)	154kV 이하 T/L 매설지선 길이 및 조수		345kV T/L 매설지선 길이 및 조수		토 질
	분포접지	집중접지	분포접지	집중접지	
500 미만	20m × 4	–	15m × 4	–	점토질 습지, 밭, 적토, 산지점토 등 암반 제외 토양
500이상~700미만	30m × 4	–	20m × 4	–	
700이상~1,000미만	30m × 4	10m × 4	30m × 4	–	
1,000이상			30m × 4	10m × 4	풍화암, 연암, 연암섞인 보통암, 보통암, 경암

[주] 1. 분포접지 : 탑각에서 그림 3과 같이 선로진행방향으로 평행하게 설치하되 현장여건을 고려하여 가능한 한 선하부지내에 매설

2. 집중접지 : 탑각에서 10m 떨어진 지점의 분포접지에 직각방향으로 매설

1-5. 지중전력 토목설비(관로, 맨홀)

1. 지중선로 포설방식 선정

1.1 지중선로 포설방식비교

구 분	직 매 식	관 로 식	전력구 및 암거식	본선 이용
개 념 도	경고테이프 케이블	경고테이프 전선관 케이블	신호 통신 전기 전기 전기 통로	케이블 터널단면도
장 점	•공사비가 저렴. •열방산 효과 양호 •공사기간 단축가능 •케이블 포설용이	•증설 및 철거용이 •보수 점검용이 •외상 보호용이	•증설 및 이설용이 •열방산 효과 우수 •다회선 포설 가능 •보수 점검용이	•증설 및 이설용이 •열방산 효과 우수 •다회선 포설 가능 •보수 점검용이
단 점	•유지보수 측면불리 •증설 및 이설불리 •케이블 보호불리	•열방산 효과 저하로 허용전류 감소	•방재대책이 필요 •소용량에는 불리 •장기간 공사 기간 •건설비가 고가	•방재대책이 필요 •소용량에는 불리 •장기간 공사 기간 건설비가 고가

1.2 케이블 포설방법비교

구　분	아스팔트 포장구간	아스팔트 포장 콘크리트 보강구간
상 세 도	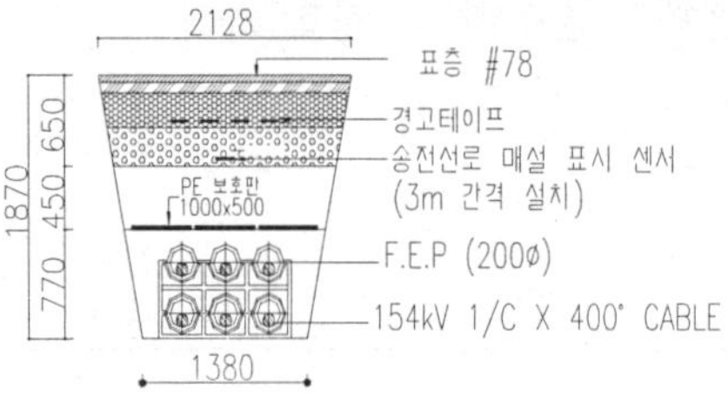 2128 / 표층 #78 / 경고테이프 / 송전선로 매설 표시 센서 (3m 간격 설치) / PE 보호판 1000x500 / F.E.P (200ø) / 154kV 1/C X 400˚ CABLE / 1870, 650, 450, 770 / 1380	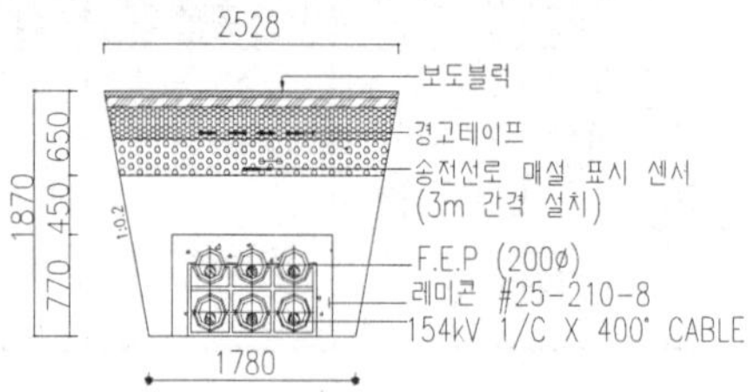 2528 / 보도블럭 / 경고테이프 / 송전선로 매설 표시 센서 (3m 간격 설치) / F.E.P (200ø) / 레미콘 #25-210-8 / 154kV 1/C X 400˚ CABLE / 1870, 650, 450, 770 / 1780
매설깊이	일반 0.6m, 중량의 압력구간 1.2m 이상	일반 0.6m, 중량의 압력구간 1.2m 이상
보호설비	PE 보호판, 경고 테이프	PE 보호판, 경고 테이프
매설 표시기	20m 간격	20m 간격
표지센서	3m 간격	3m 간격
고　정	스페이서	스페이서
관 보 호	-	덕트뱅크

2. 관로설계

2.1 관내경

1) 1공1조 포설

$D \geq 1.3d$, $D \geq d + 30mm$ 를 동시에 만족해야 한다.

〈관내경 계산 (예)〉

구　분	케이블 외경(㎜)			계　산 (최대외경으로 계산)	비　고
	대한	LG	일진		
400㎟	106	106	102	D≥1.3×106 = 138 D≥106+30 = 136	
200㎟	97	98	95	D≥1.3×98 = 128 D≥98+30 = 128	

2) 1공3조 포설

$2.16d + 30㎜ \leq D \leq 2.85d$ 또는 $D \geq 3.15d$를 만족해야 한다.

즉, $2.85d < D < 3.15d$ 의 범위의 내경을 갖는 관을 사용하면 안된다.

단, D : 관 내경[㎜]　　d : 케이블 최대외경[㎜]

3) 케이블 종류별 사용 관 내경은 다음을 표준으로 한다.

선 종	도체규격	인입방식	관로내경	비 고
66㎸ 단심 XLPE 케이블	400㎟ 이하	1공1조	100㎜	OF : 유입케이블 XLPE : 가교 폴리에틸렌 절연 전력케이블
154㎸ 단심 OF 케이블	2,000㎟ 이하	1공1조	200㎜	
		1공3조	300㎜	
154㎸ 단심 XLPE 케이블	1,200㎟ 이하	1공1조	200㎜	
		1공3조	300㎜	
	2,000㎟ 이하	1공1조	200㎜	

2.3 관로자재

1) 동일 관로에 사용하는 관로자재는 같은 종류로 한다.
2) 단심케이블을 1공1조식으로 포설하는 경우에는 비자성체 관을 사용한다.
3) 케이블 포설, 관로매설, 지반, 시공조건, 경제성 등을 고려한다.

2.4 관로시설

1) 관로는 차량 등 중량물에 견디어야 한다.
2) 관 상호의 접속은 견고하며 수밀성, 내식성이 있고 케이블 포설시 케이블 외피(방식층)에 손상이 없도록 하여야 한다.
3) 케이블 포설장력 및 측압에 견디어야 한다.
4) 관로 최소곡률반경은 관내경의 30배 이상으로 하고 케이블 허용장력 및 허용측압 이내가 되도록 하여야 한다.
5) 관로 관통시 관로내경에 따라 아래의 표준시험봉(Bobbin)이 통과되어야 한다.

관로내경	시험봉의 직경(D):㎜	시험봉의 길이(L)	비 고
Φ100	90	600	관통 표준시험봉은 금속제(철, 알루미늄)로 한다.
Φ175	165		
Φ200	190		
Φ250	240		
Φ300	290		

6) 관로 보강콘크리트 타설시 관의 변형이 발생되지 않도록 하고 관내에 콘크리트가 유입되지 않도록 해야 한다.
7) 관로의 부등침하가 발생되지 않도록 해야 한다.
8) 필요에 따라 다음 사항을 충분히 고려하여야 한다.

① 강제냉각
② 교량첨가시의 지지구조
③ 지중전선로용 및 통신케이블용 관의 상호 이격거리
④ 구조물(전력구, 맨홀, 교량첨가관로 등)과 관로 연결시 부등 침하

9) 관로는 무단굴착 등에 대비하기 위하여 케이블 보호용 표지시트 및 보호판을 다음과 같이 시설한다.

① 직매식 및 송、배전 병행관로의 경우
케이블 보호를 위하여 관로상부에 표지시트를 아래와 같이 설치한다.
㉠ 구조물 또는 관로와 최소 30㎝ 이상 이격하여 표지시트를 시설하되 보도인 경우에는 지표면하 20~30㎝, 차도인 경우에는 포장층 하부 10~20㎝ 위치에 시설한다.
㉡ 표지시트의 설치간격은 20㎝ 이하로 하며 구조물 또는 관로로부터 5㎝ 이상 바깥으로 시설한다.

② 송전 단독관로의 경우
케이블 보호를 위하여 보호판을 시설하여야 하며, 보호판은 최상단 관로상부 약 50cm 위치에 시설한다.

3. 맨홀 검토

3.1 맨홀의 분류

형(대분류)	형(소분류)	구　　조	비　　고
A	A	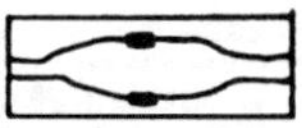	—— 케이블 …… B′ 또는 D′ 의 경우 (B′는 B에 관로구 3개소, D′는 D에 관로구가 4개소 있는것) ■ 접 속
B	B B'	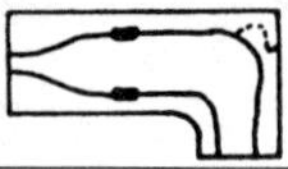	
C	C	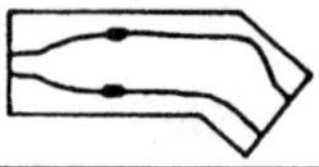	
D	1D 1D'	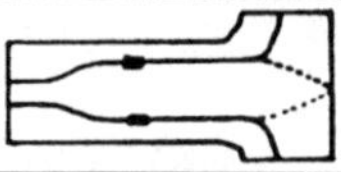	
	2D	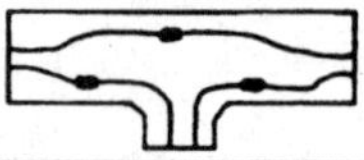	

형(대분류)	형(소분류)	구 조	비 고
E	2E	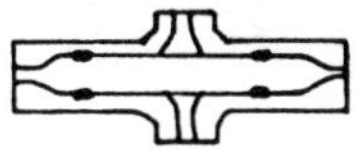	
	2EL	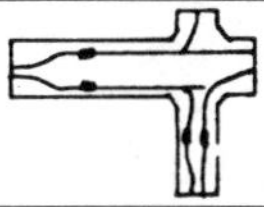	
	3E	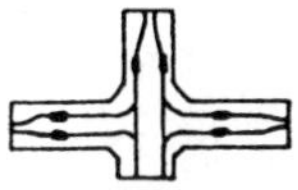	
	4E	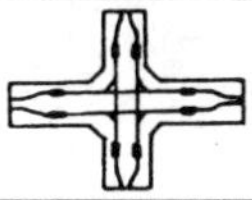	

3.2 맨홀경간

표준경간은 350m로 하되 다음 사항을 고려하여 결정한다.

1) 케이블의 허용장력 및 허용측압
2) 맨홀설치의 적정장소(현장 시공여건)
3) 단심케이블의 경우 케이블 시스에 유기되는 대지전압
4) 온도변화에 의한 케이블 신축
5) 케이블의 제조능력, 운반 및 포설여건
6) 선로의 장래 신증설 계획 및 경제성
7) 송배전 병행시 배전계통을 감안

3.3 맨홀의 출입구

맨홀 출입구의 내경은 Φ750㎜로 하며 다음을 만족하도록 한다. 단, 필요시는 Φ900㎜ 또는 별도 검토된 규격으로 할 수 있다.

1) 케이블의 인입, 인출
2) 공기구 및 자재 반출입
3) 작업자의 출입
4) 출입구의 위치는 케이블 및 접속부 예상위치의 직상부를 피하여 설치
5) 맨홀내에서 작업시의 환기
6) 맨홀 뚜껑은 관리자 이외는 쉽게 열 수 없도록 시설

3.4 맨홀의 내부 크기

1) 높이는 관로구의 위치 및 배열을 고려하여 다음과 같이 선정한다.

$$H = h_1 + h_2 + \sum h_0$$

h1 : 윗면~가장 위쪽 접속부 행거와의 간격

h2 : 밑면~가장 아랫쪽 접속부 행거와의 간격

h0 : 접속부 행거~접속부 행거 간격

단, H가 1,800㎜ 미만인 경우는 작업성을 고려하여 1,800㎜ 정도로 한다.

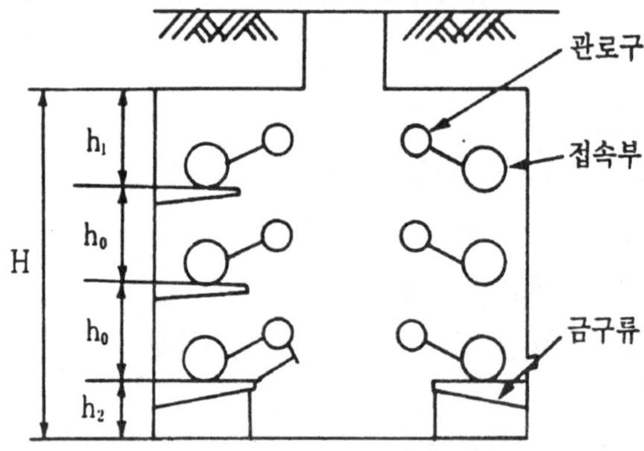

〈맨홀내 접속부 표준배치 간격〉

종별 \ 개소			밑 면 ~ 최하단행거	윗 면 ~ 최상단행거	접속부행거 ~ 접속부행거	접속부행거 ~ 케이블행거	케이블행거 ~ 접속부행거	측 면 ~ 접속부중심
66㎸	단심	NJ, IJ	300	800	300	250	300	250
154㎸	XLPE		300	800	400	350	400	300

2) 폭은 필요한 작업공간과 옵셋트(Off-Set), 폭, 관로구의 배치 등을 고려하여 정한다.

① 맨홀 폭의 최소크기(단위 : mm)

전압(kV) \ 배열종별	양측배열(W)		편측배열(W)	
	NJ, IJ	SJ	NJ, IJ	SJ
66kV (단심)	1,500	–	1,200	–
154kV	1,800	2,200	1,300	1,500

NJ : 보통접속함, IJ : 절연접속함, SJ : 유지접속함

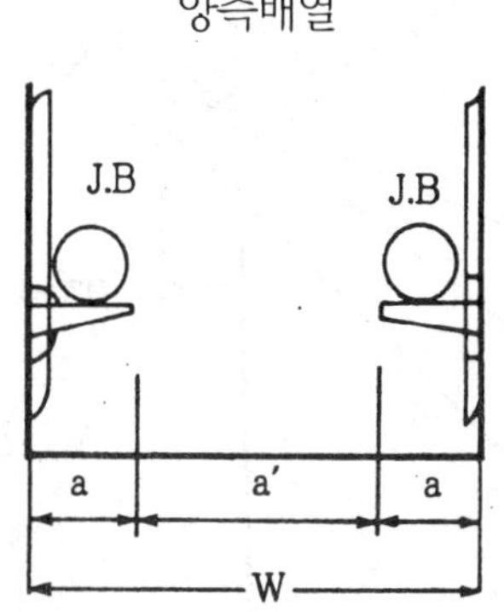

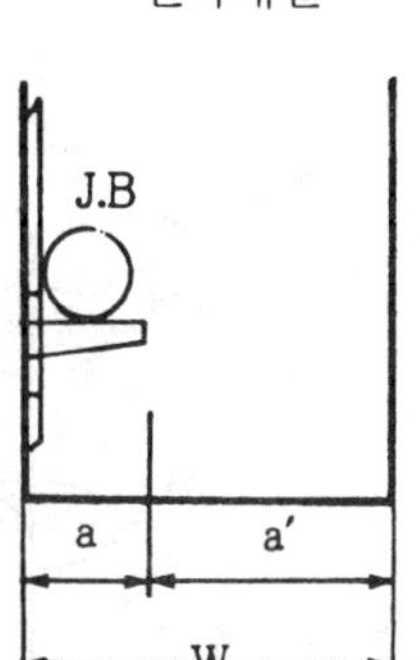

(주1) 통로폭 a′는 800mm로 한다.

(주2) a 는 접속부의 지지 금구류 길이

(주3) 전력구와 연결되는 맨홀의 폭이 전력구의 폭보다 작은 경우는 전력구의 폭으로 한다.

② 관로구 중심 표준간격 (단위 : mm)

관내경	100	175	200	300	비 고	
					관중심~밑면 또는 윗면 최저	관중심~측벽 최저
100	310	350	360	410	360	160
175	350	390	400	450	450	250
200	360	400	410	460	460	250
300	410	450	460	500	500	300

(주) 단심 1공 1조용에는 비자성 방수관을 사용한다.

③ 최소 옵셋트(Off-Set) 폭

케이블 종류 \ 옵셋트 폭		관 로
66kV 단심	XLPE	400㎜
154kV 단심	XLPE 및 OF	750㎜

주 1) 관로와 연결되는 맨홀내의 단심케이블에서 부하변동이 특히 크다고 예상되는 경우 수직 옵셋트로 되는 접속배열은 하지 않는다.

2) 관로와 전력구를 연결하는 맨홀의 경우 전력구 쪽은 옵셋트를 두지 않는다.

3) 최소 옵셋트 각은 30°이상으로 하고 최소 옵셋트 횡폭은 300㎜ 이상으로 한다.

4) 접속함 가동방식 이외의 옵셋트 방식을 적용하는 경우는 개별적으로 검토한다.

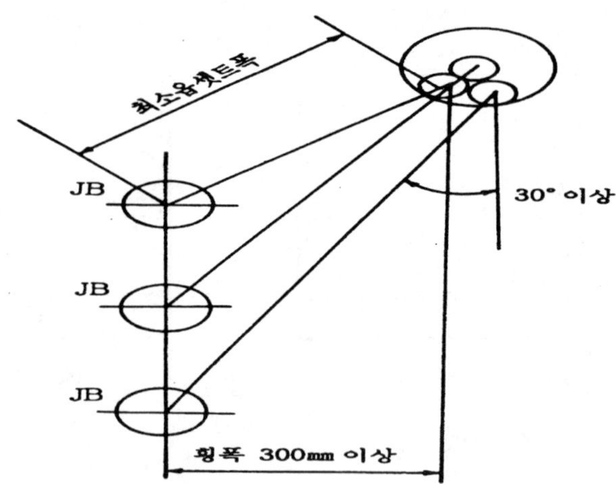

3) 맨홀길이는 작업길이, 옵셋트, 케이블 설치시의 설계곡률반경 등을 고려하여 정한다.

〈맨홀길이의 결정〉

형태	평 면 도	산 출 식	비 고
A	α_1' l_0 α_1'' l_1 α_1'' l_0 α_1' L	$L = 2(l_0 + \alpha_1) + l_1 + \alpha_2$ $\alpha_1 = \alpha_1' + \alpha_1''$ α − 조정값	C, D, E형은 A, B형에 준하여 구한다.
B	α_1' l_0 α_1'' l_1 α_1'' l_2 L_1 l_2 α_2	$L_1 = l_0 + 2\alpha_1'' + l_1 + \alpha_2 + \alpha_1'$ $H \leqq 2R$의 경우 $l_2 = \sqrt{R^2 + 2R \cdot H - H^2}$ $H > 2R$의 경우 $l_2 = R$	

(주1)

l_0(케이블의 옵셋트 길이)	R(맨홀내에서 케이블의 설치 설계시 케이블의 허용곡률반경)
$l_0 = \sqrt{Z_{max}(4R - Z_{max})}$ (Z_{max} : 최대 옵셋트 폭)	OF 및 XLPE : $15D_S$ (D_S : 케이블 시스의 평균외경)

(주2) a_1의 값

전 압 (kV)	a_1' (mm)	a_1'' (mm)	비 고
66kV 단심	50~350	50~200	a_1' : 관로구부 끝에서의 직선거리 a_1'' : 접속부 지지점에서의 직선길이
154kV	100~200	100~200	

(주3) a_2 : 조정값

(주4) l_1 : 접속부 양단지지 간격

(주5) H : 접속부 중심에서 관로 중심까지 높이

3.5 맨홀 폭 및 길이 계산(예)

3.5.1 방법1 – 한국전력공사 설계기준 적용

1) 맨홀 폭 계산

① 표 따른 맨홀의 최소폭

경 과 지	맨 홀 폭	비 고
양측배열	1,800mm	2회선
편측배열	1,300mm	1회선

② 그림에 따라

배 열	맨 홀 폭 계 산	비 고
양측배열	W = 2a + a'(mm) a : 접속부 지지금구류 길이(mm) → 650 a' : 통로폭(mm) → 800 ∴ W = 2×650+800 = 2,100(mm)	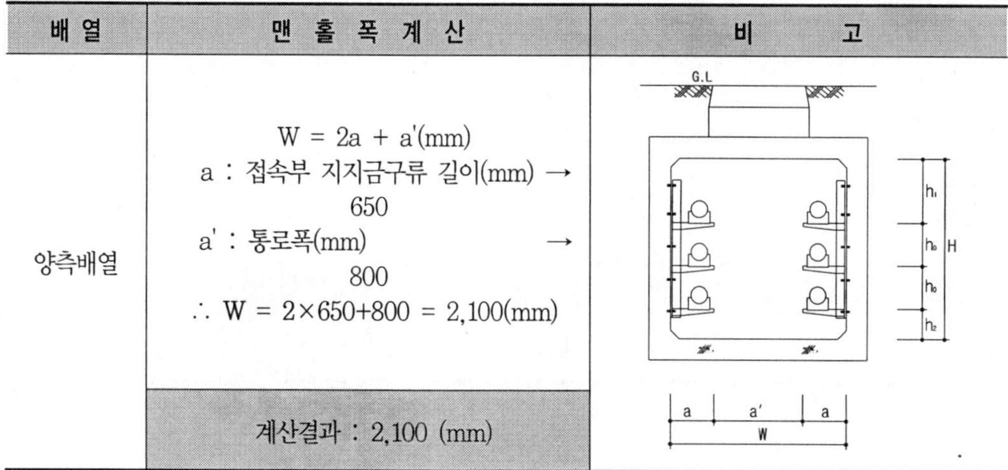
	계산결과 : 2,100 (mm)	

배 열	맨 홀 폭 계 산	비 고
편측배역	W = a + a'(mm) a : 접속부 지지금구류 길이(mm) → 650 a' : 통로폭(mm) → 800 ∴ W = 650 + 800 = 1,450(mm) 계산결과 : 1,500 (mm)	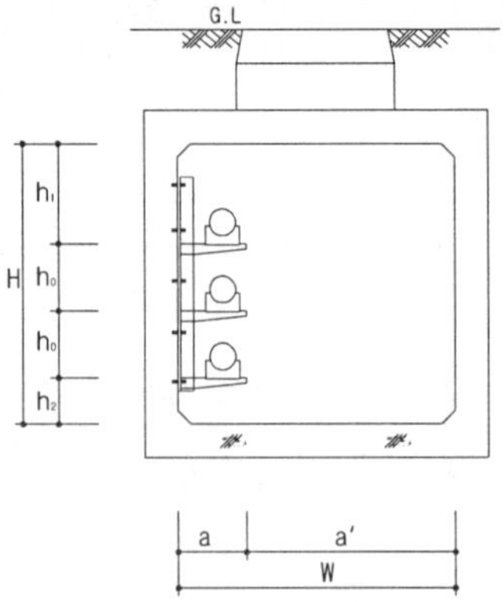 G.L H h_1 h_0 h_0 h_2 a a' W

2) 맨홀 길이 계산

① 표에 따라

배 열	맨 홀 길 이 계 산	비 고
양측배열	$L = 2\,(l_0 + a_1) + l_1 + a_2$ l_0 : 케이블 옵셋트 길이(mm) → 2,500 $l_0 = \sqrt{Z_{min}(4R - Z_{min})}$ $= \sqrt{750(4 \times 2,180 - 750)}$ $= 2,444$ ≒ 2,500 (mm) l_1 : 접속부 양단 지지간격(mm) → 2,400 a_1 : $a_1' + a_1''$ (mm) → 400 a_2 : 조정값 (mm) → 600 ∴ L = 2 (2,500 × 400) + 2,400 + 600 = 8,800(mm) 계산결과 : 8,800 (mm)	
편측배열	양측배열과 동일	

3.5.2 방법2 – 송전선로 설계지침 (도서출판 전력기술) 적용

관련자료 : 도서출판 전력기술 송전선로 설계지침 (제2장 토목설비)

1) 맨홀 폭 산정기준

① 맨홀 폭의 최소 크기 (단위 : mm)

배열종별 / 전압(kV)	양 측 배 열 (W)	
	보통접속함 (NJ)	절연접속함 (IJ)
154kV	2,800	2,800

NJ : 보통접속함(Normal Joint) IJ : 절연접속함(Insulation Joint)

> W = (D1 + B1 + D2) × 2의 식에 의해 산출함.
> D1 : J/B와 벽사이의 거리 → 300(mm)
> B1 : 최소 Off-Set 폭 → 750(mm)
> D2 : 관로사이의 간격 → 360(mm)
> ※ 합성수지 파형관 175ø 기준임.

② 최소 옵셋트(Off-Set) 폭
"한전 설계기준과 동일"

③ 맨홀 길이 산정기준
"한전 설계기준과 동일"

2) 맨홀 폭 및 길이 계산

① 맨홀 폭 계산

㉠ 표에 따라

배 열	맨홀폭 적용	비 고
양측배열	2,800mm	2회선
편측배열	–	1회선

㉡ 표의 식에 따라

배 열	맨 홀 폭 계 산	비 고
양측배열	W = (D1 + B1 + D2) × 2 D1 : J/B와 벽사이의 거리 → 300(mm) B1 : 최소 Off-Set 폭 → 750(mm) D2 : 관로사이의 간격 → 360(mm) ∴ W = (300+750+360)×2 = 2,820(mm)	
	계산결과 : 2,900 (mm)	
편측배열	W = D1 + B1 + D2 + D3 ∴ W = 300+750+360+300 = 1,710(mm)	
	계산결과 : 1,800 (mm)	

② 맨홀 길이 계산

"한전 설계기준과 동일"

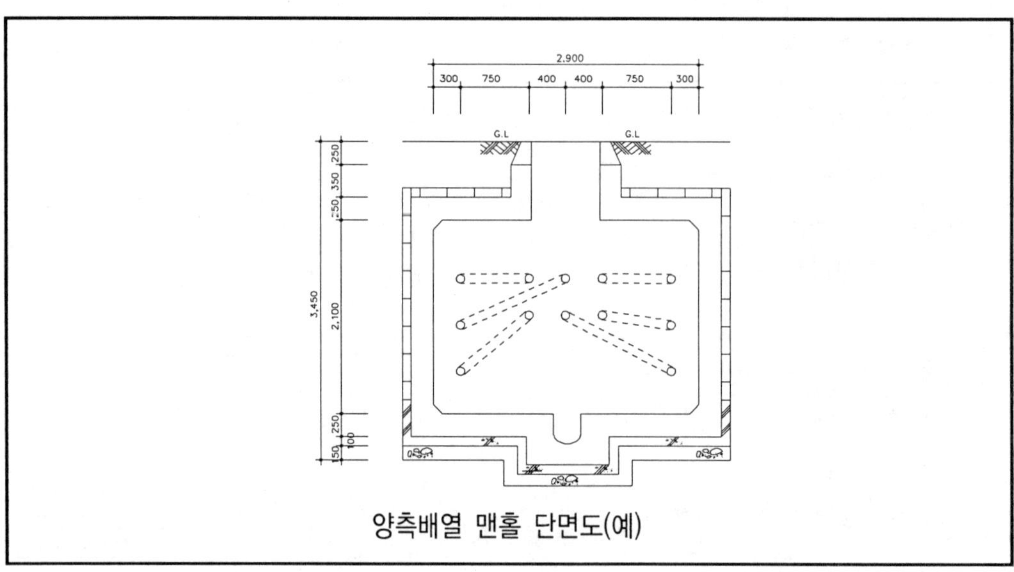

양측배열 맨홀 단면도(예)

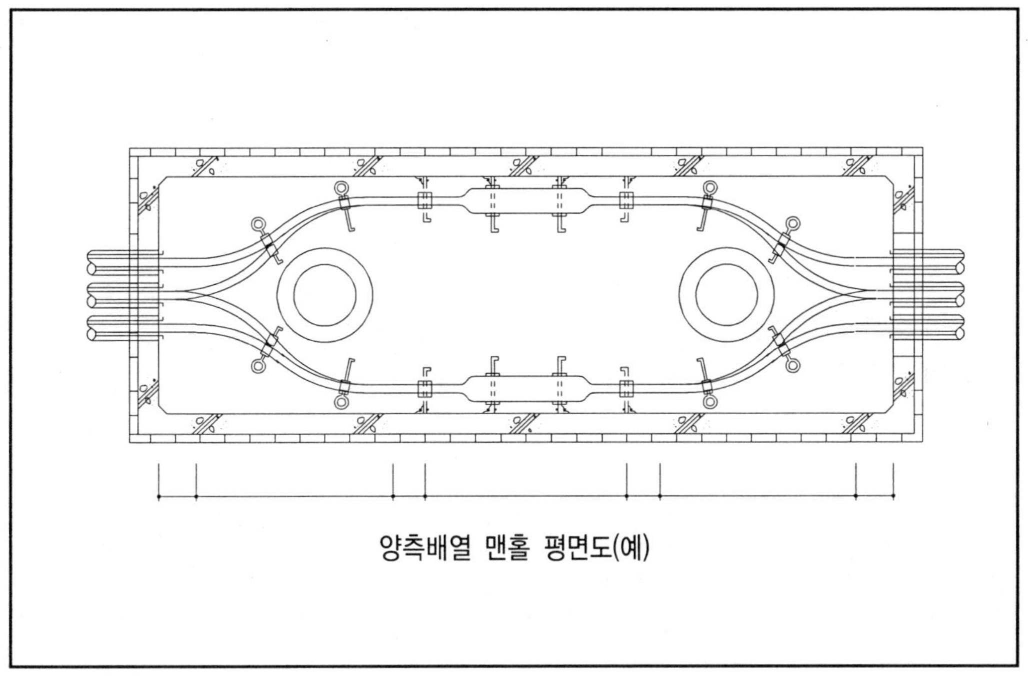

양측배열 맨홀 평면도(예)

4. 기타시설

1) 케이블 지지대, 케이블 인입용 훅크(hook), 출입용 발판 볼트, 맨홀 뚜껑, 물받이, 사다리 등을 설치한다.
2) 접지설비를 충분히 검토하여 설치한다.
3) 맨홀안의 고인물을 제거할 수 있는 구조로 한다.
4) 폭발성 또는 연소성의 가스가 침입할 우려가 있는 곳에 시설하는 경우는 통풍장치, 기타 가스를 방산시키기 위한 적당한 장치를 설치한다.
5) 경사가 심한 구간의 케이블 활락방지를 위하여 필요시에는 활락방지장치 설치공간을 확보해야 한다. 단, 중간고정방식을 선택할 경우에는 맨홀과 맨홀사이에 핸드홀을 설치한다.
6) OF 케이블로 계획된 경과지에는 선로 전구간에 대한 급유계산을 하여 급유조가 필요한 개소에는 유조실을 설치하여야 한다.

1-6. 전선로 선종 및 용량 검토

1. 케이블의 선정

1.1 도체 굵기 선정

1) 선로계통 운용 및 설비간 협조, 공사비 등을 고려
2) 상시 및 단시간 허용전류, 3상단락 등에 의한 고장전류 검토.
3) 장래의 계획 및 부하 증감의 전망을 고려 선정함.

1.2 케이블선정

345kV 이상 선로	154kV 이하 선로
OF 케이블 및 XLPE케이블 사용	XLPE 케이블 사용 원칙 (XLPE 케이블 시공이 불가한 경우 예외)

[주] 1. 도체의 재질은 동(銅)임.
2. 방식층의 재질은 관로내 설치시는 PE, 전력구내 설치시는 PVC로 한다.

2. 사용전선 및 용량검토(예)

철도에 가장 많이 사용되는 30/40MVA 2대 상시운전의 경우로 용량 추정한다

2.1 부하전류용량

$$I = \frac{40MVA \times 2\text{대}}{\sqrt{3} \times 154 \times 0.9} \fallingdotseq 333[A]$$

2.2 전선 규격별 검토

선 로 별	선로 규격별 허용전류	부하전류	검토내용	선 정
가공전선	ACSR 240㎟ : 595A	333A	약 20%여유	◎
	ACSR 330㎟ : 720A		약 45%여유	
	ACSR 410㎟ : 835A		약 68%여유	
지중전선	XLPE 200㎟ : 387A	333	약 16% 여유	
	XLPE 400㎟ : 552A		약 67%여유	◎
	XLPE 600㎟ : 671A		약 103%여유	
	XLPE 800㎟ : 792A		약 140%여유	

2.3 단락시 지중케이블 허용전류 검토

1) 계산식(적용기준 : IEC 949)

$$I = \varepsilon \times 226 \times A \times \sqrt{\frac{1}{t} \ln\left(\frac{234.5 + \Theta_f}{234.5 + \Theta_i}\right)} \times 10^{-3} \quad [kA]$$

여기서, A : 도체 공칭단면적[㎟] ⇒ 400

t : 단락시 지속시간[sec] ⇒ 0.5, 1.0, 1.7, 2.0

θi : 단락시 초기온도[℃] ⇒ 90

θf : 단락시 최종온도[℃] ⇒ 250

ε : 단열 효과계수 ⇒ 1.0072, 1.0103, 1.0135, 1.0146

2) 계산결과

단락시 지속시간 / 도체단면적	0.5 sec	1.0 sec	1.7 sec	2.0 sec
154㎸ XLPE 400㎟	81.52 kA	57.82 kA	44.49 kA	41.06 kA

3) 단락시 허용전류 곡선

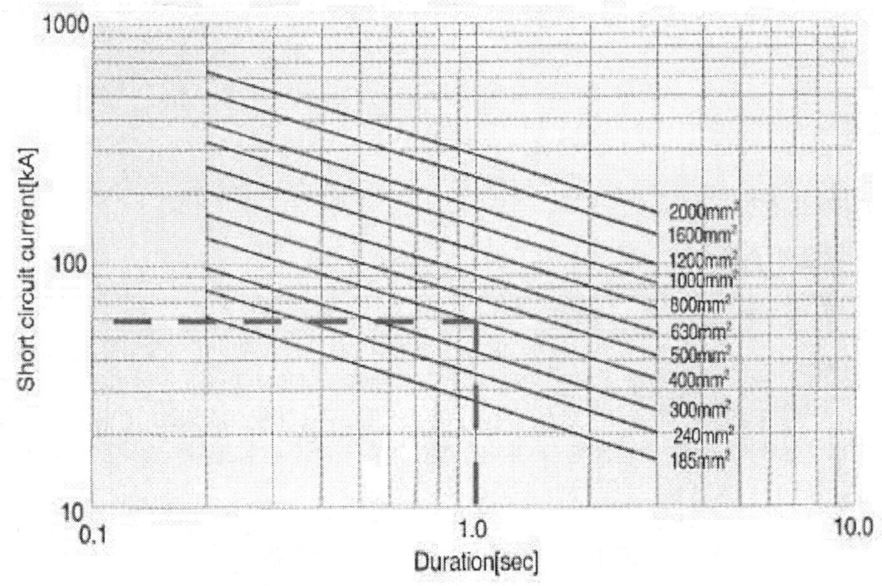

2.4 단락전류

한전 154kV 가야S/S의 154kV 모선 3상 단락용량 : 4,120.96[MVA]

$$I_S = \frac{4120.96}{\sqrt{3} \times 154} \fallingdotseq 15.45\ [kA]$$

2.6 검토결과

규격별, 허용전류, 단락강도에 의한 검토결과 154kV XLPE 200[㎟] 이상이면 가능하나, 지중 송전선로의 특성상 매설깊이 및 토양 고유 열저항의 영향을 반영할 경우 열방산 효과 저하로 송전용량 및 허용전류 감소가 우려되며, 지중선로 계통은 케이블 최대 허용장력(2800kg)의 영향으로 맨홀 간격이 단 경간(표준 350m)으로 구성되므로 시공성, 유지보수성, 향후 부하 증가에 따른 여유와 안정성을 고려하고 또한, 현재 대부분 전철급전계통의 송전(지중)선로의 케이블 규격이 154kV XLPE 400[㎟]임을 감안할 때 호환성 등을 고려하여 154kV XLPE 400[㎟]를 선정하여 송전선로 경과지를 구성한다.

1-7. 지중 케이블 포설방법

1. 일반사항

1.1 부설방식의 선정

1) 주요 지중선로의 종류

종 류		적 용 방 식
직 매		케이블을 직접 지중에 매설하는 방식으로 장래 증설이 예상되지 않고, 회선수가 2회선 이하인 곳에 사용되며 케이블 트로프(Trough)를 이용하여 설치.
관 로		흄관, 강관 및 합성수지관등의 관재를 사용하여 예상되는 케이블 회선수와 용량에 적합한 관을 지하에 매설하여 케이블을 설치하는 방식이며 일반적으로 관로의 최대공수는 20공으로 한다.
특수공법	교량첨가공법	지중선로가 하천에 설치된 교량이나, 고가도로 등을 병행하여 관로를 설치할 경우, 교량의 슬래브 및 빔에 매달아 횡단하는 방식.
	압입공법	관로가 철도 및 교통이 혼잡한 도로와 하천을 횡단할 경우 지면을 굴착하지 않고 흄관 및 강관을 이용하여 지중에 압입하여 횡단하는 방식.

2) 기타 지중선로방식

① 전력구식

㉠ 동일 경과지에 송·배전 조합 회선수가 관로식에서 정한 값을 초과하는 경우

㉡ 345kV 케이블이 수용되는 경우
단, 345kV 전력구에는 배전선로를 수용하지 않아야 한다.

㉢ 송전용량, 케이블 및 부속자재의 배치, 장래 신기술 적용의 가능성, 시공여건 등 제반 면에서 관로식으로는 부적당하다고 생각되는 경우(수요밀도가 큰 지역의 주요 간선도로 또는 변전소의 인출부 등)

㉣ 경과지 전구간중 전력구에 비해 관로 길이가 극히 짧을 경우에는 송전용량, 경제성, 시공성 등을 검토하여 전구간을 전력구로 시공할 수 있다.

② 덕트식
발 · 변전소, 개폐소, 케이블 헤드 부지, 수용가 구내 등에서 중량물의 영향을 받지 않는 장소

③ 수저식 : 다른 방식으로는 시설이 곤란한 바다 또는 하천 횡단에 적용한다.

④ 지상전선로식 : 지상에 설치가 필요한 경우

⑤ 터널내 전선로
터널 외에는 별도 경과지가 없거나 별도 경과지에 타 부설방식 적용시 시공성, 경제성에서 매우 불리할 경우

1.2 부설위치

지중전선로는 시공 및 운영이 용이한 위치에 부설한다.

1) 도로에 매설하는 경우

① 해당 도로관리자와 협의 결정한 위치

② 지중전선로의 중심선과 도로의 중심선이 가급적 교차하지 않도록 시설한다.

2) 매설 깊이

① 직매식 : 지중전선을 콘크리트제 등의 견고한 트러후에 넣어 아래 조건에 따라 시설한다.

㉠ 차도 및 중량물의 영향을 받을 우려가 있는 경우는 1.2m 이상

㉡ 기타의 장소는 0.6m 이상

② 관로식 및 전력구식

매설깊이는 직매식에 준하며 해당 경과지 관리자와 별도 협의가 있는 경우는 이에 따른다.

1.3 지중전선로의 이격거리

1) 지중전선과 지중약전류전선 등과의 접근 또는 교차

① 지중전선이 지중약전류전선 등과 접근하거나 교차하는 경우에 상호간에 이격거리가 저압 또는 고압의 지중전선은 30cm 이하, 특별고압지중전선은 60cm 이하인 때에는 지중전선과 지중약전류전선 등 사이에 견고한 내화성(콘크리트 등의 불연재료로 만들어진 것으로 케이블의 허용온도 이상으로 가열시킨 상태에서도 변형 또는 파괴되지 않는 재료를 말한다)의 격벽을 설치하는 경우 이외에는 지중전선을 견고한 불연성 또는 난연성의 관에 넣어 그 관이 지중 약전류전선 등과 직접 접촉하지 아니하도록 하여야 한다. 다만, 다음 각 호에 해당하는 경우에는 그러하지 아니하다.

㉠ 지중 약전류전선 등이 전력보안 통신선인 경우에 불연성 또는 자소성이 있는 난연성의 재료로 피복한 광섬유케이블인 경우 또는 불연성 또는 자소성이 있는 난연성의 관에 넣은 광섬유케이블인 경우

㉡ 지중전선이 저압의 것이고 지중 약전류전선 등이 전력보안 통신선인 경우

㉢ 고압 또는 특별고압의 지중전선을 전력보안 통신선에 직접 접촉하지 아니하도록 시설하는 경우

㉣ 지중 약전류전선 등이 불연성 또는 자소성이 있는 난연성의 재료로 피복한 광섬유케이블인 경우 또는 불연성 또는 자소성이 있는 난연성의 관에 넣은 광섬유케이블로서 그 관리자와 협의한 경우

㉤ 사용전압 170,000V 미만의 지중전선으로서 지중 약전류전선 등의 관리자와 협의하여 상호이격거리를 10cm 이상으로 하는 경우

② 특별고압지중전선이 가연성이나 유독성의 유체(流體)를 내포하는 관과 접근하거나 교차하는 경우에 상호간의 이격거리가 1m 이하(단, 사용전압이 25,000V 이하인 다중접지방식 지중전선로인 경우에는 50cm 이하)인 때에는 지중전선과 관 사이에 견고한 내화성의 격벽을 시설하는 경우 이외에는 지중전선을 견고한 불연성 또는 난연성의 관에 넣어 그 관이 가연성이나 유독성의 유체를 내포하는 관과 직접 접촉하지 아니하도록 시설하여야 한다.

③ 특별고압지중전선이 ②항에 규정하는 관 이외의 관과 접근하거나 교차하는 경우에 상

호간의 이격거리가 30cm 이하인 경우에는 지중전선과 관 사이에 견고한 내화성 격벽을 시설하는 경우 이외에는 견고한 불연성 또는 난연성의 관에 넣어 시설하여야 한다. 다만 ②항에 규정한 관 이외의 관이 불연성인 경우 또는 불연성의 재료로 피복된 경우에는 그러하지 아니하다

④ 지중전선의 사용전압이 170,000V 미만인 경우에 특별한 이유에 의하여 시·도지사의 인가를 받은 경우에는 ①항 내지 ③항의 규정에 의하지 아니할 수 있다.

2) 지중전선 상호간의 접근 또는 교차

저압지중전선이 고압지중전선과 저압이나 고압의 지중전선이 특별고압지중전선과 접근하거나 교차하는 경우에 맨홀(지중함)내 이외의 곳에서 상호간의 거리가 30cm(저압지중전선과 고압지중전선에 있어서는 15cm) 이하인 때에는 다음 각호에 해당하는 경우에 한하여 시설할 수 있다.

다만, 지중전선로의 사용전압이 170,000V 미만인 경우에 특별한 이유에 의하여 시·도지사의 인가를 받은 경우에는 그러하지 아니하다.

① 각각의 지중전선을 난연성의 피복이 있는 것을 사용하는 경우
② 각각의 지중전선을 견고한 난연성의 관에 넣어 시설하는 경우
③ 어느 한쪽의 지중전선에 불연성의 피복으로 되어 있는 것을 사용하는 경우
④ 어느 한쪽의 지중전선을 견고한 불연성의 관에 넣어 시설하는 경우
⑤ 지중전선 상호간에 견고한 내화성의 격벽을 설치할 경우
⑥ 사용전압이 25,000V이하인 다중접지방식 지중전선로를 관에 넣어 10cm 이상 이격하여 시설하는 경우

1.4 케이블의 표준여유 길이

구 분	설 계 적 용	비 고
직 매 식	•직매 길이의 2% 이내 •접속 및 옵셋트 여유길이 : 2m(양측 맨홀의 합계임)	
관로 및 전력구식	•관로 길이의 1% 이하, 전력구 길이의 0.5% 이하 •접속 및 옵셋트 여유길이 : 2m(양측 맨홀의 합계임)	
케이블 입상(종단개소)	•1.5m(개소당)	

2. 케이블의 포설

2.1 케이블 포설 공사시의 허용곡률반경

케이블 종별 \ 선 심		단 심	비 고
66kV XLPE		10 D	D_s : 케이블 시스의 평균외경 D : 케이블 외경
154kv	OF	20 D_s	
	XLPE	20 D_s	
345kV OF		20 D_s	

2.2 케이블 포설장력 및 측압

1) 계산식 검토

① 포설 장력

케이블을 관로에 시설할 때 인장력(케이블을 끌어당기는 장력)은 원칙적으로 도체에만 작용한다. 따라서 과도한 인입장력은 케이블의 성능을 저하시키며, 만곡부분에서는 측압에 의하여 케이블이 눌리거나 방식층에 손상을 주므로, 적정한 인입장력을 계산하여야 한다.

인입장력은 관로의 길이와 만곡부의 곡률을 고려하여 아래식으로 산출한다.

㉠ 수평직선부

T1 = T0 + μ WL (kg)

T0 : 초기인입장력 μ : 마찰계수

W : 케이블 단위길이당 중량 (kg/m) ℓ : 케이블 길이 (m)

㉡ 수평굴곡부

$$T2 = WR \sinh(\mu\theta + \sinh{-1} \frac{T_1}{WR})$$

μ : 마찰계수 θ : 굴곡부 중심각 (radian)

W : 케이블 단위길이당 중량 (kg/m) R : 만곡부의 곡률반경 (m)

② 측압 (P)

케이블을 관로에 인입시 관로의 만곡부에서는 장력에 의하여 케이블이 관로벽에 눌리는 힘을 받는데, 이 힘을 측압이라 하며 과대한 측압이 걸리면 케이블에 손상을 줄 위험이 있다. 케이블 부설방법에 따른 단위길이당 측압은 다음과 같다.

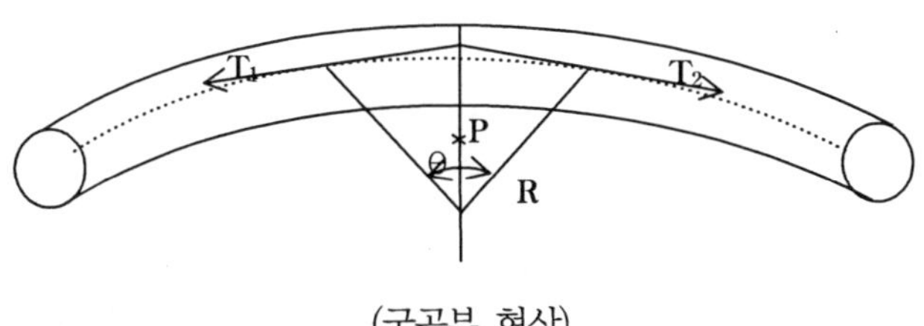

(굴곡부 형상)

$$P = \frac{T_1}{R}$$

T1 : 인입구에서의 인입장력 (kg)

R : 만곡부의 곡률반경 (m)

③ 허용장력 및 허용측압

㉠ 허용장력

도 체	허 용 장 력 (kg)	비 고
동	7(kg/㎟)×케이블 선심수×케이블 도체단면적(㎟)	단심케이블 3조 일괄포설의 경우는 선심수를 2로 한다.
알루미늄	4(kg/㎟)×케이블 선심수×케이블 도체단면적(㎟)	

㉡ 허용측압

케 이 블 종 별	허 용 측 압 (kg/m)
PE 및 PVC 외장 케이블	300
파이프형 케이블	700

2) 계산(예)

① 계산조건

- 케이블 : 154kV XLPE 400㎟/1C
- 최대허용장력 : 7×1×400 = 2,800(kg)
- 최대허용측압 : 300(kg/m)
- 마찰계수 (μ) : 0.3
- 케이블 배열상태 : 1공 1조 관로포설
- 사용관로 : FEP 200ø

– 기타조건은 일반적인 경우를 적용함

② 계산

M/H No.1 ~ M/H No.2

㉠ 정방향

$$T_1 = T_0 + \mu WL = 150 + 0.3 \times 12.8 \times 10 = 188.4 \ (\text{kg})$$

$$T_2 = T_1 \cosh(\mu\Theta) + \sqrt{T_1^2 + (WR)^2} \cdot \sinh(\mu\Theta)$$

$$= 188.4\cosh(0.3 \times 90 \times \frac{\pi}{180}) + \sqrt{(188.4)^2 + (12.8 \times 10)^2} \cdot \sinh(0.3 \times 90 \times \frac{\pi}{180})$$

$$= 321.058 \ (\text{kg})$$

or $$T_2 = WR \sinh(\mu\Theta + \sinh^{-1}\frac{T_1}{WR})$$

$$= 12.8 \times 10 \times \sinh(0.3 \times 90 \times \frac{\pi}{180} + \sinh^{-1}\frac{188.4}{12.8 \times 10})$$

$$= 321.058 \ (\text{kg})$$

측압 : $$\frac{T}{R} = \frac{321.058}{10} = 32.1 \ (\text{kg})$$

$$T_3 = 321 + 0.3 \times 12.8 \times 180 = 1012.2 (\text{kg})$$

$$T_4 = 12.8 \times 60 \times \sinh(0.3 \times 35 \times \frac{\pi}{180} + \sinh^{-1}\frac{1012.2}{12.8 \times 60})$$

$$= 1263.39 \ (\text{kg})$$

$$T_5 = 1263 + 0.3 \times 12.8 \times 73 = 1543 \ (\text{kg})$$

$$T_6 = 12.8 \times 80 \times \sinh(0.3 \times 10 \times \frac{\pi}{180} + \sinh^{-1}\frac{1543}{12.8 \times 80})$$

$$= 1642.12 \ (\text{kg})$$

$$T_7 = 1642 + 0.3 \times 12.8 \times 84 = 1964.56 \ (\text{kg})$$

㉡ 역방향

$$T_1 = T_0 + \mu WL = 150 + 0.3 \times 12.8 \times 84 = 472.56 \ (\text{kg})$$

$$T_2 = WR \sinh(\mu\Theta + \sinh^{-1}\frac{T_1}{WR})$$

$$= 12.8\times80\times\sinh\left(0.3\times10\times\frac{\pi}{180}+\sinh^{-1}\frac{472.56}{12.8\times80}\right)$$

$$= 532.28\ (\mathrm{kg})$$

$$T_3 = 532.28+0.3\times12.8\times73 = 812.6(\mathrm{kg})$$

$$T_4 = 12.8\times60\times\sinh\left(0.3\times35\times\frac{\pi}{180}+\sinh^{-1}\frac{812.6}{12.8\times60}\right)$$

$$= 1032.33\ (\mathrm{kg})$$

$$T_5 = 1032.33+0.3\times12.8\times180 = 1723.53\ (\mathrm{kg})$$

$$T_6 = 12.8\times10\times\sinh\left(0.3\times90\times\frac{\pi}{180}+\sinh^{-1}\frac{1723.53}{12.8\times10}\right)$$

$$= 2763.37\ (\mathrm{kg})$$

$$T_7 = 2763.37+0.3\times12.8\times10 = 2801.77\ (\mathrm{kg})$$

∴ 역방향은 허용포설장력 벗어남.

2.3 케이블의 스네이크 포설

전력구내 케이블 스네이크는 수평 스네이크로 하고 필요시는 수직 스네이크로 시행한다.

1) 345kV OF 케이블 수평 스네이크 폭 및 피치

① 폭 : $1D_s$이상 ② 피치 : 9m이하

2) 154kV수평 스네이크 폭 및 피치

① 폭 : $1D_s$이상 ② 피치 : 6m이하

2.4 무게수정율

단심 케이블을 관로내에 3조를 일괄해서 인입하는 경우, 3조의 케이블에 대한 실효 마찰계수는 관로내의 상대적 위치에 따라서 변한다. 실효장력은 $T = k\mu_0 3WL$이 된다. 이 k를 중량 수정율이라고 하고 다음 표에 의해 계산한다.

배 열	삼 각 배 열	요 람 배 열
무 게 수정율	$k_1 = \dfrac{1}{1-\left(\dfrac{d}{D-d}\right)^2}$	$k_2 = 1+\dfrac{4}{3}\left(\dfrac{d}{D-d}\right)^2$

※ D : 관의 내경, d : 케이블 외경

2.5 마찰계수

관로의 종별(인입조건)	마 찰 계 수	관로의 종별(인입조건)	마 찰 계 수
흄 관	0.5 ~ 0.7	강 관	0.3 ~ 0.5
파 이 프 형 케 이 블	0.17 ~ 0.19	염 화 비 닐 관	0.23
굴 림 대 사 용 인 입	0.1 ~ 0.2	파 형 관	0.2 ~ 0.3
모 래 매 설 직 매	1.5 ~ 3.5	경 질 비 닐 관	0.4

2.6 백텐션(Back Tension)

케이블 포설 초기에 인입측의 관로구에서 케이블에 걸리는 장력을 말한다.

$$T_0 = \frac{WS^2}{8D}, \quad T_d = \sqrt{T_0^2 + (W \cdot L/2)^2}$$

단, $L = 2a\sinh\frac{S}{2a}$, $a = \frac{T_0}{W}$

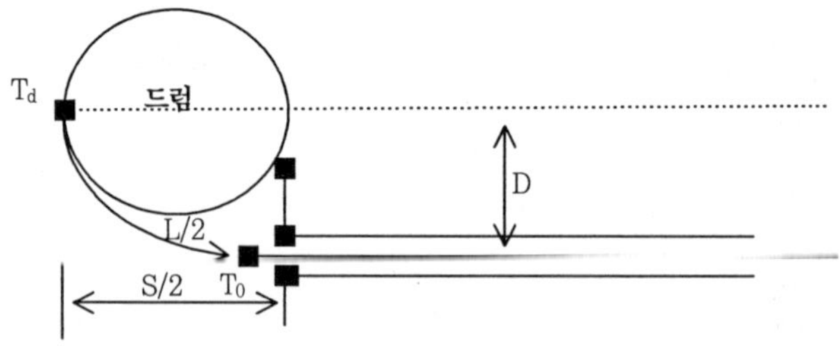

Td : 드럼의 제동력

T0 : 케이블에 작용하는 장력

W : 케이블의 중량

〈백텐션(Back Tension)〉

케이블 종류	백 텐 션 [kgf]	비 고
66kV XLPE 154kV XLPE 154kV OF	100 150 150	1공1조 포설시의 값 (1공3조 포설시는 이 값의 3배)

3. 케이블 부설 위치

3.1 도로에 매설하는 경우

1) 해당 도로관리자와 협의하여 결정한 위치에 시공.
2) 지중전선로의 중심선과 도로의 중심선이 가급적 교차하지 않도록 시설한다.

3.2 매설깊이

1) 직매식은 지중전선을 콘크리트제 등의 견고한 트러후에 넣어 아래 조건에 따라 시설.
   ① 차도 및 중량물의 영향을 받을 우려가 있는 경우는 1.2m 이상
   ② 기타의 장소는 0.6m 이상
2) 관로식 및 전력구식

매설깊이는 직매식에 준하며 해당 경과지 관리자와 별도 협의가 있는 경우는 이에 따른다.

3.3 관로 굴착

1) 매설깊이가 1.2m 이상 유지되도록 규정된 굴착 구배(1:0.2)와 저면굴착에 따라 아래 그림과 같이 굴착한다.(단, 서울시의 굴착 구배는 1: 0.1로 한다)
2) 굴착된 저면에 돌이나 기타 뾰족한 부분 등에 직접 관이 닿지 않도록 평탄하게 고른 다음 모래를 5cm 포설한다.

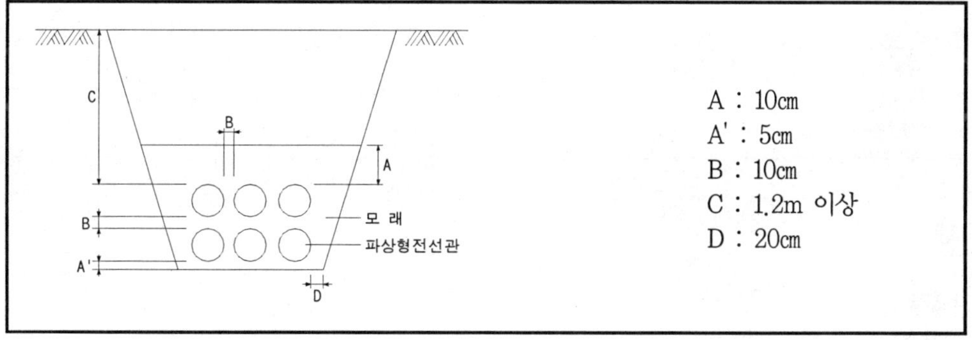

3.4 스페이서 및 최소 곡률반경 유지

1) 스페이서는 1.5m마다 설치하여 관 상호간의 간격을 정확히 유지한다.
2) 간격재는 관 주변의 모래포설이 끝나면 제거한다.
3) 굴곡부 배관시 곡률반경은 케이블 포설 허용곡률반경 이상이 되도록 하여야 하며, 관외경의 10배 이상을 유지한다.

4. 케이블 접속 및 접속함

4.1 케이블 접속의조건

1) 도체의 전기저항을 증가시키지 않을 것.
2) 케이블과 동등 이상의 절연내력을 가질 것.
3) 필요한 기계적 강도를 갖고 부식이 없는 구조일 것.
4) 부식이 없는 구조일 것

4.2 케이블 접속함의 종류

케이블 접속함은 사용목적에 따라 아래와 같이 구분하며, 접속함의 크기는 접속함이 설치될 장소의 접속공간에 적합하여야 한다.

구 분	종 류	사 용 목 적
중 간 접속함	보통 접속함 (NJ : Normal Joint)	케이블 상호간을 단순히 접속
	절연 접속함 (IJ : Insulation Joint)	케이블의 금속시스 상호간을 절연하여 접속
	유지 접속함 (SJ : Stop Joint)	OF 케이블에 사용하는 접속함으로 급유 구간을 분리해 접속
	유지 절연접속함 (SIJ : Stop Insulation Joint)	OF 케이블에 사용하는 접속함으로 급유구간 분리와 동시에 금속시스 상호간을 절연하여 접속
	이종 접속함 (TJ : Transition Joint)	이종(異種) 케이블간 또는 이(異)도체의 케이블간 상호 접속

구 분	종 류	사 용 목 적
종 단 접속함	기중 종단접속함 (EB-A : End Box in Air)	가공 송전선로 또는 선로개폐기와 연결하기 위한 접속
	유중 종단접속함 (EB-O : End Box in Oil)	변압기와 연결하기 위한 접속
	가스 종단접속함 (EB-G : End Box in Gas)	GIS와 연결하기 위한 접속

1-8. 케이블의 접지

1. 일반사항

케이블의 금속시스(sheath)는 안전상 반드시 접지를 시행하여야 한다.
송전케이블과 배전케이블의 접지는 각각 분리하여 독립접지하는 것을 원칙으로 한다.

2. 접지방식의 선정

접지방식은 기준저항치, 접지대상, 주위의 여건, 공사의 난이성, 경제성 등을 고려해야 한다.

2.1 일반적으로 접지봉 타입(打込) 방식을 원칙으로 한다.

2.2 접지봉 타입(打込) 방식으로 기준저항치를 얻기 어려운 경우에는 다음과 같이 적용할 수 있다.

1) 접지판 방식
2) 매쉬(Mesh) 포설방식(접지점을 넓게 취할 때)
3) 매설지선 방식(타설비와 공동접지인 경우)
4) 기준 저항치를 얻을 수 있는 기타 방식

2.3 단심케이블을 시설하는 경우에는 다음 사항에 유의하여 접지방식을 선정한다.

1) 상시 및 이상시 모두를 고려한 안전대책
2) 시스 손실 및 송전용량에 대한 영향
3) 선간 및 대지간 전압과 맨홀구간(접지구간)의 길이 관계
4) 고장 전류에 의한 시스 유기전압
5) 본딩(Bonding) 장치 자체의 손실
6) 방식층 보호 및 근접 통신선의 유도 등

3. 접지 저항치

설비종별에 따른 접지 저항치는 다음 표와 같다.

〈접지 저항치〉

<table>
<tr><th rowspan="2">설비구분</th><th rowspan="2">설 치 장 소</th><th colspan="2">접 지</th><th rowspan="2">비 고</th></tr>
<tr><th>종류</th><th>저항</th></tr>
<tr><td rowspan="5">맨 홀
전력구
관 로</td><td>맨 홀</td><td>1종</td><td>10Ω 이하</td><td></td></tr>
<tr><td>전용교 혹은 교량 첨가(강관)</td><td>1종 또는 3종</td><td>10Ω 또는 100Ω 이하</td><td>○ 사람이 접촉할 우려가 있는 장소 : 1종 (10Ω 이하)
○ 사람이 접촉할 우려가 없는 장소 : 3종 (100Ω 이하)</td></tr>
<tr><td>전력구내</td><td>1종</td><td>10Ω 이하</td><td>○ 합성 저항치는 매 km마다 5Ω 이하가 되도록 한다.</td></tr>
<tr><td>전력구내 통신용 원방접지</td><td>3종</td><td>100Ω 이하</td><td>○ 변전소에서 20~200m지점에 단독으로 확보한다.(필요시)</td></tr>
<tr><td>배수, 환기, 조명 설비 및 분전반</td><td>3종</td><td>100Ω 이하</td><td>○ 맨홀접지와 연결하거나 장소에 따라서 단독으로 확보한다.</td></tr>
<tr><td rowspan="3">케 이 블</td><td>케이블 종단 접속부</td><td>1종</td><td>10Ω 이하</td><td>○ 케이블의 금속시스를 종단 접속부가대의 접지선에 연결한다.</td></tr>
<tr><td>종단접속부 가대(架臺)</td><td>1종</td><td>10Ω 이하</td><td>○ 가공-지중 접속개소에서는 가공철탑의 접지와 연결한다. 연결은 2개소 이상 동연선으로 한다.
○ 발변전소 구내에 있어서는 접지모선과 연결한다.
○ 단독으로 접지를 확보하는 경우는 가대의 부근에 2개소(1개소 2본이상)의 접지봉을 타입(打込)한다.</td></tr>
<tr><td>맨홀내 케이블접속부</td><td>1종</td><td>10Ω 이하</td><td>○ 케이블 금속시스를 접속함에 연결하고 맨홀내 접지선에 접속한다.</td></tr>
<tr><td>급유설비</td><td>유조, 유조가대, 밸브판넬, 밸브판넬가대</td><td>1종</td><td>10Ω 이하</td><td>○ 접지모선과 연결</td></tr>
<tr><td>경보설비 (사고검출 포함)</td><td>단자함, 발수신기 외함, 통신관 및 통신케이블 차폐층</td><td>3종</td><td>100Ω 이하</td><td>○ 접지모선과 연결</td></tr>
<tr><td>방식설비</td><td>외부 전원방식의 외함, 유전 양극 방식</td><td>3종
1종</td><td>100Ω 이하
10Ω 이하</td><td></td></tr>
<tr><td>내뢰설비</td><td>공통접지, 병행지선, 방식층 보호장치, 피뢰기, 피뢰침</td><td>1종</td><td>10Ω 이하</td><td></td></tr>
<tr><td>울타리의 접지</td><td></td><td>3종</td><td>100Ω 이하</td><td></td></tr>
</table>

4. 접지선

4.1 접지선의 구비조건

지중송전설비의 각종 접지선은 다음 각 조건에 적합하여야 한다.

1) 접속은 예상되는 최대고장전류가 고장 지속시간 동안 계속 흘려도 용단이나 열화되지 않아야 한다.
2) 기계적으로 충분한 강도를 가져야 한다.
3) 국부적으로 위험한 전위차가 발생하지 않도록 도전율을 가져야 한다.

4.2 접지선의 굵기 계산

접지선의 굵기 계산은 IEC 60364-5-54에 따라 다음에 의한다

$$A = \frac{I \cdot \sqrt{t_c}}{k}$$

- A : 접지선 단면적 (㎟)
- I : 접지선에 흐르는 전류 (A)
- t_c : 통전시간 (s)
- $k = \sqrt{\frac{Q_c(B+20)}{\phi_{20}} \ln(1 + \frac{\Theta_f - \Theta_i}{B + \Theta_i})}$
  - · Q_c: 접지선 재질의 체적 비열 [J/℃ ㎣]
  - · B: 0℃에서 도체의 열저항율의 역수
  - · ϕ_{20}: 20℃에서 도체의 전기 저항율[Ω mm]
  - · Θ_f: 도체의 최종온도(℃)
  - · Θ_i: 도체의 초기온도(℃)

○ 도체온도 참고치(Θ_f)()

① 도체의 최종온도(Θ_f)

- 경동선 : 1,083℃
- 연동선 : 880℃
- PVC 절연전선 : 160℃
- XLPE, EPR 절연전선 : 250℃

② 도체의 초기온도(Θ_i) : 30℃

○ 각 재질별 물리정수

재　질	B [℃]	Q_c [J/℃ mm^3]	ϕ_{20} [Ω mm]	$\sqrt{\frac{Q_c(B+20)}{\phi_{20}}}$
동	234.5	3.45×10-3	17.241×10-6	226
알루미늄	228	2.5×10-3	28.264×10-6	148

〈접지선의 굵기표(참고)〉

설 비 구 분	접 지 장 소	접지선의 굵기(㎟)
맨 홀 전 력 구 관 로	맨홀, 전력구, 교량첨가	100이상
	배수, 환기, 조명설비 분전반	38 〃
	통신용 원방접지	22 〃
케 이 블	접속부 및 접속부 가대	100 〃
급 유 설 비	유조 밸브판넬(가대 포함)	38 〃
경 보 설 비	단자함, 발수신기 외함	38 〃
	통신관 및 통신케이블 차폐층	22 〃
방 식 설 비	외부 전원방식의 외함	38 〃
	유전양극 방식	100 〃
내 뢰 설 비	공통접지, 병행지선	100 〃
	방식층 보호장치(C.C.P.U)	38 〃
	피 뢰 기	100~200
	피 뢰 침	개별검토

5. 접속함 연결 전선종류 및 최소 굵기

5.1 접지선 종류 : PVC, FR

5.2 접지선 최소굵기

① 절연접속함

㉠ 크로스본드선 : 250㎟

㉡ 각 상의 접지선 및 공통접지선 : 38㎟

② 보통접속함

㉠ 각 상의 접지선 : 250㎟

㉡ 공통접지선 : 38㎟

③ 종단접속함 : 각 상의 접지선 및 공통접지선 : 250㎟

④ 절연통보호장치 연결전선 : 38㎟

6. 접지방식별 설치방법 및 접지저항 계산식

6.1 접지봉 타입(打込)

1) 설비방법

접지봉을 지중에 타입하고 각각을 연접하여 설비기기 및 기타의 접지선과 접속한다.(주로 맨홀부, 매쉬 포설의 보조로서 적용한다)

2) 접지저항 계산식

$$R_1' = \frac{\rho}{2\pi \ell}\left(\ln \frac{4\ell}{r} - 1\right) \quad [\Omega]$$

(r : 접지봉 반경 [cm], ℓ : 접지봉 길이 [cm], ρ : 대지고유저항 [Ω cm])

접지봉 n본의 합성접지 저항 : $R_1 = \dfrac{Y}{\sum_1^n \dfrac{1}{R_{1n}}}$ (Y : 접합계수)

6.2 매쉬(Mesh)포설

1) 설비방법

접지선을 격자상에 매설하고 교차점에서 이들을 연접하여 그 설비기기 및 기타의 접지선과 접속한다.(변전소 등에 적용된다)

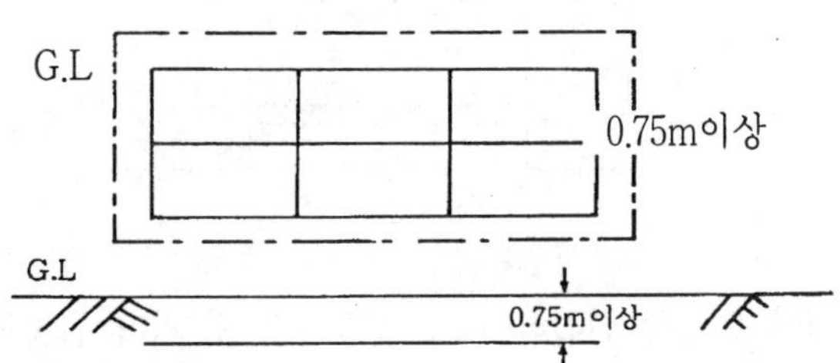

2) 접지저항 계산식

$$R_2 = \frac{k\rho}{4r}\left(1 - \frac{4t}{\pi r}\right) \ [\Omega]$$

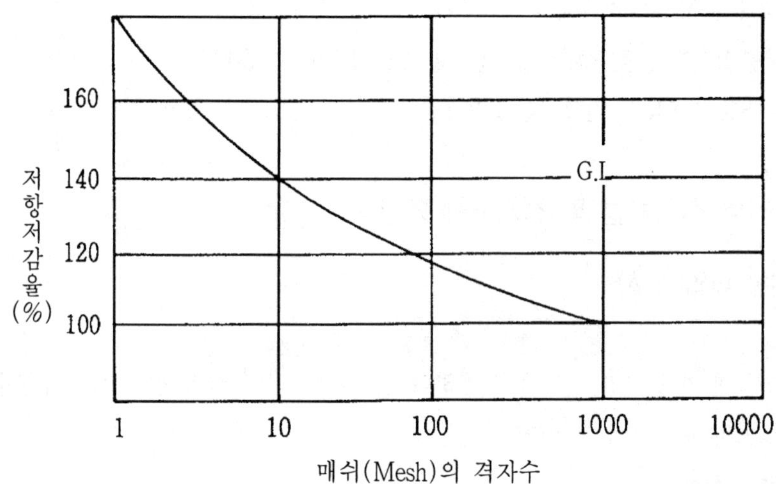

- r : 매쉬(Mesh)포설면적의 등가반경 [cm]

$$r = \sqrt{\frac{A}{\pi}}$$

· A

: 매쉬(Mesh)포설면적 [㎠]

- t : 접지선 매설깊이 [cm] - ρ : 대지 고유저항 [Ω·cm] - k : 저항 저감율

6.3 접지판(동판)

1) 설비방법

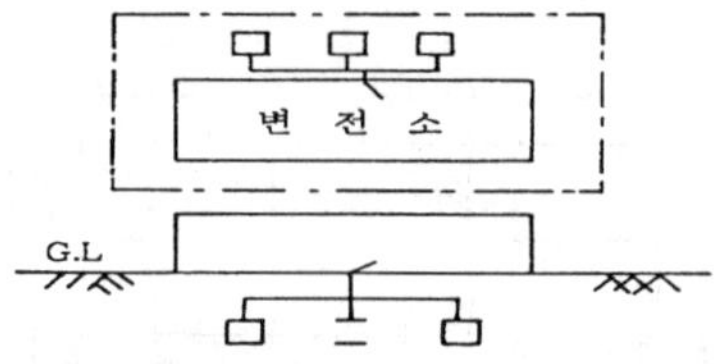

접지판을 지중에 매설하고 각각 연접하여 그 설비기기 및 기타 접지선과 접속한다.
(변전소 등에 적용된다)

2) 접지저항 계산식

$$R_3 = \frac{\rho}{4r}\left(1 - \frac{4t}{\pi r}\right) \ [\Omega]$$

- r : 각판 a × b 의 등가반경 [cm]

$$r = \sqrt{\frac{a \cdot b}{\pi}}$$

- t : 접지선 매설깊이 [cm]
- ρ : 대지 고유저항 [Ω·cm]

6.4 매설지선 포설

1) 설비방법

설비를 중심으로 방사상에 접지선을 매설하고 그것을 연접하여 설비기기, 철구 및 기타 접지선과 연접한다.

(주로 변전기기, 가공-지중 인출시 철탑에 적용한다.)

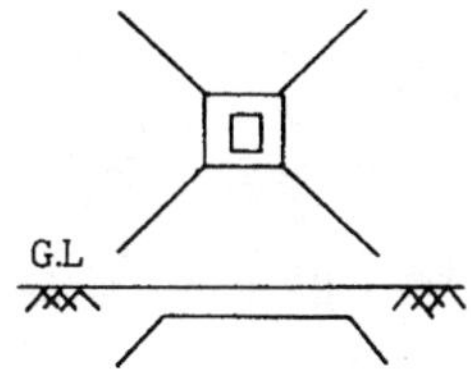

2) 접지저항 계산식

$$R_s = \frac{\rho}{2\pi \ell} \ln\left(\frac{\ell^2}{2rt}\right) \ [\Omega]$$

- ρ : 대지 고유저항[Ω·cm]
- ℓ : 접지선 길이 [cm]
- r : 접지선 반경 [cm]
- t : 접지선 매설깊이 [cm]

1-9. 케이블 금속시스유기전압

1. 케이블 금속시스의 유기전압

케이블 금속시스의 상시 최대 유기전압의 크기는 100V 이하 이어야 한다.

2. 유기전압 감소 대책

시스의 유기전압은 케이블의 배열과 간격에 따라 크게 달라진다. 예를 들면, 1회선의 경우 케이블 3가닥을 정삼각형 배열로 간격없이 포설할 때 시스 유기전압은 가장 낮다.

2.1 완전접지(Solid Bonding)

케이블 시스를 2개소 이상에서 일괄 접지하는 방식으로 시스 전위는 낮지만 긴 선로에서는 시스 전류가 크게 되어 시스 회로손이 많아지기 때문에 다음과 같은 경우에 적용된다.

1) 허용전류면에서 충분한 여유가 있으며, 시스 회로손이 문제가 되지 않을 경우
2) 장거리 해저케이블과 같이 기타 방법의 시스전위 저감방식을 적용하지 못할 경우

2.2 편단접지(Single Point Bonding)

발 · 변전소 인출용 선로와 같이 길이가 짧은 단구간 케이블의 경우 적용되는 방식으로 케이블 편단에서 시스를 접지하고 다른 단을 개방하여 시스 회로손을 영이 되게 한다.

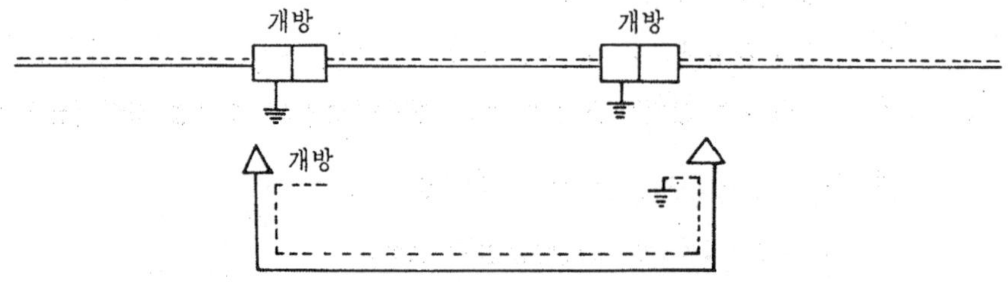

2.3 크로스본드접지(Cross Bonding)

편단접지방식과 같이 단심케이블에서 금속시스의 유기전압을 저하시키기 위한 접지방식으로서 금속시스 유기전압은 심선에 흐르는 전류의 크기와 선로길이에 비례하여 증대하므로 선로길이가 길어 편단접지로는 효과가 없을 때 주로 이 크로스본드 방식을 채용한다.

이 접지방식은 본드(bond)선으로 3상을 연가한 후 접지하는 것으로서 각 경간이 다를 경우

에는 잔류전압에 의한 시스 전류가 흐르지만 경간을 적당히 조정하면 잔류전압을 작게 할 수 있다.

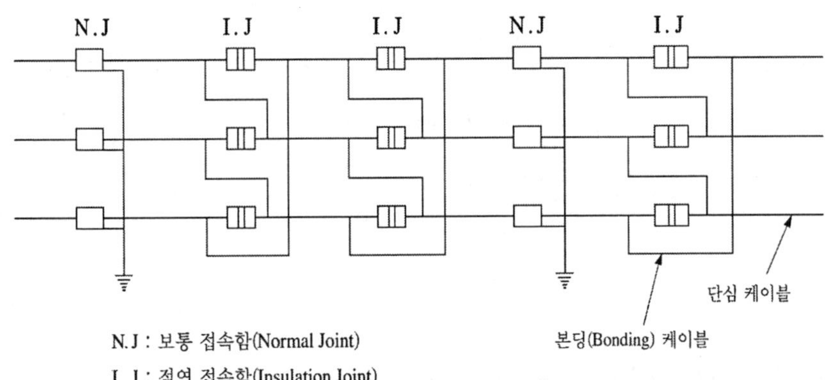

3. 시스 유기전압의 계산

3.1 편단접지 방식

$E_{(\ell)} = I \cdot X_m \cdot \ell [V]$

$E_{(\ell)}$: 편단접지시 금속시스 개방단에 유기되는 전압 [V]

I : 케이블 도체전류 (A)

X_m : 도체와 금속시스간 상호 리액턴스[Ω /m]

ℓ : 금속시스 접지점에서 반대편 개방단까지의 케이블 길이[m]

단, $X_m = 2\omega \cdot \ln \dfrac{D_o}{r_s} \times 10^{-7} [\Omega/\text{m}]$

r_s : 금속시스 평균반경 [mm], D_o : 케이블 등가선간거리

3.2 크로스본드접지 방식

단위 크로스본드 구간의 각 연가점 간의 길이를 ℓ_1, ℓ_2, ℓ_3 라 하고 전체길이를 ℓ 이라 하면 각 연가점 x 에서의 전압은 아래와 같다.

$0 \leq x \leq \ell_1$일 때

$$E_{(\ell_1)} = \frac{\sqrt{3} \cdot X_m \cdot I}{\ell} \sqrt{\ell_2^2 + \ell_2 \cdot \ell_3 + \ell_3^2} \cdot \ell_1 [V]$$

$\ell_1 \leq x \leq \ell_2$일 때

$$E_{(\ell_1+\ell_2)} = \frac{\sqrt{3} \cdot X_m \cdot I}{\ell} \sqrt{\ell_1^2 + \ell_1 \cdot \ell_2 + \ell_2^2} \cdot \ell_3 [V]$$

$\ell_1 + \ell_2 \leq x \leq \ell_1 + \ell_2 + \ell_3$일 때

$$E_{(\ell_1+\ell_2+\ell_3)} \fallingdotseq 0 [V]$$

1-10. 케이블 보호대책

1. 진동방지

1.1 진동의 발생개소

1) 교량에 첨가 포설된 케이블
2) 철도, 궤조를 횡단해서 포설된 케이블
3) 변압기 직결형 케이블
4) 고가 철도 또는 궤조에 근접해서 포설된 케이블
5) 바람을 심하게 받는 케이블 입상부

1.2. 금속 외피에 피로파단(皮勞破斷)이 생기지 않는 반복 일그러짐의 허용치

1) 순　　연 : 0.1%
2) 연 합 금 : 0.15%
3) 알루미늄 : 0.3%

1.3 진동방지방법

1) 진동원과 케이블과의 사이에 방진재를 설치한다.
2) 케이블 고정용 크리트의 간격을 적당히 선택하고 케이블 고유진동수를 진동원 주파수로부터 멀리한다.

2. 방재 (防災)

2.1 전력구내 방재설비

전력구내 화재에 대비하여 다음과 같은 방재설비를 설치하여야 한다. 단, 연소방지 설비는 전력구 길이500m(폭,1.8m, 높이2.0m이상)이상의 전력구에 한하여 시설한다.

1) 소화기 설치

① 전력구의 출입구, 환기구 등 화재발생 우려가 있거나 사람의 접근이 용이한 장소에는 A, B, C 화재에 공통으로 적응하는 수동식 소화기를 설치하여야 한다.

② 전력구 부대설비 운전을 위하여 설치하는 분전반 및 제어반 상부에는 자동확산소화용구를 설치하여야 한다.

2) 자동화재 탐지설비

① 경계구역 : 하나의 경계구역 길이는 700m 이하로 한다.

② 표시 : 하나의 경계구역은 하나의 표시등 또는 하나의 문자로 표시

③ 감지기 종류 : 정온식 감지선형 감지기

④ 설치장소 ; 전력구 천정 또는 케이블 선반 등 유효하게 감지할 수 있는 장소

⑤ 설치방법

㉠ 보조선이나 고정금구를 사용하여 감지선이 늘어지지 않도록 설치

㉡ 단자부와 마감 고정금구와의 설치간격은 10cm이내로 설치

㉢ 감지선형 감지기의 굴곡반경은 5cm이상으로 설치

3) 연소방지 설비

① 송 수 구 : 구경 65mm 쌍구형

② 배 관 : 스테인레스 강관 사용

③ 살수구역 : 길이 방향으로 350m이하마다 1개 이상 설치하거나 환기구를 기준으로 설치하고, 살수구역의 길이는3.0m 이상으로 함

2.2 전력구내 케이블 · 전선

1) 전력구내에 설치하는 케이블, 전선은 불연성 또는 자소성이 있는 난연성 피복이나 이와 동등이상의 성능을 갖는 피복을 사용하여야 한다.

※ (주) 불연성 또는 자소성이 있는 난연성 : 전기설비 기술기준에 의함.

2) 345kV OF케이블 및 부속재는 다음과 같이 방재 조치를 한다.
① 케이블 : 방재 트러후내 포설
② 접속부 및 기타 노출부 : 연소 방지재 설치 (난연테이프, 난연도료, 방재시트 등)
3) 기타
◦ 선로 중요도 등을 감안하여 방재조치가 필요한 경우에는 별도 검토한다.

2.3 옥내 변전소 케이블 처리실 및 인출 전력구

1) 관통부

변전소 건물내의 벽, 천장 및 인출전력구와 변전소간 또는 전력구내 방화벽의 케이블 관통부위는 난연씰, 난연보드 등 방화구획재로 밀폐처리하여야 하며 2시간 내화성능을 갖도록 하여야 한다.

2) 방화문
① 건축법 시행령 제64조에 적합한 갑종 방화문 설치
② 방화벽은 케이블 증설시 조립 해체가 용이한 구조로 사용

2.4 배전케이블 수용 제한

345kV 전력구에는 배전선로를 수용하지 않아야 한다.

2.5 케이블 입상개소의 보호

가공과 케이블의 접속점, 옥외변전소 등의 케이블 입상 개소에서 케이블이 노출되어 외상 또는 화재로 인한 피해를 받을 우려가 있는 부분은 케이블 보호시설을 하여야 한다.

3. 활락방지

3.1 케이블의 활락현상은 다음과 같은 것에 영향을 받는다.

1) 관로의 경사각
2) 케이블의 길이
3) 부하 변동의 크기
4) 케이블에 가해지는 반항력 등

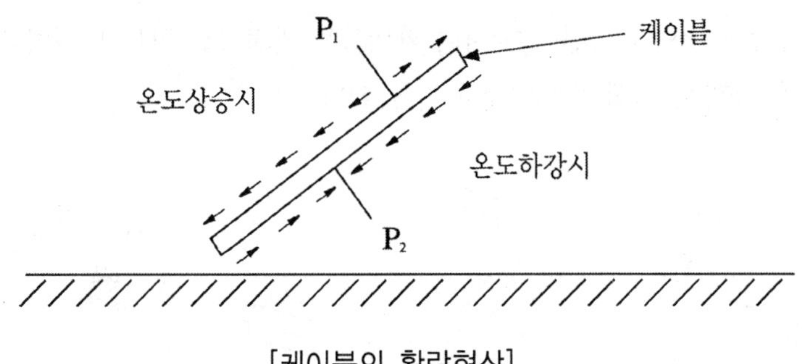

[케이블의 활락현상]

3.2 활락 현상시 임계 온도변화 (T_c)

$$T_c = \frac{(\mu\cos\Theta - \sin\Theta) W \cdot \ell + K_1 + K_2}{\alpha \cdot E \cdot A}$$

Θ : 경사각도 [°]

W : 케이블 중량[kg]f/m]

ℓ : 케이블 루트 길이 [m]

K_1, K_2 : 관로구에 대한 반항력[kgf]

α : 케이블의 선 팽창계수[1/℃]

E : 케이블의 영(young)률 [kgf/㎟]

A : 케이블의 도체 단면적 [㎟]

3.3 케이블의 활락방지에는 다음과 같은 방식이 있다.

1) 스토퍼(Stopper)방식

경사지의 상단측 케이블에 스토퍼를 설치하는 방식으로 케이블 팽창때는 구속(拘束)되지 않으나 줄어드는 경우 축소량이 팽창량보다 크면 스토퍼가 관로구에 닿아서 케이블의 활락이 방지된다.

2) 상단 고정방식

경사지 상단측에서 케이블을 관로구에 완전히 고정하여 활락을 방지하는 방식이다. 케이블의 필요 구속력(拘束力)은 일반적으로 스토퍼 방식보다 크게 된다.

3) 중간 고정방식

케이블 루트 중앙에 핸드홀 등을 설치하여 케이블을 완전 고정하는 방식이다. 케이블의 필요 구속력은 고정점을 적당히 선택하면 대단히 작게 된다.

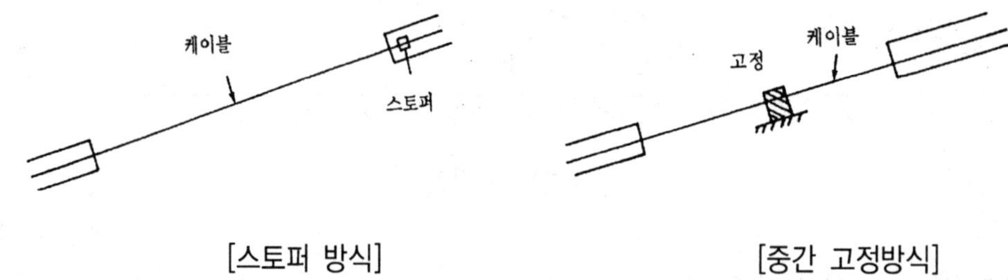

[스토퍼 방식] [중간 고정방식]

4) 스프링(Spring)방식

스토퍼 방식에 있어서 스토퍼와 관로구 간에 스프링을 설치하므로써 케이블에는 항상 윗방향으로 힘이 작용하도록 하여 활락을 방지하는 방식이다.

이 방법은 스토퍼 방식에 비해 필요 구속력을 극히 작게 할 수 있다.

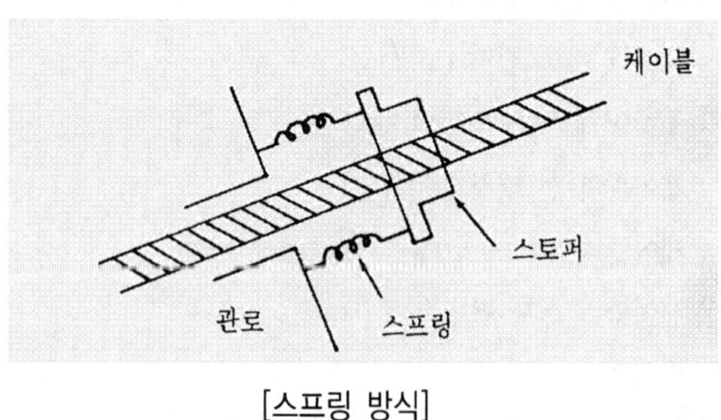

[스프링 방식]

4. 케이블의 내뢰(耐雷) 대책

4.1 케이블 절연체의 보호

1) 가공전선로의 철탑접지와 종단 접속상 가대 및 케이블 금속시스 접지의 연접

2) 피뢰장치의 설치

3) 케이블의 절연강화

4.2 절연통의 보호

1) 병행지선의 설치

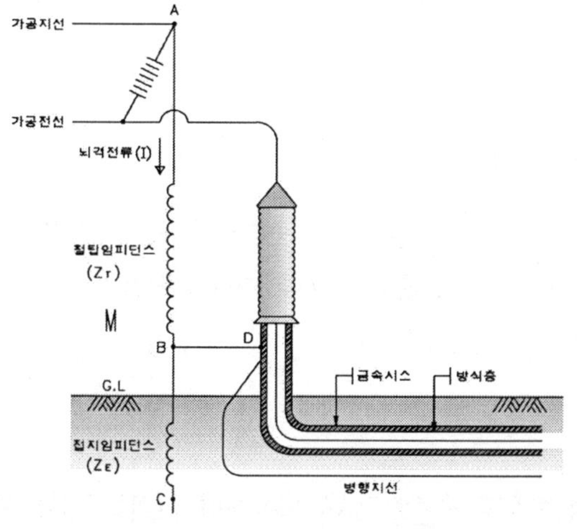

[연접접지와 병행지선 예]

2) 절연통 보호장치의 설치

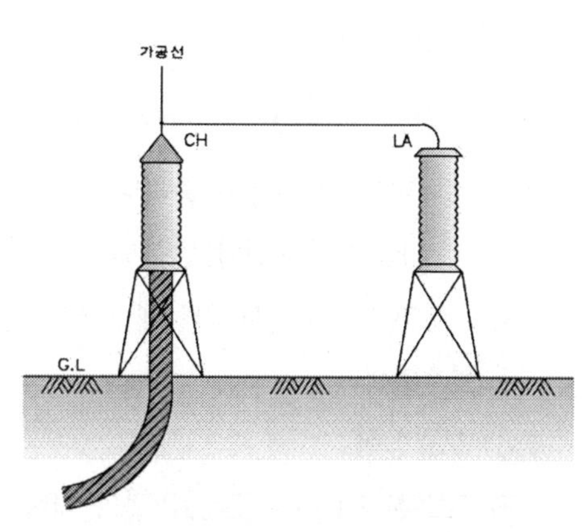

[피뢰장치 설치의 예]

4.3 절연통 보호장치의 설치 예

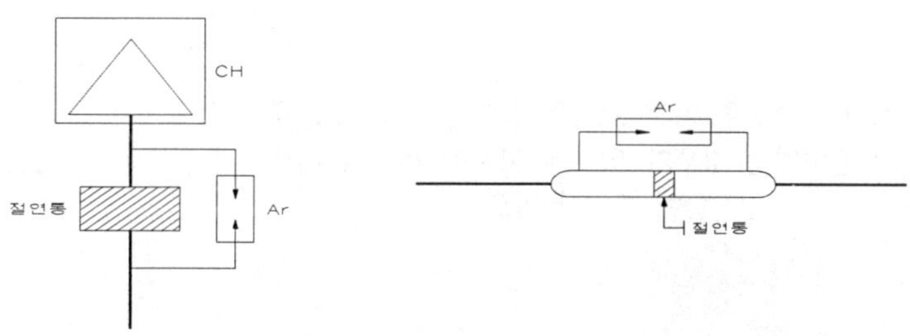

[케이블헤드(CH) 절연통 부분]　　[크로스본드(Cross-Bond) IJ 부분]

4.4 절연통 보호대책

1) 절연통의 보호레벨

① 케이블에 뇌 또는 개폐 임펄스 등 이상전압이 내습할 때 절연통 및 케이블 접속부에는 위험전위가 발생되어 절연파괴 등이 일어날 수 있으므로 어느 보호레벨 이상의 뇌 또는 개폐 임펄스가 침입할 경우 보호레벨 이하로 서지전압을 제한할 필요가 있다.

② 154kV 이상 송전케이블의 절연접속부 또는 종단부의 절연통간의 임펄스 내전압 및 보호레벨은 공히 50kV로 되어 있으나, 시공 및 경년열화 등에 의한 내전압 등을 감안하여 14kV 이상 전압이 유기시 방전될 수 있도록 절연통 보호장치(C.C.P.U)의 제한전압을 14kV로 선정하였다.

2) 충격내전압

산출공식 $V_S = V_{S0} \times K_1 \times K_2 \times K_3$

VS : 절연통의 충격내전압치 [kV]　　VS0 : 절연통의 충격시험 전압치 [kV]

K1 : 충격전압 반복인가에 의한 저하율　K2 : 흡수 열화에 의한 저하율

K3 : 포설시 외상에 의한 저하율

3) 보호대책

① 보호방식

크로스 본드(Closs-Bond) 절연접속의 보호효과를 절연통 사이 발생전압 크기로 평가 하면 대지간 방식 〉 교락 접지 방식 〉 교락 비접지 방식의 순으로 절연통간 연결 비접지 방식이 가장 효과가 크며 방식별 특징은 다음과 같다.

대지간 방식	구 성 도
• 방식층 장치의 기드선은 일부 크로스 본드선을 겸하기 때문에 리드선이 길어지는 경우가 있는데 고주파 써지에 대해서는 리드선 부분의 전압강하에 주의할 필요	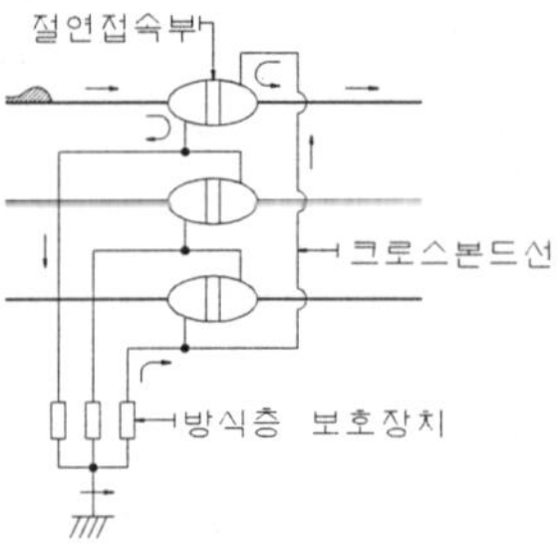

절연통간 연결(교락) 접지 방식	구 성 도
•절연접속부 1조당 2개의 보호장치가 필요하며 접속부 근방에 장치하므로 써지 제한효과는 대지간 방식보다 월등 양호	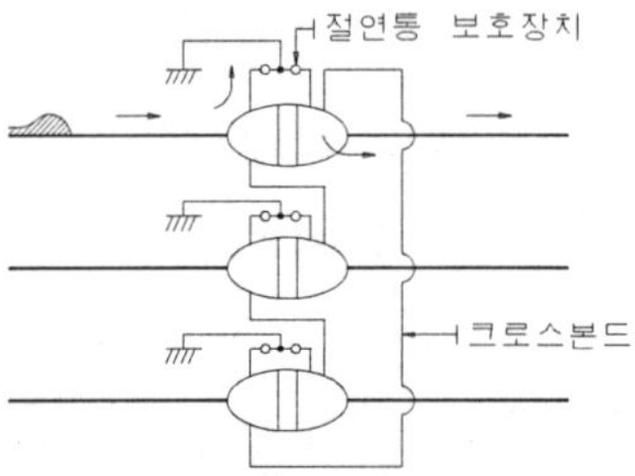

절연통간 연결(교락) 비접지 방식	구 성 도
•써지 억제효과가 가장 좋으며, 시스 대지간에 써지가 침입한다고 예상되는 선로에서는 대지 사이에도 장치하면 보호효과가 더욱 좋아짐	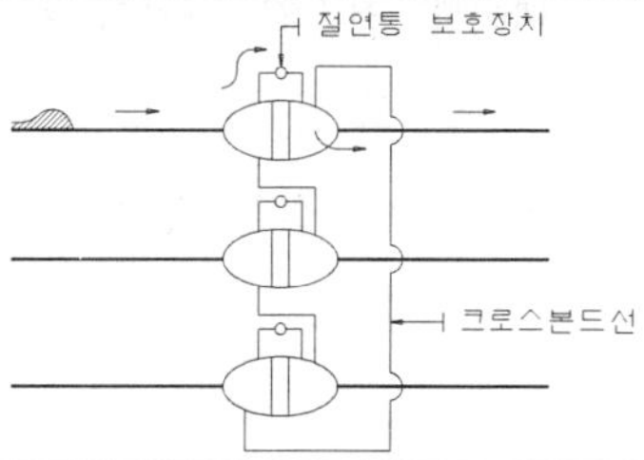 절연통 보호장치 크로스본드선

② 시행방법

- 절연접속함 및 종단접속함의 절연통간에 절연통 보호장치(C.C.P.U) 설치
- 선로 양단의 제1크로스 본드 구간의 절연 접속함에는 금속시스와 대지간 절연통 보호장치 및 접지 시공
- 크로스 본딩은 접속함 단자간에서 직접 시행
- 크로스 본딩선의 접속점은 방수 처리
- 크로스 본딩선은 최대한 짧게 시공

4.5 절연통 시행방법

1) 절연접속함 및 종단접속함의 절연통간에 절연통 보호장치(C.C.P.U) 설치
2) 선로 양단의 제1크로스본드 구간의 절연접속함에는 금속시스와 대지간 절연통 보호장치 및 접지 시공
3) 크로스본딩은 접속함 단자간에서 직접 시행
4) 크로스본딩선의 접속점은 방수처리
5) 크로스본딩선은 최대한 짧게 시공

4.6 절연통 보호장치 주요 특성

1) 제한전압 : 14kV 이하
2) 절연저항 : 100MΩ 이상
3) 외형 : 방수형

4.7 절연통 보호장치(C.C.P.U) 점검

1) 절연통 보호장치(C.C.P.U)는 Gap Type과 Gapless Type 2종류가 있는데 Gapless 형으

로 가급적 시행한다.

2) 케이블 접속점 단자와 절연통 보호장치(C.C.P.U)간 연결리드의 굵기는 150㎟, Cross Bond선의 굵기는 240㎟가 되도록 할 것.
(※ 참조 : 접지저항의 접속함 연결전선 최소 굵기)

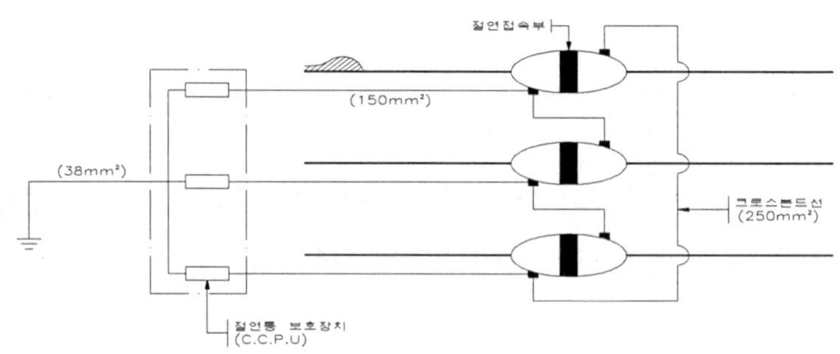

5. 방식층 및 절연통 보호 대책

5.1 방식층 및 절연통의 충격 내전압치는 다음 식에서 구한다.

$$V_s = V_{so} \times K_1 \times K_2 \times K_3$$

- V_s : 방식층 및 절연통의 충격내전압치 [kV]
- V_{so} : 방식층 및 절연통의 충격시험 전압치 [kV]
- K_1 : 충격전압 반복인가에 의한 저하율
- K_2 : 흡수 열화에 의한 저하율
- K_3 : 포설시 외상에 의한 저하율

5.2 방식층 및 절연통 보호레벨 : 50kV

5.3 보호대책

① 보호방식 : 절연통간 연결 비접지(교락비접지) 방식

② 시행방법

㉠ 절연접속함 및 종단접속함의 절연통간에 절연통 보호장치(CCPU) 설치

㉡ 선로양단의 제1크로스본드 구간의 절연접속함에는 금속시스와 대지간 절연통 보호장치 및 접지시공

㉢ 크로스본딩은 접속함 단자간에서 직접 시행

㉣ 크로스본딩선의 접속점은 방수처리

㉤ 크로스본딩선은 최대한 짧게 시공

③ 절연통 보호장치 주요 특성

㉠ 제한전압 : 14kV이하

㉡ 절연저항 : 100mΩ 이상

㉢ 외　형 : 방수형

1-11. 인허가업무관련, 도로굴착, 복구 관련

1. 인허가업무

1.1 대관업무 FLOW

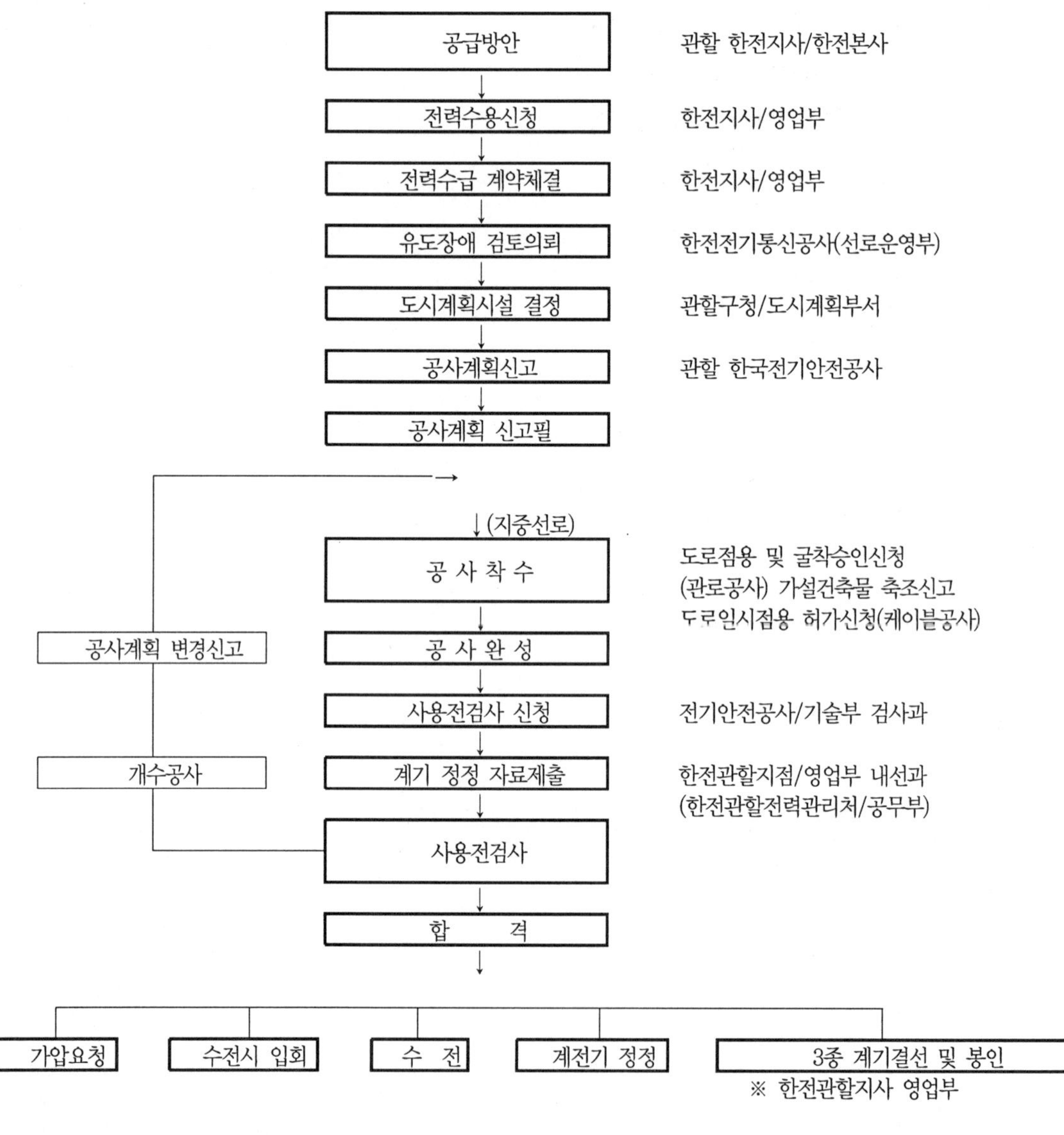

1.2 세부 대관업무

순번	구	분		관 련 처
1	전력공급방안협의	구두협의	건설예정지, 수전용량, 수전방식, 수전예정시기	한국전력공사 본사영업처 전력관리처 관할지사
		공문발송	ㅇ현황 : 건설예정지, 수전용량, 수전방식, 수전예정시기 ㅇ요청 : 수전가능여부, 공급예정변전소, 공급예정선로 조건, 공급예정 임피던스, 변전소 인출위치 ㅇ첨부 : 급전계통도, 건설예정위치약도	
		회신접수	수전가능예정, 공급예정변전소, 공급예정선로조건, 공급예정임피던스, 변전소 인출방안	
2	경과지검토	공문발송	ㅇ요청 : 국토이용관리법상 저촉여부, 도시계획법상 저촉여부, 군사시설보호상 저촉 또는 지장여부, 상하수도 시설 저촉 또는 지장여부, 기타사항 ㅇ첨부 : 건설예정 경과지 지형도, 철도부지 경과지 지형도	관할 시 · 도
		회신접수	가능유무	
		공문발송	ㅇ요청 : 통신선로 관련시설물, 상하수도 관련시설물, 도시가스 관련시설물, 송유관로 관련시설물, 저유소 관련 시설물, 기타필요사항 ㅇ첨부 : 건설예정 경과지 지형도, 철도부지 경과지 지형도	관할 시 · 도 한국통신 도시가스 송유관공사 군부대 등
		회신접수	가능유무	
		공문발송	ㅇ요청 : 전력구 공동사용 가능, 전력구 부근 굴착시 구조물과 최소 이격거리, 그외 한전 지하매설물 현황조회등 ㅇ첨부 : 건설예정 경과지 지형도, 철도부지 경과지 지형도	한국전력공사 전력관리처 관할지사
		회신접수	가능유무	
3	전기수용신청 (발주자와전력회사간수급계약체결)		ㅇ수용신청서 ㅇ사용인감계 (시공업체) ㅇ공장허가서 (건축허가) 사본 ㅇ전월 전기요금 영수증 ㅇ사업자등록증 사본 (수용가)	한국전력공사해당지점
4	통신선유도장애 검토		ㅇ% Impedance 공문 사본 (한전전력관리처) ㅇ1선지락 고장전류계산서 ㅇ송전선로설계서 ㅇ경과지도(관내 전신분국 기술담당직인) : 1/25,000 ㅇ구내 통신선로 및 송전선로 Route (관내 전신분국 기술단당직인) ㅇ유도전압계산서	한국전기통신/선로운용부
5	내선도면검토		ㅇ단선도 3부	한전지점영업부
6	송전선로검토 및 철탑강도 검토		ㅇ종단 및 평면도 ㅇ철탑 설계도면	한전지점 영업부
7	도시계획 시설 결정		ㅇ사업계획서 ㅇ공사개요 ㅇ토지조서현황 ㅇ철탑부지 지적도면 ㅇ지적도 (결정계획서) ㅇ철탑경과지도 ㅇ농지전용허가서 ㅇ토지사용 승낙서 ㅇ공사계획인가서 사본	구, 시청 도시계획시설과

순번	구 분	관 련 처
8	공사계획 신고/인가: 각3부	○공사계획(변경) 신청서 ○공사계획서 •일반적 기재사항 •설비별 기재사항(1000V이상 부하 명세표) – 차단기 ,발전기, 접지방식 – 전압 1000V 이상의 기기 (변압기, 전동기, 콘덴서 및 리액터) – 전선로 (전압 1000V 이상) ○변경이유서 ○전기안전관리담당자 선임신고필증 ○전기안전관리규정 ○한전공급방안 공문 사본 ○한국전기통신공사 통신유도대책검토 공문 사본 ○3상 단락 용량 계산서 ○토지사용 승낙서 (지중선로일 경우 굴착허가서) ○토지현황 ○단선결선도 (신설 및 기준) ○기기배치도 (신설 및 기준) ○송전선로관련 일람도 (1/25,000 지도) ○철탑 종단 및 평면도 ○철탑 설계서 및 설계도 ○철구 설계서 및 설계도 ○철탑 기초도 ○애자 장치도	한국전기안전공사 (345kV는 통산부)
9	산업기지개발사업 시행자 지정 신청	○사업계획서 ○위치도 (1/25,000 지도) ○법인 등기부등본 ○철탑 설계도○건설부 허가서 ○소유권 증빙서류 ○신청서 ○토지조서 ○토지사용승낙서 ○현황 실측도	도, 시청
10	MOF용 CT, PT 검사	○검정신청서 ○수입면장 사본 ○Maker 시험성적서 및 사양서	한국전기연구소
11	계전기 결정	○계전기 사양서 ○단선도, 삼선도, Sequence Diagram ○T/L 사양서 ○수전 TR 및 CB 사양서 ○발전기 사양서 (%Z)	한전/영업부
12	사용전 검사	○사용전 검사 신청서 ○단선도 ○자가용 전기공작물 사용전 검사 점검표	한국전기안전공사
13	검수 봉인	○가압요청 공문 ○사용전 검사필증 사본 ○시험성적서 사본(원본) – MOF	한전영업부
14	도로굴착승인 신청	○위치도 (1/50,000 지도) ○사업 계획서 ○지적도 (경과선로 평면 및 종단도)	한국도로공사 지방국도관리청 시 · 군청
15	철도횡단승인	○전선로 시설명세 ○종단 및 평면도 ○경과지도 (1/50,000) ○유도전압계산서 ○지지물 구조도	철도공사 전철과
16	공원의 점용 사용 허가	○점용계획서 ○토지등기부 등본 및 토지대장 등본 ○지적도 ○위치도 및 사업계획 평면도	시 · 군청 도시과

순번	구 분	관 련 처
17	발파허가	ㅇ산림훼손 신고필증 ㅇ공사계약서 사본 ㅇ자격증 소지자 민간인 신원진술서 ㅇ화약류 관리기사 자격증 사본 ㅇ시공자 대표이사 위임장 ㅇ화약류 관리보관 책임자 선,해임 신고서	경찰서
18	농지 전용 허 가	ㅇ토지대장등본 ㅇ지적도 등본 (도시계획 : 시, 군청) ㅇ등기부 등본 (법인) ㅇ신청서 ㅇ공사설계서 ㅇ사업계획서 (원상복구비 명세) ㅇ복구비 및 명세서 도면 ㅇ지도 (1/50,000 또는 1/25,000)	시, 군청
19	국유림 대부 허가	ㅇ국유림 대부 신청서 ㅇ사업계획서 ㅇ등기부 등본 ㅇ임야대장 ㅇ임야도 ㅇ위치도 ㅇ훼손실측도 ㅇ경과지도 ㅇ철탑설계도	시, 군청
20	군사시설 보호구역공사 협의	ㅇ사업계획서 ㅇ등기부등본 ㅇ임야대장 ㅇ임야도 ㅇ위치도 ㅇ훼손실측도 ㅇ경과지도 ㅇ철탑설계도	군 부 대
21	산림훼손신고서	ㅇ벌채구역 실측도 (지적도) ㅇ지상권 설정계약서 사본 ㅇ임야대장 ㅇ지적임야도 등본 ㅇ등기부 등본 ㅇ위치도 (1/25,000) ㅇ공사계획인가도 사본 ㅇ사업계획서 (복구공사비 명세) ㅇ계약서 사본	시, 군청
22	진입로 훼손 허가	ㅇ산주동의서 ㅇ산주 인감증명서 ㅇ벌채구역 실측도 (지적도) ㅇ위치도 (1/25,000) ㅇ사업계획서 (복구공사비 명세) ㅇ계약서 사본	시, 군청

3. 사업실시 계획승인 신청서류

3.1 사업계획서

3.2 송전선로 위치도

3.3 공공철도건설사업용지로 사용할 토지 또는 지장물의 세목 및 그에 관한 소유권외의 권리에 관한 명세

1) 수용용지집계표(송전선로)
2) 리별수용용지집계표(송전선로)
3) 토지세목조서(송전선로)

3.4 송전선로 용지도

3.5 송전선로 계획 종 · 평면도

3.6 토지 등의 보상계획 및 이주대책

3.7 지진피해 경감대책

3.8 철도건설법 제11조 제1항의 규정에 의한 협의사항

=> 전기분야 에서는 송 · 변전설비 등 전기철도 설비가 다음의 규정에 관련 사항만 협의함

1) 「국토의 계획 및 이용에 관한법률」 제30조 2항 규정에 의한 도시관리계획의 결정 (동 법 제2조 제6호의 기반시설에 한한다)
2) 「공유수면관리법」 제5조 규정에 의한 공유수면의 점. 사용허가
3) 「공유수면매립법」 제9조 규정에 의한 매립면허
4) 「하수도법」에 의한 공공하수도의 점용허가
5) 「하천법」 제33조 및 「소하천정비법」 제14조 규정에 의한 하천 · 소하천점용의 허가
6) 「도로법」 제40조 규정에 의한 도로의 점용허가
7) 「자연공원법」에 근거한 공원의 점용 및 사용허가
8) 「농지법」 제36조 규정에 의한 농지전용의 허가 또는 협의

※ 제36조 1항 농업 진흥구역에서 할 수 있는 행위중 공공시설의 범위

=> 아래 사항 이외는 진흥지역 변경절차를 거쳐야함

① 농업 진흥구역은 원칙적으로 농업생산과 직접 관련되는 토지 이용 행위만 허용하고 있으나 일부 공공시설은 다음과 같은 특성이 있어 예외적으로 허용

㉠ 거리단축 · 직선화의 필요성 : 도로 · 철도, 상 · 하수도, 통신선로, 전주 등

㉡ 역사적 사실과 관계된 지역에 설치 : 문화재복원, 비석 · 기념탑 등

㉢ 시설의 기능 또는 국가보안상 특정위치에 설치 : 국방 · 군사시설, 하천,제방 등

② 따라서, 농지법상 진흥구역내에 허용되는 도로 · 철도, 상 · 하수도, 통신선로, 전주 등의 범위는 법령상의 용어 정의와 관계없이 도로 · 철도의 노선 등 이들 시설의 기능 유지에 필수적인 부대시설로서 한정됨.

단, 도로변 휴게소 · 철도차량기지 · 철도역사 · 발전소 등은 제외됨

9) 「초지법」에 근거한 초지전용허가

10) 「산지관리법」에 근거한 산지전용허가, 산지전용신고 및 「산림법」에 의한 인허가 사항

11) 「사방사업법」에 근거한 사방지안에서의 벌채등의 허가

12) 전기사업법 제62조 규정에 의한 자가용 전기설비의 공사계획인가 또는 신고

13) 「수도법」에 근거한 일반수도사업의 인가

14) 「산업집적활성화 및 공장설립에 관한 법률」에 근거한 공장설립 등의 승인

15) 「건축법」에 근거한 건축위원회 심의, 건축허가, 건축신고 없음

16) 「건설기술관리법」 제5조 규정에 의한 건설기술심의위원회의 심의

17) 「소방시설설치유지 및 안전관리에 관한법률」에 근거한 건축허가 등의 동의

18) 「군사시설보호법」에 근거한 행정청의 허가사항에 관한 협의

19) 「광업법」에 근거한 광업권 설정·취소, 광구 감소처분

20) 「장사등에 관한법률」에 근거한 무연분묘의 개장 허가

21) 「사도법」에 근거한 사도개설의 허가

22) 「폐기물관리법」에 근거한 폐기물처리시설설치의 승인 또는 신고

23) 「오수 · 분뇨및 축산폐수의 처리에 관한법률」에 근거한 오수처리시설 · 단독정화조의 설치신고

24) 「대기환경보전법」, 「수질환경보전법」 및 「소음진동규제법」에 근거한 배출시설설치의 허가 또는 신고

3. 도로굴착

3.1 도로굴착 허가 신청 흐름도

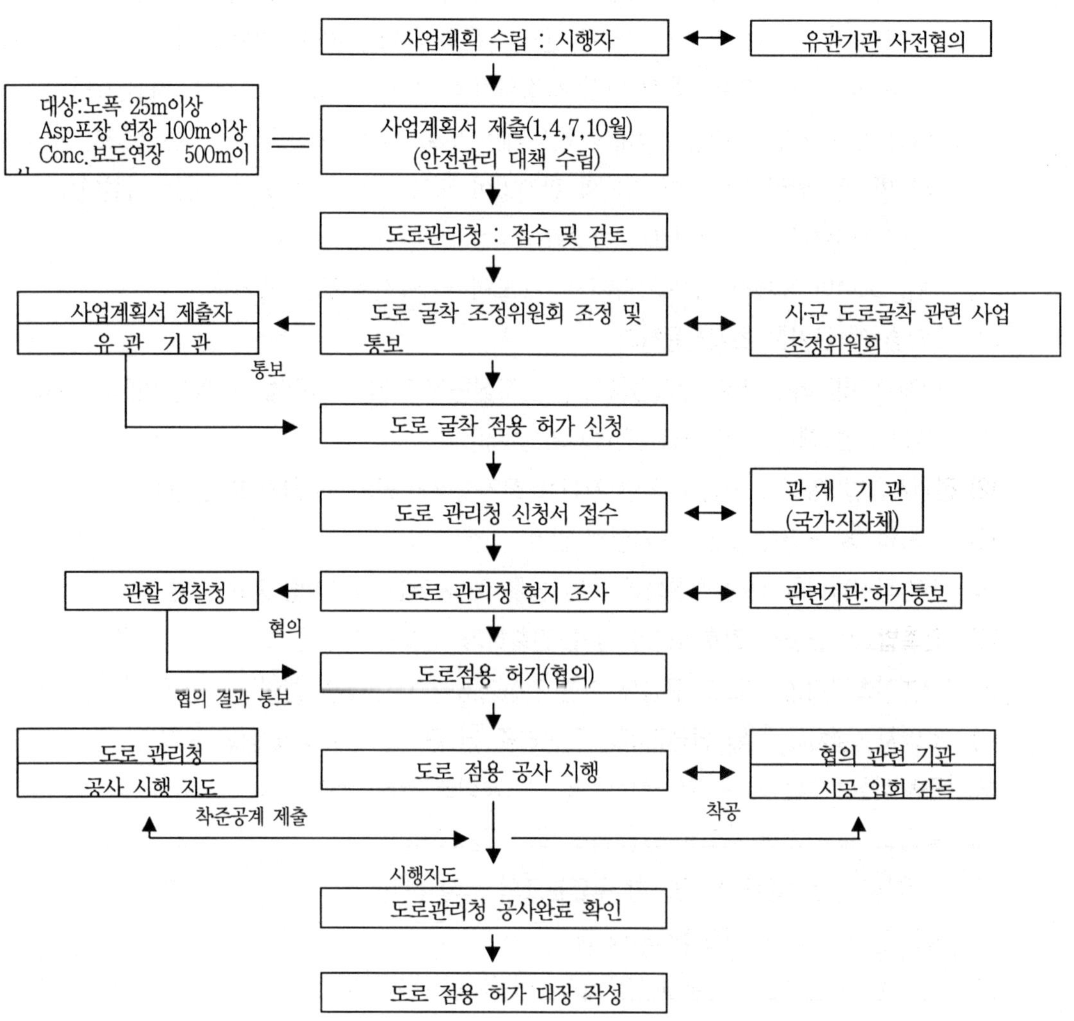

3.2 도로굴착 허가 관련법

법 령	조	조 문	내 용
도로법	제40조	도로점용	•도로 점용자는 관리청허가
	제43조	점용료의 징수	•도로점용자에게 점용료 징수할 수 있음
	제67조	손괴자 부담금	•도로손괴 행위자에게 도로 수선유지에 필요한 비용부담할 수 있음
도로법 시행령	제24조	점용허가의 신청	•허가를 받고자 하는자는 관리청에 신청서 제출
	제24조의 4	점용에 관한 사업 계획서 등	•점용사업계획서를 매년 1,4,7,10월중 관리청에 제출 (천재지변, 돌발사고, 긴급복구 공사시 제외) •관리청은 도로굴착 관련사업 조정위원회 조정후 통보 •신설, 개축포장도로 3년(보도 1년)이내 도로굴착 점용 불허(천재지변, 전기, 통신, 수도관, 가스관 긴급복구공사, 군사상등은 제외) •도로굴착 관련공사후 2년(보도 1년)이내 도로굴착 점용 불허(상기공사 포함, 전기, 통신, 수도, 가스, 난방을 위한 너비 3m이하 횡단공사, 지하매설물 유지관리위한 길이 10m 너비3m이하 공사 제외)
	제24조의 5	도로굴착관련사업 조정위원회설치	•도로굴착 관련사업 조정위해 시, 군에 조정위원회 설치
	제25조	점용공사완료검사	•점용공사 완료, 원상회복후 관리청 검사
도로교통법	제64조	도로공사 신고	•도로공사자는 5일전에 공사구간, 기간, 일시, 방법, 경찰서 신고 (긴급공사시 안전조치후 착공시 즉시 신고)
하수도법	제20조	점용허가	•공공하수도에 영향을 미치는 시설을 하고자 할 때 관리청허가
하수도법시행령	제11조	설치기준 등	•공공 하수도 시설은 전기, 통신, 가스, 수도 설치위치 보다 낮게시설
수도법 시행령	제5조	행위제한 등	•상수도보호 구역내에서 공작물 신·개축, 토지굴착시 관할 시장, 군수허가
도시공원법	제8조	도시공원의 점용 허가	•도시공원 안에서 공작물설치나 토지형질변경시 공원관리청의 점용허가
자연공원법	제23조	점용 및 사용허가	•공원구역안에서 공원사업이외의 행위자는 공원관리청 허가
군용 전기통신법	제9조	통신시설의 특별 보호구역	•주무부장관이 지정하는 특별구역내에서 고주파전류 발생설비시 장관 허가
산림법	제62조	보안림에서의 제한	•보안림구역안에서는 산림청장의 허가받아야 벌목, 굴착등 가능
하천법	제25조	하천의 점용허가등	•하천구역안에서 토지점용시 관리청 허가
지적법시행령	제30조	기초점의 관리	•기초점, 표석, 표지 이전이나 상태 변경시 신청인으로부터 비용 징수
측량법	제20조	측량표의 이전신청	•건설부장관에게 이전 신청
유실물법	제13조	매장물	•경찰서에 신고
총포,도검, 화약류 단속법	제18조	화약류의 사용	•화약류 사용시 관할경찰서 허가
건축법시행령	제100조	배관등의 설치	•연면적 500㎡이상 건축물로 지중 전기수용설비시 전력선 인입용 배관, 맨홀설치(설비기준 규칙 제19조)
도시가스사업법		시설기준:시행규칙	•배관은 산과들1m이상, 그외 1.2m이상, 시가지도로밑 1.5m

4. 케이블 표지 시트 설치(Warning tape)

4.1 설치장소

지중관로 시설 후 무단굴착 등이 예상되는 장소에 케이블 표지 시트(Sheet)를 설치한다.

4.2 설치방법

1) 접어서 겹치게 설치 : 50㎝ 간격으로 25㎝마다 반복 겹쳐서 설치한다.

곡괭이나 백호우 등으로 굴착시 찢어지지 않고 걸려서 노출되므로 케이블이 매설되어 있는 것을 쉽게 알 수 있도록 겹치게 설치한다.

2) 표지 시트(Sheet)설치 깊이

① 지중선로 상단과의 거리는 30㎝이상 유지

② 보도에 설치시 지표하(下) 20~30㎝위치에 매설

③ 차도에 설치시 포장층 밑 10~20㎝위치에 매설

④ 지중 구조물과 시트간격 : 30㎝이상 유지

3) 소요 열수

지중관로 설치 폭[㎜]	표지 시트 소요 열수
150 이하	1
500 이하	2
800 이하	3

2.3 표지 시트(Sheet)설치 품

구 분	규 격	고압케이블공[인]	보통인부[인]	비 고
표지 시트 설치	150㎜×0.15㎜	0.05	0.12	시트길이 100m마다 공량

5. 지중선로 표지기(標識器) 설치

5.1 규 격

구분	포장 도로용	비포장 도로용
규 격	•표지기 직경 : 100㎜ •표지기 두께 : 7㎜ •핀 길 이 : 140㎜ •핀 직 경 : 15㎜	•규 격 : 150×150×700㎜ •재 질 : 콘크리트 •글씨표기 : 매설물종류, 관리기관, 매설깊이, 연락처를 음각 표시

5.2 설치장소 및 간격

1) 지중선로 표지기

① 설치장소 : 아스팔트, 콘크리트 및 보도블럭으로 포장된 차도 및 보도 지표면.

② 설치간격

- 직선구간 : 10m 간격.
- 양방향, 3방향, 4방향, 접속점 : 발생 개소마다 1개씩.

2) 지중선로 표지주

① 설치장소

- 비포장도로(사리도), 잔디밭 등의 지표면.

② 설치간격

- 지방지역 50m, 도시지역 20m, 곡선부위 5~10m 간격을 원칙으로 하고 주변지형 여건 등에 따라 적절히 조정.

6. 안전시설물 설치

6.1 도로 굴착 복구시에는 반드시 공사안내판, 칸막이, 야간조명 및 안전표지(주의, 규제, 안전, 야간위험, 위험개소 표지)등의 안전시설을 지방자치단체의 공사장 주변 안전시설 설치지침 및 도로공사중 교통통제 지침 등에 따라 설치하고 운영하여야 한다.

6.2 칸막이는 배치순서(서울시 예 : 안전제일, 공사명, 시행청, 도급자, 공사기간의 순위로 반복배치)를 잘 지켜 도로관리청 및 민원인들로부터 지적받는 사례가 발생되지 않도록 하여야 한다.

제 2 장 변 전

2-1. 전철변전설비 건설 및 형식 검토
2-2. MTR 및 단권변압기 용량검토
2-3. 주변압기전류 및 고장전류계산
2-4. 전철변전소 타분야 고려사항
2-5. DC변전소 전력공급 검토
2-6. DC변전소 간격, 정류기용량결정
2-7. 회생인버터기술검토
2-8. 정류기 검토
2-9. 보호 계전 계통
2-10. 전식방지 대책
2-11. DC변전개구부 크기검토

2-1. 전철변전설비 건설 및 형식 검토

1. 전철변전설비 입지선정 조건 및 기준 조사

1.1 전철변전소의 건설위치 선정조건

부하중심과 한전 수전점을 고려, 급전선의 인출 및 전차선로의 절연구간 설치가 용이, 전기차 운전상 Notch-off로 통과할 수 있는 장소로서 선로는 급구배와 곡선구간이 아닌 곳, 전기차가 일시 정차할 우려가 없는 곳, 전차선로의 보수 작업상 곤란하지 않는 곳을 선정 한다.

1.2 전철변전설비의 건설위치 선정조건 및 기준

구분	조 건	기 준	비 고
공 통 사 항	• 주거 밀집, 민원우려 지역은 피할 것 • 교량 및 터널개소는 피할 것 • 환경오염 등 공해지역은 피할 것 • 수해 등 재해발생 우려개소는 피할 것 • 도시 및 국토이용계획 등에 저촉되지 않을 것 • 장래 확장 및 기기 운반이 용이할 것 • 인 · 허가 및 용지매수가 용이할 것	• AT설치간격은 AT급전방식의 특성효과인 전압강하보상 및 통신유도경감효과와 경제성을 극대화할 수 있는 8~10㎞ • 기기운반용 도로 폭 3m 이상 확보	
변전소	• 변전소 상별 부하 불평형이 되지 않도록 부하중심에 위치할 것 • 인접변전소 고장으로 연장급전시 전압강하로 인한 열차운행에 지장이 없는 위치일 것 • 인접 선구의 장래 계획시 연계급전이 용이할 것 • 한전전원의 인출이 용이하고, 한전변전소와 가까이 위치일 것 • 전차선로 절연구분장치 설치가 용이한 위치일 것	• 부하불평형 허용범위 3%이내 • 전차선로 최저 집전전압 20[kV] 이상 • 전차선로 절연구분장치 설치조건 – 본선의 상구배 5‰ 이하 확보 – 선로곡선반경 800m 이상 확보 – 교량 및 터널내는 가급적 제외 – 장내신호기 외방 300m 이상, 출발신호기 외방 1000m 이상 확보	전기차가 노치오프 (Notch Off) 운전이 가능할것
보 조 구분소	• 설치간격은 AT급전방식의 특성효과를 극대화할 수 있도록 배치할 것 • 열차안전운전에 지장이 없는 위치일 것 • 주변 여건상 부득이 역구내에 설치시 급전선 인출에 따른 유지보수 관리시 감전 오인사고 등에 대한 대책 강구	• 전철전력설비시설지침 제135조(전기적 구분장치의 설치위치) 참조	

2. 전철변전설비 건설방식 검토

2.1 옥외GIS형과 옥내GIS형 비교

구 분	옥내 GIS			옥외 GIS		
	S/S	SSP	SP	S/S	SSP	SP
형 태						
특 징	• 각종 기기(변압기, GIS, 제어반 등)를 건축물내에 수납하여 설치			• 기기(변압기,GIS)를 옥외에 콘크리트 기초에 의하여 설치		
부 지 면 적 [㎡]	100% (약 3,815)	100% (약 465)	100% (약 688)	267% (약 8,000)	215% (약 1,000)	182% (약 1,250)
건축연면적 [㎡]	100% (약 2,419)	100% (약 570.5)	100% (약 931)	48% (약 880)	73% (약 236)	59% (약 330)
소음 및 진동	• 건축 구조물에 의해 차단되어 작다.			• 개방되어 매우 크다.		
부 식 성 (공해·염해)	• 외부(공해)와 차단되어 작다.			• 외부(공해)에 노출되어 매우 크다.		
시 공 성	• 매우 간단하다.			• 매우 복잡하다.		
미 관 성	• 환경친화적이다.			• 각종 기기들이 외부에 노출되어 주위 환경에 부적합하다.		
유지보수성	• 각종 기기들이 건축 구조물에 의해 보호되어 외적요인 사고우려가 없고 보수가 간편하다.			• 각종 기기들이 외부에 노출되어 있어 외적요인의 사고발생이 우려되고 보수가 복잡하다.		
민 원 성	• 각종 기기들이 건물내에 설치되어 있어 환경친화적이므로 민원 해소에 기여			• 각종 기기들이 노출되어 있어 주변 주민들의 민원 발생 우려		
보 안 성 (무 인 화)	• 각종 기기들이 건물내에 설치되어 있어 외부인의 침입이 어려워 보안성이 크고 무인화에 가장 적합하다.			• 각종 기기들이 노출개방되어 있어 외부인의 침입이 용이하여 보안성이 없고 무인화에 부적합하다.		
경 제 성	108%	109%	112%	100%	100%	100%

2.2 옥내 전철변전소 기기배치 방안 검토

전철변전소 건설형태는 주변환경, 지역주민의 민원발생여부, 토지구매 용이성, 경제성, 유지보수관리 등을 고려하여 4층형 구조와 3층형 구조를 검토한 결과는 다음과 같다.

구 분	4층형 구조	3층형 구조
형태	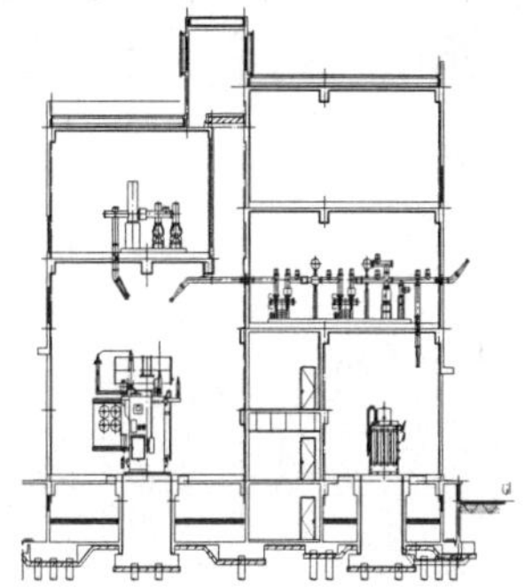	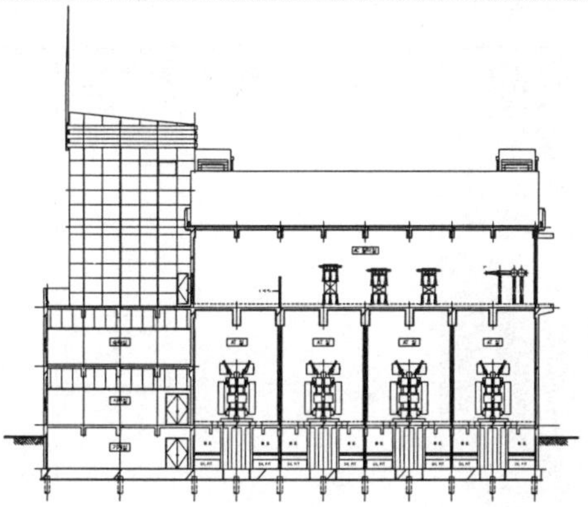
특징	• 부지면적이 좁아 M.Tr, AT실 외의 모든 실을 다층 구조로 배치하여 건물높이가 다소 높은 형태로 용지비가 고가이고 부지가 협소할 경우 유리	• 부지면적이 넓어 M.Tr, AT, 72.5kV GIS, 제어반, 감시실 등을 1층에 모두 배치하여 건물높이를 낮춘 형태로 용지비가 저가일 경우 유리
부지면적	100% (약 2,992㎡)	약127% (약 3,815㎡)
건축연면적	100% (약 2,526㎡)	약96% (약 2,419㎡)
시공성	• 주요기기 및 GIS를 층별 설치하여 시공성이 다소 불리	• 주요기기를 1층에 설치하여 장비반입 및 GIS 연결 등 시공에 다소 유리
유지보수성	• 주요 기기와 감시실 등이 층별 분리되어 있어 유지보수 및 관리에 불리	• 주요 기기와 감시실, 사무실 등이 1층에 배치되어 유지보수 및 관리에 유리
인허가업무	• 개발제한구역, 고도제한구역에 저촉될 경우 지자체 민원 및 인허가 등의 처리에 다소 불리	• 개발제한구역, 고도제한구역에 저촉될 경우 지자체 민원 및 인허가 등의 처리에 다소 유리
경제성	100%	약117%
장점	• 송전선로 건설조건은 가공, 지중 인출 가능한 구조임 • 72.5kV GIS를 3층 설치로 급전선 인출이 용이	• 건축비가 4층형 구조보다 다소 저가임 • 주 기기를 1층에 구성하여 건축동선이 짧아 유지관리에 유리
단점	• 건축동선이 길어 유지보수에 다소 불리 • 건축비가 3층형 구조에 비해 다소 고가	• 72.5kV GIS를 1층 설치로 전차선 가공 인출시 AT 상부에 노출되어 AT 반출입에 지장이 되고, 지중 인출시 공사비 증가 및 시공이 불리 • 용지비가 4층형 구조에 비해 다소 고가

3. 전철변전설비 건설형태 검토

옥내 GIS형인 변전설비 건설형태는 주로 철도선로 연변에 지상으로 건설하는 지상형 및 지하로 건설하는 지하형과 철도 노선 상부에 건설하는 주상형에 대하여 경제성, 환경성, 건설성, 기기의 안정성, 장래계획의 확장성, 유지보수의 관리성을 고려하여 검토한 결과는 다음과 같다.

구 분	지 상 형	지 하 형	주 상 형
횡단면도	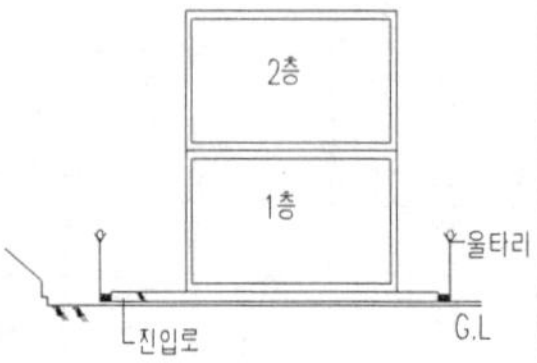 2층 1층 울타리 진입로 G.L	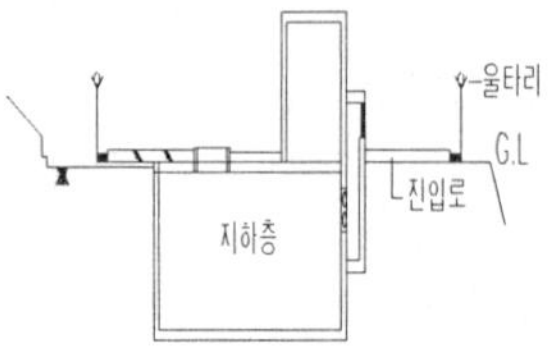 울타리 G.L 진입로 지하층	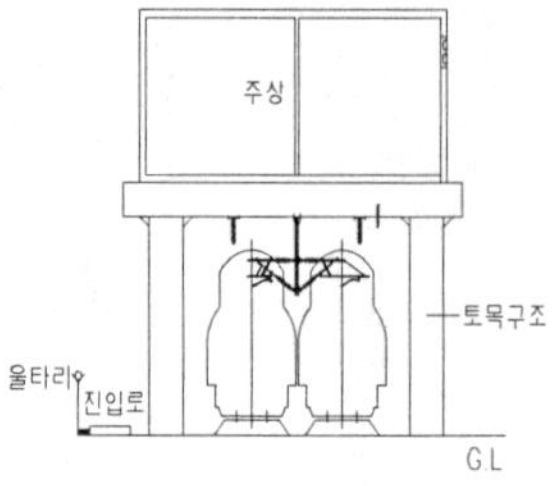 주상 토목구조 울타리 진입로 G.L
장 점	• 시공성, 경제성 유리 • 유시보수성 편리	• 민원발생 우려 없음 • 환경성 유리	• 일부 철도부지 활용 가능
단 점	• 환경성 불리	• 공사비증가(경제성 불리) • 유지보수성 불리	• 공사비증가(경제성 불리) • 시공성, 유지보수성 불리
부지 (건축) 연면적	• 부지 13x23=299㎡ • 건축 315㎡(핏트층 제외)	• 부지 23x23=529㎡ • 건축 381㎡(핏트층 제외)	• 부지(상비) 22.5x7=157.5㎡ • 건축 300㎡(핏트층 제외)
소음 및 진동대책	• 소음 및 진동방지대책 불필요	• 소음 및 진동방지대책 필요	• 소음 및 진동방지대책 필요 (열차 진동에 의한 기기 보호설비 필요)
용량 확장성	유리	보통	불리
경제성	100%	115%	112%
검토의견	• 토지매입이 용이하고 시공성, 환경성, 장래 확장성, 기기의 안정성, 유지보수 관리(침수 우려) 등 최적의 방안임.	• 토지매입은 용이하나 지역주민의 민원발생이 예상되고 주변환경에 부적합한 도심지에 적합하나 시공성, 장래확장성, 기기의 침수 우려 등 유지보수 관리면에서 부적합한 방안임.	• 도심 등 주변환경상 토지매입이 불가능하고 부득이한 경우 적합한 방안이나 시공성, 환경성, 장래확장성, 기기의 안정성, 유지보수 관리면에서 부적합한 방안임.

※ 부지(건축) 연면적은 SSP(옥내 GIS) 구성시의 기준임.

4. 전철변전기기(GIS, M.Tr) 제작사별 기술조사 검토

4.1 GIS 설치에 따른 각 제작사별 건축 벽 · 바닥 관통크기 검토(단위:mm)

<table>
<tr><th rowspan="3">구 분</th><th colspan="2">170kV</th><th colspan="2">72.5kV</th><th rowspan="3">비고</th></tr>
<tr><th rowspan="2">크 기</th><th>FL→기기까지높이</th><th rowspan="2">크 기</th><th>FL→기기까지높이</th></tr>
<tr><th>FL→BAY 중심까지</th><th>FL→BAY 중심까지</th></tr>
<tr><td rowspan="2">HS사</td><td rowspan="2">1,000x1,000</td><td>4,600</td><td rowspan="2">750x750</td><td>2,500</td><td rowspan="2"></td></tr>
<tr><td>2,805</td><td>2,166</td></tr>
<tr><td rowspan="2">LS사</td><td rowspan="2">700x700</td><td>4,520</td><td rowspan="2">1,000x900</td><td>3,200</td><td rowspan="2"></td></tr>
<tr><td>①31.5kA : 2,720
②50.0kA : 2,840</td><td>1,760(AT연결부)
2,600(M.Tr연결부)</td></tr>
<tr><td rowspan="2">HD사</td><td rowspan="2">1,150x1,150</td><td>4,810</td><td rowspan="2">700x700</td><td>3,625</td><td rowspan="2"></td></tr>
<tr><td>3,250</td><td>2,370</td></tr>
</table>

4.2 GIS 제작사별 크기 조사내용(단위:mm)

<table>
<tr><th rowspan="3">구 분</th><th colspan="6">전철변전소</th><th colspan="3">보조급전구분소</th><th rowspan="3">비 고</th></tr>
<tr><th colspan="3">170kV</th><th colspan="3">72.5kV</th><th colspan="3">72.5kV</th></tr>
<tr><th>가로</th><th>세로</th><th>높이</th><th>가로</th><th>세로</th><th>높이</th><th>가로</th><th>세로</th><th>높이</th></tr>
<tr><td>HS사</td><td>28</td><td>12</td><td>6.5.</td><td>28</td><td>12</td><td>6.0</td><td>12</td><td>7</td><td>6.0</td><td></td></tr>
<tr><td>LS사</td><td>28</td><td>12</td><td>6.5</td><td>28</td><td>12</td><td>6.0</td><td>12</td><td>7</td><td>6.0</td><td></td></tr>
<tr><td>HD사</td><td>28</td><td>11</td><td>6.5</td><td>28</td><td>12</td><td>6.0</td><td>12</td><td>7</td><td>6.0</td><td></td></tr>
<tr><td>최 대 값</td><td>28</td><td>12</td><td>6.5</td><td>28</td><td>12</td><td>6.0</td><td>12</td><td>7</td><td>6.0</td><td></td></tr>
</table>

※ 가공(Air Bushing) 및 지중(Cable Head) 인출 공통사항

4.3 M.Tr 제작사별 크기조사 내용

<table>
<tr><th rowspan="3">구 분</th><th colspan="4">30 / 40 MVA</th><th colspan="4">45 / 60 MVA</th><th colspan="2" rowspan="2">M.Tr실
적용기준</th></tr>
<tr><th colspan="4">M.Tr 사이즈</th><th colspan="4">M.Tr 사이즈</th></tr>
<tr><th>가로</th><th>세로</th><th>높이</th><th>총하중
(ton)</th><th>가로</th><th>세로</th><th>높이</th><th>총하중
(ton)</th><th>가로
(m)</th><th>세로
(m)</th></tr>
<tr><td>HS사</td><td>10,000
(8,500)</td><td>5,750
(2,600)</td><td>5,900
(3,700)</td><td>100.6</td><td>10,250
(8,900)</td><td>6,400
(3,400)</td><td>6,100
(4,200)</td><td>113</td><td>14</td><td>12</td></tr>
<tr><td>HD사</td><td>8,760
(8,100)</td><td>5,860
(2,700)</td><td>4,910
(3,255)</td><td>90</td><td>8,810
(8,550)</td><td>5,830
(2,700)</td><td>5,415
(3,560)</td><td>111</td><td>14</td><td>12</td></tr>
</table>

※ ( )안은 수송 치수임

2-2. MTR 및 단권변압기 용량검토

1. MTR용량계산(예)

1.1 계산 조건

1) 열차 운행계획

① A역~B역~C역~D역~F역 L = 40.80km

목표년도(년)	구 간	첨 두 시 최대혼잡 구간수요(인/시)	첨 두 시 운전시격(분)	역간거리(km)	표정시간(분)	차량편성(량)	왕복운전시분(분)	소요 편성수			소요차량수(량)
								운행	예비	계	
2012	A~B	4,684	16	17.07	15.96	6	41.92	3	1	4	24
	B~C	9,185	8	14.18	14.59	6	39.18	5	1	6	36
2015	A~B	7,427	12	17.07	15.96	8	41.92	4	1	5	40
	B~F	21,285	4	27.95	30.30	8	70.60	18	3	21	168
2020	A~B	9,283	8	17.07	15.96	8	41.92	6	1	7	56
	B~F	25,622	4	27.95	30.30	8	70.60	18	3	21	168
2030	A~B	10,794	9	17.07	15.96	8	41.92	5	1	6	48
	B~F	29,062	3	27.95	30.30	8	70.60	24	4	28	224
2041	A~B	11,663	9	17.07	15.96	8	41.92	5	1	6	48
	B~F	30,987	3	27.95	30.30	8	70.60	24	4	28	224

② A역~B역~C역 L = 26.60km

목표도(년)	구 간	첨 두 시 최대혼잡 구간수요(인/시)	첨 두 시 운전시격(분)	역간거리(km)	표정시간(분)	차량편성(량)	왕복운전시분(분)	소요 편성수			소요차량수(량)
								운행	예비	계	
2012	A~B	4,350	16	17.07	15.96	6	36.92	3	1	4	24
	B~C	9,185	8	14.18	14.59	6	39.18	5	1	6	36
2015	A~B	4,988	년14	17.07	15.96	6	36.92	3	1	4	24
	B~C	10,276	7	14.18	14.59	6	39.18	6	1	7	42
2020	A~B	6,285	12	17.07	15.96	6	36.92	4	1	5	30
	B~C	12,493	6	14.18	14.59	6	39.18	7	1	8	48
2030	A~B	7,349	10	17.07	15.96	6	36.92	4	1	5	30
	B~C	14,256	5	14.18	14.59	6	39.18	8	2	10	60
2041	A~B	8,014	10	17.07	15.96	6	36.92	4	1	5	30
	B~C	15,366	5	14.18	14.59	6	39.18	8	2	10	60

2) 차량 운행계획

운행계획은 1일 교통수요를 분석하여 크게 피크 시간대, 사이드 피크 시간대, 오프 피크 시간대의 3가지로 분석한 후 이를 다시 세분화하여 수립하였고, 영업시간은 기존 도시철도와 동일한 05:00~24:00까지 19시간으로 하여 영업시간을 산정하였다.

구 분		시 간	비 고
Peak time	오 전	07:00 ~ 09:00	2시간
	오 후	17:00 ~ 19:00	2시간
Side peak time		06:00 ~ 07:00 09:00 ~ 10:00 16:00 ~ 17:00 19:00 ~ 20:00	4시간
Off peak time		10:00 ~ 16:00 20:00 ~ 23:00 05:00 ~ 06:00 23:00 ~ 24:00	11시간

3) 열차 편성별 견인중량

① VVVF 제어 3M3T 전동차 6량 편성

- 열차자중 (M + 2M' + T + 2TC) :
  36 + 2 × 40 + 28 + 2 × 35 = 214[ton]
- 승객무게 : 혼잡률 150[%] 기준
  - 수송정원 : 178[인/량](제어차) × 1[량] + 239[인/량](중간 전동차) × 5[량] = 1,373[인/편성]
  - 승객무게 : (1,373[인] × 60[kg] × 1.5) ÷ 1,000 = 123[ton]

  ∴ 견인중량 = 열차자중 + 승객무게 = 337[ton]

② VVVF 제어 4M4T 전동차 8량 편성

- 열차자중 (2M + 2M' + 2T + 2TC) :
  2 × 36 + 2 × 40 + 2 × 28 + 2 × 35 = 278[ton]
- 승객무게 : 혼잡률 150[%] 기준
  - 수송정원 : 178[인/량](제어차) × 2[량] + 239[인/량](중간 전동차) × 6[량] = 1,790[인/편성]
  - 승객무게 : (1,790[인] × 60[kg] × 1.5) ÷ 1,000 = 161.1[ton]

  ∴ 견인중량 = 열차자중 + 승객무게 = 439.1[ton]

1.2 전력소비량 계산

1) 전력원단위 계산방법

원단위 계산은 컴퓨터 프로그램에 의한(TPS + EPS) 방법과 기존선의 운행실적을 분석하여 1,000인 km당 전력소비율과 1,000톤 km당 전력소비율로 하는 방법이 있으며, 수계산으로 하기위하여 최근의 「경인선 복복선 주안~인천간 전철 · 전력설비 실시설계 보고서」에서 조사된 수도권 전철 사용량을 참조하여 전력원단위를 계산하여 선정

① 수도권 전철 · 전력 소비율

연도	환산차량키로 수도권전동차 [km]	수도권 전철변전소 전철사용량 [kwh]			비율 [%]	전력소비율 [kWh/ 1,000T.km]	[t]	총톤키로 [T.km]
		전차선용	전 력 용	합 계				
1995	175,301,302	479,784,737	38,897,077	518,681,814	92.5	68.42	40	7,012,052,080
1994	152,561,413	398,723,087	25,312,650	424,035,737	94.0	65.33	40	6,102,456,520
1993	126,604,360	356,489,360	18,991,560	375,480,920	94.9	70.39	40	5,064,174,400
1992	124,140,981	343,316,573	16,448,640	359,765,213	95.4	69.13	40	4,965,639,240
1991	118,672,408	328,762,564	15,447,180	344,209,744	95.5	69.25	40	4,746,896,320
평균	697,280,464	1,907,076,321	115,097,107	2,022,173,428	0.94	68.50	40	5,578,243,712

* 총톤키로[T.km] = 환산차량키로[km] × 40[T]

* 전력소비율[kwh/1,000T.km] = 전차선 사용량[kwh] / (총톤키로[T.km] / 1,000)

2) 전철부하 및 변전소 용량계산 방식

항 목	단 위	계 산 식	비고
•편성량수	량	6량 : (M 2M' T 2Tc) 8량 : (2M 2M' 2T 2Tc)	
•운전시격 (t)	분		
•열차중량 (K)	ton	6량 : 337, 8량 : 439.1	
•전력소비율 (r)	kWh/1,000T.km	68.50	
•열차킬로당 전력소비량 (P1)	kWh	r × k/1,000	
•급전거리 (ℓ)	km		
•열차당 전력소비량 (P2)	kWh	P1 × 1	
•1시간당 열차수 (N)	회	60/T × 2	왕복
•1시간당 최대평균전력 (Y)	kW	P2 × N	
•순시 최대출력 (Z)	kW	$Y + C\ \sqrt{Y}$	
•실험식에 의한 계수 (C)		$C = 6.21\ \sqrt{Itm}$	
•1편성 최대 전기차 전류[A] (Itm)	A	(열차동력 P(kW) / 선로전압(kV) × 역율) × 기동배수	
•변전소용량선정	kW	1시간당 최대평균전력 (Y)이상	

① VVVF 제어차 기준 (6량 편성)

일본국철 실험식에 의한 계수 (C) $C = 6.21\ \sqrt{Itm} = 92$

1편성 최대 전기차 전류 [A] (Itm)

Itm = (열차동력 P(kW) / 선로전압(kV) × 역율) × 기동배수

= (2,955(kW) / 25 × 0.8) × 1.5 = 221 [A]

② VVVF 제어차 기준 (8량 편성)

일본국철 실험식에 의한 계수 (C) $C = 6.21\ \sqrt{Itm} = 101$

1편성 최대 전기차 전류 [A] (Itm)

Itm = (열차동력 P(kW) / 선로전압(kV) × 역율) × 기동배수

= (3,755(kW) / 25 × 0.8) × 1.5 = 281 [A]

3) 전동차 입력자료

① 1편성별 소요용량

편성형식	동력차 출력	S / V	보조전원	열차출력
3M3T	800[kW] × 3	180[kW] × 3	5[kW] × 3	2,955[kW]
4M4T	800[kW] × 4	180[kW] × 2	5[kW] × 3	3,755[kW]

② 전동차 운행조건

㉠ 최고속도 : 120 [km/h]

㉡ 정거장 정차시간 : 30 [sec]

㉢ 가 속 도 : 3 [km/h/s]

㉣ 감 속 도 : 상용 ; 3.5 [km/h/s], 비상 ; 4.5 [km/h/s]

③ 선로곡선부 제한속도

곡선반경 [m]	400	500	600	700	800	900
속도제한 [km/h]	90	100	110	115	125	130

4) 전동차 소요 전력량 및 예상부하부담계산

① A역 ~ C역

구 분	2041년		2030년		2020년		2015년		2012년	
구 간 (공급상별)	A역 ~ B역 Ⓜ	B역 ~ C역 Ⓣ	A역 ~ B역 Ⓜ	B역 ~ C역 Ⓣ	A역 ~ B역 Ⓜ	B역 ~ C역 Ⓣ	A역 ~ B역 Ⓜ	B역 C역 Ⓣ	A역 B역 Ⓜ	B역 ~ C역 Ⓣ
편성량수	6.00	6.00	6.00	6.00	6.00	6.00	6.00	6.00	6.00	6.00
운전시격(t)	10.00	5.00	10.00	5.00	12.00	6.00	14.00	7.00	16.00	8.00
열차중량(K)	337.00	337.00	337.00	337.00	337.00	337.00	337.00	337.00	337.00	337.00
전력소비율(r)	68.50	68.50	68.50	68.50	68.50	68.50	68.50	68.50	68.50	68.50
열차킬로당 전력소비량(P1)	23.08	23.08	23.08	23.08	23.08	23.08	23.08	23.08	23.08	23.08
급전거리(ℓ)	17.30	6.17	17.30	6.17	17.30	6.17	17.30	6.17	17.30	6.17
열차당 전력소비량(P2)	399.28	142.40	399.28	142.40	399.28	142.40	399.28	142.40	399.28	142.40
1시간당 열차수(N)	12.00	24.00	12.00	24.00	10.00	20.00	8.00	17.00	7.00	15.00
1시간당 최대 평균전력(Y)	4,791.36	3,417.60	4,791.36	3,417.60	3,992.80	2,848.00	3,194.24	2,420.80	2,794.96	2,136.00
순시 최대출력(Z)	11,159.00	8,795.00	11,159.00	8,795.00	9,806.00	7,757.00	8,393.00	6,947.00	7,658.00	6,387.00
실험식에 의한 계수(C)	92.00	92.00	92.00	92.00	92.00	92.00	92.00	92.00	92.00	92.00
1편성 최대 전기차 전류[A](Itm)	221.00	221.00	221.00	221.00	221.00	221.00	221.00	221.00	221.00	221.00
예상부하부담 용량(MVA)	4.791	3.417	4.791	3.417	3.992	2.848	3.194	2.420	2.794	2.136

② A역 ~ B역~ F역

구 분	2041년		2030년		2020년		2015년		2012년	
구 간	A역 ~ B역 Ⓜ	B역 ~ F역 Ⓣ	A역 ~ B역 Ⓜ	B역 ~ F역 Ⓣ	A역 ~ B역 Ⓜ	B역 ~ F역 Ⓣ	A역 ~ B역 Ⓜ	B역 ~ F역 Ⓣ	A역 ~ B역 Ⓜ	B역 ~ F역 Ⓣ
편성량수	8.00	8.00	8.00	8.00	6.00	6.00	6.00	6.00	6.00	6.00
운전시격(t)	9.00	3.00	9.00	3.00	9.00	3.00	12.00	3.00	12.00	11.00
열차중량(K)	439.00	439.00	439.00	439.00	337.00	337.00	337.00	337.00	337.00	33.700
전력소비율 (r)	68.50	68.50	68.50	68.50	68.50	68.50	68.50	68.50	68.50	68.50
열차킬로당 전력소비량 (P1)	30.07	30.07	30.07	30.07	23.08	23.08	23.08	23.08	23.08	23.08
급전거리(ℓ)	17.30	22.05	17.30	22.05	17.30	22.05	17.30	22.05	17.30	22.05
열차당 전력소비량 (P2)	520.21	663.04	520.21	663.04	399.28	508.91	399.28	508.91	399.28	508.91
1시간당 열차수(N)	13.00	40.00	13.00	40.00	13.00	40.00	10.00	40.00	10.00	10.00
1시간당 최대 평균전력(Y)	6,762.73	26,521.60	6,762.73	26,521.60	5,190.64	20,356.40	3,992.80	20,356.40	3,992.80	5,089.10
순시 최대출력(Z)	15,315.00	43,458.00	15,315.00	43,458.00	11,818.00	33,482.00	9,806.00	33,482.00	9,806.00	11,652.00
실험식에 의한 계수(C)	104.00	104.00	104.00	104.00	92.00	92.00	92.00	92.00	92.00	92.00
1편성 최대 전기차 전류[A](Itm)	281.00	281.00	281.00	281.00	221.00	221.00	221.00	221.00	221.00	221.00
예상부하 부담용량 (MVA)	6.762	26.521	6.762	26.521	5.190	20.356	3.992	20.356	3.992	5.089

6) 차량기지 예상 부담부하

① 용량계산 기준

구 분	내 용	비 고
구내운영	•유치 전동차 : 272량 •전동차 구내운전 : 3편성 (기동 2편성, 역행 1편성)	
부하계산	•기동부하 : 24.08A × 2편성 × 25kV = 1,204[kVA] •역행부하 : 48.17A × 1편성 × 25kV = 1,204[kVA] •동절기 히터부하 - 동결방지 난방부하의 30%인 350W만 적용 (700W+350W) × 14[Unit/CAR] - 272량 × 350W × 14Unit = 1,332[kW]	
용량선정	•기동부하 + 역행부하 + 히터부하 = 1,204 + 1,332 = 3,740[kVA] •용량선정 : 4,000kVA 표준용량 선정	

② 차량기지 부하선정

㉠ A역 ~ C역

구 분	2012년	2015년	2020년	2030년	2041년
차량기지 부하 (kW) Ⓣ좌	2,702	2,731	2,790	2,849	2,849

㉡ A역 ~ F역

구 분	2012년	2015년	2020년	2030년	2041년
차량기지 부하 (kW) Ⓣ좌	2,702	3,427	3,505	3,740	3,740

7) 목표년도 전철 예상부담 부하

① A역 ~ C역구간

목표년도	전철 변전소-1	
2041년	M좌 : 2.849 + 4.790 = 7.639 (MVA)	T좌 : 3.420 (MVA)

② A역 ~ F역 구간

목표년도	전철 변전소-1	
2041년	M좌 : 3.741 + 6.763 = 10,503 (MVA)	T좌 : 26.512 (MVA)

8) 정거장 예상부담 부하

명 칭	추정 시설부하 (kVA)	수 용 율 (%)	수용부하 (kVA)	비 고
정 거 장	28,900	48	13,872	정거장 11개소
중앙환기실	2,700	48	1,296	중앙환기실 9개소
차량기지	4,000	50	2,000	사령실 포함
합 계	17,168 (kVA)			

1.3 변압기 소요용량 검토

1) 급전용(MTR) 변압기용량 선정

① MTR 용량 계산 = $\dfrac{\text{부담부하[MW]} \times \text{여유율(1.1)}}{\text{변압기 효율(0.99)} \times \text{역율(0.95)}}$ [MVA]

$$= \frac{26,512 \times 1.1}{0.99 \times 0.95} = 31 \text{ [MVA]}$$

② 전철 급전용(MTR) 변압기 용량선정

전체노선 부하부담은 정상 급전시 62[MVA]이므로 변압기 30[MVA] / 40[MVA] 3대를 2대는 정상 운전하고 1대는 예비기로 운영하는 것이 일반적이다.

2) 정거장 배전용 변압기 용량

노선의 부대시설은 정거장 11개소, 본선환기실 9개 및 차량기지의 시설용량은 약 30[MVA]로 예상되나 수도권 지하철 수용율 48%를 적용하면 약 17[MVA]로서 변압기 용량은 15/20[MVA]로 선정

상 시	15[MVA] × 1대 15(0A) / 20(FA) MVA
예 비	15[MVA] × 1대 15(0A) / 20(FA) MVA

2. 단권 변압기 용량

2.1 전철 변전소 AT 용량

1) 계 산 식

$$W \geq \frac{Is}{2} \times \frac{1}{25} \times Eo = \frac{1}{50} E_o I_s \text{ [kVA]}$$

여기서 W : AT 자기용량 [kVA]

Eo : AT의 정격 단자전압 [kV] ; 27.5

Is : 사고점 전류 [A] ; 10,570

$$I_S = \frac{E_o}{Z_S + Z_T + Z_L} = \frac{27.5}{2.6017} \text{ [kA]}$$

Zs : 전차선 전압, 단상 환상의 전원 Impedance (100MVA 기준)

$$Z_s = \frac{(E_O)^2 \times 10 \times \%Z_S}{100 \times 1000} \times 2 \text{ [Ω]}$$

ZT : 전차선 전압환산 급전용 변압기 Impedance (PT : 편상용량 kVA 기준)

ZL : 변전소에서 사고점까지의 전차선로 Impedance는 구내이므로 ZL은 무시

2) 계 산

$$W \geq \frac{1}{50} \times E_O \times I_S = 1/50 \times 27.5 \times 10,570 = 5,814 \text{ [kVA]}$$

3) 선 정

단권 변압기 용량은 5,814[kVA] 이나 여유율(10%) 및 기기 호환성 등을 고려하여 7,500 [kVA]로 선정

2.2 급전구분소 및 보조급전구분소 AT 용량

1) 계 산 식

$$W \geq \frac{Itm}{2} \times \frac{1}{2.5} \times E_o = \frac{1}{5} E_O Itm \text{ [kVA]}$$

여기서 W : AT 자기용량 [kVA]

Eo : AT의 정격 단자전압 [kV] ; 25

Itm : 최대의 1편성 전기차 전류 [A] ; 281

$$Itm = \frac{3,775}{25 \times 0.95} = 158\ [A]$$ (4M 4T VVVF 제어차량 기준)

2) 계 산

제안 노선중 운행 열차수가 가장 많을 것으로 추정되는 전철 변전소-1에서 C역 보조 구분소까지의 선로길이는 9[km]로 열차의 지연운행 등을 고려하여 1편성의 열차가 추가로 운행될 것을 고려하여 총 5편성의 열차 부하를 기준하여 선정

$$W \geq \frac{1}{5} \times 25 \times 281 \times 5 = 7,025\ [kVA]$$

3) 선 정

계산한 단권변압기 용량은 7,025[kVA] 이나 여유율(10%) 및 기기 호환성을 고려하여 7,500[kVA]로 선정

2-3. 주변압기전류 및 고장전류계산

1. 주변압기 전류 계산

1.1 계산 조건

1) 변압기 용량 : 30/40 MVA (M좌 용량 20 MVA, T좌 용량 20MVA)
2) 변압기 전압 : 1차측 전압 : 154KV, 2차측전압 : 55KV

1.2 전류 계산

1) 정상급전시

① M좌, T좌 용량 20MVA 평형부하시 (기준Vector A상, 부하역율 1.0)

$$Ia= \frac{20 \times 10^3}{55} \times \frac{2}{\sqrt{3}} \times \frac{55}{154} = 149.9 \angle 0^\circ$$

$$Ib= -\frac{149.9}{2} -j\left(\frac{20 \times 10^3}{55} \times \frac{55}{154}\right)= -74.9 -j 129.8$$

$\therefore$ Ib= 149.8 $\angle 240^\circ$

$$Ic= -\frac{149.9}{2} +j\left(\frac{20 \times 10^3}{55} \times \frac{55}{154}\right)= -74.9 +j 129.8$$

$\therefore$ Ic= 149.8 $\angle 120^\circ$

1차측 전류 149.9 A로 3상평형

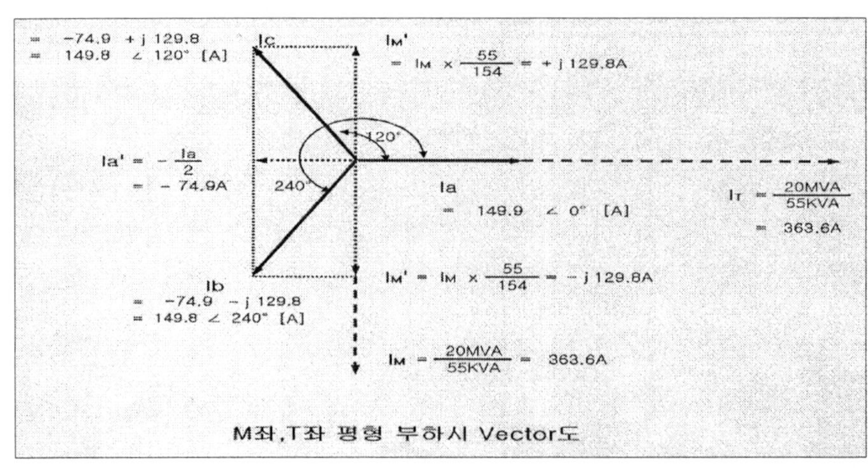

M좌,T좌 평형 부하시 Vector도

2) 연장급전시

① T좌 연장급전시 : 30MVA (기준 Vector A상, 부하역률 1.0)

T좌 부하 = 30MVA + 30MVA= 60MVA

M좌 부하 = 30MVA

$$Ia= \frac{40 \times 10^3}{55} \times \frac{2}{\sqrt{3}} \times \frac{55}{154} = 299.9 \angle 0^\circ$$

$$Ib= -\frac{299.9}{2} -j \left(\frac{20 \times 10^3}{55} \times \frac{55}{154} \right)= -149.9 -j\ 129.8$$

$\therefore$ Ib= 198.2 $\angle 220.8^\circ$

$$Ic= -\frac{299.9}{2} +j \left(\frac{20 \times 10^3}{55} \times \frac{55}{154} \right)= -149.9 +j\ 129.8$$

$\therefore$ Ic= 198.2 $\angle 139.2^\circ$

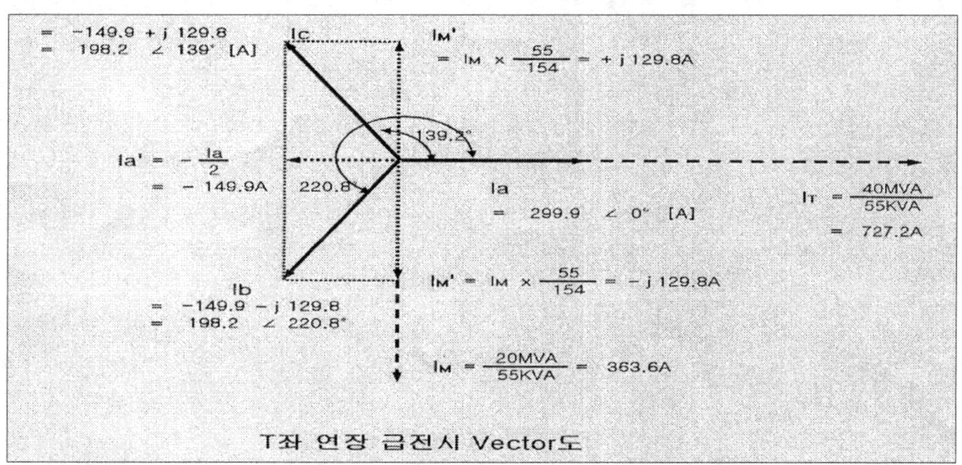

T좌 연장 급전시 Vector도

② M좌 연장급전시 : 30MVA(기준 Vector A상, 부하역률 1.0)

M좌 부하 = 30MVA + 30MVA= 60MVA

T좌 부하 = 30MVA

$$Ia= \frac{20 \times 10^3}{55} \times \frac{2}{\sqrt{3}} \times \frac{55}{154} = 149.9 \angle 0^\circ$$

$$Ib= -\frac{149.9}{2} -j \left(\frac{40 \times 10^3}{55} \times \frac{55}{154} \right)= - 74.9 -j\ 259.7$$

$$\therefore Ib= 270.2 \angle 253.9^\circ$$

$$Ic= -\frac{149.9}{2} +j \left(\frac{40 \times 10^3}{55} \times \frac{55}{154} \right)= - 74.9 +j\ 259.7$$

$$\therefore Ic= 270.2 \angle 106.1^\circ$$

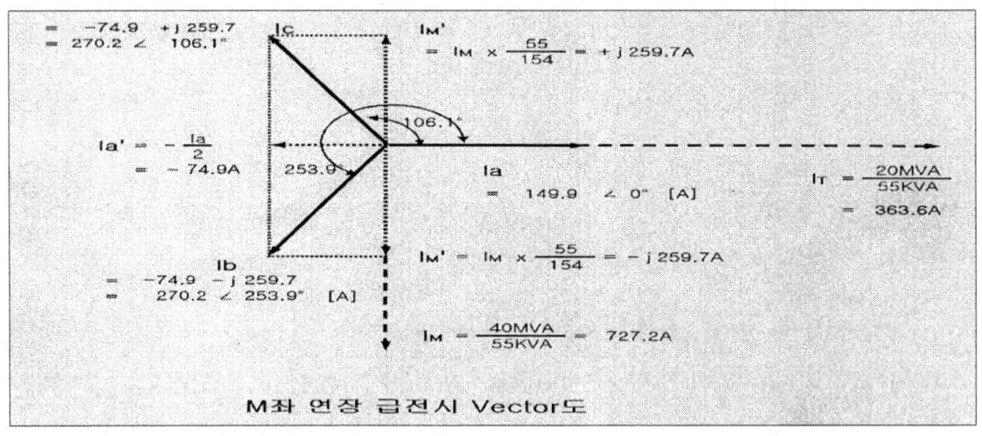

M좌 연장 급전시 Vector도

1.3 계산 결과

주변압기 용량	전류	정상급전시	T연장급전시	M연장급전시	비 고
30/40MVA M : 20MVA T : 20MVA	Ia	149.9∠0°	299.9∠0°	149.9∠0°	·1차전압:154㎸기준 ·2차전압 : 55㎸기준 ·시설용량기준 ·기준Vector : A상 ·부하역률 : 1
	Ib	149.8∠240°	198.2∠220.8°	270.2∠253.9°	
	Ic	149.8∠120°	198.2∠139.2°	270.2∠106.1°	

2. CT부담 계산

2.1 계 산

내 용	규 격	비 고
변압기용량	30 / 40MVA (154kV / 55kV × 2)	

2.2 수전단 CT

1) 수전단 CT RATIO 선정

정격 1차전류[A]	$= \dfrac{40\ \text{MVA} \times 2\ 대}{\sqrt{3} \times 154\ \text{KV}}$ = 299.9 × (1.25~ 1.5 배) = 374.8 ~ 449.8 A	※변압기2대 운전조건
선 정	ES 145의 다중비 CT를 적용하면 1200-800-600-400-200 / 5A 로 선정하고 사용 TAP은 400A~600A가 적정할 것임.	(단, 사용 TAP선정은 향후 변압기 운전조건 및 계전기 정정시 재계산 되어야 할 것임.)

2) 수전단 CT부담

정격 1차전류	600A
정격 2차전류	5A
과전류 강도	31.5kA
전선로 조건	3φ 4W, 5.5㎟, 100 m, 5.2 Ω/km
부 담	1) 계전기부담 = 3 VA 2) 전선로 부담 VA=(I2× R) = 5 2× (5.2 ×10-3 × 100)= 13 VA → 3 + 13 = 16 VA

소요과전류정수[n] 및 정격부담[VA]	과전류정수[n] = $\frac{31,500}{600}$ = 52.5 n 과전류정수기가 과다하므로 표준정수 10 n으로 하면, 과전류정수(n)× 정격부담(VA)≒일정하므로 → 16 VA × 52.5 n = 정격부담(VA)× 10 n이므로 → $\frac{16 \text{ VA} \times 52.5 \text{ n}}{10 \text{ n}}$ = 84 VA
선 정	따라서 과전류정수는 10 n으로하고, 정격부담은 100VA (C400) 으로 한다.

2.3 주변압기 2차측 CT

1) 주변압기 2차측 CT RATIO 선정

M상 1차 전류 (1차B상, C상)	$I_{1M} = \frac{55}{154} \times \frac{(40,000 \div 2)}{55}$ = 129.8 A × (1.25 ~ 1.5배) = 162.2 ~ 194.7 A	
T상 1차전류 (1차 A상)	$I_{1T} = \frac{2}{\sqrt{3}} \times \frac{55}{154} \times \frac{(40,000 \div 2)}{55}$ = 149.9A × (1.25 ~ 1.5배) = 187.3 ~ 224.8 A	
선 정	ES 145의 다중비 CT를 적용하면 1200-800-600-400-200 / 5A로 선정되나 수전측과의 상호 호환성을 고려 동일한 CT비를 적용하여 사용 TAP은 200A~400A가 적정할 것임.	(단, 사용 TAP선정은 향후 변압기운전조건 및 계전기 정정시 재계산되어야 할 것임.)

2) 주변압기 2차측 CT부담

정격 1차전류	400	A
정격 2차전류	5	A
과전류 강도	20	kA
전선로 조건	3φ 4W, 5.5㎟, 100 m, 5.2 Ω/km	
부담	1) 계전기 부담 = 3 VA 2) 전선로 부담 VA= (I2 x R)= 5 2 × (5.2 ×10-3 × 100)= 13 → 3 + 13 = 16VA	
소요과전류 정수[n] 및 정격부담[VA]	과전류정수[n] = $\frac{20,000}{400}$ = 50 n 과전류정수기가 과다하므로표준정수 10 n으로하면, 과전류정수(n)×정격부담(VA)≒일정하므로 → 16 VA × 50 n = 정격부담(VA) × 10 n이므로 → $\frac{16 \text{ VA} \times 50 \text{ n}}{10 \text{ n}}$ = 80 [VA]	
선 정	따라서 과전류정수는 10 n이므로 정격부담은 100[VA] (C400) 으로 한다.	

2.4 급전측 FEEDER용 CT

1) 급전측 FEEDER용 RATIO 선정

정격 1차전류[A]	I1M = $\frac{(40000 \div 2) \times 1 \text{ 대}}{55}$ = 363.6 A × (1.25 ~ 1.5배) = 454.5 ~ 545.4 A	※변압기 1대 운전조건 ※SP,SSP 모두 동일하게
선 정	ES 145의 다중비 CT를 적용하면 2000-1500-1200-800-400 / 5A로 선정되나 수전측과의 상호 호환성을 고려 동일한 CT비를 적용하여 사용. TAP은 400A~800A가 적정할 것임.	(단, 사용 TAP선정은 향후 변압기 운전조건 및 계전기 정정시 재계산 되어야 할것임.)

2) 급전측 FEEDER용 CT부담

정격 1차전류	800	A
정격 2차전류	5	A
과전류 강도	20	kA
전선로 조건	3φ 4W, 5.5㎟, 100 m, 5.2 Ω/km	
부담	1) 계전기 부담 = 3 VA 2) 전선로 부담 VA=(2I2× R)= 2 × 5 2 × (5.2 × 10−3 × 100)= 26 VA → 3 + 26 = 29 VA	
소요과전류 정수[n] 및 정격부담[VA]	과전류정수[n] = $\frac{20,000}{800}$ = 25 n 과전류정수기가 과다하므로표준정수 10 n으로하면, 과전류정수(n)×정격부담(VA)≒일정하므로 → 29 VA × 25 n = 정격부담(VA)× 10 n이므로 → $\frac{29 \text{ VA} \times 25 \text{ n}}{10 \text{ n}}$ = 72.5 VA	
선 정	따라서 과전류정수는 10 n이므로 정격부담은 100VA (C400) 으로 한다.	

2. 고장전류 계산 (예)

2.1 설비별 임피던스 (전철변전소-A)

1) 한전 OOO 변전소 (100MVA 기준)

① 정상=역상 %Impedance : %ZS1 = 0.2870 +j 2.8370 [%] = 2.8515 [%]

② 영상 %Impedance : %ZS0 = 1.4970 +j 7.0980 [%] = 7.2541 [%]

(3상 단락 용량이 3,507[MVA]임)

2) 송전선로 Impedance : (100MVA 기준) - 지중선로+가공선로

① 가공선로

- 선로 1[㎞]당 정상Impedance :%ZL1 =(0.0567 + j 0.2079)[%/㎞]

- 선로 1[㎞]당 영상Impedance :%ZL0 =(0.0493 + j 0.3480)[%/㎞]

- 선로 긍장 : 가공선로 약 1.438 [㎞]

- 정상 %ZSL1' = (0.0567 + j 0.2079)[%/㎞] × 1.438 [㎞]

= 0.0000 +j 0.0000 [%]

- 영상 %ZSL0' = (0.0493 + j 0.3480)[%/㎞] × 1.438 [㎞]

= 0.0000 +j 0.0000 [%]

② 지중선로

- 선로 1[㎞]당 정상Impedance :%ZL1 =(0.0257 + j 0.1197)[%/㎞]

- 선로 1[㎞]당 영상Impedance :%ZL0 =(0.0468 + j 0.0532)[%/㎞]

- 선로 긍장 : 지중선로 약 0.134 [㎞]

- 정상 %ZSL1" = (0.0257 + j 0.1197)[%/㎞] × 0.134 [㎞]

= 0.0000 + j 0.0000

- 영상 %ZSL0" = (0.0468 + j 0.0532)[%/㎞] × 0.134 [㎞]

= 0.0000 + j 0.0000

③ 가공선로+지중선로

%ZSL1 = %ZSL1'+ %ZSL1"

=(0.0815 + j 0.2990)+(0.0034 + j 0.0160)= 0.0849 + j 0.3150

%ZSL0 = %ZSL0'+ %ZSL0"

=(0.0709 + j 0.5004)+(0.0062 + j 0.0071)= 0.0771816 + j 0.5075

3) 급전용변압기 Impedance

- 변압기용량 : 30 / 40 MVA(154㎸/55㎸×2)
- %ZTr = 10 %= 0.5263 + j 9.4737 [%], X/R = 19 (15.0 [MVA]기준)

※ 자료출처 IEEE STD 141-1976

$$\%ZTR = \frac{100}{15.0} \times (0.5263 + j\ 9.4737)$$

$$= 3.5086 + j\ 63.1580 \quad :100[MVA]\ 기준$$

4) 단권변압기 Impedance

- 변압기 용량 : 7,500[kVA] (55kV/27.5kV×1)
- ZAT = 0.45[Ω] = 0.0300 + j0.4490 X/R=15

○Impedance map	○Impedance 값
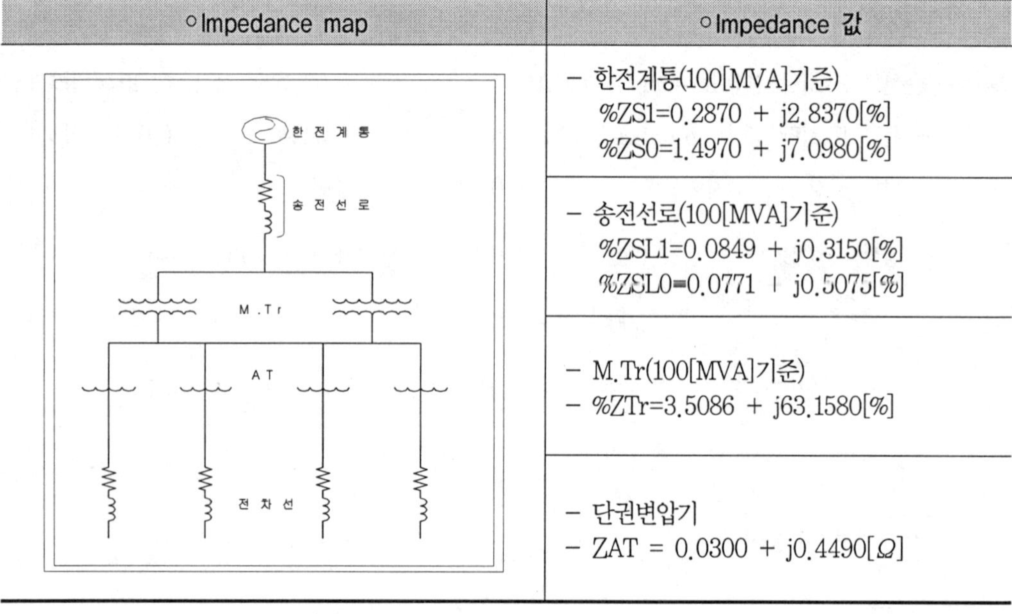	- 한전계통(100[MVA]기준) %ZS1=0.2870 + j2.8370[%] %ZS0=1.4970 + j7.0980[%] - 송전선로(100[MVA]기준) %ZSL1=0.0849 + j0.3150[%] %ZSL0=0.0771 + j0.5075[%] - M.Tr(100[MVA]기준) - %ZTr=3.5086 + j63.1580[%] - 단권변압기 - ZAT = 0.0300 + j0.4490[Ω]

5) 154㎸측 3상 단락전류 계산

$$\%Z = \%ZS1 + \%ZSL1$$
$$=(0.2870 + j\ 2.8370)+(0.0849 + j\ 0.3150) = 0.3719 + j\ 3.152$$
$$= 3.1738 \quad [\%]$$

$$Ps = \frac{100 \times Pn}{\%Z} = \frac{100 \times 100}{3.1783} = 3{,}146.3 \quad [MVA]$$

$$IS3 = \frac{Ps}{\sqrt{3} \times V} = \frac{3{,}146.3}{\sqrt{3} \times 154} = 11.79 \quad [kA]$$

6) 55㎸측 단락전류 계산(27.5[㎸]기준으로 환산)

ZS1 : 2차 전압으로 환산한 한전 전원계통 임피던스[Ω]

ZSL : 2차 전압으로 환산한 송전선로 임피던스[Ω]

ZTR : 스코트 결선 변압기 임피던스[Ω]

$$ZS1 = \frac{10 \times 27.5^2 \times (0.2870 + j\ 2.8370)}{100 \times 1000} \times 2$$
$$= 0.0434 + j\ 0.4290 = 0.4311 \quad [\Omega]$$

$$ZSL1 = \frac{10 \times 27.5^2 \times (0.0849 + j\ 0.3150)}{100 \times 1000} \times 2$$
$$= 0.0128 + j\ 0.0476 = 0.0492 \quad [\Omega]$$

$$ZTR = \frac{10 \times 27.5^2 \times (3.5086 + j\ 63.158)}{100 \times 1000}$$
$$= 0.2653 + j\ 4.7763 = 4.7836 \quad [\Omega]$$

스코트결선 병렬운전시 합성임피던스 Z는

$$Z = ZS1 + ZSL1 + (ZTR/2)$$
$$= (0.0434 + j\ 0.4290)+(0.0128 + j0.0476)+(\frac{0.2653 + j\ 4.7763}{2})$$
$$= 0.1888 + j\ 2.8647$$
$$= 2.8709 \quad [\Omega]$$

$$IS27.5 = \frac{27.5}{2.8709} = 9.57 \quad [kA]$$: 27.5[㎸] 기준

$$IS55 = \frac{9.57}{2} = 4.78 \quad [kA]$$: 55[㎸] 기준

7) 계산결과 및 차단기 선정

위 계산과 개소별 고장전류치를 요약하면 다음과 같다.

순서	고 장 개 소	계 산 결 과[kA]	차단기 선정[kA]	국내제작사규격[kA]
①	154kV모선 3상단락	13.10	31.5	31.5 , 50
②	55kV모선	4.67	20	20
③	27.5kV모선	9.35	20	20

8) 1선 지락전류

– 154kV측 1선지락전류

정상=역상%Impedance %Z1 = %ZS1 + %ZSL1

$$= (0.2870 + j\,2.8370) + (0.0849 + j\,0.3150)$$

$$= 0.3719 + j\,3.152 \quad [\%]$$

정상=역상Impedance ZS1

$$= \frac{10 \times 154^2 \times (0.3719 + j\,3.152)}{100 \times 1000}$$

$$= 0.8819 + j\,7.475 \quad [\Omega]$$

영상%Impedance %Z0 = %ZS0 + %ZSL0

$$= (1.4970 + j\,7.0980) + (0.0771 + j\,0.5075)$$

$$= 1.5741 + j\,7.6055 \quad [\%]$$

영상Impedance ZS0

$$= \frac{10 \times 154^2 \times (1.5741 + j\,7.6055)}{100 \times 1000}$$

$$= 3.733 + j\,18.0372 \quad [\Omega]$$

정상Impedance(Z1)=역상Impedance(Z2) 이므로 1선지락전류는

$$Ig = \frac{3 \times E0}{Z0 + Z1 + Z2} = \frac{3 \times E0}{Z0 + 2(Z1)}$$

$$= \frac{3 \times (154 / \sqrt{3})}{3.733 + j\,18.037 + 2(0.8819 + j\,7.475)}$$

$$= \frac{3 \times (154 / \sqrt{3})}{5.496 + j\,32.987} = 7.976 \quad [kA]$$

2-4. 전철변전소 타분야 고려사항

1. 건축설계에 반영해야할 내용 조사 · 검토

1.1 부지조성

1) 진입도로

기존 도로에서부터 부지까지의 구배(도로구배 8[%]이내) 및 선형 등을 반영하여 변전설비의 기기반출용 차량의 원활한 통행이 되도록 도로에 곡선 가각을 설치한다.

2) 지반조성

부지 위치의 현황 및 주변여건에 따라 성토 및 절토시 법면 처리 또는 옹벽처리를 하고 연약지반에 대해서는 보강을 해야 한다.

3) 배수시설

변전시설물 설치부지 주변에 "U"형 측구 또는 토사측구를 이용한 오수 및 배수설비를 해야 하며 부지내에 유입된 물을 한곳으로 집수하여 설치된 측구로 방유시켜 부지내에 물의 고임 개소가 없도록 한다.

1.2 건축설계

변전설비를 수용하기 위한 건물은 전철변전소, 급전구분소 및 보조급전구분소 공히 그 특성에 알맞는 건물구조로 되어야 하며 건물 설계 착수에 앞서 해당 지역마다 지질조사를 시행하여 연약지반에 대한 대책을 수립하여야 하고 지질조사 결과를 부지조성 및 건축설계에 반영할 수 있도록 하여야 하며 다음 사항을 참고하여 설계하여야 한다.

1) 건물설계를 위한 지질조사(보링)를 시행하여 내진, 방음 구조로 설계되어야하고 환기설비(변압기 등의 발열량을 고려)도 설계에 반영.

2) 건물구조는 송전선로 및 급전선 인·출입설비 설치가 가능하도록 하고, 핏트용 무근콘크리트, 변전설비기기GIS, 큐비클, TR, AC Filter등에 대한 중량과 차단기 동작시 강도 및 진동에 충분히 견딜 수 있는 구조적으로 안전하게 설계에 반영.

3) 기기 반출입용이 용이하도록 셔터설치 및 기기 유지보수용 훅크볼트를 설치하고 전철변전소에는 송전선로 가공용전력선 및 가공지선용 후크 설치 반영.

4) 감시실은 감시창을 설치하고 외부창은 가급적 민가 쪽으로 두지 말 것이며 도난 방지형으

로 설계에 반영.

5) 휀스 및 외부출입문은 건축설계에 반영.

6) 전철변전소, 급전구분소 및 보조급전구분소 구내의 장비 반출입용 도로는 전량 철근 콘크리트 구조로 포장되도록 건축설비설계에 반영하고 건물 및 도로의 철근 시공시에는 메쉬접지와 전기적으로 연결할 수 있도록 변전설비 관련자와 사전에 충분한 협의가 이루어져야 한다.

① 바닥 및 벽제 Open 및 Sleeve 삽입 위치 및 규격

② 외벽 콘크리트 타설시 : GIS 지지용 “H”형강의 벽체매입 및 Open 위치 및 규격

③ 바닥 및 부지내 도로 콘크리트 타설시 : 건축 구조물 접지를 위한 철근 또는 와이어 메쉬와 접지선의 접속, 바닥 Open Size 및 위치, Sleeve 삽입 등

④ 변압기 기초 타설시 : 기초에 접지 및 변전설비용 배관 매설 및 기초크기, 하중

⑤ 기타 건축구조물 콘크리트 타설전에 변전설비 및 관련 도면등을 참조하여야 하며, 사전에 전기관련자와 충분한 협의 후에 콘크리트를 타설하여야 한다.

7) 진동방지

건물내에 설치하는 변전설비의 기기(M·Tr, AT, GIS, AC Filter, 배전반, 차단기)의 동작시 및 발생하는 진동과 지진에 대비한 건축 구조물로 설계되도록 하여야 한다.

8) 집유설비

변압기유(M.Tr, AT)의 유출에 의한 환경오염 및 주민들의 피해를 없애기 위한 집유설비를 건축설비에 반영하여야 하며, 집유설비는 차후증설분을 고려하여 위치 및 용량(변압기 유량의 50%이상)을 선정하여야 한다.

9) 피뢰설비

전철변전소, 급전구분소 및 보조급전구분소는 낙뢰로부터 변전기기 및 인명을 보호할 수 있도록 건축설비에 피뢰설비를 반영하여야 하며 차폐각도는(40~45)이내로 설계되어야 한다.

10) 차폐설비

전철변전소, 급전구분소 및 보조급전구분소에 전자기파에 의한 기기의 오동작 및 인체에 유해하지 않도록 근무자실 및 전자장비실등을 전자기파로부터 보호될 수 있는 차폐설비로서 시공시 구조적인 사항등을 건축분야와 협의하여야 한다.

11) 기 타

① 건물내에 수용되는 변전시설물(GIS, AT, 제어반 및 배전반등)의 화재예방을 위하여 소방법에 의한 소화설비와 환기설비를 갖추어 변전 기기를 보호할 수 있도록 하여야하고

상하수도 설비도 고려되어야 한다.

② 기기실 바닥의 케이블 핏트용 무근콘크리트공사, 에폭시마감 처리공사, 핏트 및 뚜껑 설치공사는 변전기기 설치공사의 원활한 진행을 위하여 변전설비 공사에 포함한다.

③ 전철변전소, 급전구분소, 보조급전구분소의 종합 무인 감시장치설비는 통신설비와 협의하여 반영한다.

④ 옥내 조명기구 선정은 순간적으로 점등되는 구조로 된 설비를 설치하고 배전반실 및 제어반실에는 냉·난방 설비를 반영하여야 한다.

1.3 변전설비 하중표 조사

1) 옥내 전철S/S

구 분		산 출	비 고
1층	M.TR	100.6[t]x2=201.2[t]	(30/40MVA기준)
	AT	15.1[t]x4=60.4[t]	(7,500kVA기준)
	배전반	1[t]x6=6[t]	6면 기준
	소계	267.6[t]	
2층	무근	35.6[㎡]x2.3[t/㎡]=81.88[t]	-
	제어반	11[면]x1[t]=11[t]	11면 기준
	소계	92.88[t]	
3층	무근	100.8[㎡]x2.3[t/㎡]=231.84[t]	-
	72.5㎸ GIS	정하중 : 94.5[tf] 동하중 : 112[tf]	동하중
	소계	343.84[tf]	
4층	무근	131[㎡]x2.3[t/㎡]=301.3[t]	-
	170㎸ GIS	정하중 : 68[tf] 동하중 : 82[tf]	동하중
	소계	383.3[tf]	
옥상	AC-FILTER	9[t]x2=18[t]	55㎸ 1SET 기준(M상, T상)
	무근	50[㎡]x2.3[t/㎡]=115[t]	
	소계	133[t]	

2) 옥내SP, SSP

구 분		산 출			비 고
		급전구분소	보조급전구분소	보조급전구분소(덕암)	
1층	AT	15.1[t]×4=60.4[t]	15.1[t]×2=30.2[t]	15.1[t]×2=30.2[t]	(7,500kVA기준)
2층	72.5㎸ GIS	정하중 : 54 [tf] 동하중 : 62 [tf]	정하중 : 32 [tf] 동하중 : 36 [tf]	정하중 : 64 [tf] 동하중 : 72 [tf]	동하중 기준
	제 어 반	1[t]×3면=3 [t]	1[t]×2면=2 [t]	1[t]×2면=2 [t]	
	배 전 반	1[t]×5=5 [t]	1[t]×5=5 [t]	1[t]×5=5 [t]	
	무근콘크리트	74.85[㎥]×2.3 = 172.155 [t]	28.65[㎥]×2.3 = 65.895 [t]	57.75[㎥]×2.3 = 132.825 [t]	
	소 계	302.555[t]	139.095[t]	242.025[t]	
옥상	R-C BANK	2[t]×4 = 8 [t]	-	2[t]×2 = 4 [t]	

※ 건축설계시 기기 하중을 반영하여야 하며 제작사의 기기 사양에 의하여 산출한 것이며 본 설계에 표기된 기기에 따라 산출할 것.

3) 변전기기 중량 및 장비반입 검토(예)

품 명	규 격	단위	총 중 량	유 량	운 반 최대중량	운반방식	비 고
M.TR	30/40 [MVA]	대	약 100ton (100.6ton)	39,000ℓ (약 39ton)	61.6ton	철도수송 및 육로수송	방열장치, 냉각팬, 모터는 분리해 운반
A.T	7,500 [kVA]	대	약 15ton (15.1ton)	3,800ℓ (약 3.8ton)	11.3ton	육로수송	

- 100ton 크레인(무한궤도) : 전폭 2.7m, 전장 11.5m임

1.4 변전설비 소음장애 및 진동 방지대책 조사

소음대책은 전문기관에 의해 환경영향평가를 하고 그 결과에 따라 대책을 강구하여야 하지만 환경영향평가법시행령 제2조(환경영향평가대상사업 및 범위)에 의거 154㎸급 이하의 송、변전설비는 환경영향평가대상에서 제외되어 있으므로 소음발생 등 환경문제와 민원우려가 있는 GIS 차단기 개폐로 인한 소음과 변압기 운전소음에 대하여 제한기준 등을 조사한 결과 다음과 같다.

1) 소음의 제한기준 조사(환경정책기본법시행령 제2조 별표.1)

[단위 : Leg dB(A)]

구 분	주 간 (6:00 ~ 22:00)	야 간 (22:00 ~ 6:00)
자연환경보전지역 관 광 휴 양 지 역 취락지역중 주거지역	50	40
일반주거지역 및 준주거지역	55	45
상업지역 및 준공업지역	65	55
일반 및 전용공업지역	70	65

2) 변전기기의 소음 조사(제작사 자료)

구 분	170㎸ GIS [dB]	72.5㎸ GIS [dB]	M.Tr [dB]	AT [dB]
소 음	120	120	80	70

※ GIS는 차단기 개폐순간 소음치이며 M.Tr은 자냉식 평균치 기준임.

3) 유입변압기(油入變壓器) 소음(騷音) Level 기준치(基準値) 조사

〈NEMA 기준(基準)〉

소음Level [dB]	BIL 350㎸		BIL 750㎸	
	유 입 자 냉 [kVA]	유 압 풍 냉 송 유 풍 냉 [kVA]	유 입 자 냉 [kVA]	유 입 풍 냉 송 유 풍 냉 [kVA]
57 ~ 60	700~ 1,500	–	–	–
61 ~ 65	2,000~ 5,000	–	–	–
66 ~ 70	6,000~ 15,000	6,250~ 12,500	3,000~ 7,500	3,125~ 6,250
71 ~ 75	20,000~ 50,000	16,667~ 40,000	10,000~25,000	7,500~ 20,000
76 ~ 80	60,000~100,000	53,333~133,333	30,000~80,000	26,667~ 66,667
81 ~ 85	–	–	100,000	80,000~133,333
86 ~ 91	–	–	–	–

4) 주변상황에 따른 소음의 반응

〈I . S . O 제안(提案)〉

Noise Rating Number [NR 수]	소 음 의 반 응
40이하 [Phon]	명확한 불평은 없다.
40 ~ 50	산발적 불평
45 ~ 55	광범위한 불평
50 ~ 55	사회적 행동의 초기
60 이상	사회적 행동이 심하다.

5) 소음 및 진동방지 대책 검토

구 분	소음방지 대책	진동방지 대책	비 고
• 변 전 소 • 급전구분소 • 보조급전구분소	• 건물내부에 흡음판 설치	• 진동방지설계 (내진설계)	• 건축설계시 반영

• 변전소, 급전구분소 및 보조급전구분소 GIS, M.Tr, AC Filter등을 내진계수 반영 설계 제작.

• 차단기 동작시에 발생되는 소음 및 진동을 감소시킬 수 있는 건물내부에 흡음설비 및 진동방지 설치와 적정한 환기장치 등을 건축설비설계 시에 반영되어야 하고 창문 구조는 도난방지 구조로 설계하여야 한다.

• 변전설비로 인한 소음의 허용도는 제한기준과 규제지역에 따르고 법에서 요구하는 정온한 생활환경을 유지하도록 소음의 피해를 방지하여야 한다.

6) 소음설계기준

[단위 : Leg dB(A)]

변전소명	구 분	적용기준[dB]		발생소음[dB]			비 고
		주 간	야 간	GCB	AT	M.Tr	
금강SP	도시계획관리지역	55	45	120 이하	70이하	80이하	- GCB는 소음
삼례SSP	자연녹지지역 (철도역구내)	55	45				
송천SSP	자연녹지지역	55	45				
전주S/S	자연녹지지역	55	45				

1.5 내진설계

1) 내진설계기준

관 계 법	지진구역	지역계수 (가속도계수)	비 고
건 축 법	1	0.08	광주광역시 강원도(화천제외) 전북고장, 전라남도(곡성, 구례, 광양제외), 경북울진, 제주도
	2	0.12	지진구역 1을 제외한 나머지 구역
도 로 교 표준시방서	1	0.07	강원도, 전라남도, 제주도
	2	0.14	기타지역
터널 공사 표준시방서			터널의 피토 두께, 지형, 지질등에 의해 필요에 따라 고려
댐 시 설	1	0.08	지진구역도 참조
	2	0.12	지진구역도 참조
고속철도 콘크리트 구 조 물 표준시방서	암반깊이 3m 이하	0.06	E = Kh×D E : 등가정적 지진력 D : 구조물의 자중 Kh : 지진계수
	암반깊이 3m 초과	0.09	

2) 지지구조물의 지진에 대한 구조해석

① 철주구조물의 해석시 자중, 설하중 등의 수직하중과 지진하중, 횡장력 등의 수평하중이 작용되는데 통산 철주구조물은 무게1톤 내외의 경량구조물로서 지진으로 인한 수평하중은 최대 지진하중 FACTOR를 고려할 경우 0.14정도이므로 수평력

$$H = 0.14 \times W = 0.14 \times 1000 = 140[kg]$$

정도이며 풍하중은 부재 단위면적당 166kg/㎡의 힘이 작용하므로 전체구조물의 투영면적이 5㎡정도로 예상하면

$$H = 5 \times 166 = 830[kg]$$

이므로 지진하중의 4~5배에 해당한다.

따라서 철주구조물 해석시 풍하중에 대한 고려만 하고 지진하중에 대한 하중조합은 통상 시행하진 않는다.

② 옥외전철변전소인 경우 M.Tr, AT 및 GIS기초는 통기초로서 전 부분이 지중에 매설되어 있어 지진에 대한 영향을 고려할 필요가 없고, 옥내전철변전소인 경우는 건축구조물 설계시 지진에 대한 구조해석을 건축설계시 반영하고 있으며 철주 기초는 철주 구조물

계산시의 FACTOR가 고려되어 설계되어 있다.

③ 일본은 철주 구조물 설계지침서에도 풍하중에 의한 검토만 하는 것으로 되어있음.

2. 변전설비 건축물에 대한 소방대책 조사

2.1 설계시 유의사항

1) 건물의 방화 대책
2) 기기화재의 국한화와 초기 소화
3) 채용기기의 엄선과 방화상의 배려
4) 인체의 안전 확보
5) 제3자 시설에의 배려
6) 절연유 유출 방지
7) 복합용도 빌딩인 경우의 소방 대책
8) 소방용 설비등의 유지관리

2.2 변전설비 각실의 방화 대책

1) 변압기실의 건물 구조

① 변압기실의 벽, 기둥, 바닥, 보, 지붕등 주요 구조부는 내화구조로 하여야 한다.

② 내장재는 불연 또는 준 불연재료를 사용한다.

③ 출입문은 기기 반출입구 샷타를 포함한 변압기실 출입문은 갑종 또는 을종 방화문(수시 열 수 있으면서 자동 폐쇄장치가 부착된 것, 또는 수시 폐쇄할 수 있으면서 연기 감지기의 작동과 연동으로 자동 폐쇄될 수 있는 것에 한한다)으로 하며 2개소 이상 출입구를 설치한다.

특히 기기반 출입구 셔터는 변압기 발화시 압력에 견디도록 견고하여야 하며 필요시 외부에서도 열 수 있는 구조이어야 한다.

④ 창은 원칙적으로 설치하지 아니한다. 다만 화재시에 자동 폐쇄되는 담파를 설치하거나 또는 망입유리로 하는 경우는 예외로 한다.

2) 방화 구획

주변압기 및 단권변압기는 해당 기기 전용의 개별실로서 방화 구획을 한다.

단, 변압기와 직결되는 가스절연개폐장치, 케이블헤드 등은 동실내 · 동구역내에 설치할 수 있다.

3) 분출유, 유출방지 대책

변압기실 바닥은 기울기를 주어 분출유가 집유조로 흘러 들어가도록 하여야하며 필요하다고 인정되는 경우 유수분리 장치를 하여야 하며 집유조는 변압기 유량의 50% 이상을 수용할 수 있어야 한다.

구 분	M.Tr(MVA)		AT(kVA)		비 고
	30/40	45/60	10,000	7,500	
유량(LT)	39,000	40,000	6,500	3,800	

* 본 유량은 기기 사양에 의하여 산출한 것이며 본 설계에 표기된 변압기용량에 따라 산출하고 차후 증설분의 기기 수량을 고려할 것.

4) 환기설비

주변압기의 냉각 목적 등으로 설치하는 환기설비는 화재시 자동 정지하는 것으로 하고 급, 배기구는 화재시에 자동 폐쇄되는 방화성능을 갖는 문짝 또는 샷타를 장치하여야 한다. 또한 이 장치는 실외에서도 수동으로 개폐할 수 있는 기구를 부가시킴이 바람직하며 화재 진압 후 실내에 충만한 유독가스와 연기의 배기 설비로도 이용한다.

2.3 변압기실 이외의 기기실 방화 대책

1) 변압기실 이외의 기기실의 방화 대책

항 목 \ 설 명		고전압 개폐기실	제어실, 계전기실	축전지실	기타 각실
건물구조	구 조	방화구조 이상	좌 동	좌 동	좌 동
	내장계	불연 또는 준불연 재료	좌 동	좌 동	좌 동
	출입문*1	갑종 또는 을종 방화문	좌 동	좌 동	좌 동
	창*1	연소될 우려가 있는 부분에는 망입유리	좌 동	좌 동	연소될 우려가 있는 부분에는 망입유리
기기 배치		화원발견이 쉽고 방화활동에 필요한 공간이 확보	배전반등의 배치는 소화활동을 고려한 공간을 확보한다.		
환기 설비		옥외로 통하는 환기설치	좌 동	좌 동	좌 동
기 타		축전지는 내산성이 바닥위, 또는 대위에 넘어지지 않도록 설치 (단,카리축전지제외)			

*1. 고정식 소화설비를 갖출 경우는 동실의 출입문과 창을 항상 닫아두어야 하며, 열어 놓을 필요가 있는 출입문이나 창은 소화설비(CO2등) 가스 방출 전에 연기감지기 등과 연동으로 자동 폐쇄되는 장치를 하여야 한다.

*2. 고정식 소화설비를 갖출 경우는 화재시 동실의 환기설비가 자동 정지되어야하며 또한 소화설비(CO2등) 가스 방출전에 흡배기구가 폐쇄되는 담파 장치를 하여야 한다.

2) 각실 관통부와 방화 조치

변전소 건물내의 모든 바닥과 벽, 케이블 또는 배관이 관통하는 부분은 내화성능과 동등 이상의 밀폐시공을 하며 관통부 양측 1m이내 부분의 케이블에 연소방지 처리를 한다. 변전소의 외벽 관통부, 변전소 케이블 처리실 경계벽도 또한 같다.

3) 변전설비의 유지관리를 위하여 근무자가 상주하는 기기감시실 사무실, 숙직실 등은 인명보호에 알맞는 소화설비

4) 변압기실, 제어실등은 기기보호에 알맞은 소화설비를 한다.

5) 각 변전소는 전자 장비들이 EMI(Electromagnetic Interference : 전자파 장애) /EMC (Electromagnatic Compatibility : 전자기적 양립성) 기준을 만족하더라도 자기장에 대한 부분은 추가적인 대책으로 전자 장비들이 밀집되어 가동되는 감시제어실 및 전철 배전반실을 차폐하여야 한다.

6) 기타 소방법에 준하는 사항

관계 법령으로는 대통령령인 소방법 시행령과 행정자치부인 소방법 시행규칙, 역시 행정자치부인 소방시설의 설치, 유지 및 위험물 제조소 등 시설의 기준 등에 관한 규칙등이 있다.

또한 시군 조례가 있으므로 동 조례도 유의하여야 한다. 변전설비의 소방대책 설계시 준수 또는 참고해야할 해당 법규별 조항은 아래와 같다.

① 소방법
② 시행령
③ 소방시설의 설치, 유지 및 위험물 제조소 등 시설의 기준등에 관한 규칙
④ 건축법
⑤ 건축법 시행령

3. 통풍설비에 필요한 발열량

3.1 발열량 계산

1) 각종기기의 개략 발열량 산출기준

기 기	개 략 발 열 량	비 고
변 압 기	$Pt \times \dfrac{1-\eta}{\eta}$ (kW)	Pt : 변압기 용량 (kVA) η : 변압기 효율
MOTOR	$Pm \times \dfrac{1-\eta}{\eta}$ (kW)	Pm : MOTOR 용량 (kW) η : 전동기 효율
20 / 30kV 특 고 반	0.2 (KW) / 1 면	발열원은 도체, 접촉저항 표시등 등
3.3 / 6.6kV 고 압 반	600A 0.4 kW/UNIT 1200A 0.9 kW/UNIT 2000A 1.8 kW/UNIT	위와 같음 주회로 접촉부의 접촉저항이 제일 크다.
저압배전반	400A 0.2 kW/UNIT 1600A 0.6 kW/UNIT 2000A 1.8 kW/UNIT	위와 같음.
저압 MCC	0.8kW / 면	
콘 덴 서	콘덴서 용량 (kVA) × 0.35% = (kW)	
직렬리액터	콘덴서 용량 (kVA) × 0.2% = (kW)	
감 시 반	0.3 ~ 1kW / 1면	
건물내로의 침입열	(To − Ti) × K × A (kcal/h)	To : 외기온도 (℃) Ti : 실내온도 (℃) K : 열관통율 (kcal/m2h℃) A : 벽 면 적 (m2)

열관통율 (K)

* 지붕의 K 값 (이중 천정이 아닐 경우)

콘크리트 두께가 5Cm : 4.0
콘크리트 두께가 10Cm : 3.5
콘크리트 두께가 15Cm : 3.12
목 조 : 2.4 이다

* 콘크리트 외벽의 K 값 (내부 마감이 없을 경우)

벽두께가 10Cm : 4.4
벽두께가 15Cm : 3.85
벽두께가 25Cm : 3.02
벽두께가 40Cm : 2.34 이다

2) 강제 통풍량 계산

변압기실의 자연 통풍이 어려워 강제통풍을 해야 한다.

강제 통풍시 송풍기의 용량은 다음과 같다.

$$Q = \kappa \times \frac{P_V}{\triangle \Theta} [m^3 / min]$$

여기서, Q : 소요 공기량[m³/min]

$\triangle\theta$: 흡입 공기와 배기 공기의 온도차[℃]

PV: 손실[kW]

κ : 온도에 의하여 정해지는 계수[m³℃/min, kW]

$$\kappa = \frac{860}{60} \cdot \frac{1}{\rho \cdot C_P}$$

여기서, ρ : 온도 t℃ 에서의 공기 비중

CP : 온도 t℃ 있어서의 공기 비열

여기서 상수 κ 는 단위 열량을 단위 시간당 필요한 온도로 낮추는 데 소요되는 공기의 체적을 구하는 상수이며, κ 의 값은 다음과 같다.

온 도 [℃]	상 수 [κ]
30	53.0
35	53.7
40	54.5
45	55.4
50	56.2

3) 변압기 발열량 및 환기량 결정

① 발열량

예컨대 변압기 7,500kVA, 효율 99.3% 라고 하면

$$\text{발열량 } P_V = 7,500\,kVA\left(1 - \frac{99.3}{100}\right) = 52.5kW$$

② 환기량

외기 온도와 배기 온도의 차를 5℃, 배기 온도를 45℃라 할 때 소요 공기량은

$$55.4 \times \frac{52.5}{5} = 581.7 \fallingdotseq 581[m^3 / min]$$ 가 된다.

3.2 발열량 및 소요 환기량

종 류	용 량 [kVA]	효 율 [%]	손 실 [kW]	공기 소요량 [m³/min]
AT (AC Filter)	5,000	99.3	35	387.8
	7,500	99.3	52.5	581.7
	10,000	99.3	70	775.6
M.Tr	30,000	99.53	141	1,562.28
	40,000	99.4	240	2,659.2
	50,000	99.45	275	3,047
GIS			약2	22.16

주) 배기휀 용량을 산출하기 위한 참고사항 임.

2-5. DC변전소 전력공급 검토

1. 개요

지하철변전소는 한국전력공사로부터 22.9kV 전력을 수전 받아 전동차 운행에 필요한 전력으로 변환 하여 전력을 공급하는 전차선 급전용 전력공급 계통과 정거장 전기설비에 필요한 전력으로 변환하여 전력을 공급하는 고압배전계통을 도심의 지하공간을 운행하는 지하철의 특수성을 충분히 고려하여 항상 양질의 전력을 공급할수 있도록 한다.

2. 급전용 전력 공급 계통

2.1 급전용 전력공급 계통

급전용 전력공급 계통은 한국전력공사로부터 수전 받은 22.9kV 전력을 전동차에 필요한 직류 1,500V 전력으로 변환시키기 위한 정류기와 정류기에서 변환된 직류 1,500V 전력을 전차선에 공급하는 급전회로를 보호하기 위한 급전용 직류고속도차단기반과 급전용 차단기 고장시를 대비하여 예비 급전용 고속도 차단기반 으로 구성 된다.

2.2 정류기설비 계통 구성

1) 제 1안 (정류기 군의 용량에 여유를 확보하는 방법)

해당 변전소의 전동차 부하를 75% 공급 할수 있는 용량의 정류기를 2대 설치하여 1대 고장시에 정상운전 중인 다른 정류기 1대로 75%의 부하 운전을 하는 방법.

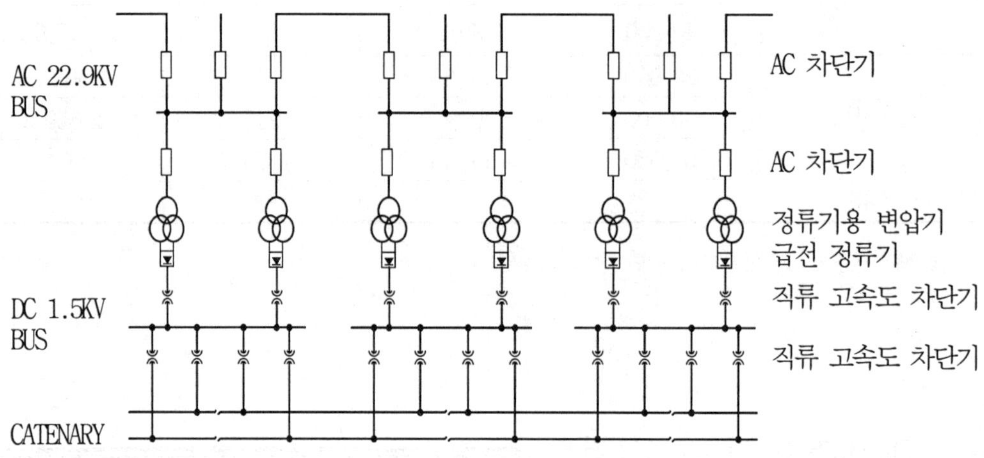

2) 제 2안 (예비 정류기를 확보하는 방법)

해당 변전소의 전동차 부하를 50% 공급할 수 있는 용량의 정류기를 3대 설치하여 2대는 상시 운전하며, 1대 고장시에는 예비기를 사용하여 정상 운전을 하는 방법.

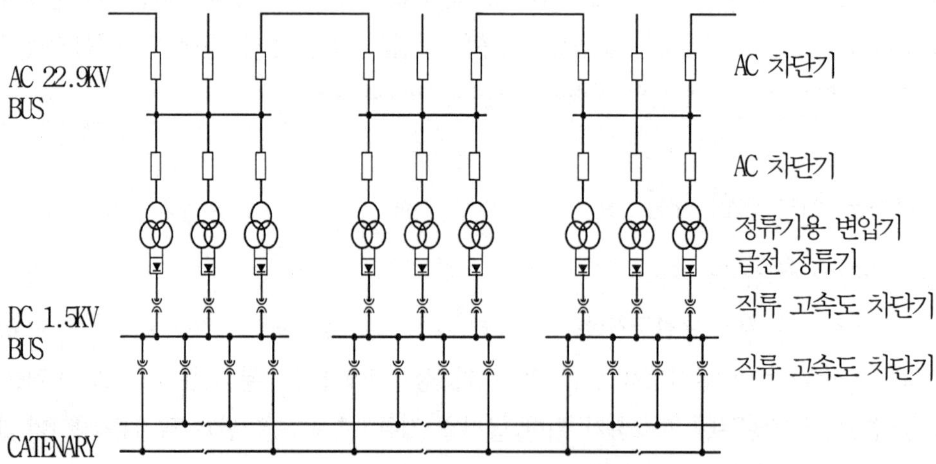

3) 계통 구성 비교

구분	제1안	제2안
정류기 설치 대수	• 2대 (2대 정상운전)	• 3대(2대 정상운전,1대 예비)
정류기 1기당 용량	75%	50%
총 시설 용량	150%	150%
상시 운전 용량	150%	100%
정류기 1대 고장시	• 75% 부하 운전	•예비기 사용으로 정상운전
장 점	•설치공간의 적음 •경제적임	•적정용량(3000kW) •적정용량 운전 •관련 설비 선정 및 제작 용이
단 점	•설비 용량의 커짐 (4500kW) •과용량 운전으로 무부 하손 증가	•설치 공간의 넓어짐 •비경제적임
검 토	제2안은 제1안에 비하여 설치 공간의 넓고 비경제적이나 정상 운전시 과용량 운전에 따른 무부하 전력손실의 없으며 정류기 1대 고장시에도 예비기 사용으로 변전소가 부담하는 전동차 부하에 100%로 전 부하 운전이 가능하다.	

3. 전력공급계통

1) 고압배전 전력공급 계통

① 2 Bank 설치

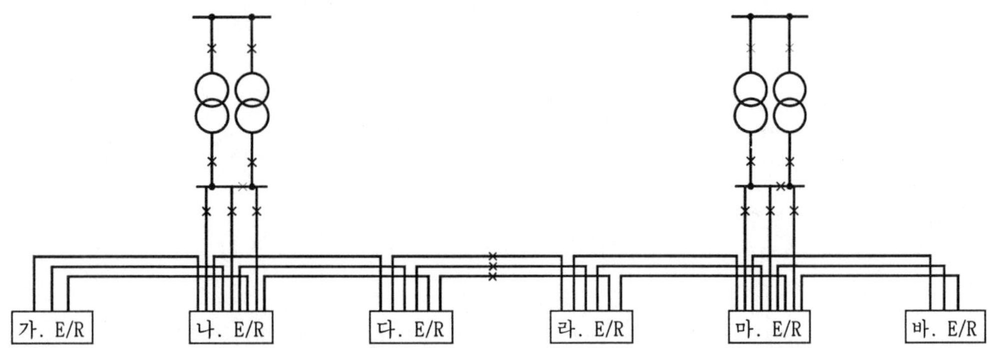

② 3 Bank 설치

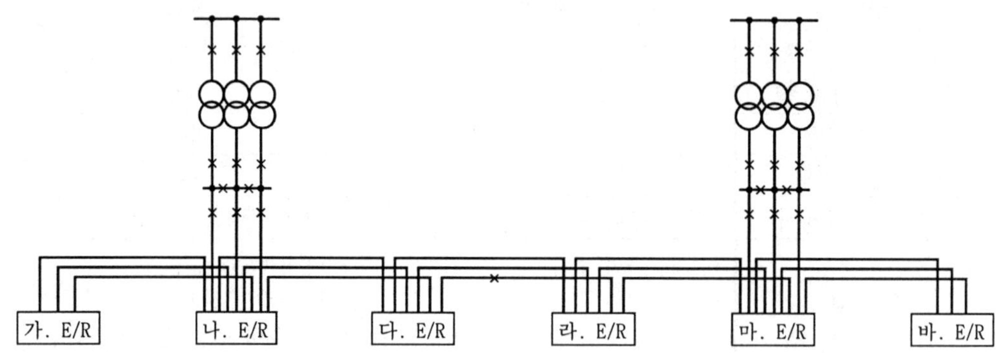

2) 터널내 배전선로 적용 사례

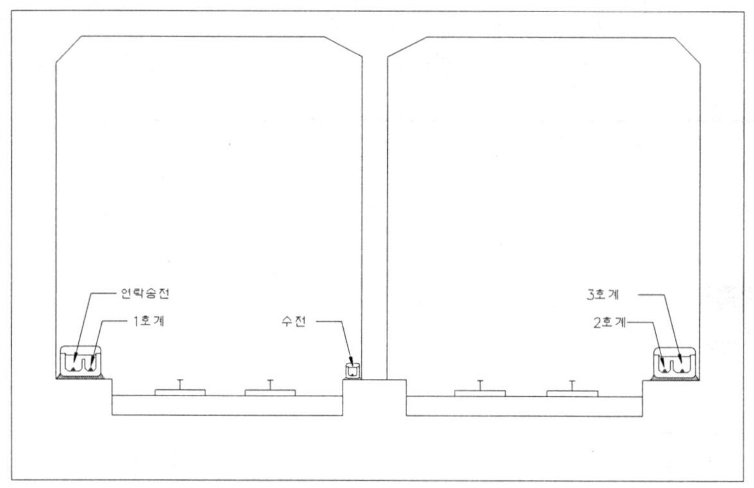

2-6. DC변전소 간격, 정류기용량결정

1. 변전소 간격 산정

1.1 전동차 운전가능 전압에 의한 계산

1) 전압강하 기준

전차선의 전압강하는 전동차량의 속도특성 저하 및 보조 운전기기 등에 기능 저하를 유발시켜 직접적인 운전에 영향을 미치며, 아울러 낮은 전차선 전압은 차량운전에 필요한 전력을 발생하기 위하여 대전류가 흐르게 되므로, 이를 방지하기 위하여 사용하는 전차선 전압의 최대 전압강하를 설정하고 이를 기준으로 변전소 간격을 선정한다.

2) 변전소 간격 계산

① 전차선 최대 전압강하 계산식

$$\circ \Delta V = \frac{1}{4} * D * \gamma_0 * \left\{ \frac{1}{2} * \left(\frac{D}{\ell} - 1 \right) * I * Im \right\}$$

· ΔV : 최대 전압강하 [V] ; (ΔV ≒ 400[V])

· D : 변전소 간격 [km]

· r0 : 전차선로 합성저항 [Ω/km] : (r0 ≒ 0.0216[Ω/km])

· ℓ : 열차 평균간격 [km] (표정속도 × 운전시격(T) ÷ 60분)

; (l ≒ 1.083km, 표정속도(32.5) × 운전시격(2) / 60분)

· Im : 차량 1편성 최대 운전전류 [A] : (Im ≒ 3600[A])

· I : 차량 1편성 평균 운전전류 [A] (I = Im/2, ≒ 1800[A])

② 변전소 간격 계산

$$\circ D = \sqrt{1.5^2 * \ell^2 * + \left(\frac{16 * \ell * \Delta V}{\gamma_0 * Im} \right)} - 1.5\ell$$

$$= \sqrt{1.5^2 \times 1.083^2 + \left(\frac{16 \times 1.083 \times 400}{0.0216 \times 3600} \right)} - 1.5 \times 1.083 \fallingdotseq 7.9km$$

1.2 전동차 고장전류 감지범위에 의한 계산

1) 고장전류 기준

직류급전 회로인 전차선에 병렬로 급전하는 변전소 고속도 차단기반에는 직류 사고발생에 대비하여 대항차단을 위한 연락차단 장치가 설치되어 있다. 또한, 정상적인 차량의 운전전류가 커서 사고전류와 판별하여 선택차단이 곤란하므로 전류의 증가율 ($\frac{di}{di}$)과 전류의 차(ΔI)에 의한 장애전류를 검출하는 고장전류 선택장치(50F)를 사용하고 있다. 고장전류 선택장치의 Setting Value는 고장전류에는 동작하고, 운전전류에는 동작되지 않아야 한다.

2) 변전소 간격 계산

① 고장전류 계산식

$$\circ\ \Delta V_{fault} = \frac{E_{OA} - E_a}{\frac{R_{OA} + R_{OB} + \gamma * D}{2} + 2R_a}$$

· ΔIf : 양 변전소 사이에서 장애발생시 흐르는 고장전류 [A] : (Δ If=3000[A])

· EOA, EOB : 변전소 출력전압 [V] ; (EA ≒ 1620[V])

· R0A, R0B : 변전소 내부저항 (R0A = 0.1[Ω])

· r : 전차선로 저항 (r = 0.0243[Ω /km])

· D : 변전소 간격 km

· Ra : 고장점 저항 (Ra = 0.1[Ω])

· Ea : 고장점 아크전압 (Ea = 300[V])

② 변전소 간격 계산

○

$$D = \frac{1}{\gamma} * \left\{ 2 * \left(\frac{E_{OA} - E_a}{\Delta If} - 2R_a \right) - (R_{OA} + R_{OB}) \right\}$$

$$= \frac{1}{0.0243} \times \left\{ \frac{2 \times (1620 - 300)}{3000} - (0.1 + 0.1 + 4 \times 0.1) \right\}$$

$$\fallingdotseq 11.5km$$

– 계산된 변전소 간격은 저항차를 사용할 때의 간격으로 회생차 운전시 30% 정도 변전소 간격은 줄일 필요가 있고, 또한 보호장치의 고장범위의 중복율20% 정도를을 고려하면 11.5km ÷ 1.3 ÷ 1.2 ≒ 7.3km로 조정하여야 한다.

1.3 전식방지 기준에 의한 계산

1) 전식방지 기준

직전식량을 줄이기 위해 누설전류를 저감시켜야 하며 누설전류를 저감시키는 방법으로 변전소 간격 단축, 전차선 전압상승, 레일저항 감소, 레일과 대지사이 절연저항을 크게 하는 방법 등이 있다.

전기설비기술기준 제288조(전식방지를 위한 귀선용 궤조의 시설 등)에는 "직류전기철도에서 귀선의 비절연 부분에 1년간 평균전류가 통할 때 발생하는 전위차는 궤도길이 1km에 대하여 2.5V 이하이고, 그 구간의 어느 사이에서도 15V 이하여야 한다"라고 되어 있다.

2) 변전소 간격 계산

① 계 산 식

㉠ 1년간 평균전류

$$(I) = \frac{\text{변전소의 직류측 1년간 사용전력량 (kWH)}}{\text{365일 * 24시간 * V (전차선 전압)}} (A)$$

• 변전소의 직류측 1년간 사용전력량은 운영계획시 계획된 자료와 TPS 자료로 다음과 같이 계산한다.

변전소의 직류측 1년간 사용전력량 = 2·K·L·C·연간 운행회수 (편성기준)

㉡ Vm (최대전압)

$$= \frac{1}{2} * \text{R(궤조저항)} * I * D^2\text{(변전소 간격)} \leq 2.5V$$

㉢ Ve (1km당 전압강하) $= \dfrac{\text{Vm(최대 전압강하)}}{\text{D(변전소 간격)}} \leq 2.5V$

㉣ R = 1 ÷ W (궤조 1m당 중량 kg, 복선인 경우 : 1 ÷ 2)

② 변전소 간격 계산-1(일반적 기준적용)

㉠ $D = \dfrac{15}{2.5} * 2 = 12\text{km}$

㉡ $D \leq \sqrt{(30/R*I)}$

③ 변전소 간격 계산-2(실제 수도권 노선의 예로 계산)

㉠ 조건

• 노선전체의 차량 평균전력 : 55,005[kW]

• 운행시간 : 20시간/일

• 운행거리 : 31.1km × 2(왕복)

㉡ 계산

- 1km당 1년간 평균전류 I

$$= \frac{55,005[kWH] \times 20[H/D] \times 365[D/Y]}{365[D/Y] \times 24[H/D] \times 1.5[KV] \times 31.1[km] \times 2}$$

$$= 491[A/km]$$

- 1km 전위차

$$V_1 = \frac{1}{2} \times \frac{1}{60} \times I(1km당\ 1년간\ 평균전류)$$

$$= \frac{1}{2} \times \frac{1}{60} \times 491 = 4.09[V/km] \leq 2.5[V/km]$$

* R = 60 : 궤조저항

㉢ 전기설비 기술기준에서 어느 구간에서도 15V 이하 적용시

$$변전소\ 간격\ D = \frac{구간의\ 허용\ 전위차}{궤도길이\ 1km\ 대한\ 계산\ 전위차}$$

$$= \frac{15[V]}{2.41[V/km]} = 6.22[km]\ 이하$$

1.4 전력시뮬레이션에 의한 전동차 사용전력량으로 계산(예)

1) 계산조건(예)

① 운영조건

- 선로길이 : 영업 운전구간 30.44km
- 차량 운전시격 : 10량 2분
- 전차선 가선전압 : DC 1500V
- 전차선 최저전압 : DC 1100V (전동차량 운전가능 최저전압)
- 전차선로 합성저항 : 0.0216Ω/km (전차선 + T-bar + 레일)
- 정류기 용량 : 3500kW (2대 운전, 1대 예비)

② 전력시뮬레이션 결과

- 전력시뮬레이션 결과 변전소 소비전력을 다음과 같은 조건일 경우.

구 분	전력량 DC측 (kWH)	구 분	전력량 DC측 (kWH)	비 고
8량 4분	21,833	10량 2.75분	39,805	
8량 2.75분	30,512	10량 2분	55,004	

③ 전동차 사용 전력량(시뮬레이션자료)로 변전소 간격 산정

㉠ 1시간 최대부하

- 노선 전체의 차량 평균전력(시뮬레이션 결과) : 55,004[kWH]
- 노선 전체의 차량 RMS 전력 : 55,004kWH × 1.2(RMS Factor) ≒ 66,005[kWH]

㉡ 변전소 수량 및 간격

- {66,005kWH ÷ 7,000kW(정류기 용량)} ≒ 9.4개소
- 변전소 간격 : 31.1km ÷ (10개소 − 1) = 3.4km

1.5 변전소 간격 결정

1) 결정방법

- 변전소 간격 계산결과를 비교하여 3가지 기준을 만족하는 값을 선정하여 변전소 최대 간격으로 하고,
- 변전소 용량 산정 1.2를 진행하여 변전소 용량 결정시 변전소 간격을 조정 확정한다.
- 단, 변전소 설비의 유지관리 효율성을 위하여 변전소는 정거장에 위치토록 결정한다.

2) 수 계산에 의한 방법 요약

검 토 기 준	변전소 간격	결 론
전동차 운전가능 전압에 의한 계산	7.9km	• 수 계산에 의한 변전소 간격 6.22km~7.9km • 전위차는 4.09V로 규제치 2.5V상외하나 별도의 전식방지 대책용역을 발주하여 기반시설 및 대책을 수립하여야 한다.
전동차 고장전류 감지범위에 의한 계산	7.3km	
전식방지 기준에 의한 계산	6.22km	

※ 시뮬레이션에 의한전동차 사용전력량으로 계산한경우 3.4km이므로 이를 참고하여 결정하여야 한다

2. 정류기 용량 산정

2.1 개요

선로가 계획되면 교통수요를 예측하고 시간당 수송인원에 따른 운영방안을 수립한다.

운영방안 내용은 다음과 같다.

- ○ 차량의 형태 (대형 / 중형 / 경량)
- ○ 차량 편성수 (10량, 8량, 6량, 4량 ....)
- ○ 운전시격 (초기년도 운전시격, 최종년도 운전시격, Rush hour, Non Rush hour 등)

차량에서는 선로계획 자료(구배, 곡선반경, 정거장 위치 등)를 기준으로 하여 운영자료를 이용 TPS(열차운전 시뮬레이션)을 수행하며 TPS 결과 작성된 자료를 이용하여 변전소 용량을 산정한다.

2.2 변전소 용량산정 순서

1) 차량 편성수 : 1편성당 차량수

2) Rush hour 운전시격

3) 편성당 전력원단위 (P1)

「전력원단위(K) × 견인정수 또는 편성당 차량수」로 표현되며 전력원단위(K)의 단위에 따라 다음과 같이 적용한다.

① K의 단위가 [kWH/C·KM]인 경우

P1 = 전력원단위[KWH/C·KM] × 차량수 [C]

② K의 단위가 [kWH/Ton·KM]인 경우

P1 = 전력원단위[KWH/Ton·KM] × 견인정수 [Ton]

여기서, K[전력원단위]는 TPS(열차주행 시뮬레이션)에 의하여 제시되거나, 기존선로 구역에 운행하고 있는 운행자료를 분석하여 적용한다.

㉠ TPS에서 제시할 경우 TPS 입력자료로 선로조건(구배, 국선, 정거장 위치 등)과 열차자료(열차의 특성, 주전동기 특성곡선 등)가 제시되어야 하므로 사업의 진행일정에 따라 적용 여부가 결정된다.

㉡ 기존선로 구역의 운행자료를 적용할 경우 동일 또는 유사한 차량의 운행선로 구역 중에서 선로조건이 유사한 선로구역에서 다음식에 의하여 산출한다.

$$K = \frac{\text{년간 전력사용량 [KWH]}}{\text{선로길이} \times \text{년간열차운행회수} \times \text{편성당 차량수 (견인정수)}}$$

4) 급전거리(L)는 변전소가 담당하는 급전거리를 말한다.

5) 1시간에 급전선로를 주행하는 열차 편성수 (N)

$$N = \frac{60}{T} \times a$$

여기서, a : 복선의 경우 2, 단선의 경우 1 적용

T : 운전시격

교통수요 조사에 따른 시간당 수송인원을 예측하여 작성된 운영방안(차량의 형태, 차량의 편성, 운전시격 등)에 의한다.

6) 1시간 최대 출력 Y : $Y = P_1 \times L \times N$

7) 순시 최대 출력 Z : $Z = Y + S\sqrt{Y}$

Co의 값은 순시최대 출력(Z)와 1시간 최대 출력(Y)의 Data 등에 의하여 70~120 정도이며, $1.7\sqrt{Itm}$ 으로 적용하기도 한다.

여기서 Itm 열차운전 최대 전류이다.

8) 변전소 용량 적용

철도용 전력설비는 과부하 내량이 150% 부하에서 2시간, 300% 부하에서 1분을 견디도록 제작하고 있으므로 1시간 최대 출력과 순시 최대 출력의 40%를 비교하여 다음과 같이 산정한다.

① $Y > \frac{Z}{2.5}$ 인 경 우 : Y를 변전소 용량으로 적용

② $Y < \frac{Z}{2.5}$ 인 경 우 : $\frac{Z}{2.5}$ 를 변전소 용량으로 적용

9) 변전소 용량 결정

전항 8)의 변전소가 용량이 8,000Kw를 초과하는 경우에는 수전용량을 고려하여 변전소 간격을 조정하여 변전소 용량이 8,000kW 이하가 되도록 조정하는 경우가 있다.

〈변전소 부하 계산표〉

구 분	단 위	계 산 식	S/S명	
			년도	년도
1) 차량편성수 (C)	량	10		
2) Rush hour 운전시격 (T)	분	2		
3) 전원단위 (K)	kWH/ C·KM	3.28		
4) 편성당 전원단위 (P1)	kWH/편성·KM	P1 = K × C	32.8	
5) 급전거리 (L)	KM	6		
6) 편성당 소비전력 (P2)	kWH	P2 = P1×L	196.8	
7) 편 성 수 (N)	편성		60	
8) 1시간 최대 전력 (Y)	kW	Y = P2×N	11808	
9) 순시 최대전력 (Z)	kW	Z = Y+70C $\sqrt{Y}$	20501	
10)Max $(Y, \frac{Z}{25})$				
11) 변전소 용량	kW		11808	

2.3 정류설비 단위용량 산정

직류급전 방식에서 정류설비는 정지시 열차운행에 막대한 지장을 초대하므로 1기를 예비기로 두어야 한다. 변전소 용량의 50%를 정류설비의 단위 용량으로 산정함을 원칙으로 하며 상황에 따라 적절하게 산정한다.

1) 변전소 용량으로 산정 : 변전소 용량 × 0.5로 계산

2) 변전소 간격으로 산정

① 노선 전구간 주행시 1시간 최대 부하전력량 PL :

$$P_L = K \times C \times L \times \frac{60}{T}$$

· K : 전력원단위 [kWH/C·km]

· C : 편성당 차량수 [C]

· L : 선로의 운영거리 [km]

· T : Rush Hour시 운전시격 [분]

② 노선 전구간 주행시 1시간 최대 부하전력량 RMS값 PLR

$$P_{LR} = P_L \times 1.2 \text{ (S Factor)}$$

3) 정류설비 단위 용량 = PLR ÷ 변전소수 × 0.5

3. 정류기용 변압기 용량 및 차단기선정(예)

3.1 조건

1) 정류기 정격출력(P) = 3,500(kW)
2) 정류기 정격전압(E) = D.C 1,500(V)
3) 정류기 내부 전압강하 : 6%
4) 정류기 무부하 전압 (Edo) : 1,590 (V)
5) 변압기 1권선당 2차 전압 : 600(V)
6) 정류기 무부하 전압과 2차측 전압비 : 1,590 / (600x2) = 1.325

3.2 정류기용 변압기용량계산

1) 출력전류

① 정류기 정격출력전류(Ia)

$$I_a = \frac{3,500\ kW}{1.5\ kV} \fallingdotseq 2,333.34(A)$$

② 변압기 2차측 출력전류(Ib)

$$I_b = I_a \times \sqrt{\frac{2}{3}} \fallingdotseq 1,905.17(A)$$

③ 변압기 2차측 전압(Ea)

$$E_a = \frac{1,500 \times 1.06}{1.325} \fallingdotseq 1,200(V)$$

2) 변압기 용량 (Tp)

$$T_p = \frac{(\sqrt{3} \times Ea \times I_b)}{\text{변압기 효율}} = \frac{(\sqrt{3} \times 1,200 \times 1,905.17)}{0.99} = 4,000\ (kVA)$$

상기 계산 결과에 따라 정류기용 변압기 용량은 4,000kVA를 선정한다.

3.3 정류기용 차단기 용량 선정

1) 선정기준

정류기 용량 3,500kW에 대하여 전부하 운전이 가능하도록 선정, 150% 정격에서 2시간 과부하 운전시에도 차단기의 Trip 없이 전원이 공급되도록 선정한다.

2) 계산

(3,500kW x 150%) / (1.5kV) = 3499.9[A]

3) 선정 : 4,000[A] 선정

FEEDER의 급전용 차단기 정격전류는 열차 운행시 상선과 하선의 부하전류 용량을 감여 3,000[A]를 주로 선정한다.

2-7. 회생인버터기술검토

1. 개요

최근 전기에너지를 전원으로 하는 전기철도에서는 회생제동열차 운행으로 열차제동시 열차의 관성에 의한 운동에너지가 전기에너지로 변환 회생되며, 이러한 회생전력은 동일급전구간에서 운행되고 있는 인접열차의 역행에너지로 사용되고 있다. 이때에 역행운전에 사용되고 남는 잉여회생전력이 있는 경우 전차선로의 전압이 상승하게 된다.

이러한 경우 열차의 회생 제동력이 실효하게 되며 기계직 제동으로 전환하게 되어 마찰소음과 진동이 발생 하여 정숙운행을 할 수 없게 되고 승객들에게 불쾌감을 주게 된다.

따라서 회생차량의 안정적인 운행을 위하여 회생 잉여전력을 전원측으로 역송전 하기위한 적정의 전력 회생장치로 회생 인버터의 설치가 필요하게 되며, 회생인버터는 잉여회생전력을 급전변전소의 교류 모선전력 또는 고압배전전력으로 역송전 하여 에너지의 효율적 이용과 부차적으로 기계적 제동에 따른 제동장치의 마모와 소음, 유지관리비 증대 예방과 정숙운행을 할 수 있어 대민서비스 향상을 도모할 수 있게 된다.

2. 회생인버터의 원리

회생열차의 회생제동에서 발생하는 회생 잉여에너지는 IGBT 등의 반도체소자를 이용한 인버터에서 교류로 변환, 변전소의 교류 전력공급계통(22.9KV 또는 6.6kV)으로 역송전 하여 회생에너지를 소비토록 한다.

직류 전기철도에서 채용되고 있는 전력회생방식의 개략도는 다음 〈그림1〉과 같다.

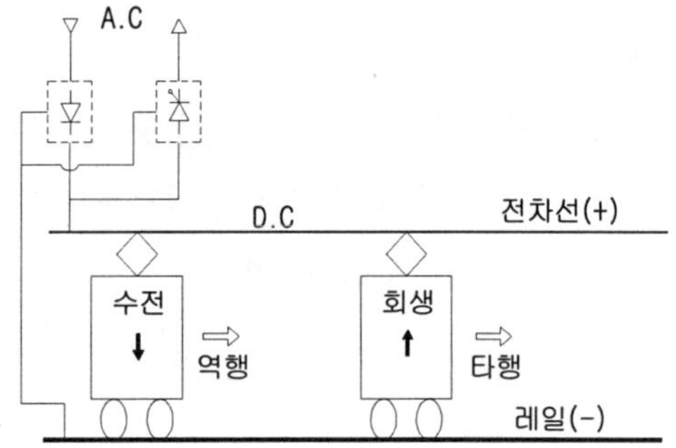

3. 회생인버터의 특징

장 점	단 점
- 잉여 회생전력을 재활용하여 에너지절감. - 열차 회생제동시의 회생실효를 방지하여 기계식 브레이크 사용 빈도 감소. - 레진제 브레이크슈 마모 저감으로 터널 환경 악화 예방 및 소음발생 억제 - 기계식 제동장치의 유지보수 비용절감 - 지속적 회생 제동으로 안정적 승차감 유지 및 정위치 정차로 양질의 서비스. - 기계식 제동장치 사용 빈도 감소로 구조물 진동파급 억제. - 기계식 제동 시 회생 전력소비용 저항기사용 빈도 감소로 터널 온도상승 억제.	- 회생인버터의 설치로 초기투자비 및 유지관리비 증가. - 회생인버터 운전 시 고조파 발생. - 고조파 대책으로 AC/DC 필터설비 필요. - 인버터 고장 시 회생실효 가능성 증대. - 고급전자전력 유지관리 기술자 필요.

4. 회생 인버터 시스템 구성 및 주요기기

회생열차의 제동 시 구동 전동기에서 발생되는 회생에너지는 교-직 변환 인버터에 의해 직류전력으로 변환되어 전차선에 역 송전 되며, 인접의 역행(powering)차량이 수전 사용한다.

이때 사용 잔여분의 전력에너지 (또는 수전차량이 없어 사용 못하는 에너지)는 변전소에서 직-교 변환 인버터 및 인버터용 변압기에 의해 교류전력화 되어 수전전원 또는 고압 배전전력으로 재사용하게 된다.

이러한 재사용 전력에는 인버터 구성요소인 반도체소자의 전류특성에 따라서 고조파 성분이

함유 되어 전력기기에 나쁜 영향을 주게 되므로 이를 제거하기 위하여 전파다중정류방식과 여과기로서 수동형 또는 능동형의 직류 및 교류필터를 설치한다.

4.1 인버터 시스템 구성

급전용 정류기 2차측(DC 1.5KV) 직류 급전모선과 정류용 변압기 1차측 교류모선(AC 24K) 또는 AC 7.2KV 배전모선 사이에 인버터 및 회생용 변압기를 기타 부대설비등과 함께 차단기와 필터를 조합하여 다음 그림과 같이 시스템을 구성한다.

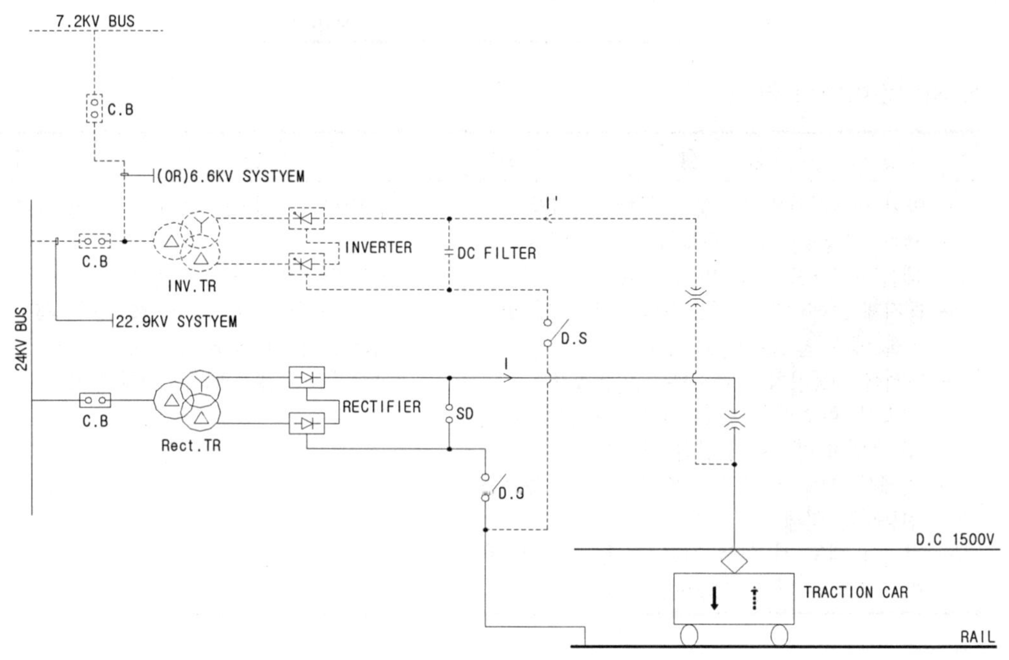

4.2 주요기기

1) 인버터(inverter)

교류 파형의 원활한 파형 유지 및 고조파 발생을 억제하기위해 PWM 제어방식의 Y-DELTA 역정류 6상12펄스(2중 3상 브리지회로) 방식으로 구성한다.

인버터의 DC 입력전압은 정류기 무부하 출력전압(DC 1,620volt)이상에서 인버팅(trigger)하고 교류 출력전압은 정류기용 변압기의 출력전압(AC 590volt)과 같게 한다.

2) 변압기

정류용 변압기와 같은 3권선 변압기를 채용하여 교류 전원측의 파형의 원활화를 도모한다.

변압기의 교류 모선측 출력 전압은 AC 22.9KV 와 AC 6.6KV 2개의 방식이 국. 내외으로 채용되고 있다.

3) 개폐기

인버터의 직류 모선측의 정(+)극에는 직류고속도차단기(HSCB)를 부(-)극에는 단로기(DS)를 설치하고 변압기 교류 모선측에는 24KV(또는 702KV) 교류차단기를 설치한다.

4) 여과기(Filter)

인버터 DC 입력단과 변압기 AC 출력단에 각각 고조파 대책으로 직류용 과 교류용의 여과기(FILTER)를 설치하여 안정된 양질의 파형을 출력토록 한다. 고조파억제에 적합한 필터의 선정은 정류기 및 인버터 제작자에 의해 수동형 (또는 능동형) 필터가 채용되며 여과기로서의 필터 개요는 다음과 같다.

① 수동필터(Passive Filter)

수동필터는 L-R-C형 교류 필터로서 동조필터(Band-Pass Filter)와 고역필터(High-Pass Filter)가 있으며 그 개요도는 다음과 같다.

동조필터(Band-Pass Filter)

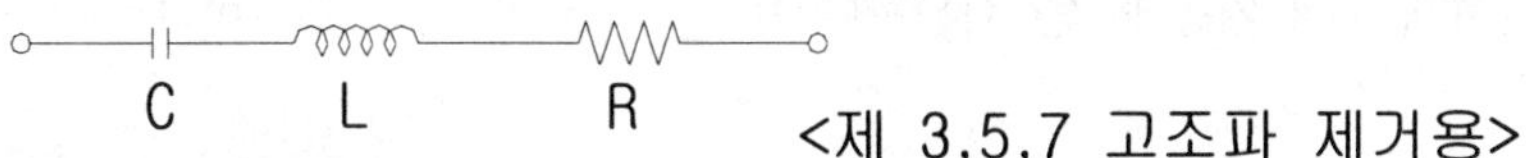

고역필터(High-Pass Filter)

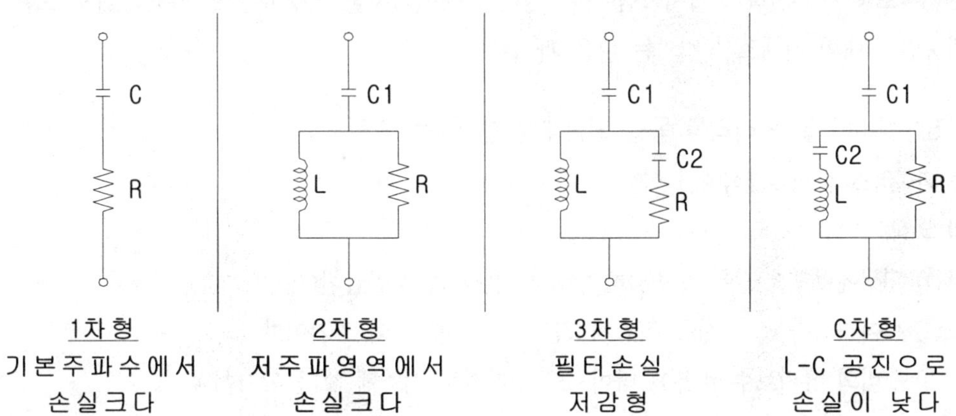

② 능동필터(Active Filter)

능동필터는 전력계통의 고조파 전류를 검출하여 고조파를 제거하기 위한 전력변환장치로, 자기소호형 반도체 소자 등을 사용, PWM(Pulse Width Modulation) 제어 및 SHE(Selective Harmonic Elimination)제어를 수행하여 고조파로 인한 장해를 억제하는 장치로서 이들의 기능은 다음과 같다.

㉠ PWM 방식 : 펄스폭 변조 방식(Pulse Width Modulation)으로 전력계통의 고조파에 의한 일그러진 파형을 정현파에 가까운 우수한 출력 파형으로 변조하는 방식이다.

㉡ SHE 방식 : 고조파를 각 주파수 대역별로 분산 처리 제거 (Selective Harmonic Elimination)할 수 있는 적정의 전력소자를 사용하여 고속 무단연속 제어(High Speed & Soft Switching)기능으로 고조파의 THD(Total Harmonic Distortion)값을 낮추도록 하는 방식이다

5) 동기회로

인버터 교류 출력측과 교류모선 전원측의 주파수와 위상의 동기화 정류제어회로이다.

6) 제어회로

인버터 내부회로에GD(Gate Drive)및 SMPS(Switching Modulation Power Supply)등의 회로를 설치하여 인버터 기능에 최적화된 제어를 할 수 있게 하는 회로이다.

5. 회생인버터의 설치 및 운용 사례

전기철도용 직류전력 공급시스템에서 잉여 회생에너지를 회생하는 인버터를 설치 또는 설치 계획중인 국내외 사례조사 결과는 다음 과 같다.

5.1 컨버터 및 인버터를 동일 외함내에 설치하는 방식

1) 싸이리스터 정류방식에서 적용

2) 특징

① 회생에너지를 교류로 변환하여 교류 전원 측에 공급한다.

② 싸이리스타 소자 사용 정류시스템으로 장비가격이 고가이다.

③ 장비의 유지보수 비용이 다이오드 소자사용 시스템 보다 고가이다.

④ 고조파의 저감을 위해 고조파필터 설치가 필요하다.(예상면적7,000*7,000M)

3) 적용사례

① 국내

㉠ 부산지하철 2,3호선 싸이리스터 소자의 컨버터와 인버터 System

㉡ 경산 경전철 시험선(DC 750V 용)

㉢ 인천 영종도 신공항 IAT 경전철(진행중)

② 해외

㉠ 싱가폴 LRT SYSTEM(7 Set)　㉡ 히로시마 고속교통(3 Set)

㉢ 고베시 교통국(3 Set)　㉣ 도쿄도 테이도 고속 교통영단(1 Set)

㉤ 도쿄도 급행전철(1 Set)　㉥ 타마도시 모노레일(1 Set)

㉦ 나고야시 교통국(3 Set)

4) 계통구성도(예) 〈부산지하철 2~3호선 변전소 전력공급계통도〉

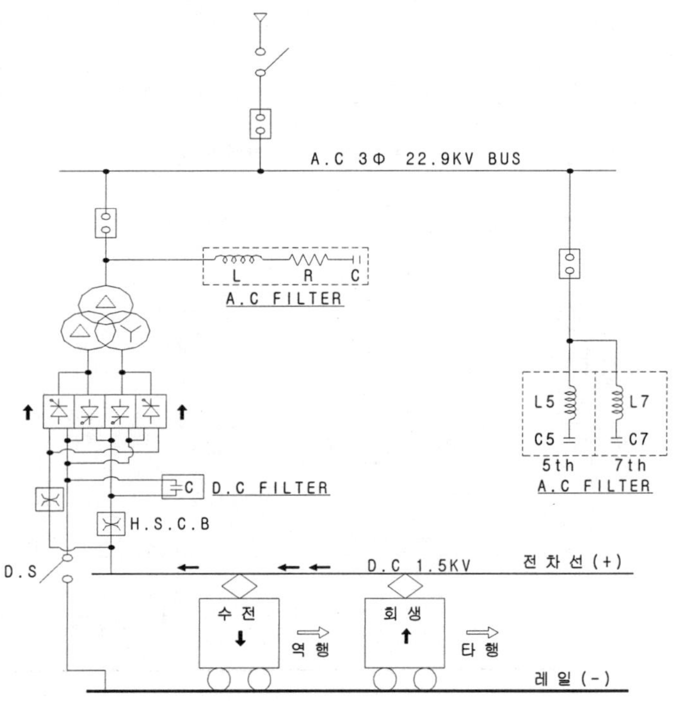

5.2 컨버터와 인버터를 독립된 외함내에 설치하는 방식

1) 다이오드 정류방식 또는 기 영업 노선에 인버터를 신설하는 경우에 적용

2) 싸리스타소자 콘버터 용량이 대용량으로 동일함에 수용할 수 없는 경우(부산 1호선)

3) 특징

회생에너지를 교류로 변환하여 교류 전원 측에 공급한다.

① 인버터 전용변압기를 설치한다.(단, 부산 1호선은 동일 변압기 사용)

② 인버터의 유지보수비용이 추가된다.

③ 고조파의 저감을 위해 고조파필터의 설치가 필요하다.(예상면적7,000*7,000M)

④ 인버터 설치를 위한 면적이 추가 소요 된다.

(부산 1호선(인버터 + HSCB) 경우 2,220*1,530m/m)

4) 적용사례

국외의 경우 유럽, 미국, 일본등의 일부노선에서 적용하고 있다. 국내에서는 부산지하철 1호선에서 채용하였다. 최근의 지하철에서는 설치를 적극 검토하고 있다.

5) 계통구성도(예) 〈서울 7호선 변전설비 계획결선도〉

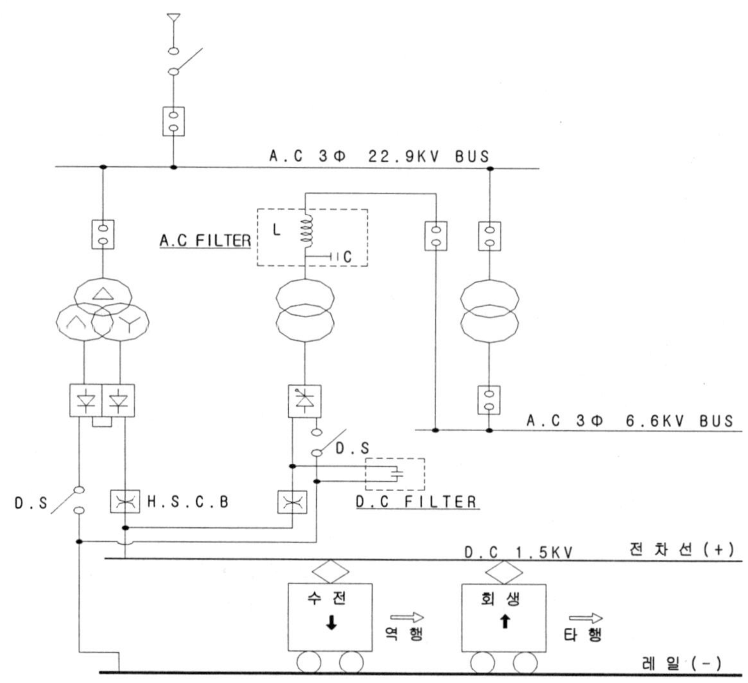

6. 회생인버터 설치에 따른 검토내용

6.1 회생인버터의 전원계통 접속개소

1) 접속전압 검토

회생인버터의 교류전원계통 접속방법은 6.6kV 계통접속 방식과 22.9kV 계통접속 방식이 있으며 각 방식별 특징은 다음과 같다.

① 22.9kV 모선에 연결하는 경우

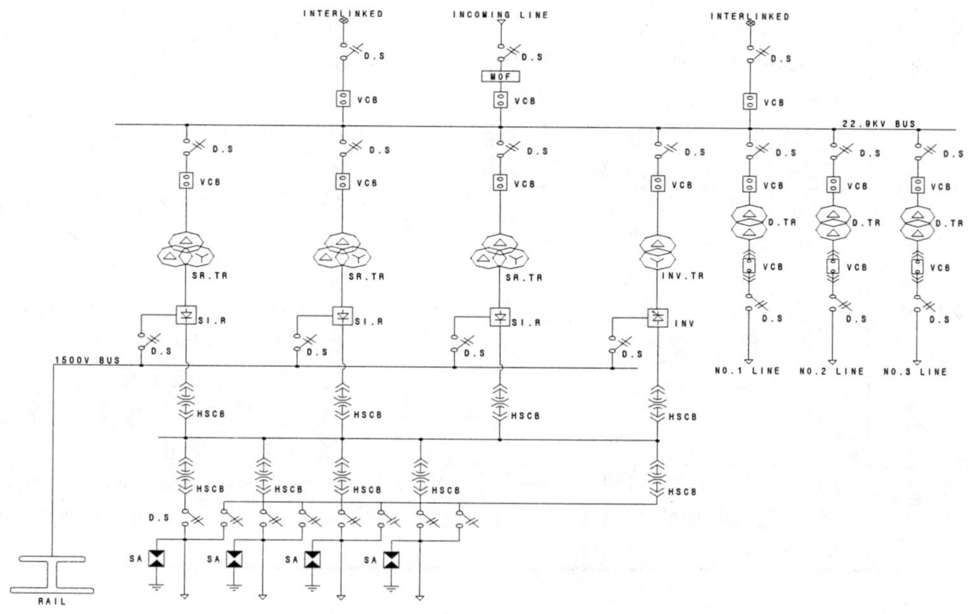

② 6.6kV 모선에 연결하는 경우

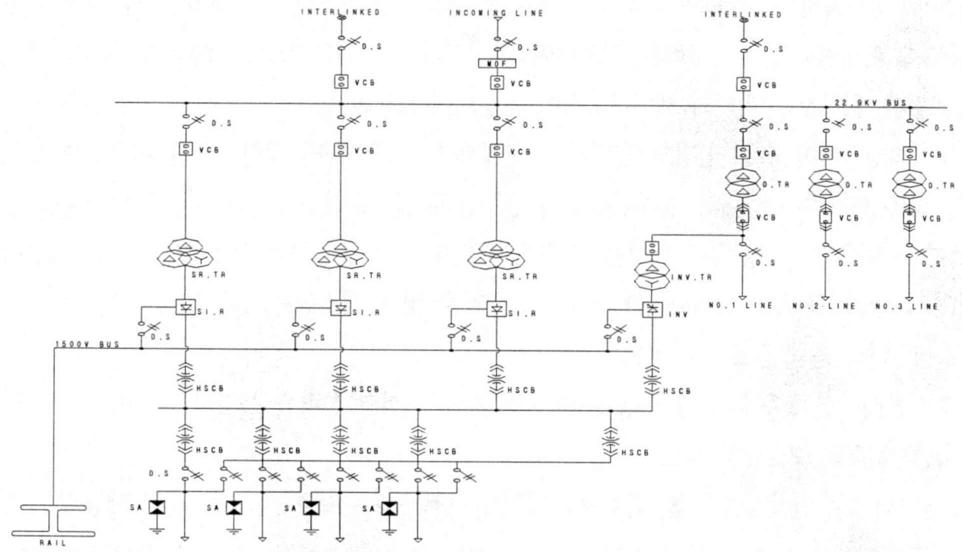

2) 회생인버터의 전원계통 접속방법은 6.6kV 계통접속과 22.9kV 계통접속의 비교

계통전압	장 점	단 점
6.6kV 계통	- 인버터용 TR. 등 구성기기 사용전압이 고압으로 투자비 낮다. - 수전선로와 직접연결이 되지 않음으로 수전단과의 간섭을 피할수 있다. - 인버터 전용변압기가 고조파 필터역할을 하여 고조파감소 효과를 얻을 수 있다. - 정류기 급전용 TR. 전원에 회생전력을 회송하는 방식보다 순환전류가 거의진다.	- 6.6KV의 역사부하가 24시간 부하됨으로 22.9KV 수전계통으로 역송전 기회가 발생할 우려가 없을 것이나 만일을 대비하기 위한 회생전압 조정이 필요함. - 회생전력의 소비효율이 낮게될 우려가 있다. - 6.6KV 계통에 큰 고조파가 포함 우려가 있다.
22.9kV 계통	- 회생전력 소비가 역사부하와 열차전력 공급원인정류설비에서 소비됨으로 6.6kV 계통 접속에 비하여 효율적임. - 필터 설치로 전압 왜형율을 2% 미만으로 낮출 수 있다.	- 인버터용 C.B 등 구성기기 사용전압이 6.6kV 계통 전압 보다 높아 투자비 크다. - 22.9KV 수전계통으로 전력 역송전을 방지하기위한 부대 장치 필요. - 순환전류 대책이 필요하다. - 정류기용 TR.에 회송방식의 경우 TR. 고장시 회생불가 함
검토 의견	회생전력 소비효율이 6.6KV 접속방식이 22.9kV 접속방식 보다 다소 낮지 만, 수전 전원측에 고조파 영향 및 순환전류 등 간섭을 경감 시킬 수 있고 투자비가 적어 투자비 회수 기간을 단축할 수 있다.	

6.2 기타검토사항

1) 잉여회생전력의 수전계통으로의 역송전을 방지하기 위하여 인버터제어시스템 설계시 수전 회생계통에 회생전력과 수전전력을 비교하여 회생전력이 수전전력보다 높을시는 교류회생전력을 조절할 수 있도록 인버터의 제어시스템이 구성되어야한다.

2) 잉여회생전력이 으로 인버터 정지시 수전계통으로의 역송전 사항발생시 대책으로 변전소에서의 회생정지 경우 인버터 설치변전소 급전구간의 열차운전 시스템에 자동정보제공용 인터페이스를 구축하여 회생정지 정보를 역정차위치(또는 자동열차운전)제어시스템에 제공하여 PSD(Passenger Station Screen Door)와 연동할 수 있는 시스템을 구축 한다.

3) 회생인버터 용량 검토

전력 시뮬레이션 실행후 발생 회생전력을 감안하여 인버터 용량을 선정하는 것이 일반적임.

4) 회생인버터의 보호방식 검토

회생인버터에는 일반적인 계통 보호방식(과전류, 단락, 지락보호) 이외에 전원 계통의 정전시에 발생되는 Commutation Failure에 의한 대 전류(단락전류) 보호대책으로 인버팅(trigger)을

일시 정지할 수 있는 제어시스템이 설계제작 되어야 한다.

5) 회생인버터 설치에 따른 발열량 검토

인버터설비 계통에는 발생되는 고조파의 영향에 의하여 인버터용 변압기의 발열량이 높게 될 우려가 있음으로 여과기(Filter)설계시 변압기에 통상적인 발열이외의 발열이 없도록 시스템을 설계제작 하여야 한다.

2-8. 정류기 검토

1. 정류기의 특성비교

1.1 다이오드 정류 방식의 특성

1) 다이오드 정류기의 개요

다이오드의 양단에 정방향전압 인가시만 통전하는 특성을 이용하여 교류를 직류로 변환하는 정류기이며 2차측 전압은 1차측 교류전압에 따르며 출력전압의 조정이 불가능하나, 정지형 기기로 별도의 부속 설비가 필요없어 단순하며 기술개발이 완벽하게 이루어진 정류기이다.

2) 다이오드 정류기의 장점

① 경제적이다.
정류기 구성이 간단하고 별도의 부속 설비가 없어 가격이 저가이다.

② 기기 손실이 적고 환기 설비가 필요없다.

③ 기기가 단순하고 견고하므로 기기의 유지보수가 용이하며 기존설비와의 호환성이 있다.

④ 출력파형의 고조파 함유율이 적어 필터 설비등 별도 설비가 필요치 않다.

3) 다이오드 정류기의 단점

① 변전소 출력전압이 일정하므로 급전거리가 한정되어 변전소 간격이 짧아 변전소수가 많아진다.

② 회생전력의 교류측 회수가 불가능하여 회생제동 차량인근에 구동차량이 없을 경우 회생실효가 발생된다.
별도의 Inverter 설비을 설치하면 회생전력의 교류측 회수가 가능하다.

2.2 싸이리스터 정류 방식의 특성

1) 싸이리스터 정류기의 개요

싸이리스터의 Gate 점호시 통전하는 특성을 이용하여 Gate회로의 제어에 의해 통전시간을 조정하여 2차측 직류 출력 전압의 조정이 가능한 정류기이다.

2) 싸이리스터 정류기의 특징

2차측 직류출력전압 조정능력에 따라 부하증가시 전압을 증가시킬 수 있고 특정 부하 이상에서 전류를 제한할 수 있다.

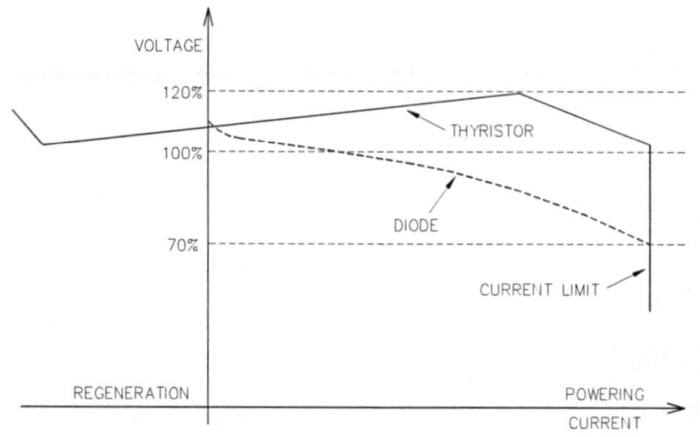

[싸이리스터 정류기의 특성 곡선]

3) 변압기의 출력전압 및 직류 출력파형

싸이리스터 정류기용 변압기의 출력 전압은 다이오드 정류기용 변압기의 출력전압에 비하여 높아야 되며 변압기의 용량이 커지게 된다.

동일한 출력전압을 내는 다이오드 정류기와 싸이리스터 정류기의 출력전압폭은 다음과 같다.

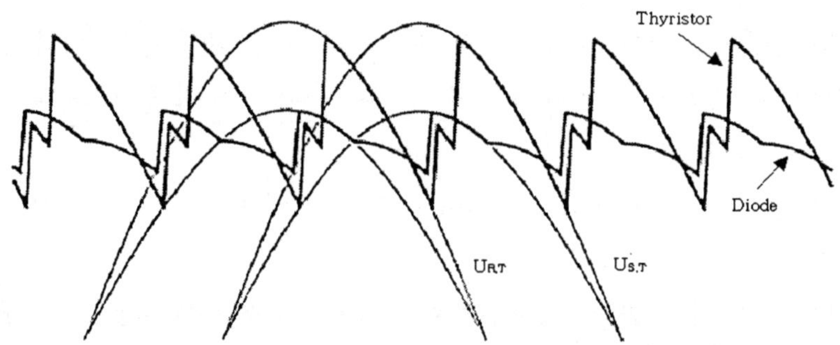

상기 그림과 같이 싸이리스터 정류기의 출력전압 폭은 다이오드 정류기의 출력전압폭보다 크며 이 출력 전압폭을 평활하게 하는 직류 필터가 필요하다.

변압기 2차측 출력 전압이 높으므로 무효전력 소모가 크게되나 고압측에 필터를 설치하여 이 영향을 줄일 수 있다. 이 영향은 정류 상수의 증가에 따라 감소될 수 있다.

4) 싸이리스터 정류기의 장점

① 손실 절감에 따른 에너지 절약

출력 전압이 높으므로 동일 급전 구간 내에서 차량에 공급되는 에너지가 동일한 경우 공급 전류가 줄어들어 전력 손실(I2R)이 줄어든다.

② 회생에 의한 에너지 절약

대부분의 직류 전기 철도에서의 회생전력은 인근의 구동차량에 의해 흡수되며 인근에 구동차량이 없을 경우 회생실효를 일으킨다. 이 회생실효는 제동저항기에서 열로 소모되거나 제동기에서 마찰력으로 변환되며 이것은 터널내에 열 축적을 초래한다.

싸이리스터 정류기를 사용하는 더블 컨버터 설비는 이 잉여전력을 교류 계통으로 회수하는 설비이다.

③ 변전소 수량 감소

변전소 출력전압을 높이므로 급전거리가 길어져 변전소 간격을 크게 할 수 있어(변전소 수량의 감소) 전체 건설비용을 절감할 수 있다.

④ 기존 다이오드방식을 개선할 경우의 예

㉠ 기존 다이오드 정류기 대신 싸이리스터 정류기 사용으로 공급 전력량을 증가시킬 수 있다.

㉡ 기존 다이오드 정류기와 병렬로 싸이리스터 정류기를 사용하여 공급 전력량을 증가시킬 수 있다.(DCVR)

5) 싸이리스터 정류기의 단점

① 가격이 특히 고가이다(독일기준 4~5배)

② 변압기의 용량이 커진다.

③ 직류측 및 교류측 필터가 필요하다.

④ 제어회로가 복잡하여 유지보수가 어렵다.

⑤ 고조파가 많이 발생한다.

2.3. Diode정류기와 Thyristor정류기 비교

구 분		Diode정류기	Thyristor정류기	비 고
정류소자		Diode	Thyristor	
출력전압특성		부하증가시 감소	부하증가시 증가(정전압 유지)	
전압강하		크다	적다	
급전거리		약 3 ~ 4 Km	약 4 ~ 6 Km	
피크전력억제		불가능	가능	
수전전압		22.9 kV	154 kV	
154kV변전소		불필요	필요	
22.9kV변전소		많다	적다	
직류모선		공통	공통 / 분리	
직류배전반		HSCB	전동단로기 / HSCB	
고장전류차단		HSCB	HSCB	
변전소앞섹션		에어섹션	다이오드섹션 / 에어섹션	
전력 손실	단순 비교	I2R	(1.5I)2 X R = 2.25 I2R	시스템전체구성시 싸이리스터 급전거리1.5배 적용
	동일 거리	많다	적다(공급전압높임)	
정류기 용량		Thyristor방식에 비해 적다	Diode방식에 비해 크다	(동일거리일 경우는 반대)
변압기 용량		Thyristor방식에 비해 적다	Diode방식에 비해 크다	(동일거리일 경우는 반대)
회생전력 회수		- 전차선을 통하여 인근 차량에 공급 - Invertor 설치 시 교류계통으로 회생	- 전차선을 통하여 인근 차량에 공급 - 교류계통으로 회생	
고조파 함유		적다	많다	
보수운영		용이(인버터 사용 시 복잡)	복잡	전문 기술 요구
기존 호환성		나쁨	좋음	비중을 많이 두어야함
전 식		적다	많다	급전거리, 전류에 비례
터널온도상승		보통	낮다	
차량 Brake Shoe 마모율		많다	적다	제동시 회생전력이 소비 되어지지 않으면 공기 Brake로 자동 절환 된다
변전 면적	154kV	필요없음	900M2	단위 변전소 개소당
	22.9kV	630M2	1100M2	단위 변전소 개소당
제작업체		국내외 다수 업체	스웨덴의 ABB사	
총공사비		소(회생하지않을경우)	대	상황에 따라 다를 수 있음
국내 지하철 적용 여부		-서울1,2기 -대구1호선 -인천1호선 -광주1호선	-부산1,2,3호선	

3. 정류 전압검토

3.1 3상 전파 정류기의 직류 전압

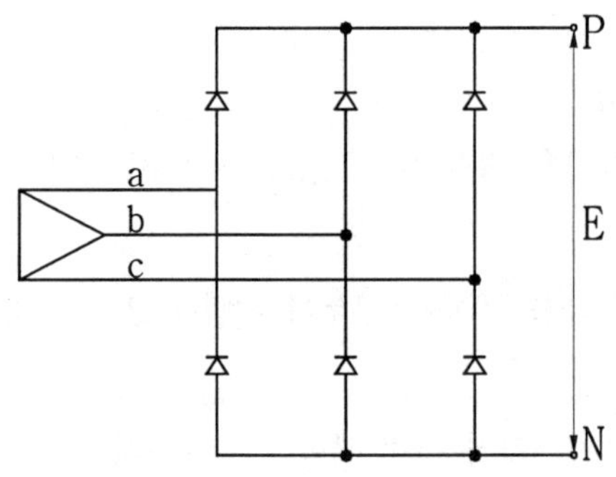

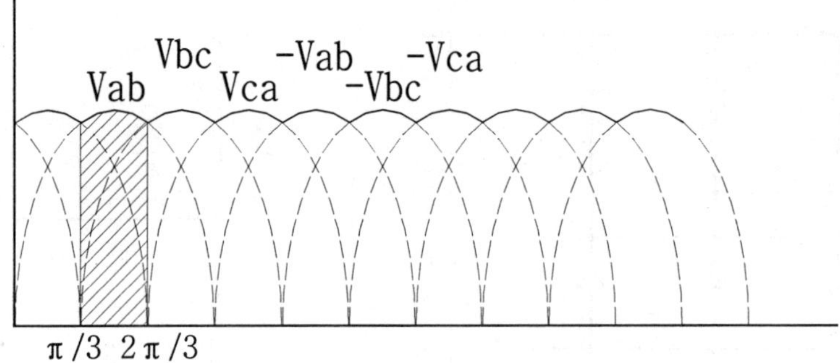

정류기의 2차측의 직류 전압은 상기 그림과 같이 한순간에 Vab, Vbc, Vca의 3개 전압이 나타나며 정류기 2차측은 직류회로이므로 P와 N사이는 Vab, Vbc, Vca의 최대 전압이 출력 전압이 된다.

따라서 $\pi/3 \sim 2\pi/3$ 구간의 전압은 Vm Sin wt 이다.

정류기의 평균 전압을 구하기 위하여 $\pi/3 \sim 2\pi/3$ 구간의 면적을 구하면

$$S = \int_{\pi/3}^{2\pi/3} Vm\, Sin\, wt\; s(wt) = VM \int_{\pi/3}^{2\pi/3} Sin\, wt\; d(wt)$$

$$= Vm[-Cos\, wt]_{\pi/3}^{2\pi}$$

$$= -\, Vm[-1/2 - 1/2]$$

$$= Vm$$

직류 전압 평균치

$$E = Vm/\pi/3 = 3/\pi\,Vm = 0.955\,Vm$$
$$= 3/\pi\,\sqrt{2V} \quad = 1.35\,V(\,Vm = \sqrt{2V})$$

즉 3상 전파 정류회로의 직류측 전압은 교류측 전압의 1.35배이며 Peak치의 0.955배이다.

3.2 6상 직렬 연결 정류기

3상 전파 정류회로의 정류기용 변압기는 22.9kV/1,188V이며 6상 직렬연결 정류기용 변압기는 22.9kV / 590V이다.

따라서 6상 직렬 연결 정류기의 2차측 무부하 전압은 2 × 1.35가 되어 2 × 1.35 × 590 = 1,593V가 된다.

즉 다음 그림과 같은 정류기 2차측 출력 전압이 발생한다.

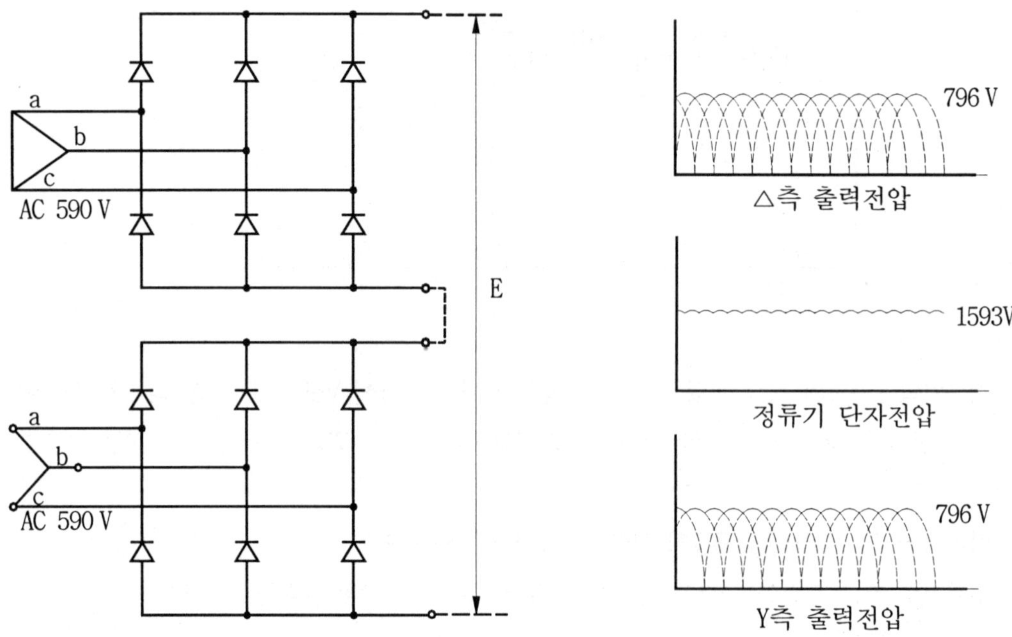

3.3 6상 병렬 연결 정류기

6상 병렬연결 정류기의 경우는 각 정류회로의 2차측 전압이 6상 직렬 연결 정류기의 합성전압과 같다. 즉 6상 병렬 회로의 경우는 각 3상회로의 2차측 전압이 직류 1,500V 회로에 전력을 공급하게 된다.

단, 6상 병렬회로의 경우 각 정류회로의 2차측 전압이 서로 30°의 위상각을 갖고 있으므로 동일하지 않고 다음 그림과 같이 차이가 있다. 실제 병렬 연결시는 직류 회로이므로 최대 전압 부분에서만 통전이 이루어지므로 각 회로 각상의 통전기간이 1/2 × (2π/12)로 되므로 실효치 전류량은 $\sqrt{2}$ 배로 증가 되어야 정류기의 정격 전류를 흘릴수 있게 된다. 따라서 2π/6 기간 동안 각 정류기가 통전토록 하기 위해서는 △V의 전압 차이를 흡수할 수 있는 Interface Reactance를 추가 하여야 2대의 정류회로가 독립적으로 통전 가능해 진다.

즉, 6상 병렬 회로의 경우는 Interface Reactance의 설치가 필수적이며 일반적으로 Diode의 소요 숫자가 많아진다.

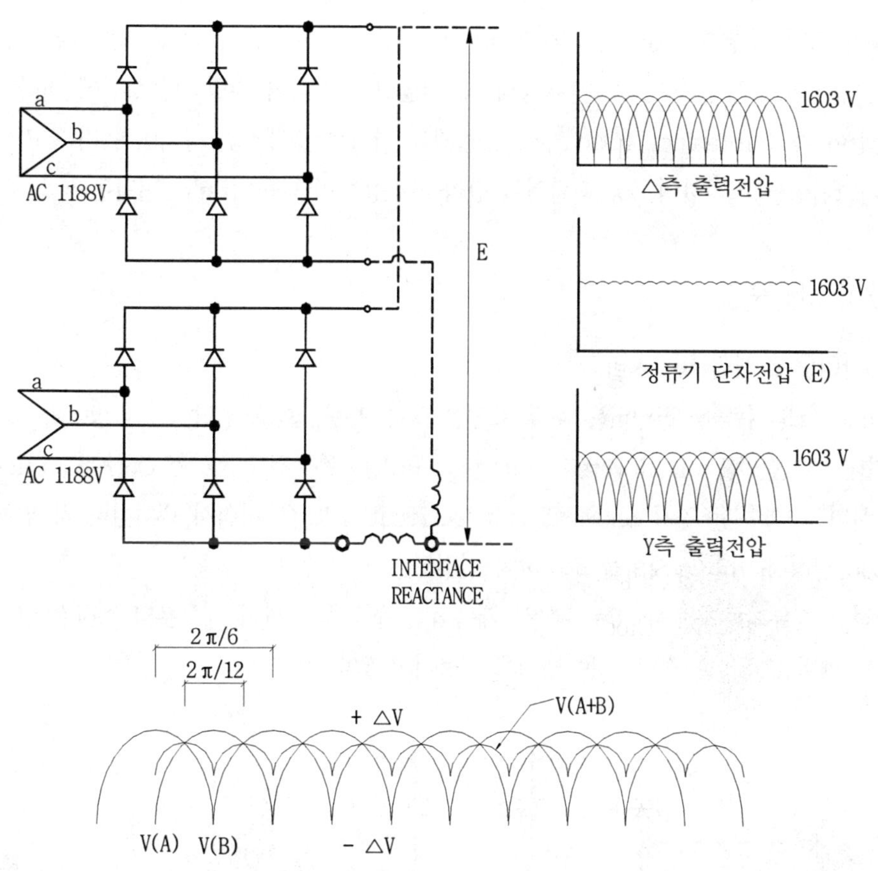

3.5 요 약

정류회로의 특성을 비교하면 다음과 같다.

구 분	3상 회로	6상 직렬 회로	6상 병렬 회로
전압 파형	전압 파형이 나쁘다	전압 파형이 비교적 좋다	전압 파형이 비교적 좋다.
사용 변압기	2권선 변압기	3권선 또는 4권선 변압기	3권선 또는 4권선 변압기
변압기 2차 전압	약 1,200V	약 600V	약 1,200V
Interface Reactance	불필요	불필요	필요
소요 Diode	적다	적다	많다
고조파	많다	적다	적다

3.6 결 론

3상 정류기는 고조파 발생분이 6상 정류기에 비하여 특히 크므로 지하철 정류기의 정류 방식으로는 6상 정류방식이 우수하며 6상 정류방식 중 직렬연결 방식이 병렬연결 방식에 비하여 소요 Diode 수량이 적고 Interface Reactance가 불필요 하므로 경제적인 방식이며 기존 지하철과의 연계 및 호환성을 고려하여 6상 직렬연결 방식을 적용함이 타당하리라 판단된다.

4. 정류기용 Diode 수량

4.1 예비 다이오드 개념 및 수량

정류기의 Diode 소요 수량을 결정하는 주요 요인은 정류 용량, 회로 전압, 결선 방식과 단위 Diode의 최대 내역전압(Peak Reverse Voltage : PRV), 통전전류(Rated Current : ID) 및 2차측 단락시의 최대 허용 전류(Short Circuit Currrent : IS)에 따라서 변화하며 각 업체별로 사용 Diode 선정시 이러한 사항을 고려하여 선정하는 것이 일반적이다.

따라서 일반적인 정류회로에는 Diode 손상시 계속적인 운전을 위하여 대부분의 지하철 급전용 정류기에서는 예비 Diode를 직렬 또는 병렬로 사용하고 있다.

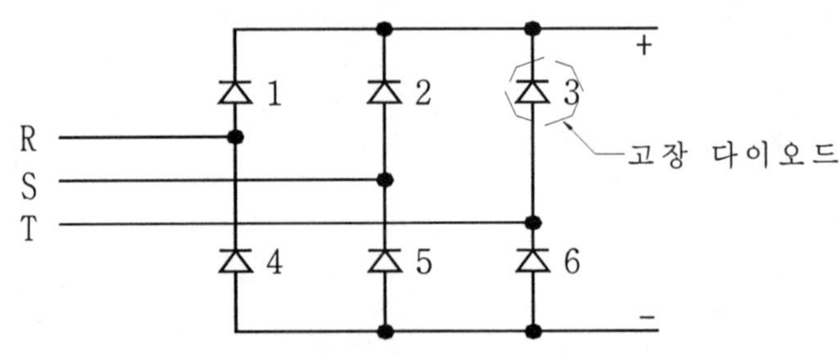

Diode 군내의 1개의 Diode 고장시 예비 Diode가 없을 경우는 1번 Diode 통전시는 R상과 T상의 단락이 발생하며 2번 Diode 통전시는 S상과 T상의 단락이 발생한다.

즉, 정상 운전이 곤란하며 동작 중단 사태가 발생한다.

따라서 예비 Diode를 사용하여 1개 Diode 고장시도 계속적인 정상 운전을 수행하며 정기 보수 점검시 사고 Diode 교체로 유지관리가 용이하도록 하고 있다.

4.2 6상(12펄스) 직렬 연결방식의 경우 Diode 수량

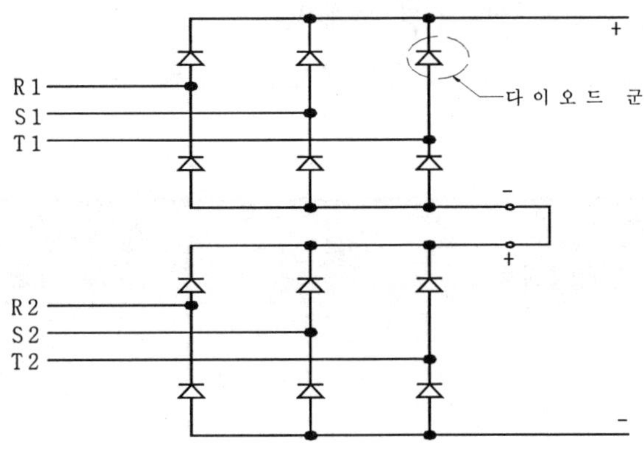

Diode 군은 총 12개이며 예비 Diode의 삽입은 직렬 예비방식과 병렬 예비방식이 있다.

1) 직렬 예비 방식은 소요 Diode에 직렬로 예비 Diode를 삽입한다.

[소요 Diode] [직렬 예비 Diode]

예비 Diode는 소요 Diode와 동일정격으로 1개의 Diode 고장시 잔여 Diode가 내역전압을 견디므로 정상 운전이 가능하다.

2) 병렬 예비 방식은 소요 Diode에 병렬로 예비 Diode를 삽입 한다.

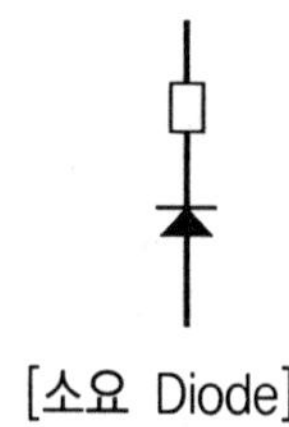
[소요 Diode]

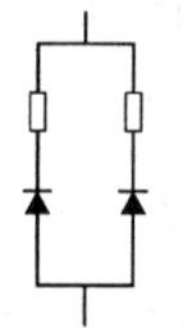
[병렬 예비 Diode]

예비 Diode는 소요 Diode와 동일 정격으로 1개의 Diode 고장시 고장회로는 분리되고 (Fuse 용단) 잔여 Diode가 정격 전류를 통전하므로 정상 운전이 가능하다.

따라서 Diode의 최소 수량은 예비 포함 24개이다.

3) 6상 직렬 계통 병렬 예비회로의 각 군별 소요 Diode 및 예비 Diode 수량과 전체Diode 수량은 다음과 같다.

소 요 Diode		예비 Diode	각 Diode군의 Diode 수량	전체 Diode
직렬회로	병렬회로			
1	1	1	2	24
1	2	1	3	36
2	1	2	4	48
2	2	2	6	72
3	1	3	6	72
3	2	3	9	108
3	3	3	12	144
4	1	4	8	96
4	2	4	12	144
4	3	4	16	192
4	4	4	20	240

소요 Diode가 직렬 회로 2, 병렬회로 2의 경우 Diode 2의 경우 Diode 군 그림은 다음과 같다.

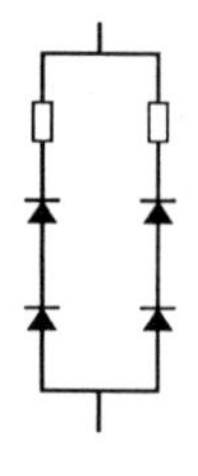
[소요 Diode]

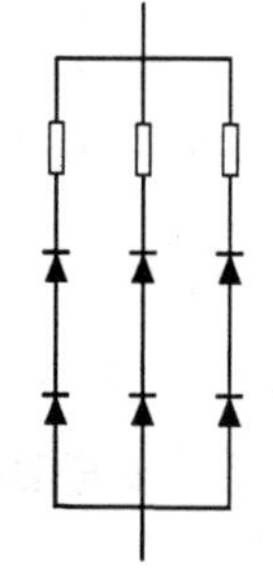
[예비 포함 Diode군]

소요 Diode가 직렬회로 3, 병렬회로 2의 경우 Diode군 그림은 다음과 같다.

[소요 Diode] [예비 포함 Diode군]

4.3 결 론

상기 검토한 바와 같이 예비 Diode를 포함하면 6상 정류기(12펄스)에서는 최소 24개 이상의 Diode가 필요하며, 이 이하의 Diode(12개)로는 1개 Diode 고장시는 전체 정류기 운전 불능의 사태가 발생 된다.

2-9. 보호 계전 계통

1. 지하철 계통별 보호방식

1.1 보호계전 계통 구분

변전소의 보호계전 계통을 구분하면 다음과 같다.

1) 수전 및 연락 송전계통 : 수전차단기반, 연락차단기반, 주모선 계통
2) 특별고압 정류기 및 변압기 계통 : 정류기용 차단기반, 고압배전용 차단기반
3) 직류 1,500V 계통 : 정류기용 및 급전용 고속도 차단기반
4) 고압 배전계통 : 배전용 변압기 2차측, 차단기반 및 6.6kV 모선, 각 회로 차단기반

1.2 수전 및 연락 송전계통

1) 수전 및 연락송전계통 보호계전기 계통도

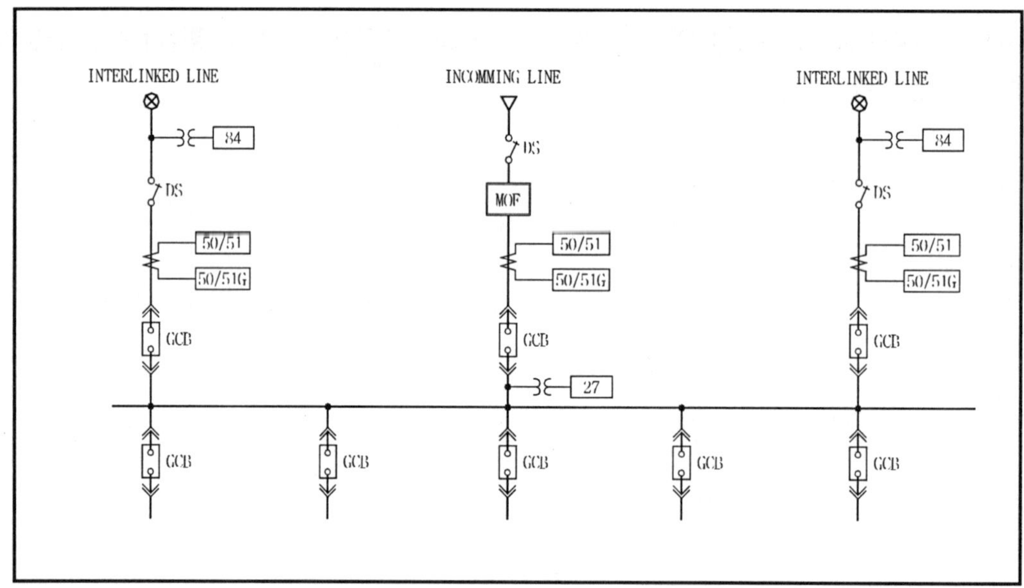

2) 적용 사례

구분			서울 2기 지하철	대구지하철 1호선	인천지하철 1호선	광주지하철 1호선
수전 및 연락 송전 계통	수전 차단기반	과전류 계전기	50/51	50/51	50/51	50/51
		지락과전류계전기	50/51N	50/51N	50/51N	50/51N
		저전압 계전기	27	27	27	27
	연락 차단기반	과전류 계전기	50/51	50/51	50/51	50/51
		지락과전류계전기	50/51N	50/51N	50/51N	50/51N
		무전압 계전기	84	–	84	84
		신호 계전기	–	85	–	–

1.3 특별고압계통

1) 특별고압계통 보호계전기 계통도

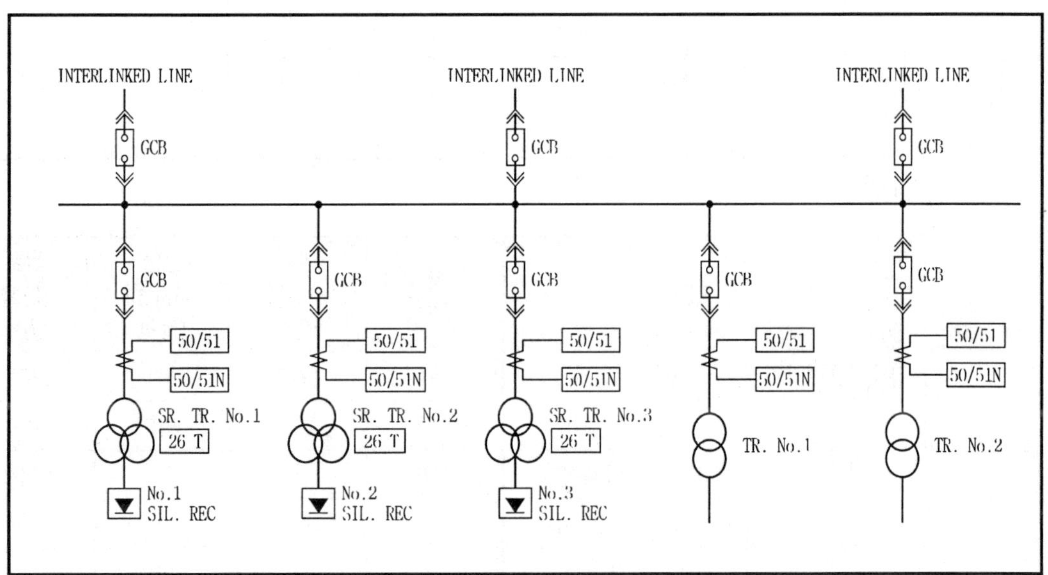

2) 적용 사례

구분			서울시 2기	대구1호선	인천1호선	광주1호선
특별고압계통	정류기용 변압기 1차측 차단기반	과전류 계전기	50/51	50/51	50/51	50/51
		지락과전류계전기	50/51N	50/51N	50/51N	50/51N
	고압배전용 변압기 1차측 차단기반	과전류 계전기	50/51	50/51	50/51	50/51
		지락과전류계전기	50/51N	50/51N	50/51N	50/51N

1.4 직류 1,500V 계통

1) 직류 1,500V 계통 보호계전기 계통도

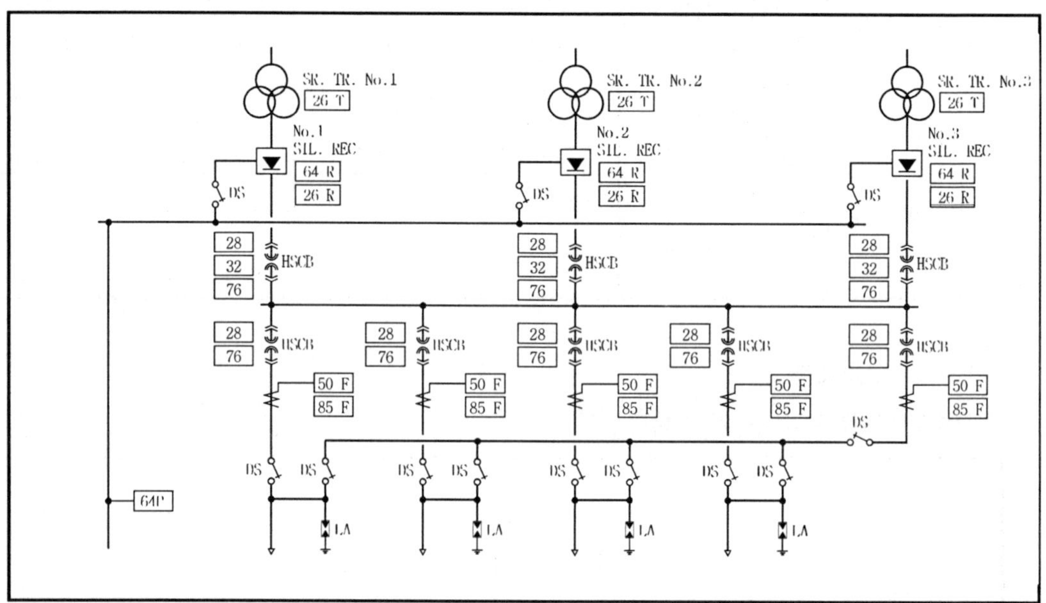

2) 적용 사례

구	분		서울시 2기 지하철	대구 지하철 1호선	인천 지하철 1호선	광주 지하철 1호선
직류 1500 V 계통	정류기용변압기	온도계전기	26T	26T	26T	26T
	정류기	온도계전기	26R	26R	26R	26R
		지락과전압계전기	64R	–	–	64R
		고장 감시장치	–	58R	–	–
	정류기 2차측 고속도 차단기반	아크 검지기	28	–	28	–
		직류 역류계전기	32	32	32	32
		직류과전류계전기	76	76	76	76
		아크 검지기	28	–	28	–
	직류 급전 고속도 차단기반	직류 과전류계전기	76	76	76	76
		△I형 고장선택 계전기	50F	50F	50F	50F
		연락 차단장치	85F	85F	85F	85F
		지락 과전압 계전기	64P	64P	64P	64P

1.5 고압 배전계통

1) 고압배전계통 보호계전기 계통도

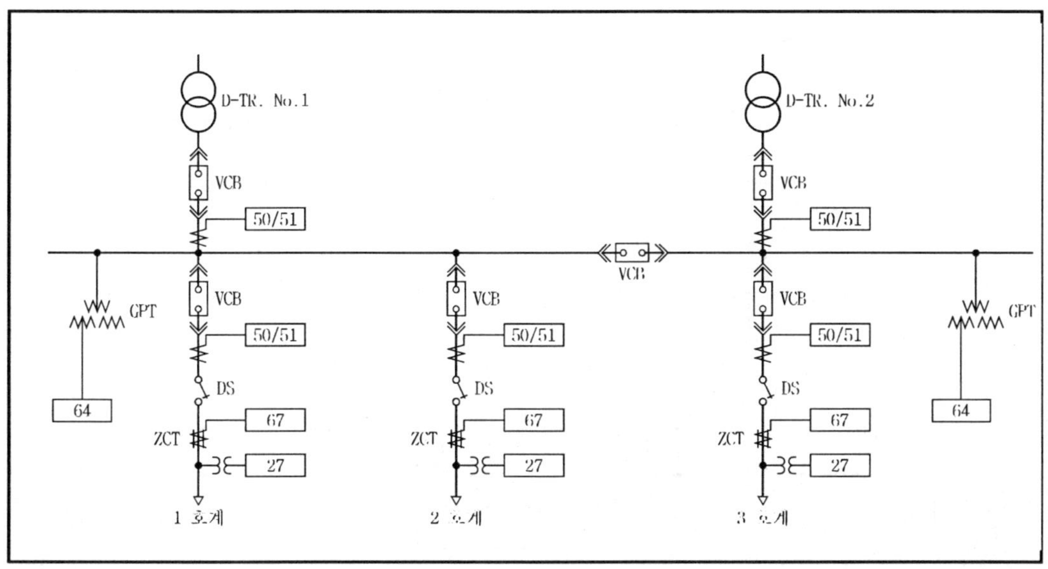

2) 적용 사례

구	분		서울시 2기 지하철	대구지하철 1호선	인천지하철 1호선	광주지하철 1호선
고압계통	고압배전 차단기반	과전류계전기	50/51	50/51	50/51	50/51
		지락과전압계전기	64	64	64	64
		지락방향계전기	67	67	67	67
		저전압계전기	27	–	27	27

2. 서울메트로의 급전 SYSTEM 및 특성

1.1 급전 SYSTEM의 개요

1) 급전 SYSTEM 구성

급전 System이라 함은 전체 변전설비 中 부하인 전동열차에 전원을 공급하는 설비를 말하며, 이는 통상 KEPCO로부터 교류 3상 22.9[kV]나 22[kV]를 수전받아 정류기용 변압기와 정류기를 거쳐 전차선에 직류 1,500[V]를 공급한다. 아래 그림은 기본적인 급전 System의 회로도이다.

2) DC 급전 SYSTEM의 특성

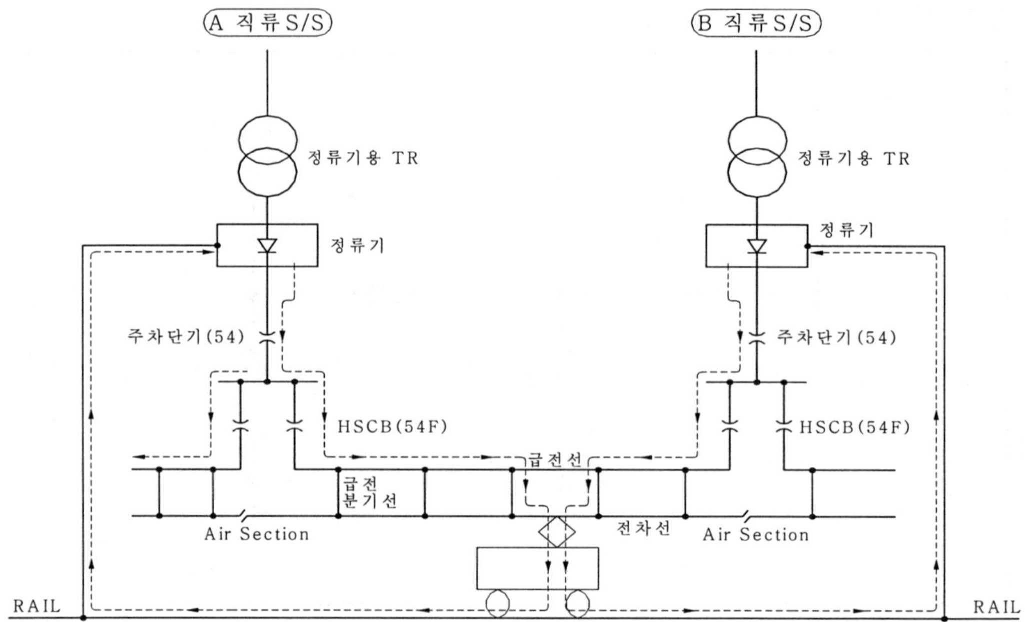

전기철도의 급전 System은 AC급전방식과 DC급전방식이 있다. AC 및 DC 급전방식 모두 변전소로부터 부하전류를 공급받아 전기차를 구동하고 그 귀선전류는 Rail을 타고 변전소로 유입된다. 다음은 서울메트로의 급전System의 특징이다.

① DC 병렬급전계통이고, 급전전압이 낮아 부하전류가 크다.

② 부하전류가 커서 저압강하 크고, 고장전류와의 판별이 쉽지 않다.

③ 급전전압이 작아 절연이격거리를 짧게 할 수 있다.

④ 전류의 영점(零點)이 없기 때문에 고장전류 차단이 어렵고, 보호설비가 복잡하다.

⑤ DC급전방식이기 때문에 전식방지대책이 반드시 필요하다.

⑥ 본선구간은 레일과 대지간이 고(高)저항 접지 System이고, 차량기지 구간은 안전을 고려하여 레일과 대지간이 저(低)저항 접지 System이다.

1.2 직류 급전 SYSTEM의 주요 사고 유형 및 보호방식

1) 주요 사고유형 및 보호방식 개요

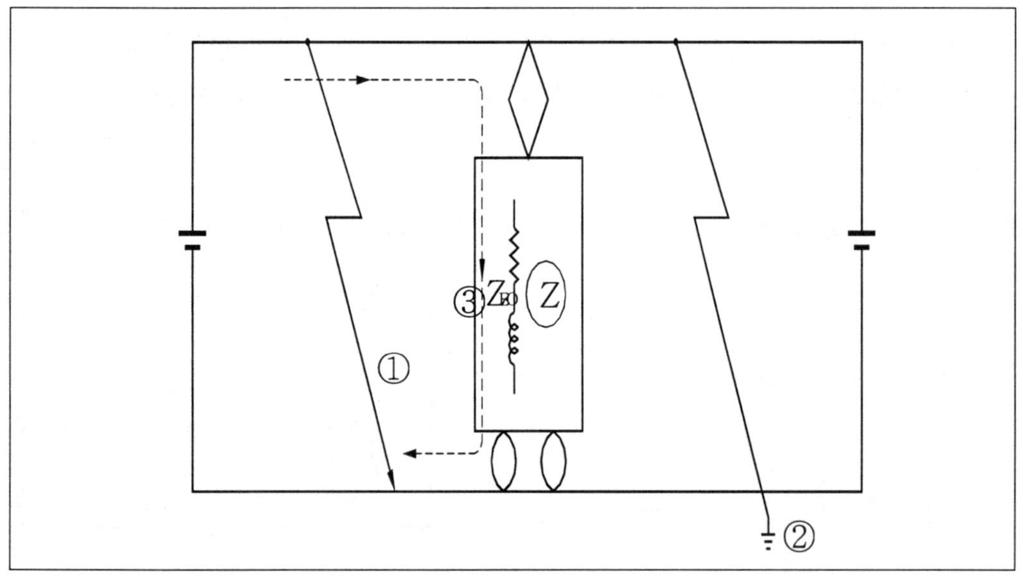

위 그림에서 ①번 사고는 전차선 단락사고이고,
②번 사고는 전차선 지락사고이고,
③번 사고는 차량에 의한 단락사고이다.

○ 선로사고 – 단락사고 : 정급전선과 Rail(부급전선)간의 접촉
지락사고 : 정급전선과 대지와의 접촉

○ 차량사고 : 차량 내부 사고 (대부분 단락사고로 유도하여 처리함)

다음은 급전System의 주요 고장 종류별 보호방식을 표로 요약한 것이다.

급전SYSTEM 고장 유형		보 호 방 식	비 고
지락사고	전차선 지락	64P	고저항 지락시 지락전류가 적음
	정급전선 지락	64HR (전류형,전압형)	정급전선~외함간의 접촉 감시
	HSCB 외함 접지	64M	외함~대지간 절연감시
단락사고	변전소, 전차선	50F(△I) + 76I	
	전기차	51 + 54FW	

급전 System의 고장에 대해 보호계전시스템이 완전한 것은 아니어서 여기도 보호 맹점(盲點)이 존재한다. 변전소와 상당히 떨어진 역간에서 고저항 지락사고가 발생하면 64P가 동작하

지 않는 경우가 발생하고, 또 정급전선 지락시 64HR(전류형)이 원활히 동작하지 못해 대형파급사고로 확대되는 경우도 있다.

2) 서울메트로의 보호계전 SYSTEM

지하철에서 발생할 수 있는 사고는 장소와 사고유형에 따라 다양하지만 여기서는 주로 급전계통을 중심으로 검토해 보고자 한다. 아래 그림은 지하철 2호선의 보호계전 System이다.

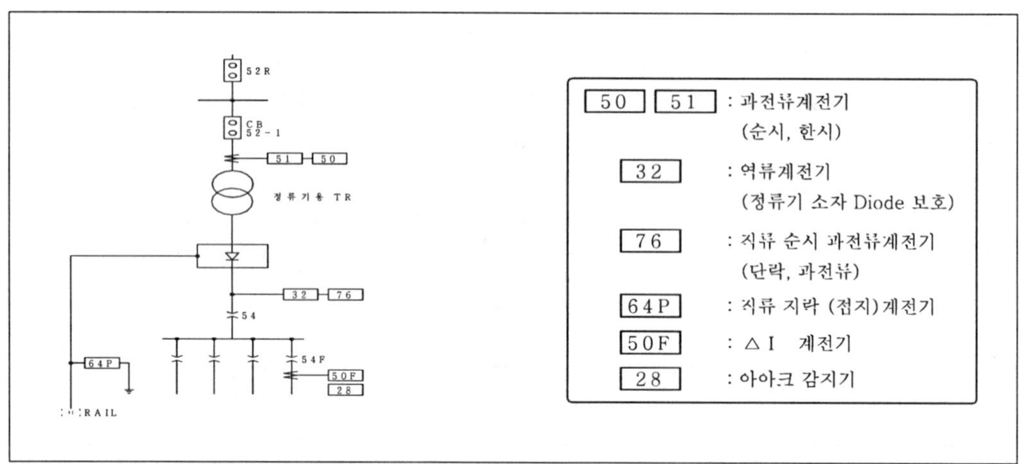

3) 사고 및 고장종류에 따른 동작계전기와 Trip 차단기

동작계전기	사고 및 고장종류	Trip 차단기	조치 특이사항
26	정류기 온도 상승	해당 52, 54	
26(D)T	변압기 온도 상승	해당 52, 54(52D)	
27RB	22.9kV, 22kV 저전압	모든 2,54,52D,(52H)	
28	HSCB 비정상 트립	모든 52,54 및 54F	HSCB 및 아크감지기 점검/원인제거
32	DC 전류 역류	모든 52,54,54F,89F	32 Reset or 제어전원 off
50R(순시)	22.9kV 단락	해당 52R	
51R(한시)	수전2차측 과부하	해당 52R	계통변경→제어전원off →차단기인출→원인조사
51D(한시)	6.6kV 과부하	해당 52D	
50(순시)	정류회로 22.9kV 단락	해당 52 및 54	
51(한시)	정류회로 22.9kV과부하	해당 52 및 54	
51GR,67GR	연락송전선로 접지	해당 52R	
50F	전차선 사고전류	해당 54F	HSCB점검 및 Setting값 조정
54FW	전차선 과부하	해당 54F	
64P	DC 고압지락	모든 52, 54, 54F	접지구간 확인(전차선,구내)
67H	6.6kV 접지(지락)	해당 52H	계통변경→차단기인출→지락개소 파악
85F	연락차단	해당 52F	
87	변압기 내부 단락	해당 52D	

3. 고가교 고저항 지락 급전보호장치 구성의 적정성 검토

3.1 고저항 지락 고장의 개요

서울메트로 전철운행 노선은 기본적으로 지하구간이 대부분이지만 지상 고가교 구간도 여러 개소가 있다. 그 중 2호선 구의역 부근에서 2004. 4월에 고(高)저항 지락사고로 큰 화재가 발생한 적이 있다. 급전선이 단선되어 전철주에 접촉되었는데도 변전소의 차단기는 Trip 되지 않고, 사고 전류는 계속 흘러 주변의 많은 전철 시설물에 큰 피해를 주었다. 직류 전기철도의 급전 System 단락 및 지락고장은 변전소에 설치된 64P, 50F(ΔI), HSCB(직류고속도 차단기) 및 연락차단장치에 의해 검출·차단된다. 그런데 현재 서울메트로의 보호방식에서는 지락사고 시에 검출 가능한 고장점 저항은 0.5[Ω]정도로 알려져 있다. 고장점 저항에 대해서는 뒤에서 자세히 검토해 보기로 하고, 여기서는 고저항 지락사고의 개요에 대해서만 알아보기로 하겠다. 일반적인 애자파손과 이물질 접촉, 전차선의 단선에 의한 전철주 접촉 사고의 경우는 고장점 저항, 전철주의 저항과 전철주 접지저항 및 레일의 대지누설저항이 전체적으로 포함되어 Impedance가0.5[Ω]을 초과할 수밖에 없다. 당연하겠지만 Impedance가 커지면 고장전류는 반비례하여 수백[A] 이하로 제한된다. 다음은 지락사고가 발생했을 때의 전류의 흐름과 등가회로도 이다.

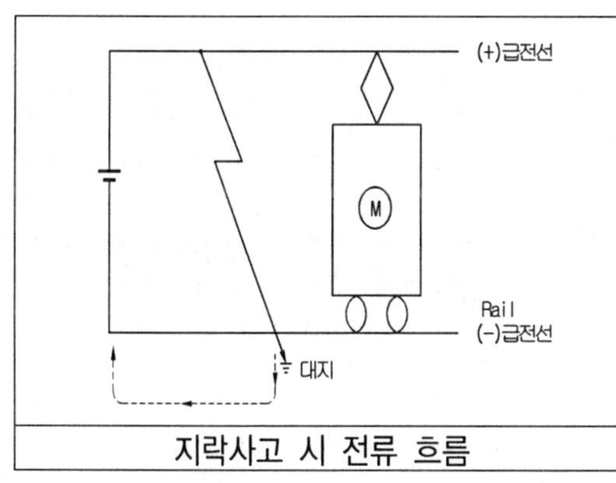

지락사고 시 전류 흐름

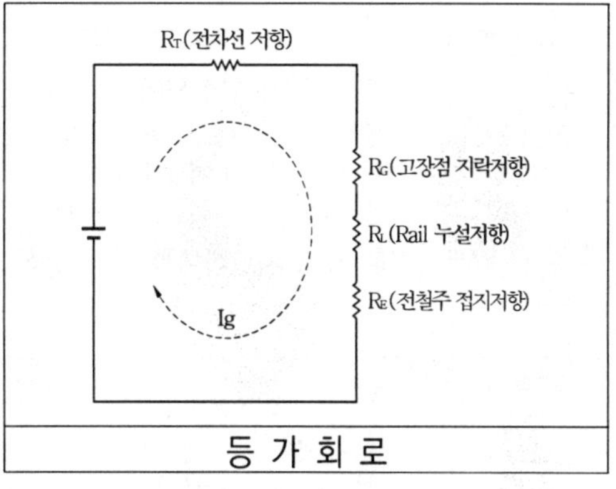

등 가 회 로

Ifault = E / Zeg 식에서,

Zeg는 Rg, RL, RE(전철주 저항 포함)의 합이 된다. 물론 직류이므로 Reactance 성분은 영향이 미미하여 고려하지 않았다. 앞에서도 언급했듯이, DC급전 System는 공급전압이 낮아 부하전류가 크다고 했다. 전동차의 기동전류가 때로는 2000~3000[A]로 되는 경우도 있고, 또, 시격이 짧은 서울메트로 노선은 부하전류가 몇 천[A]로 될 수도 있어 수백[A]밖에 안 되는 고저항 지락고장전류는 검출 및 판단이 어렵다. 따라서 고장검출을 용이하기 위해서는 Impedance를 줄여 50F(고장선택장치)에서 검출할 수 있는 정도의 큰 고장전류를 귀선 Rail을 통해 변전소로 보내는 것이 관건이다. 만약, 지락고장 전류를 차단하지 못한다면, 지락점 부근의 대지전위 상승과 지락전류로 인해 근접된 전기설비에 피해를 미치게 되며 복구에 많은 노력이 소요된다. 또 지락전류의 통로가 되는 각종 기기의 금속부분이 심하게 열화 되거나 소손된다.

3.2 고저항 지락보호대책 검토 비교

다음은 현재까지 개발된 고저항 지락보호 대책을 조사 검토한 내용을 정리하였다.

구분	방전갭 System	전압감지방식
구성도	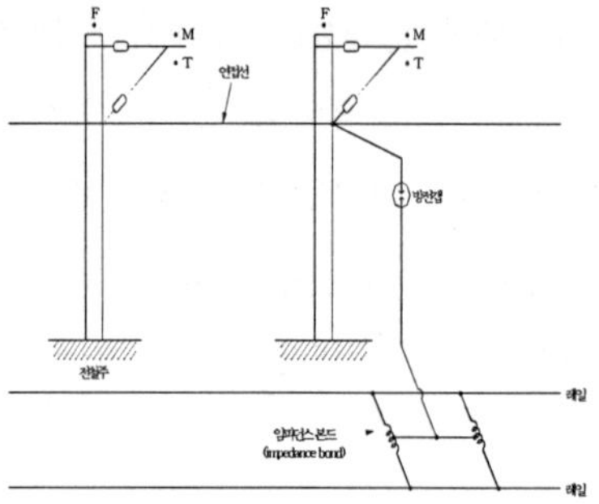	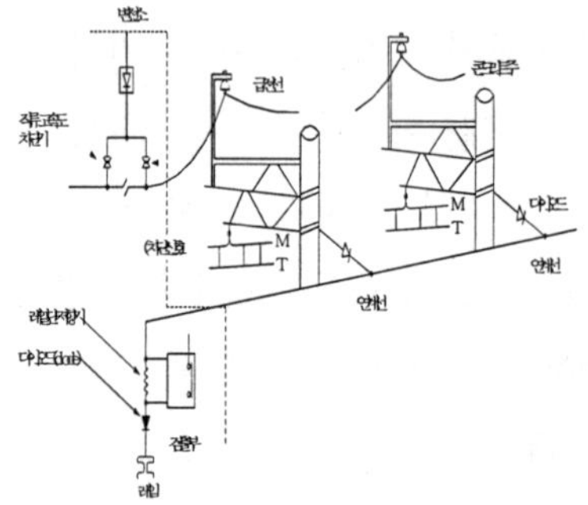
방식 설명	ㅇ 전차선등이 단선되어 지지물에 접촉한 경우, 갭(Gap)을 방전시켜 레일 귀선 회로를 구성하여 지지물과 레일을 단락시켜 변전소의 50F, 54F에서 사고를 감지 차단하도록 하는 방식	ㅇ 브래킷, 밴드 등의 금속체를 일정값의 저항과 다이오드를 개재하여 지지물 간을 접속하는 연접선에 접속하고 연접선의 말단에 저항기를 개재하여 레일 접속한다. 이 레일측 저항기의 전압이 일정값 이상이 되는 경우 지락고장으로 간주하여 신호를 송출
주요설비	ㅇ 방전갭, 연접선, 동작표시 회로	ㅇ 다이오드, 저항기, 연접선
기타	ㅇ 정밀안전진단 용역시 제안된 방법 ㅇ 일본에 채용실적 다수	ㅇ 국내외 적용사례가 없고 관련 자료가 부족하다

3.3 고저항 지락 급전보호장치 기술검토 및 고장점 저항 계산

1) 고저항 지락사고 구성도 및 고장전류 추정 계산

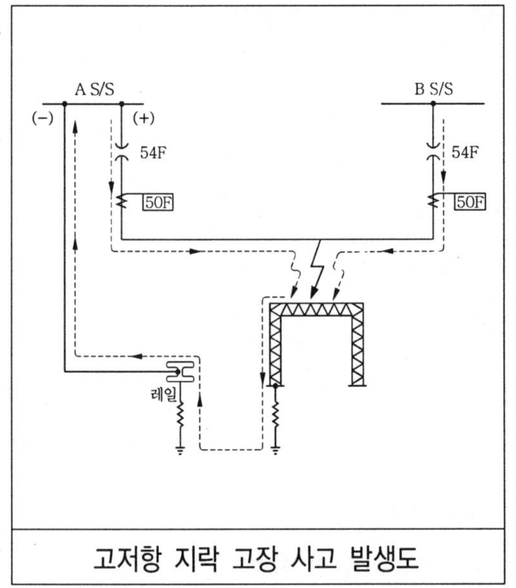

고저항 지락 고장 사고 발생도

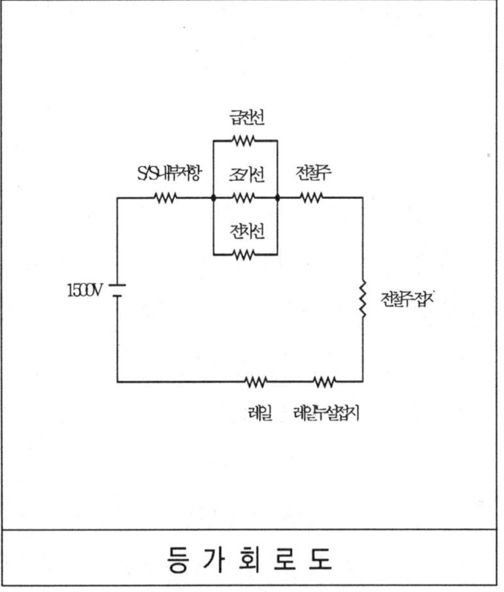

등 가 회 로 도

그러면, 2호선 성수~강변간의 전철 설비 현황을 반영하여 구체적으로 지락고장전류를 추정 계산하여 보자.

〈 2호선 성수~강변간 전철시설물 저항값 〉

구 분	선 종	저항값(Ω/㎞)	가닥수	거리(㎞)	저항값(Ω)	비고
급전선	Al 510[㎟]	0.0563	3	4	0.0750	병렬계산
조가선	St 135[㎟]	1.0570	1	4	4.2280	
전차선	Cu 170[㎟]	0.1040	1	4	0.4160	
레 일	50[kg]	0.0170	1	4	0.0680	

☞ 거리는 성수S/S~강변 S/S 간 약 4[km] 임.

〈전압변동율에 따른 정류기 및 등가내부저항〉

정격출력[㎾]		1,000	1,500	2,000	2,500	3,000	4,000	5,000	6,000
전압변동율	6%	0.135	0.09	0.068	0.054	0.045	0.034	0.03	0.023
	8%	0.18	0.12	0.09	0.072	0.06	0.045	0.04	0.03

① 변전소 내부저항은 정류기 등가내부저항을 이용한다.

강변변전소의 정류기는 4,000[㎾] × 3대 병렬운전이므로,

정류기 등가내부저항 = 0.045 ÷ 3 = 0.015[Ω]

② 급전선, 조가선, 전차선의 합성저항은 저항의 병렬연결로 생각하면 되므로,

급전선//조가선//전차선

합성저항= 1 ÷ (1/0.0750 + 1/4.2280 + 1/0.4160)

= 0.0626[Ω]

③ 전철주 저항 = 5[Ω] 가정 (철주 조립재 이므로)

④ 전철주 접지저항 = 10[Ω], 3종접지 이므로(100[Ω] 이하)

⑤ Rail 누설 접지저항 = 1[Ω] (최소로 감안)

⑥ Rail 저항 = 0.0680[Ω]

위 조건을 가지고 계산해 보면,

I = E / Z 에서,

= 1500 / (0.015+0.0626+5+10+1+0.068)

= 92.90[A] (∴ 50F 고장선택장치 고장전류 판별 실패)

2) 고저항 지락 급전보호장치 설치 후 고장전류 추정 계산

계산 조건은 위와 동일하다. 다만, 고저항 지락 급전보호장치를 설치했을 때에는 레일과 대지 사이의 전압이 550[V] ± 110[V]이면 방전갭이 동작하면서 금속단락회로를 구성한다. 구성도와 등가회로도는 아래와 같다.

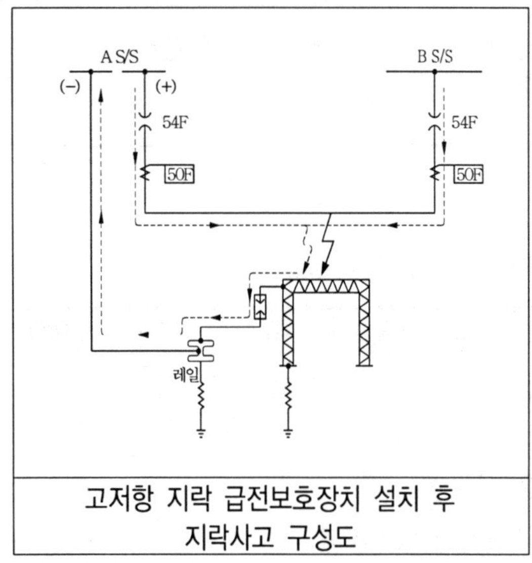

고저항 지락 급전보호장치 설치 후 지락사고 구성도

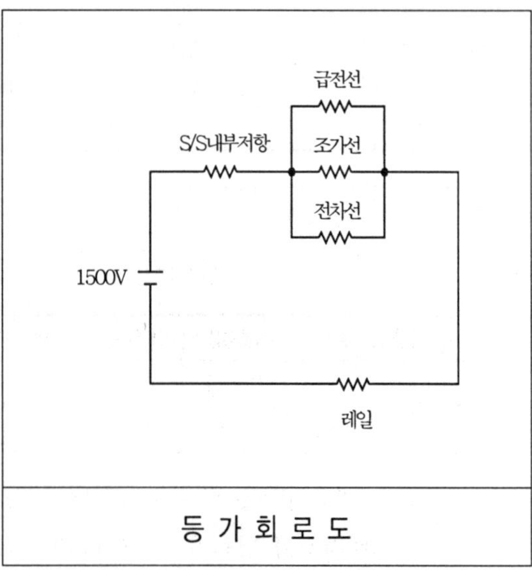

등 가 회 로 도

역시 오옴의 법칙을 활용한다.

I = E / Z 에서,

= 1500 / (0.015+0.0626+0.068)

= 10,302[A]

= 10.3[kA] (∴ 50F 고장선택장치 고장전류 판별함)

위 계산결과를 음미해보면, 전류는 Impedance가 적은 쪽으로 많이 흐르므로 단락회로로 고장전류가 모두 흐른다. 방전갭은 평상시에는 고(高) Impedance회로지만, 방전 시에는 단락상태가 된다. 고장전류는 전철주를 통하지 않고 단락된 방전갭을 통해 레일과 변전소로 빠르게 귀로한다. 결론적으로 방전갭 System은 고저항 지락회로 ⇒ 금속단락회로로 만드는 것이다.

3) 64P의 고장검출 및 고장점 저항값의 검토

지락고장 사고 시에는 대지전압이 상승하고 그 전압 상승값이 Setting 전압값 이상이면 64P가 고장검출 하는데, 레일과 대지간의 전압이 300[V]~400[V]는 되어야 한다. 서울메트로의 64P Setting 전압값이 300[V]~400[V]이기 때문이다. 그런데 위 "가"항에서 계산해 보았듯이 레일과 대지간의 전압은,

E = I × Z 식에서,

= 92.90 × 1(레일 누설 접지저항)

= 92.90 [V] 밖에 안 된다.

즉, 64P로는 검출이 안 된다는 말이다. 레일의 누설 접지저항이 크면 64P 검출전압값까지 도달할 것 같지만, 레일의 누설 접지저항이 크면 이번에는 고장전류가 줄어들어 64P의 Setting 전압값에 역시 도달하지 못한다. 물론 고저항 지락사고가 아닌 저저항 지락사고는 변전소에서 검출 가능하다. 또, 50F(고장선택장치)의 관점에서 검토해 보면 고장 검출을 위한 고장점 저항을 유추할 수 있다.

50F의 △I Setting 값은 3,000[A]이므로,

Z = E / I에서,

= 1500 / 3000

= 0.5[Ω] 이 된다.

물론 50F의 △I Setting 값을 2,500[A] 나 그 이하로 낮추면 고장점 저항의 허용 폭은 좀 더 확대될 수 있다고 본다.

4) 방전개시전압의 검토

Surge Voltage + Rail 대지전압의 최대값 〈 방전개시전압 〈 최저가선전압

Surge Voltage는 차종 및 급전회로의 조건에 따라 달라질 수 있다. 일본 DC 전철 System은 서울메트로와 유사하므로 일본의 Surge 전압 최대값 261[V]를 적용하였다. Rail 대지전압의 최대값은 250V를 적용하였음. (64P Setting 값은 300[A])

그러면 위 방전개시전압은,

511[V](261 + 250) 〈 방전개시전압 〈 900V 이 된다.

그런데, 일본의 유도조정위원회의 유도전압의 값은 고장전류가 0.1초 이내에 확실히 제거되는 경우는 AC 430V(DC 608V상당), 그 외의 경우는 AC 300V(DC 424V 상당) 이하에서 있는 것으로 제시하고 있어 방전개시 전압은 약 500[V]~600[V] 사이를 결정함.

방전개시전압 = 550±110[V], 즉 440~660[V]

여기서 ± 110V는 여유도를 의미함.

5) 방전내량의 검토

① 직류고장전류의 차단

차단기 또는 개폐기를 열어서 개폐기 또는 차단기에 흐르는 전류를 영이 되게 하는 것을 개방이라고 하고, 차단기에 사고 전류가 흐를 때 차단기의 기능을 발휘하여 이상전류를 완전히 영이 되게 하는 것을 차단이라 한다. 직류는 교류처럼 한 싸이클 내 2번의 전류의 영점이 없기 때문에 전류 차단이 매우 어렵다. 그리고 직류회로 급전회로의 단락사고는 인덕턴스를 포함한 R-L 직류과도현상으로 해석해야 한다. 이 인덕턴스 때문에 차단기가 단락사고를 감지하면 빨리 접촉자를 열고 사고 전류가 추정단락최대전류(R-L 직류회로에서의 t = ∞ 일 때 전류)까지 증가되기 전에 사고 전류가 적은 상태에서 차단할 수 있다. 다음은 직류 차단 회로도이다.

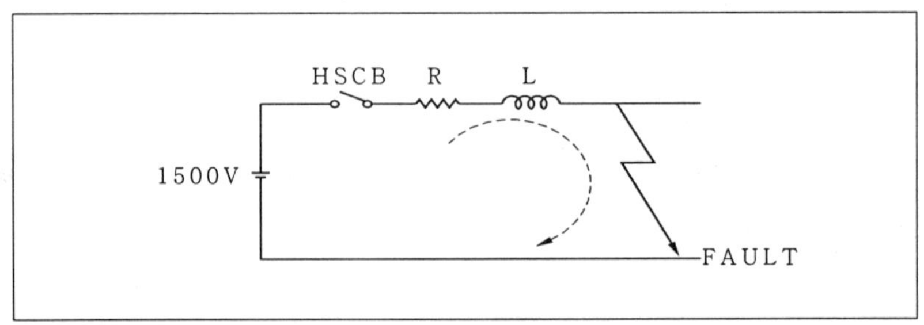

위 회로도에서의 I = E/R(1- e-RT/L) 이다.

추정단락최대전류는 T = ∞에서 I = E/R 이 된다.

② 고저항 지락 급전보호장치의 방전내량 검토

방전갭 동작 후 고장전류 계산값은 앞에서 10.3[kA] 라 하였다.

이 고장전류의 차단은 아래 그림과 같다.

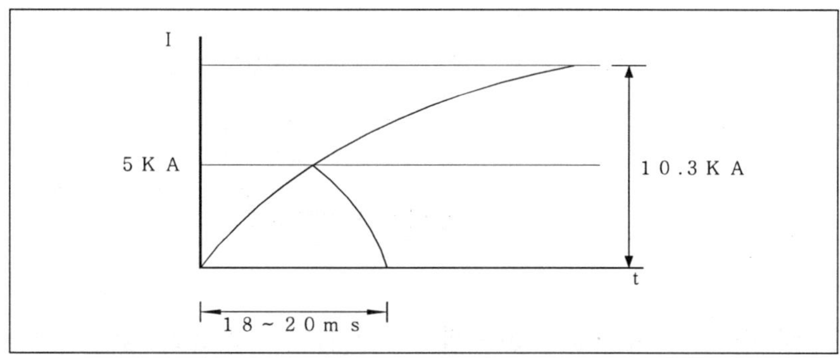

10.3[kA] 가 추정단락최대전류가 되는 것이며, HSCB 는 대략 추정단락최대전류의 50% 정도의 고장전류를 차단하게 된다.

본 설계용역에서 채용하려고 하는 방전갭장치(급전보호팩)의 방전내량은 아래와 같다.

10[kA]에서 40[ms], 5[kA]에서 160[ms], 2.5[kA]에서 320[ms]

방전갭 동작은 1[ms] 이내이고, HSCB의 차단은 18(20)[ms] 이내 이므로, 5[kA)에서 방전갭이 160[ms]까지 견디므로 방전내량은 충분하다고 볼 수 있다.

6) 고저항 지락 급전보호장치에서 방전갭의 필요성

방전갭은 금속단락 회로를 만든다고 하였다. 그러면 이번에는 아예 방전갭을 제거하고, 애자의 2차측(비가압부분)과 Rail을 직접 연결하는 것을 생각해 볼 수 있다. 그러면 모든 경우의 섬락사고를 검출할 수 있지 않을까?

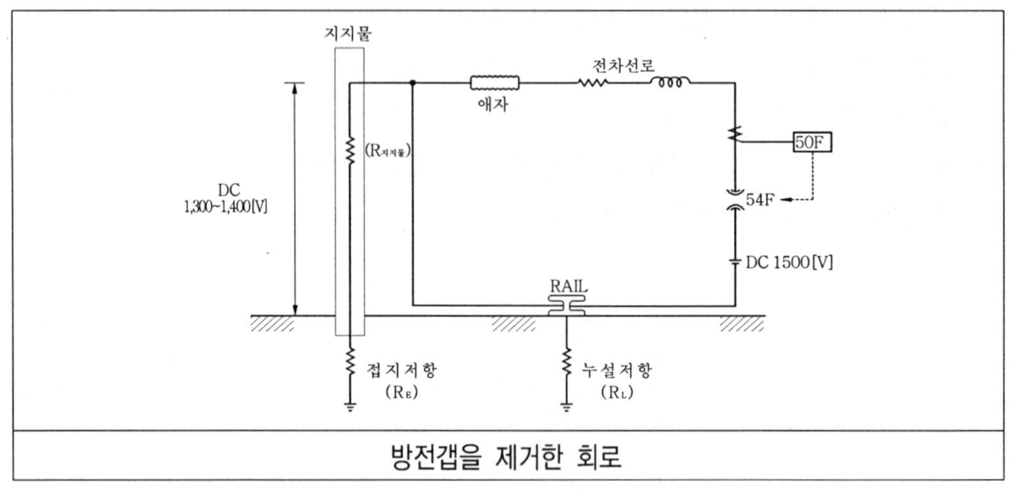

방전갭을 제거한 회로

언뜻 생각해보면 더 신뢰성이 있는 회로도 같지만, 이 회로구성방안은 바람직하지 않다. 왜냐하면 대지와 레일을 접지시켜 놓으면 전차선 지락사고를 감시할 수 없다. 현재 대지와 레일간은 64P를 이용하여 지락사고에 의한 대지전압 상승을 감시하고 있기 때문이다. 그리고 DC 급전System에서는 전식이 큰 문제인데 누설전류 감소를 위해서 귀선인 Rail을 대지와 절연시키고 있는 것도 그 이유가 된다. 방전갭을 제거한 회로는 전철주와 Rail이 접속된 형태이고, 전철주는 접지저항 RE를 통해 대지와 연결 되어있으므로 확장된 대지로 볼 수 있다. 이러한 이유 때문에 레일과 전철주(확장된 내지)사이에 절연장치를 삽입하는 것이나 절연유시와 난락회로구성을 방전갭이 담당하는 것이다.

- 평상시 : 레일과 대지간 절연 유지
- 레일~대지간 방전개시 전압이상 발생시 : 금속 단락회로 구성

7) 유사 설비 조사 검토

고저항 지락 급전보호장치 처럼 평상시에는 절연유지를 하고 어느 일정 Setting 전압값 이상이면 방전하여 단락시키는 설비가 있는데, 보안기(방전기)가 바로 그것이다.

교류 전철 급전 구간의 보안기(방전기)의 기능이 방전갭 System과 거의 흡사하다.

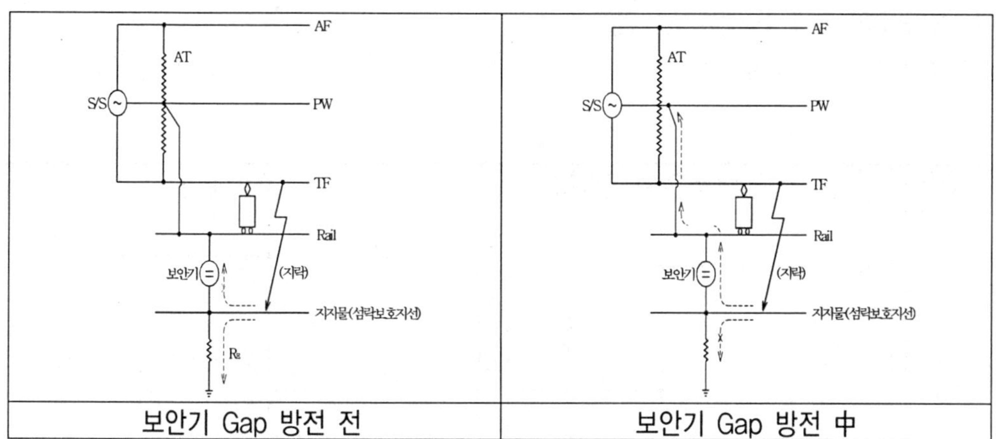

보안기 Gap 방전 전	보안기 Gap 방전 中

8) 고저항 지락 급전보호장치 일반적 구성과 기능 설명

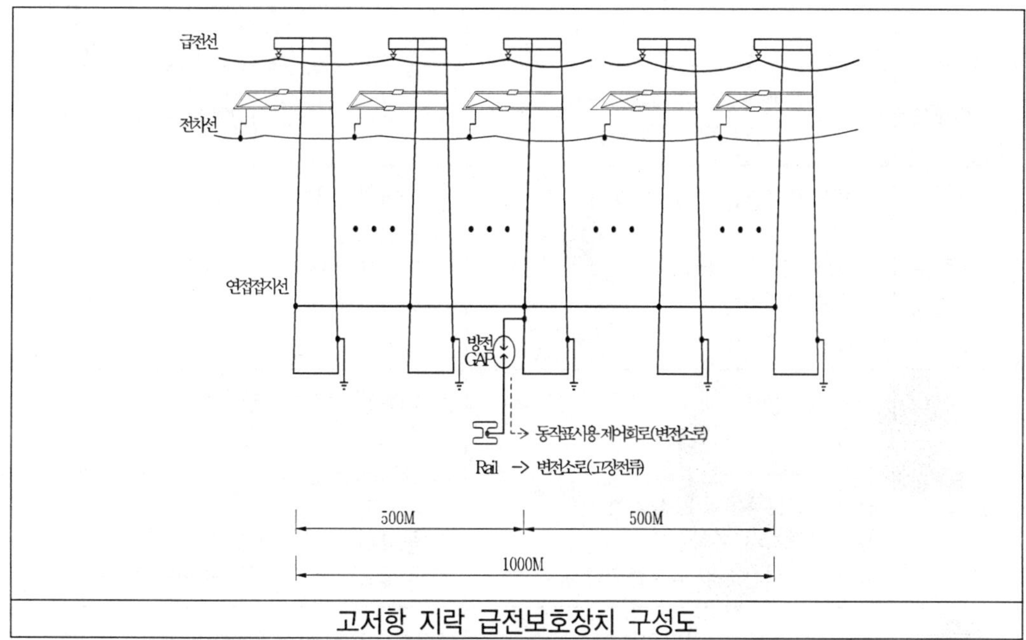

고저항 지락 급전보호장치 구성도

① 방전갭 : 평상시에는 Rail과 대지를 절연시켜 전차선 지락사고를 감시하고, 레일과 대지간 방전개시전압 이상 발생시에 금속단락회로를 만듦.

② 연접접지선 : 방전갭을 매 전철주에 설치할 수는 없다. 경제적인 부담 때문이다. 방전갭이 허용하는 범위 안에서 전철주를 등전위로 만들기 위한 설비 즉, 경제성과 전철주의 등전위화가 목적임.

③ 동작표시용 제어회로 : 방전갭의 방전시 동작확인 접점을 인근 변전소로 보내주는 설비

9) 구성요소의 규격 및 세부기술 검토

① 방전갭 장치(급전보호팩)

– 종류 및 선정 검토

형식	E-Type(A-Type 개량형)	B – Type
회로도	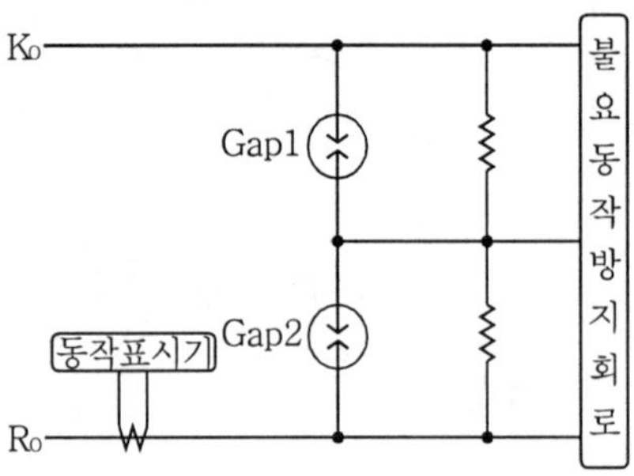 Ko, Gap1, Gap2, 동작표시기, Ro, 불요동작방지회로	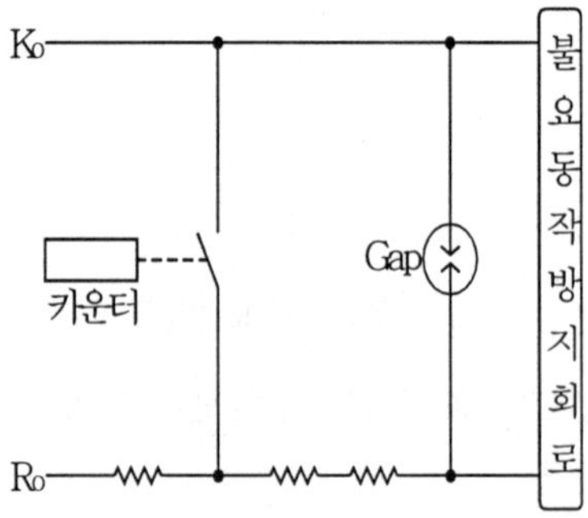 Ko, 카운터, Gap, Ro, 불요동작방지회로
외형도	본체 NS-D36897-C 표시기 NS-D36898-B	NS-D39903-A
성 능	① 방전개시전압 550±110[V] ② 방전내량 10,000[A] 40[ms], 최소 3회이상 ③ 동작시간 1[ms]이하	① 방전개시전압 550±110[V] ② 방전내량 15,000[A] 20[ms], 100회 이상 ③ 동작시간 10[ms]이하
특 징	① 소형, 경량 ② 부요동작 방지회로 부착 ③ 유지보수 용이 ④ 콘크리트주, 철주 설치형 ⑤ 동작표기기 부착 ⑥ 동작표시신호용 외부출력단자 부착	① 대통전 용량형, 장수명 ② 부요동작 방지회로 부착 ③ 유지보수 용이 ④ 거치형 ⑤ 동작횟수 기록 카운터 부착 ⑥ 동작표시신호용 외부출력단자 부착
용 도	일반 급전회로용	대규모 구내, 전차기지장대교량, 역사(驛舍) 등
경제성	① 제작비 : 2000만원(W/세라믹 방전갭) ① Gap 1, 2교체비 : 150만원 정도	① 제작비 4,000~4,500만원
종 합 검 토 의 견	고저항 지락사고가 자주 일어나는 것이 아니고, 경제성에서도 유리하고, 성수~잠실T 간에 최초 설치인 점을 가안하여 E-type을 선정하고자 함	

- 설치전경 및 판넬내부(설치전경은 A-Type 이고, 내부는 E-Type 임)

- 고저항 지락 급전보호장치 납품실적 및 설치현황

년 도	납품 급전보호팩 Type	납품처(설치개소)	수 량(Set)
1987~1990	급전보호팩 A Type	JR西日本 외 3개사	27
	급전보호팩 B Type	JR西國	6
	Y-49-550 (방전다마)	JR東日本	2
1991~1995	급전보호팩 A Type	JR西日本 외 1개사	34
	급전보호팩 B Type	JR西日本	2
	Y-49-550 (방전다마)	JR東日本	4
1996~2000	급전보호팩 A Type	JR東日本 외 2개사	20
2001~2005	급전보호팩 A Type	JR東日本 외 2개사	37
	급전보호팩 E Type	JR東日本	1
2006~2007	급전보호팩 A Type	JR東日本 외 1개사	4
계	급전보호팩 A Type		122
	급전보호팩 B Type		8
	급전보호팩 E Type		1
	Y-49-550 (방전다마)		6

② 고저항 지락 급전보호장치 설치수량 산출근거

착안사항 : ① 고저항 지락저항이 0.5[Ω]이 넘지 않도록 회로구성

② 변전소 내부저항 : 0.0150
합성전차선 내부저항 : 0.0313 (0.0626÷2, 변전소 간 중앙에서 사고시)
레일의 저항 : 0.0340 (0.0680÷2, 변전소 간 중앙에서 사고시)

계 : 0.0803[Ω] (약 0.1[Ω])

② 현재 2호선 강변~성수간 접지선이 F-GV 60㎟임

○ 방전갭 System의 회로구성 : 총 0.5 − 0.1 = 0.4[Ω]이 넘지 않도록 구성

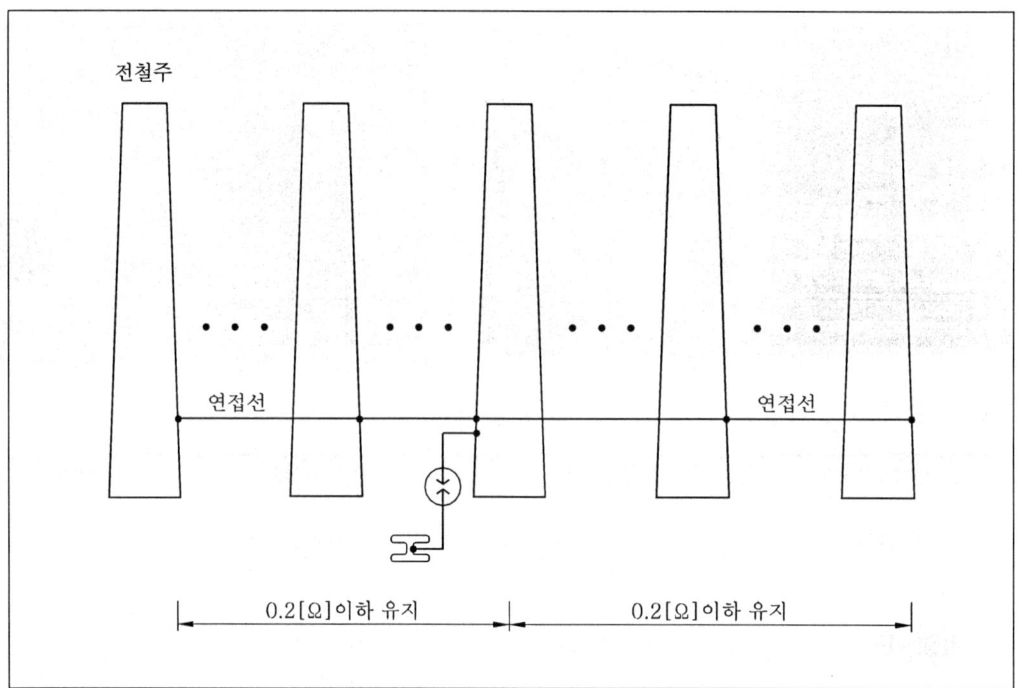

○ 연접선 및 접속선의 규격 검토

규 격	절연저항값[Ω/km]		임피던스값[Ω/km]		연접선의 허용길이
	대한전선	희성전선	대한전선	희성전선	
F-GV 22㎟	0.832	0.824	0.885	−	225m×2
F-GV 38㎟	0.481	0.487	−	0.561	355m×2
F-GV 60㎟	0.305	0.303	0.401	−	495m×2

(계산) ○ 2호선 성수~잠실T간 설치구간 : 약 7[km]

○ 연접선허용길이(m) : 0.4[Ω] × 절연저항값의 역수[km/Ω]

1) F-GV 22㎟인 경우, 0.4 / 0.885 = 0.45km

2) F-GV 38㎟인 경우, 0.4 / 0.561 = 0.71km

3) F-GV 60㎟인 경우, 0.4 / 0.401 = 0.99km

그러므로 방전갭장치 설치를 위한 연접선은 F-GV 60㎟를 포설하였을 경우, 990m 마다 1

대씩 설치하면 됨. 연접선은 전철주접지선을 활용하면 되는데, 본 설계구간인 성수~잠실T간은 접지선 교체공사가 기 발주되어 시공이 진행되고 있어 본 설계용역에서는 연접선 공사는 설계에 반영하지 않았다. 다만, 역구내와 역간의 연접선 접속공사는 포함하였다. 현장조사 결과, 성수~잠실T간 중 건대입구역 1064호주(9km750)~강변역 1130호주(11km980) 사이가 F-GV 60㎟ 전철주 접지선이 포설되어 있었다. 방전갭장치의 1차측은 전철주접지선을 연접선으로 하여 접속하고, 이와 관련하여 전철주 접지선이 역간, 역구내, 잠실철교 사이로 분리구분 되어 있는 곳은 장치가 기능을 하기 위해서는 반드시 모두 전기적으로 접속되어야 한다. 2차측은 레일에 접속하면 된다.

고저항 지락 급전보호장치의 총 수량은 7km ÷ 0.99km = 7(개소)

즉 상, 하선 구분 없이 7 Set의 장치를 설치하면 된다.

- 기타 연결 전선 규격 검토
  - ○ 방전갭(급전보호Pacs 1차측)~전철주간 : 600V F-GV 70㎟/1C × 1
  - ○ 방전갭(급전보호Pacs 2차측)~ Rail간 : WCT 35㎟/1C × 2
  - ○ 변전소 SCADA 선로 : 600V F-CVVS 2.0㎟/6C , 10C × 1

4. 직류 접지 검출 계전기(64HRP)설치 및 적정회로 구성

4.1 직류접지 검출 계전기(64HRP)의 개요 및 검토배경

1) 지락보호 계전방식의 개요

앞의 1.2절에서 64P와 64HR의 기능에 대해 간단히 알아보았다. 본 절에서는 구내 지락사고 발생시 전력보호 System에 대해 검토해 보겠다.

지락사고 유형	동작 보호계전기	특 기 사 항
전차선 지락	64P	지락시 대지전위 상승 검출
구내 정급전선 지락	64HR(전류형, 전압형)	정급전선의 외함 접촉 감시
HSCB 배전반 절연 불량	64M	외함과 대지의 절연 감시

64P는 Rail과 대지사이에 설치하여 전차선 지락사고 시 상승된 대지전위를 검출하여 차단기를 동작시키는 계전기이다.

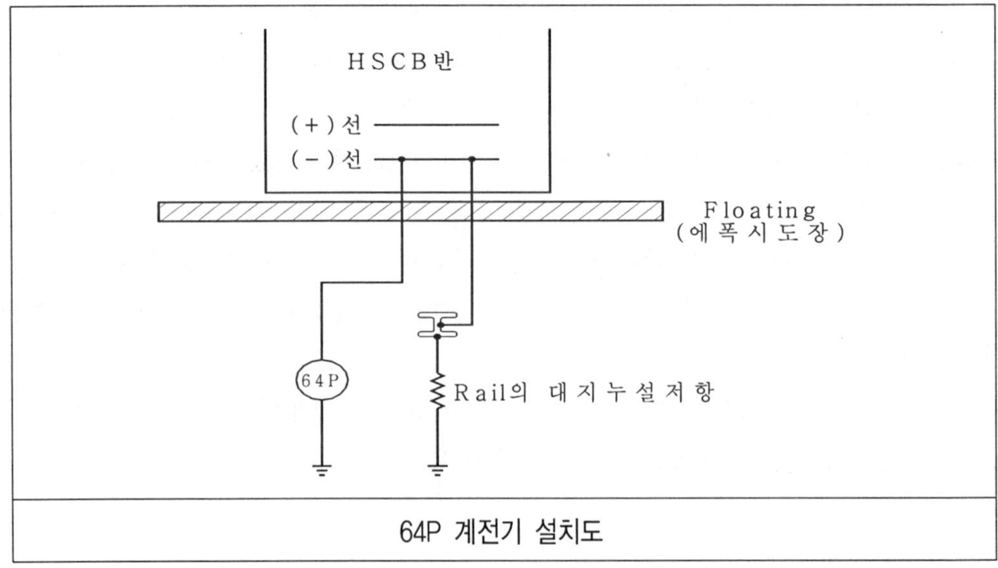

64P 계전기 설치도

그런데 위 64P는 다음과 같은 문제점이 있다.

① 고저항 접지사고 발생시 → 64P가 부동작 (대책 : 방전갭 system)

② 운전전류가 커지면 Rail 저항에 의해 전압상승 오동작 우려

아래 그림은 64HR의 전류형과 전압형을 그린 개념도이다.

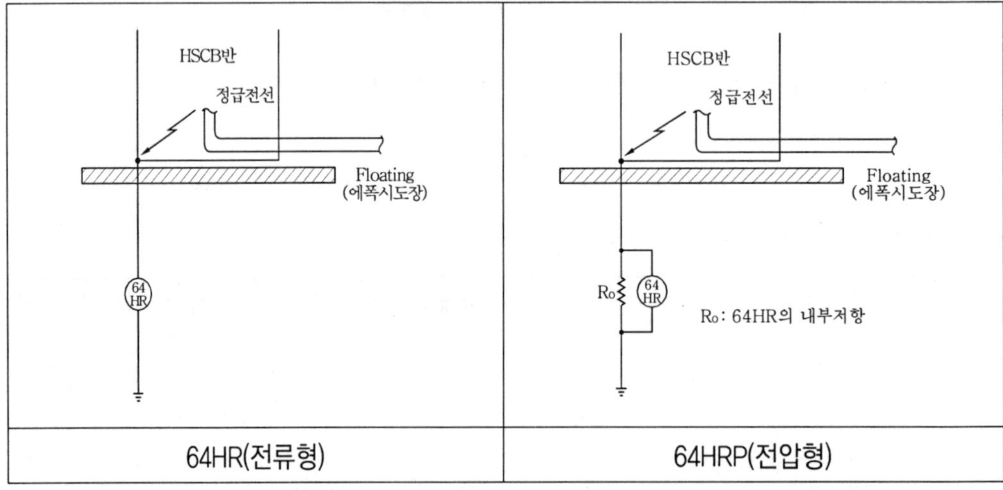

64HR(전류형)	64HRP(전압형)

2). 호선별 지락보호계전 방식

호 선	지락보호계전 방식	해 당 개 소
1	64P(300V)	시청, 종로5가, 제기S/S(3개소)
2	① 64P(400V)	낙성대, 신림, 영등포구청, 합정, 이대, 을지, 상왕십리S/S (7개소)
	② 64P(300V)	서초, 신정S/S (2개소)
	③ 64P(400V)+64HR(80A)	군자, 성수, 강변, 신천, 선릉, 대림S/S (6개소)
3	64P(300V)+64HR(브리지형)	지축S/S 외 11개소 S/S
4	64P(300V)+64HR(80A)	당고개, 창동S/S
	64P(300V)+64HR(브리지형)	나머지 변전소
특기사항	괄호( )의 수치는 전압 및 전류의 Setting 값임.	

4.2 64HRP 설계대상 변전소의 운용 현황조사

1) 서울메트로의 64HR 운용현황

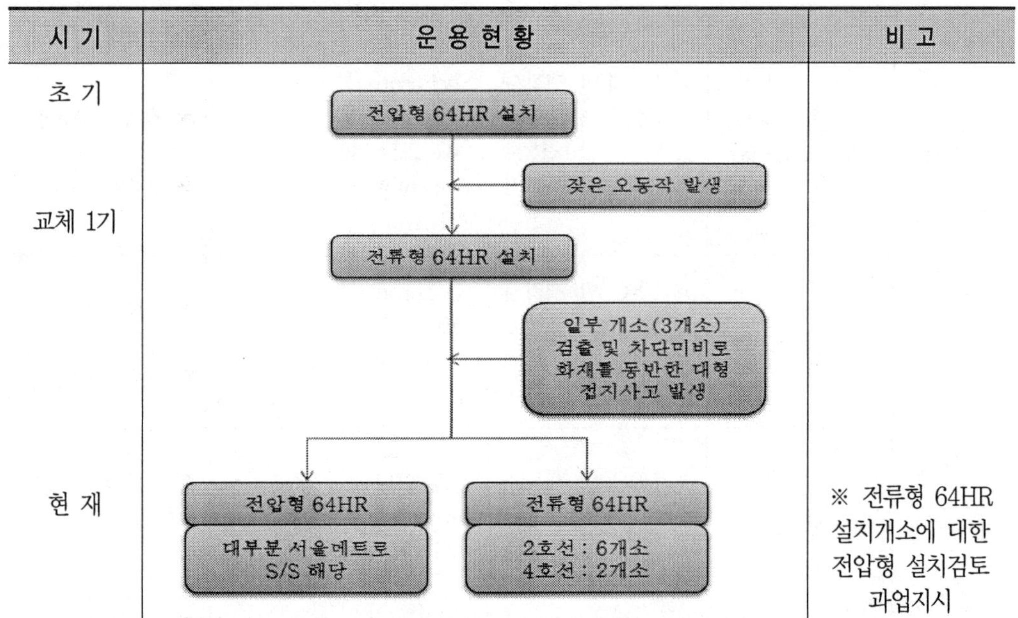

2) 64HR의 전류형과 전압형의 특성 비교 검토

구분	전 류 형	전 압 형
장 점 및 특 징	o 지락전류 검출 o 오동작이 거의 없다 o 저저항 지락사고 시 검출 유리 o 내부 Impedance : 수 $\mu\Omega$	o 지락전압 검출 o 검출 실패에 따른 파급사고가 크지 않다. o 고저항 지락사고 시 검출 유리 o 내부 Impedance : 1MΩ
단 점	o 정급전선의 지락사고시 계전기의 저 임피던스로 인해 검출 및 차단 실패 시 대형 접지사고로 파급됨 o (사고 예) 3개소에서 차단실패로 인한 화재 사고 발생	o 낙뢰가 잦은 개소 및 대지전위가 불안정한 개소는 오동작 우려가 있음 o (오동작 사례) · 지축S/S : 2번 동작 · 약수S/S : 1번 동작 · 독립문S/S : 1번 동작 · 압구정S/S : 1번 동작

3) 급전 System 설치조사

과업대상 S/S		급전 system 조사내용	비 고
2호선	군자, 성수, 강변, 신천, 선릉, 대림 (6개소)	o HSCB반 제작사 : Secheron o 64HR 제작사 : Electroba (전류형 : AG CH-5408) o 64P 제작사 : Telemecanique (RM4UA)	▶ 80A Setting ▶ 400V Setting
4호선	당고개 (1개소)	o HSCB반 제작사 : Secheron o 64HR 제작사 : Electroba (전류형 : AG CH-5408) o 64P 제작사 : Crouzet	▶ 80A Setting ▶ 300V Setting
	창 동 (1개소)	o HSCB반 제작사 : 인텍전자 o 64HR 제작사 : Electroba (전류형 : AG CH-5408) o 64P 제작사 : ABB (CM-ESN)	▶ 80A Setting ▶ 300V Setting

4). 설계대상 S/S의 급전 System의 특징

설계대상 S/S는 2호선 6개소, 4호선 2개소로 모두 8개소 변전소이다. 공통된 특징은 다음과 같다.

[급전 System의 특징]

① 창동 S/S를 제외하고 HSCB는 스위스의 Secheron사 제품

② 64HR 전류형을 기본으로 구성하고 있음.

4.3 직류접지검출계전기(64HRP)의 선정검토

1) 64HRP의 선정 검토

구분	1안	2안	3안	4안
구성	전압형 2개	전압형 1개	전류형 1개	전압형 1개, 전류형 1개
회로도	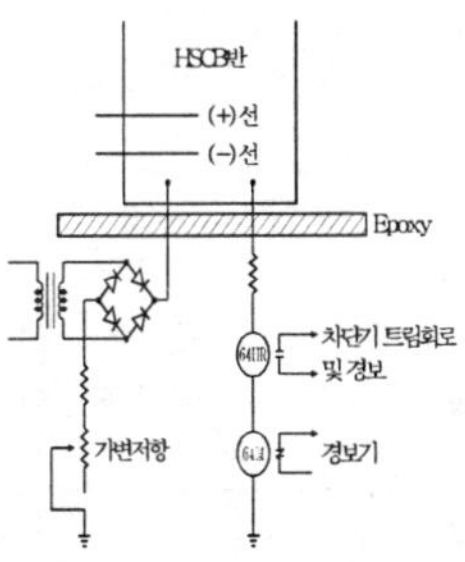 HSCB반 (+)선 (−)선 Epoxy 차단기 트립회로 및 경보 가변저항 경보기	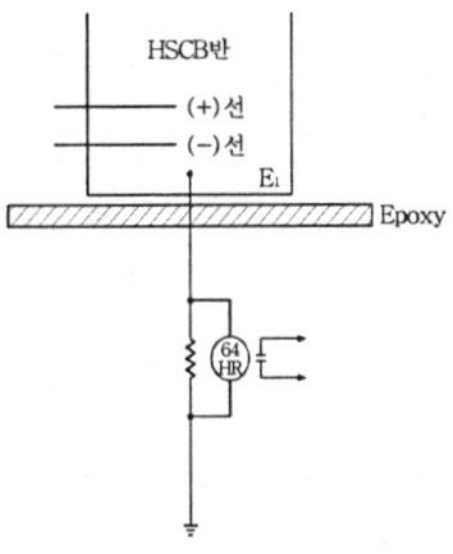 HSCB반 (+)선 (−)선 E1 Epoxy 64HR	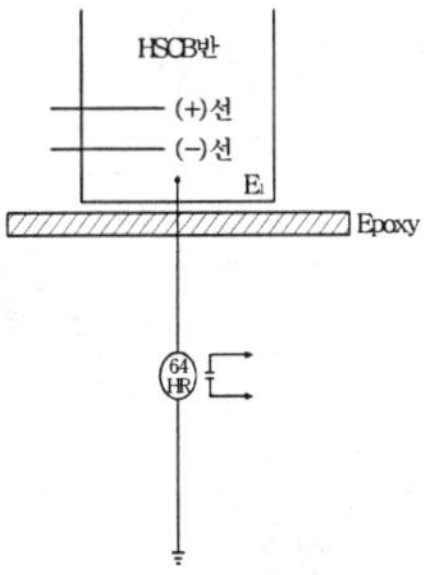 HSCB반 (+)선 (−)선 E1 Epoxy 64HR	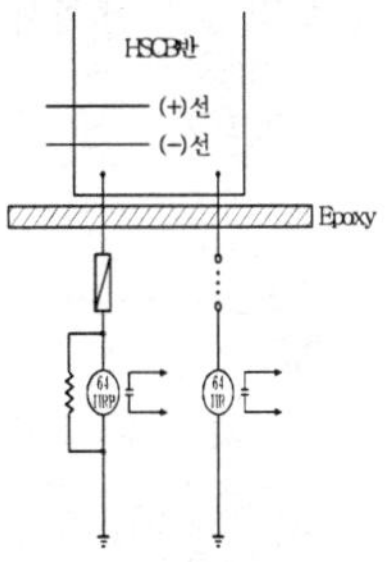 HSCB반 (+)선 (−)선 Epoxy
장·단점	○정급전선의 지락 감시뿐만 아니라 외함과 대지의 절연감시도 가능. ○정급전선 지락 사고시 브리지 회로의 고장으로 고장 검출 실패사례 있음.	○낙뢰 및 대지전위상승에 따른 오동작은 있으나, 대형파급 사고는 없음.	○오동작은 없으나 계전기 검출 실패시 지락전류의 차단이 안되면 대형 접지 사고로 파급됨.	○fuse를 추가하여 전류형과 전압형을 운영자가 선택하도록함 .
종합검토의견	지락고장의 검출은 지락전류와 지락전압을 활용하는 방안 2가지가 있다. 그런데 설비에 장애를 주는 것은 주로 고장전압보다는 고장전류 쪽이다. 그래서 64HRP의 형식도 전압형이 낫다고 판단되어지나, 설계관련 회의에서 배전반에 전압형 및 전류형을 모두 설치해 놓고, 변전소별 특성에 맞게 운영자가 결정하도록 하자는 의견이 나와 ④안이 유리함.			

2) 64HRP Relay 비교(2007. 06. 11)

제조사 및 모델명 비교 항목	Telemecanique (RM4 UA33MW)		ABB (CM-ESN)	
보유 기능	Over and Under Voltage measurement			
정격 공급 전압	AC / DC 24~240V			
전압 측정 범위	30 ~ 500Vdc(ac,dc)		0.05 ~ 500V(ac,dc)	
동작 시간 범위	0.05 ~ 30sec		0.05 ~ 1sec, 1.5 ~ 30sec	
출력 접점(정격용량)	2C (24Vdc/2A)		2C (24Vdc/2.5A)	
실동작 시간[ms]	OV:100VDC, ST:0ms	OV:100VDC, ST:3sec	OV:200VDC, ST:0ms	OV:200VDC, ST:5sec
	1회 : 460ms 2회 : 536ms 평균 : 498ms	1회 : 3.46sec 2회 : 3.40sec 평균 : 3.43sec	1회 : 416ms 2회 : 260ms 3회 : 340ms 평균 : 339ms	4.4sec(5s 셋팅)
절연전압 한계치 (1차측 – 2차저압측)	최고 2.6kVac		최고 3.8kVac	
동작 온도 범위	-20 ~ +65℃		-25 ~ +65℃	
Size [mm] (W × H × D)	45 × 78 × 100		22.5 × 78 × 80	
선 정			◉	

[시험 조건]
- 공급전압 : 2300Vdc
- 절연전압 한계치 시험은 B3-C 와 A1,A2 단자에 인가하여 시험 함.

5. 전차선 급전케이블 지락검출계전기(64CA) 설치 및 적정회로 구성

5.1 개요 및 검토배경

1) 전차선 (정급전선) 급전케이블 설치 개요

서울메트로는 DC 1500V를 전차선로에 공급하여 전동열차에 전원을 공급한다. 전동열차는 T-Bar에서 전원을 공급받지만 T-Bar 까지는 케이블로 급전하고 있다. 또 케이블은 주로 CV 케이블이 사용되고 있다. CV케이블은 차폐층(Shield)으로 동 테이프가 감겨있다. 다음은 CV 케이블의 규격별 사양을 나타낸 표이다.

〈CV Cable 규격에 따른 각 구성요소 치수〉

구 분		60㎟	100㎟	200㎟	250㎟	325㎟	600㎟
도체외경(㎜)		9.3	12.0	17.0	19.0	21.7	29.5
내부반도전층 두께(㎜)		0.6	0.6	0.6	0.6	0.6	0.6
절연층 두께 (㎜)		7.4	7.4	7.4	7.4	7.4	7.4
동 Tape	두께	0.1	0.1	0.1	0.1	0.1	0.1
	외경	28.1	30.8	35.8	37.8	40.5	54
시스 두께		3.0	3.0	3.0	3.0	3.0	4.0
케이블 외경		35.3	38.0	43.0	45.0	47.7	62

이 CV Cable의 Shield 층의 역할은 다음과 같다

[Shield 층의 역할]

① 정전유도 및 전자유도의 차폐층 형성

② 대지충전 전류의 통로

2) 정급전선 Cable의 Shield 처리 방법

구분	편단 접지	개방 Floating	비고
처리 방법	Cable Head 처리시 동Tape차폐층을 편조선으로 묶어 외부로 인출 후 Feeder 별로 묶고 편단접지 함.	Cable Head 처리시 동Tape 차폐층을 편조선으로 묶어 외부로 인출 후 접지하지 않고 Floating.	
특기 사항	정전유도나 전자유도 전하의 대지방전		

3) 정급전선 Cable의 CV 케이블 사용시 문제점

① CV Cable의 Shield선은 동Tape을 만들어져 절연파괴시 직류의 큰 사고전류 때문에 Shield선이 가열되어 케이블이 소손된다. Shield선에는 큰 사고전류를 흘릴 수 없다. 약간의 대지충전류만 감당할 뿐이다.

② 직류의 지락고장 시에는 사고전류가 1.0[kA] 정도가 되어 직류고장 선택보호장치 50F의 정정값{2[kA]~3[kA]}이하의 경우가 많으므로 변전소의 50F가 동작되지 않게 되며, 장시간 고장전류가 흘러 케이블은 소손된다. 경우에 따라서는 화재로 발전되는 되는 경우가 있다.

5.2 지락 검출계전기(64CA)의 적용 및 검토

1) 전차선(정급전선) 급전케이블의 지락보호 대책

CV Cable이 절연 파괴된 경우에는 고장점 저항이 크기 때문에 50F가 고장검출을 할 수 없기 때문에 64P의 기능을 하는 계전기를 설치하는 것이 필요하다.

그러나 본선은 이미 설치된 64P가 전차선의 지락고장 감시를 수행하고 있기 때문에 중복되어 설치를 고려하지 않고, 다만 Rail과 대지간 저저항 접지 System으로 운영되고 있는 차량기지를 설치 대상으로 하고자 한다. 차량기지의 64p는 저저항으로 인해 전압검출이 어렵다. 우선, 서울메트로 전 노선 중 군자차량기지가 있는 군자S/S에 시범적으로 설치 운영해 보기로 한다.

2) 적용개소

군자S/S 정급전선 10회로 Feeder

3) 사용 64CA의 정격

- 64HRP와 동일한 OVR 및 UVR 기능이 있는 계전기
- ABB CM-ESN(ESS.M) 제품.

4) 현장 조사 결과

군자변전소를 조사해 본 결과, 54F1~54F4의 정급전선은 정급전선의 헤드 처리부분에 인출 편조선이 전혀 안 보였고, 54C1~54C6의 정급전선은 헤드 처리시 편조선을 밖으로 인출 후 Feeder별로 묶고 변전소 메쉬 접지에 연결하였다.

5) 시공 방법

계전기 1차측 : 정급전선의 Feeder별로 인출된 차폐층의 편조선에 접속

계전기 2차측 : 변전소 접지회로망에 접속

감시 항목 : 정급전선 쉴드~대지간 Setting 전압값 이상 발생시 경보접점 제공
차단기와 연동된 Trip 신호는 주지 않는다.

계전기 설치 위치는 HSCB 반의 부급전반 내 좌측 하단부에 설치하기로 함.

6. 6.6kV 고압배전선로 지락보호시스템 보완

6.1 개요 및 지락보호시스템

1) 개 요

서울메트로는 역사조명 및 동력부하에 3Φ 6.6kV 전원을 공급하는데, 22.9kV 수전 변전소

로부터 22.9kV/6.6kV △-△결선 변압기를 통해 전원을 받고 있다. 이 고압배전선로는 △-△결선으로 비접지 계통이다. 다음은 비접지 계통의 대표적인 장, 단점이다.

구 분	장 점	단 점
비접지 계통	ㅇ 대지 충전용량만이 전류의 통로가 되어 고장전류가 적다. ㅇ 제3고조파 전류가 △결선내를 순환하므로 외부에는 나타나지 않음 ㅇ 유도장해 및 통신장해가 없다	ㅇ 중성점이 없어 고장전류가 적어 지락사고의 보호가 어렵다. ㅇ 고장점 확인이 어렵다. ㅇ 지락사고시 건전상의 대지 전위 상승이 크다.

2) 6.6kV 비접지 고배계통의 보호계전SYSTEM

구 분	검출계전기	동작차단기	비 고
6.6kV 저전압	27HB	52H	
6.6kV 과부하	51D	52D	
6.6kV 단락 및 과부하	51/50H(한시/순시)	52H	
연락송전선로 지락	51GR/67GR	52R	
6.6kV 접지(OVGR)	64B(HD.L)		
6.6kV 접지	67H(Line별 SGR)	52H	

3) 6.6kV 비접지 계통의 지락사고 관련 회로 해석

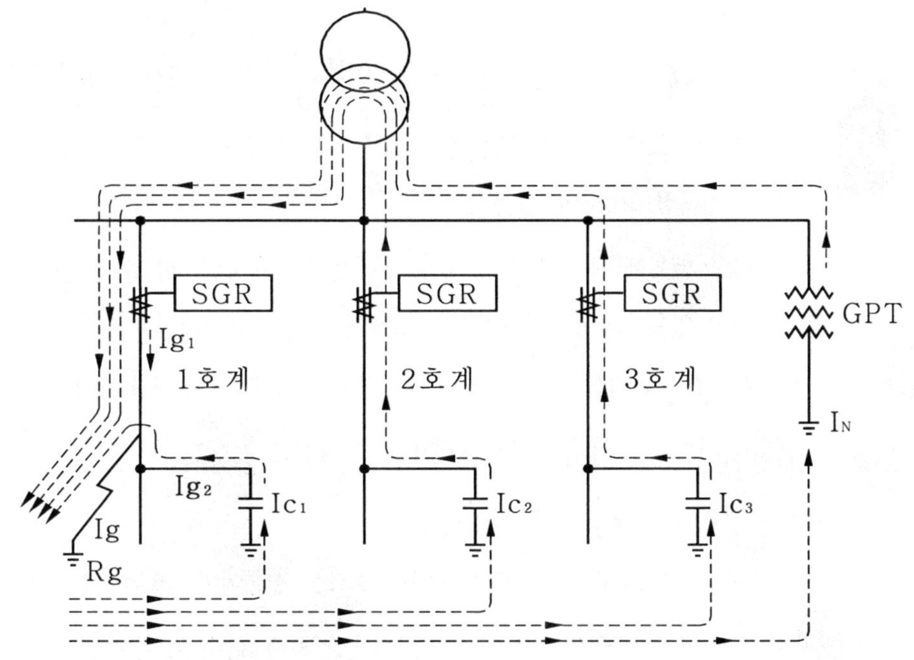

1호계에서 지락사고가 발생 했을때 1호계의 ZCT에는 자기선로의 대지충전전류(IC1)는 흐르지 않고, 건전한 2, 3호계의 충전전류와 GPT의 중성점을 흐르는 전류의 합이 흐른다.

즉) $I_{g1} = \sum(I_{C2} + I_{C3}) + I_N, I_{g2} = I_{C1}$

$I_g = I_{g1} + I_{g2}$ 이 된다.

등가회로로 간략화 하여 그리면 위 계통도는 아래와 같다.

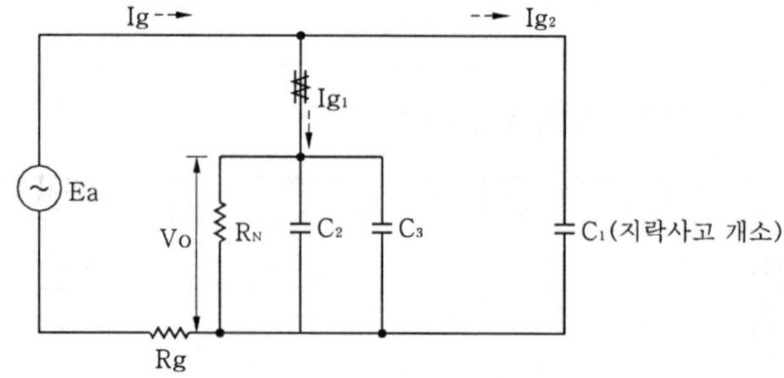

여기서, ○ E_a : 정상시 대지(상)전압, 완전 지락시 영상전압

○ R_N : GPT 3차 한류저항(r_n)을 1차 중성점 측으로 환산한 저항

[n : 권수비(60), r_n =25Ω]

6.6kV 계통 $R_N = \dfrac{n^2 r_n}{9} = \dfrac{60^2 \times 25}{9} = 10,000[\Omega]$

단, 설치된 GPT가 여러 대일 경우, GPT 대수만큼 병렬 합성값이 됨.

○ R_g : 지락점 고장저항(검출 감도)

6.6kV 계통에서는 R_g ≒ 4~6 [㏀]정도까지 검출 할 수 있는 감도를 요구하고 있음. 본 설계용역에서의 고장점 검출 목표저항값은 4[㏀]임

○ C_1, C_2, C_3 : 비접지 계통의 각 1호계, 2호계, 3호계의 한 상당 대지 정전 용량

○ V_O : 지락사고 시 GPT에서 검출되는 영상전압

○ I_g : 지락전류($I_g = I_n + \sum I_c$)

I_n : GPT의 중성점을 통하여 흐르는 전류이며, 영상전압

V_o와 동상임. GPT 한대당 최대 381[mA]이하임.

I_c : 3상 일괄 대지 충전전류이며, 영상전압 V_o보다 90° 진상

- ○ I_{g1} : 1호계(지락고장 feeder)의 ZCT을 흐르는 전류
- ○ I_{g2} : 1호계(지락고장 feeder)의 대지충전전류

4) 서울메트로의 6.6kV 고배선로 지락보호 SYSTEM 개선 활동

① 고압배전선로 공급 계통 변경

기존		개선
A변전소에서 1,2,3호계 일괄공급 B변전소 예비	→	A,B 변전소 1,2,3호계 공급 분담

② 선택지락계전기(SGR)신형 교체

기존		개선
유도형 SGR	→	신형 정지형 or 디지털 계전기

③ 계전기 조합 및 구성 변경

기존		개선
SGR과 OVGR의 직렬 Trip회로구성	→	SGR(DGR)과 OVGR 병렬회로구성 (SGR : Trip, OVGR : 경보)

④ 변전소와 역사 전기실의 보호 협조

기존		개선
전기실 GPT + SGR	→	PT + GR로 교체

⑤ 접지콘덴서 추가로 영상전류공급

6.2 접지용 콘덴서의 활용

1) 개 요

접지용 콘덴서는 중성점을 접지하지 않는 비교적 전압이 낮은 비 접지계통에 전로가 짧은 개소에 적용되고 있다. 비접지 방식에서는 지락사고 발생시 중성점이 접지되지 않아 지락전류의 통로는 GPT 1차측 중성점과 대지정전용량에 국한된다. 비접지 방식이므로 전원측 배전선로의 긍장이 짧을 경우, 계전기가 검출할 수 있는 충분한 대지 정전용량을 확보하기 어려워 접지 콘덴서를 사용함으로써 대지 정전용량을 보충해 주는 것이다.

2) 서울메트로의 6.6kV 비접지 계통 및 접지콘덴서의 설치

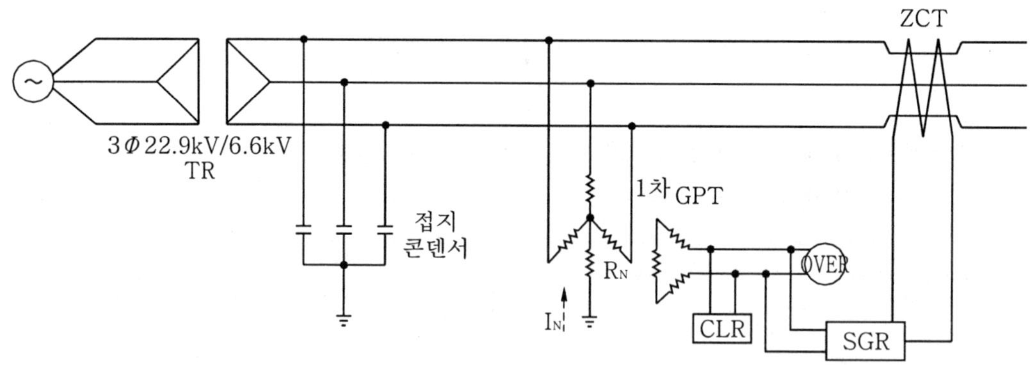

영상전압 : GPT + OVER ⎤
영상전류 : ZCT ⎦ ──▶ SGR

접지콘덴서는 6.6kV 고배 TR 2차측에 설치하며 현재 서울메트로의 고배운영 현황에서 고장점 저항[4㏀]에 따른 SGR의 검출실패 개소에만 설치하는 것으로 검토한다.

3) 설치 접지용 콘덴서의 규격 검토

접지용 콘덴서는 6.6kV(정확히는 6.6kV/ $\sqrt{3}$)에서는 0.3㎌을 3.3kV에서 0.6㎌를 권장하나, 현재 국내에서는 3.3kV ~ 6.6kV에서 10[kVA] 제품만 생산되는 실정이다.

6.6kV 10[kVA]는 약 단상 0.6㎌ 3대의 용량이다. 그래서 해외 제작 생산 현황을 조사해 보니 국내에서와는 다르게 다양한 6.6kV/ $\sqrt{3}$급 접지용 콘덴서가 있었다.

용량은 0.1㎌ ~ 10㎌까지 다양한 제품이 있었다.

구　분	국 내	해 외(일본)	비 고
회로전압	6600(6600/ $\sqrt{3}$)	6600/ $\sqrt{3}$	
용　량	10[kVA](0.6㎌ x 3)	0.1㎌ x 3 ~ 10㎌ x 3	
치　수	W536 x H427 x D120	W500 x H500 x D115	
선　정	◉		

접지용 콘덴서도 콘덴서이므로 0.3μF x 3의 콘덴서가 아닌 0.6μF x 3의 콘덴서를 사용하게 되면 콘덴서 과보상에 따른 문제가 따를 것으로 예상되어 적정용량의 콘덴서를 채용해야 하나, 서울메트로 1,2호선 18개소 변전소의 고배선로에 SGR의 동작여부를 계산해 본 결과, SGR의 동작 영상전류 부족개소에 접지용 콘덴서 6.6[kV] 0.3[μF]×3으로는 충분한 영상전류를 공급할 수 없어 6.6[kV] 0.6[μF]×3를 채용하기로 함. 본 설계용역에서는 지락고장 검출 목표저항값을 4,000[Ω]으로 검토하였음.

참고로 콘덴서 과보상에 따른 문제점은 아래와 같다.

1) 모선전압의 과상승

2) 송전손실의 증가

3) 고조파 왜곡의 증대

2-10. 전식방지 대책

1. 전기부식 및 대책

1.1 전기부식 발생 원리

직류를 사용하고 있는 전기철도의 궤도에서 대지로 누설되는 표류전류는 도심의 지하에 매설되어 있는 가스관, 수도관 등의 각종 배관류와 철 구조물에 표류전류에 의한 전식을 발생 시키고 있다.

전식부식의 전형적인 원리는 [그림1]과 같으며, 궤도에서 대지로 누설된 직류전류는 변전소 부근에서 궤도에 유입 되나 유출 장소의 궤도가 국부적으로 부식한다. 또 유출된 누설전류가 인접한 금속 매설물에 유입하여 변전소 인근까지 흐른 후 유출되면서 전식을 일으킨다.

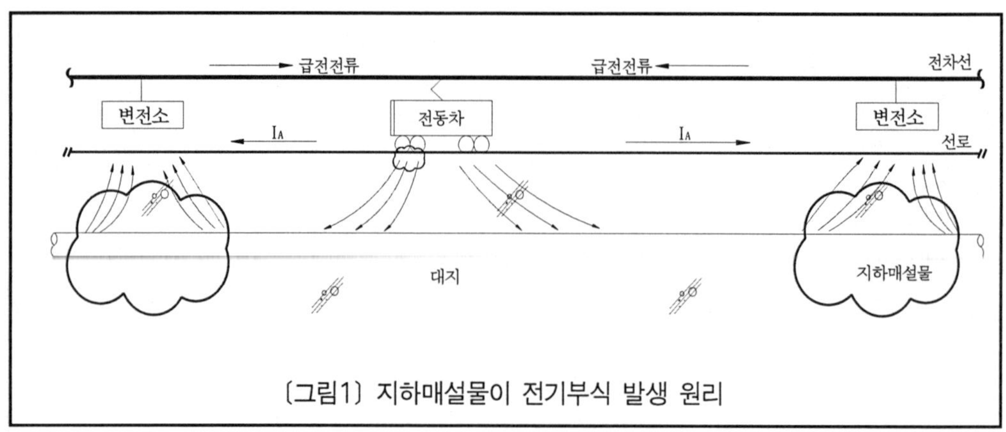

〔그림1〕 지하매설물이 전기부식 발생 원리

1.2 전기부식 방지 대책

1) 누설전류를 억제하는 방법

누설전류는 다음과 같은 관계가 있다.

$$Il \propto \frac{IRL}{Rf}$$

여기서 : Il : 누설전류　　　　I : 운전전류

R : Rail 저항　　　　L : 급전 거리

Rf : Rail의 누설저항

① 변전소 수를 증가 시켜 급전 거리를 축소

급전 거리가 짧아지고 운전전류가 적어지므로 효과적인 방법이나 변전소 증가에 따른 경제성을 고려하면 선택이 어려움.

② 선로 저항축소

㉠ 레일본드의 취부를 전기적으로 완전히 하는 방법

㉡ 별도의 부급전선을 레일과 병행하여 설치하는 방법

㉢ 레일 단면적을 크게 하는 방법

㉣ Cross Bonding을 증설하여 선로 저항을 감소시키는 방법

③ 선로의 누설저항 증대

㉠ 선로의 누설저항을 증대 시키는 방법으로 매입전 2중 절연, 진동 흡수의 목적으로 사용 되는 레일 패드 및 침목의 절연 등이 있다.

㉡ 도상에 배수를 좋게 하여 누설저항을 증대

㉢ 선로의 절연저항은 레일 체결 상태, 주위 환경, 토양의 고유저항 등에 따라 다르며 지하철 운행중에도 계속 변화 하므로 지속적인 측정 및 조치가 필요하다.

2) 누설전류의 차단 또는 지하 금속체의 보호

① 누설전류의 차단 방법

㉠ 포집망설치

㉡ 토목구조물을 변전소 부 모선에 연결

② 지하에 매설된 금속체를 보호 방법

지하 금속체를 전기철도와 충분히 이격 하는 방법, 배관의 피복에 Coating 또는 Wrapping을 강화하여 절연저항을 높이는 방법, 전기방식을 채용하는 방법, 구조물 콘크리트의 저항을 강화하는 방법 등이 있다.

3) 콘크리트도상에 포집철근 및 포집망을 이용한 누설 전류 귀환 방법

① 배류기 설치

㉠ 직접 배류 방식

매설관과 변전소의 부극 또는 귀선을 직접 도체로 접속시켜 배류시키는 방법으로 배류선만 설치합으로 간단하며 경제적이다. 그러나 이 방법은 변전소가 1개소 밖에

없고 전철측에서 매설관으로 전류가 역류할 위험이 없을 때만 채용한다.

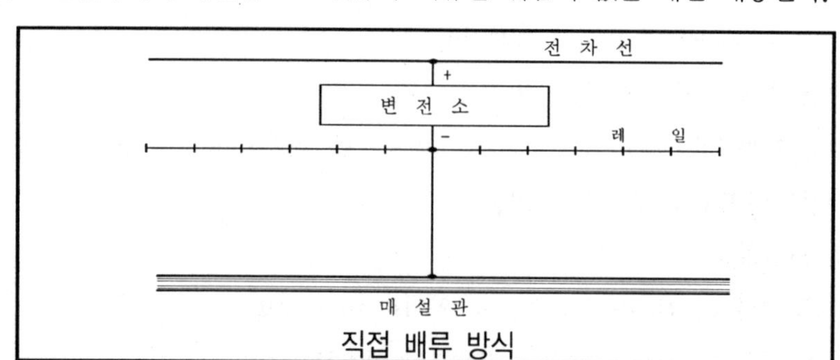

직접 배류 방식

㉡ 선택 배류 방식

전철 부하의 변동, 변전소 운전상태의 변화 등 때문에 매설관의 전위가 레일보다 낮게 되고 직접 배류를 행하면 레일에서 매설관으로 전류가 역류할 수 있는 것이 보통이다. 이 역류를 저지하고 레일방향으로만 전류를 통하게 하기 위해서는 배류선에 정류기 또는 역전압 계전기를 부착시키는 방식이다.

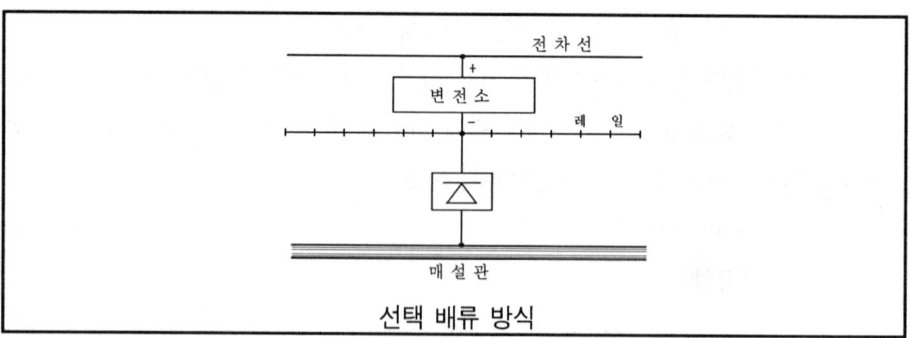

선택 배류 방식

② Wire mesh와 포집철근의 허용전류

㉠ Wire mesh의 허용 전류는 Wire mesh의 도전율에 따라 다르며 이 Wire mesh는 철선이므로 4번선 1선의 허용 전류는 50A 이상으로 전체 Wire mesh의 허용 전류는 50A×8×2=800A이며, 포집철근 1선의 허용전류는 약 254A로 전체 허용전류는 508A 이다.

㉡ 실제 누설 전류는 전체가 수십 Ampere에 불과하여 허용 전류 용량에서는 모두 충분하다. 이 Wire mesh와 포집철근은 허용 전류보다는 누설 전류 포집 효과를 위하여 사용된다.

1.4 적용사례

구 분		항 목
서울 지하철 1기	본선	ㅇ 누설 전류 경감 대책 • 레일에 고무 Pad 설치 • 매입전 2중 절연
	차량 기지	• 절연하지 않음
서울 지하철 2기	본선	ㅇ 누설 전류 경감 대책 • 레일에 고무 PAD 설치 • 매입전 2중 절연 • 궤도에 방진용 고무 PAD 설치 • 누설전류 포집용 금속봉 설치 (금속봉 16㎟ × 2EA/Rail당 Jumper 60㎟ 나동선)
	차량 기지	• 절연하지 않음

2. 전식검토(예)

2.1 전기 절연관련 법규 및 설계기준 조사

본 절의 내용은 국·내외 관련 기준들을 조사한 것으로 참고치 일뿐이다.

1) 전기설비기술기준(제283조), 내선규정 제135-2.3항

전차선로의 절연부분과 대지간의 절연저항은 사용전압에 대한 누설전류가 연장 1[km] 마다 100[mA]를 넘지 않도록 유지하면 된다.

2) 한국철도시설공단 PC침목 설계시방서(제34조)

체결장치를 체결한 침목의 좌우레일간의 절연저항은 제작공장에서 DC 500V급 절연저항계로 측정하여 5[MΩ]이상이어야 한다.

3) 인천 IAT

급전레일 및 대지 사이의 효과적인 절연저항은 DC 1000[V] 10[MΩ]을 유지

4) 미국토목 공학협회 기준(ASCE21-00:American Society of Civil Engineers)

ASCE21의 자동승객운송기(Automated People Mover)기준-제3부 9.3.8 Power Rail to Earth Resitance 에 따르면 아래와 같다.

① Power Rail의 절연 : 1[MΩ]/300[m]

② 주행 Rail의 절연 : 5000[Ω]/300[m]

5) JFK공항선의 경우

① 주행레일의 절연저항

㉠ 공장시험

o 건조시 : 20[MΩ]/개당　　　o 젖은상태 : 10[MΩ]/개당

㉡ 설치후시험

o 기준 : 100[Ω]/1km　　　o 설치후 실측결과 : 300[Ω]/1km

② Power Rail의 절연저항

통상적으로 개략 주행레일의 10배 정도가 적용되고 있음.

6) 용인경량전철의 궤도 설계기준(예)

① 전기 절연저항 시험

침목의 전기절연 저항 시험은 철도청 PC 침목 설계 시방서에 의하여 DC 500V급 절연저항계로 측정하여 5[MΩ]이상이어야 한다.

② ALT-Ⅱ 체결구의 유지관리성

100만[Ω] 이상의 절연저항 → 1[MΩ]

③ 레일패드 전기저항 : 1 × 107Ω→10[MΩ]

2.2 누설전류 대책(용인경전철의 예)

1) 누설전류의 최소화방안

① 성능사양서 주요내용

㉠ 급전레일은 가이드웨이 구조물 또는 대지사이를 완전히 절연해야 한다.

㉡ 급전레일은 비상 또는 고장상태를 제외하고는 전기의 차단이 없는 연속적인 버스로 되어야 한다.

㉢ 주행 레일은 가이드웨이 구조물 또는 대지사이를 완전히 절연해야 한다.
단 각 TPS에서 주행레일간은 대지와 연결이 허용된다.

㉣ 주행레일과 지상간 절연은 부식제어 값을 초과하도록 설계해야 한다.

② 설계적용

㉠ 급전레일과 구조물 및 대지간을 완전 절연한다.

- Power Rail 서포트 공장시험시 절연저항 : 100[MΩ]/개당
- Power Rail 설치시 절연저항 : 7500[Ω]/km

㉡ 주행레일을 지상과 완전 절연 시킨다.

- 레일패스너 공장시험시 절연저항
  - · 마른상태: 20[MΩ]/개당

· 젖은상태: 10[MΩ]/개당

– 주행레일 설치시 절연저항 : 100[Ω]/km

2) 잔존 표류전류용 기반시설 설치

① 성능사양서 주요내용

위 조건을 만족하지 못할 경우 배류기 설치 등 추가 조치를 해야 한다.

② 설계 적용

추후 배류기 설치를 대비하여 변전소 (–)측에서 대지로 인출이 가능하게 82mm 배관을 묻어둔다.

3) 표류전류 감시 시스템용 기반시설 설치

① 성능사양서 주요내용

위 조건을 만족하지 못할 경우 모니터링 등 추가 조치를 해야 한다.

② 설계적용

추후 각 TPS 에서는 표류전류를 감시 할 수 있는 SCADA 입력자료 등 기반설비를 반영해 놓는다.

2.3 절연저항 검토

1) Power Rail의 절연저항

① 1km당 Power Rail 누설저항

내선규정 제 135-2.2항에 의하면 제3궤조는 사용 전압에 대한 누설전류가 궤조의 연장 1[km]에 대하여 100[mA]를 초과하지 않아야 하므로

$$r = \frac{V}{I} = \frac{750}{100 \times 10^{-3}} = 7500[\Omega]$$

단, r : 누설저항[Ω]

V : 사용전압[Vdc] →750[Vdc]

I : 누설전류[A] →100[mA]

∴ 1km당 7500[Ω]이상의 누설저항을 유지해야 함.

② 절연지지대 개당 절연저항

㉠ 조건

– Power Rail 지지대 간격 : ℓ =3.4[m]

– 운전전압 : V=750Vdc

– 허용누설전류 : I=100[mA]/1km

㉡ 계산

$$R = n \cdot r = n(\frac{V}{I})$$

단, R : 절연저항　　n : 지지대수　　r : 누설저항　　I : 누설전류

1km 구간내 절연 지지대수 : $n = \frac{1000}{3.4} ≒ 295$

1km당 누설저항 : $r = \frac{750}{100 \times 10^{-3}} = 7500[\Omega]$

∴ R = 295×7500 = 2,212,500[Ω] ≒ 2.3[MΩ]

∴ 계산상으로는 절연지지대 1개당 2.3[MΩ]이상의 절연저항을 유지하면 되나 본 설계에는 100[MΩ]의 공장시험시 절연저항을 만족하게 한다.

㉢ 지지대 100[MΩ]에 대한 누설전류 검토

$$I = \frac{V}{r} = \frac{V}{(\frac{R}{n})} = \frac{V \cdot n}{R}$$

V : 750Vdc

R : 지지대 1개당 절연저항 →100[MΩ]

n : 1km간 절연지지대 수량 → $\frac{1000}{3.4} = 333 ≒ 340$

∴ $I = \frac{750 \times 340}{100 \times 10^{6}} = 2.55[mA] --- OK$

∴ 내선 규정에 의하면 1Km당 100[mA] 이내를 유지하면 되므로 이를 충분히 만족한다.

2) 주행레일 절연저항

① 주행레일의 부식량 검토

㉠ 적용공식

M = Zit[g]

M : 부식량[g]

I : 통과전류[A] →100[mA]/km

Z : 금속의 전기 화학당량[mg] →0.2893

t : 통전시간[h] →운행년수× 년간운행일수× 일간운행시간

= 30 × 365 × 18

= 1,971,00

㉡ 레일 1km가 30년간 전기 부식량

M = 0.2893×100×10−3×197100 = 5702[g]

=5.7[kg]

㉢ 레일 1[km]당 부식량 비교

레일은 50kg/m 을 사용하므로 레일 1km의 총 중량은 50Ton/km이 된다.

30년간 50[Ton]이 철이 5.7[kg]이 부식된다는 것이다.

② 주행레일의 절연저항

㉠ 조건

- 주행레일 침목(패스너) 간격 : 680mm
- 패스너 수량 : 개소당 4개
- 레일의 최고전압 : 50V

  IEC 7.3.3에 의하면 60V 이하로 하도록 되어 있으나 본설계에서는 AGS에 50V 이하로 제한시킬 것임으로 50V를 적용함.
- 허용 누설전류 : 주행레일의 누설전류는 별도의 규정이 없으므로 급전레일과 같이 i=100[mA]/1km을 적용함.

㉡ 계산

$$R = n \cdot r = n(\frac{V}{I})$$

- 1km 구간내 패스너 숫자 : $n = \frac{1000}{0.68} \times 4 = 5883$
- 1km 구간당 누설저항 : $r = \frac{50}{100 \times 10^{-3}} = 500[\Omega]$

∴ R=5883 × 500 = 2,941,500[Ω] ≒ 3[MΩ]

㉢ 용인경전철에 적용

- 계산상으로는 패스너 1개당 3[MΩ] 이상의 절연저항을 유지하면 되나
- 본 용인 경전철에서는 JFK등의 기준을 따라 레일 패스너의 공장 시험시 다음과 같은 절연저항치를 제시한다.
  - 마른 상태에서 : 20[MΩ]/개당
  - 젖은 상태에서 : 10[MΩ]/개당

2.4 용인경량전철의 누설전류 대책 종합내용(예)

구분		항 목	내 용	비고
전기설비측	급전레일의 절연	절연 지지대의 공장 절연시험	100[MΩ]/개당	본보고서 2.2.1절 참고
		급전레일 설치시 절연저항	7500[Ω]/1km	본보고서 2.2.1절 참고
	기반시설 설치	추후 배류기 설치를 대비하여 공배관 확보	TPS에서 대지로 공배관(84mm)확보	
		추후 누설전류를 모니터링할 경우를 대비한조치	SCADA 접점 확보	
	전식 사전조사 용역	TPS 주변의 지하매설물의 전위를 측정	추후 지하매설물 소유자가 민원 제기시 대처함	별도의 조사 업체에 용역 의뢰
궤도설비측	수행레일의 절연	레일 패스너의 공장절연 시험	o 마른상태:20[MΩ]/개당 o 젖은상태:10[MΩ]/개당	
	레일본드	본선, 차량기지	o 150㎟이상 전선2조로 레일간을 연결	레일 전체를 용접시 제외
	크로스 본드	본선, 차량기지	o 1km마다 150㎟이상 전선 2조로 양쪽레일을 연결	레일 전체를 용접시 제외
	레일절연	차량기지 비절연구간	o 차량기지의 검수고,세척선 등에는 레일을 비절연 시킴	별도 협의 필요

2-11. DC변전개구부 크기검토

1. 송 · 변전 분야

1.1 목 적

송 · 변전 설비중 한전수전 및 연락송배전 선로를 구성하기 위하여 변전실내 케이블 인출입이 용이 하도록 변전실 하부에 개구부(Opening Hole)를 구성 하여야 한다.

개구부를 구성함에 있어 적용 케이블의 곡선반경 및 케이블 외형의 특성을 고려하여 케이블의 피복을 손상 시키지 않 토록 개구부의 크기를 선정토록 한다.

1.2 케이블 OPENING HOLE 선정 기준

변전소내 전력케이블 Opening Hole의 개소는 시공성, 유지보수성 및 계통분리를 고려하여 22.9kV계통(수전선로, 연락송전) 및 6.6kV계통(연락배전)으로 분리 2개소로 하며 전차선 및 일반전기분야는 별도 검토한다.

1) 적용 케이블 특성

적 용 케 이 블	케이블외경 /1가닥	케이블 곡선반경 /1 가닥	적용 곡선반경 /1 가닥	비 고
22.9KV FR-CN-CO-W 325㎟ 1C × 3 가닥	51㎜	10배	510㎜	수 전
22.9KV FR-CN-CO-W 100㎟ 1C × 6 가닥	40㎜	10배	400㎜	연락 송전
6.6KV HF-CO 200㎟ 1C × 6 가닥 (강남S/S)	35㎜	10배	300㎜	연락 배전 (S/S→E/R)
6.6KV HF-CO 150㎟ 1C × 9 가닥	32㎜	10배	320㎜	연락 배전 (S/S→E/R)
6.6KV HF-CO 100㎟ 1C × 9 가닥	28㎜	10배	280㎜	연락 배전 (E/R→E/R)

◆ 케이블 곡선반경 기준 : 전철 · 전력시설규정 케이블 굽힘반경 적용

◆ 케이블 외경기준 : 제작사중 최대치

◆ 케이블 가닥수 : 제안서에 선정된 조수를 기준

1.3 케이블 OPENING HOLE 규격 산정(예)

변전소내 전력케이블 Opening Hole의 크기는 케이블의 곡률반경 및 케이블를 지지하는 자재의 배치 방식에 따라 Opening Hole의 크기가 변경되므로 전력케이블의 배치 방안을 아래와 같이 검토하고 배치방안에 따른 Opening Hole의 크기를 선정한다.

단, 케이블 지지 자재는 서울 도시철도 및 타도시 지하철에서 널리 적용하고 있는 목재 크리트를 적용토록 한다.

1) 케이블 배치 방안

구 분	1 안	2 안
구성도	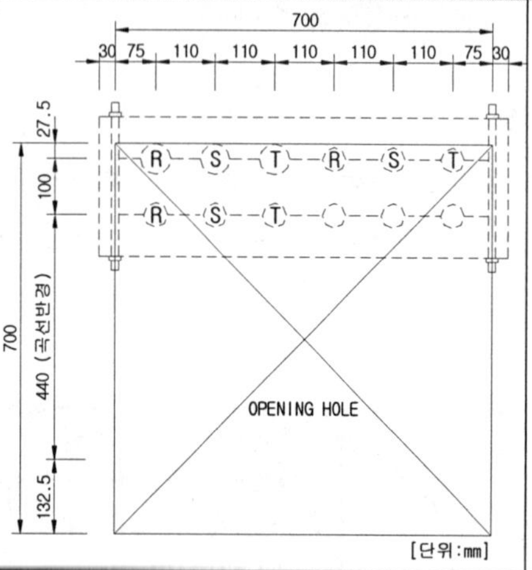 700 / 30 75 110 110 110 110 110 75 30 / 27.5 100 440 (곡선반경) 132.5 / 700 / R S T R S T / R S T / OPENING HOLE / [단위:mm]	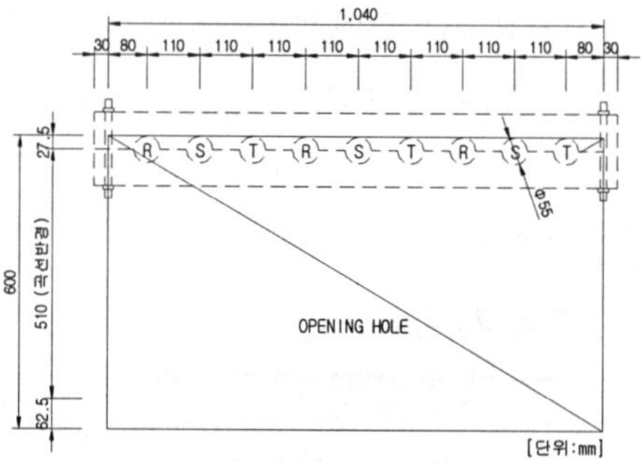 1,040 / 30 80 110 110 110 110 110 110 110 110 80 30 / 27.5 510 (곡선반경) 62.5 / 600 / R S T R S T R S T / φ55 / OPENING HOLE / [단위:mm]
배치방안	2열 배치 방안	1열 배치 방안
Opening Hole 규 격	700W × 700D	1040W × 600D
Opening Hole 면적[㎟]	490,000[㎟] 약100%	624,000[㎟] 약127%
검토의견	· 1안이 Opening Hole의 면적이 작아 시공성이 우수하고, 케이블 인출입 이 유리함	

2) 케이블 OPENING HOLE 규격

① 22.9kV(수전 및 연락송전) 계통 Opening Hole 규격

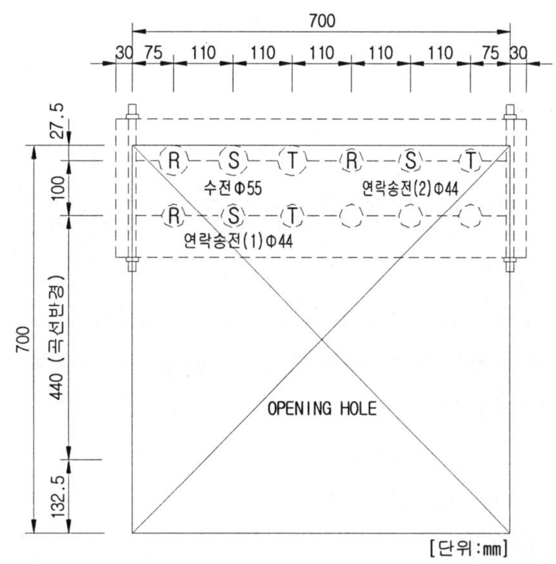

② 6.6kV(연락배전 1,2,3호계) 계통 Opening Hole 규격

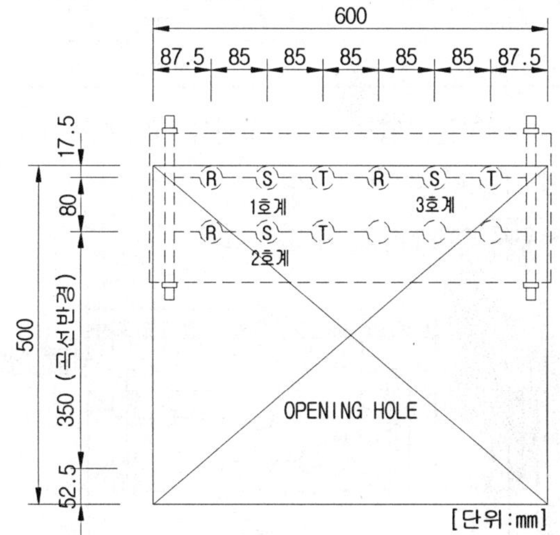

일반적으로 6.6kV 계통 연락배전 1,2,3호계의 케이블은 200㎟를 기준으로 Opening Hole 규격 선정한다.

③ 3.3 케이블 OPENING HOLE 규격 선정

구 분	Opening Hole 규격	수 량	비 고
22.9kV 계통	700W × 700D	1	최대 9가닥
6.6kV 계통	600W × 500D	1	최대 27 가닥

2. 전차선 분야

2.1 전차선용 급전케이블 OPENING HOLE 크기검토

1) 적용기준

구 분	케이블 외경	케이블 곡선반경	적용 곡선반경
3.3㎸ HF-CO 400㎟ 1C	39㎜	10배	390㎜
600V HF-CO 400㎟ 1C	34㎜	10배	340㎜

◆ 케이블 곡선반경 기준 : 전철•전력시설규정(철도청) 제85조 3항의 케이블 굽힘반경 적용

◆ 케이블외경기준 : LG전선 적용

◆ 급전케이블 가닥 수 : 현재는 전력시뮬레이션에 의한 정확한 조수가 아닌 추정치로 적용(정급전선 및 부급전선 10가닥 추정)

2) OPENING HOLE 크기선정

① 케이블 1열 포설시 거리

구 분	가닥수	케이블 외경	1열 포설 거리	
3.3㎸ HF-CO 400㎟ 1C	5	39㎜	195㎜	365㎜
600V HF-CO 400㎟ 1C	5	34㎜	170㎜	

순수 곡선반경 및 케이블 1열 포설시 조건을 고려하면 OPENING HOLE홀 크기는 400W x 400D에 가능(여유 공간 부족)

② 케이블 크리트 적용시 OPENING HOLE 크기

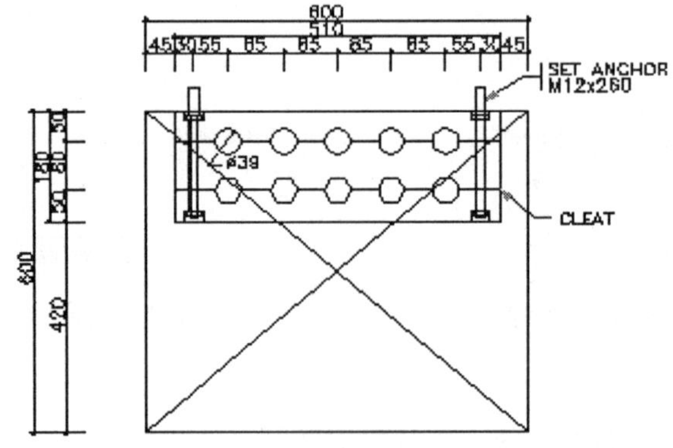

OPENING HOLE 하부의 급전케이블 지지를 크리트에 의한 케이블 포설 조건을 고려하면 600W x 600D으로 적용

③ 검토결과

정급전선, 부급전선 케이블 전체를 1열 포설시 거리는 OPEN HOLE 크기(400W×400D)에서 만족하나 케이블 포설시 여유 공간이 부족하므로 OPENING HOLE 하부의 급전케이블 지지용 크리트에 의한 포설조건을 고려한 600W×600D의 OPENING HOLE을 적용하는 것이 바람직하다.

3. 개구부 크기 현황

시설명	실 별	개구부 명칭	개구부 위치	서울시(기존)		최근검토		비 고
				크기[m]	수량	크기[m]	수량	
정거장	변전실	자재 투입구	변전실 상부	4.0 x 3.0	1	4.0 x 3.0	1	단,TR. PNL. 반입시는 분리구조 제작후 반입
		22.9kV케이블	변전실 하부	0.6 x 0.4	1	0.7 x 0.7	1	송.수전
		6.6kV케이블	변전실 하부	0.6 x 0.4	1	0.6 x 0.5	1	연락배전
		전차선용 케이블 개구부	변전실 하부	0.5 x 0.5	2	0.6 x 0.6	2	

4. 참고자료

4.1 제작사별 Cable Size (완성품 바깥지름)

제 작	22.9kV FR-CNCO-WCable		6.6kV HF-CO Cable		
	325㎟	100㎟	240㎟(200㎟)	150㎟(150㎟)	120㎟(100㎟)
LG 전선	51	40	35	30	28
희성전선	51	39	(32)	(29)	(26)
대한전선	51	39	35	30	28
일진전선	–	–	–	–	–
적 용	51	40	35	30	28

▼ ( )는 구 규격임.

※ 클리트에 의한 케이블처리 방안 :

클리트는 비표준 제작품(기존의 지하철의 모든 클리트 공통)으로서 Wooden made로 별도의 device는 사용된 것이 없음.

제 3 장 전력설비

3-1. 22.9kV 수전방식 검토

1. 수전관련

1.1 수전신청 관련

1) 사전협의

전기철도의 경우 수전시기에 한국전력공사 상황으로 전기를 수전 할 수 없을 경우 야기될 문제가 큼으로 전기를 정식 수전 하기전 이라도 설계단계에서 한국 전력공사에 공문서로 사전 협의를 반드시 득하는 것이 설계자의 입장에서 유리하다.

2) 전기공급요청

전기를 대량 사용하는 철도는 아래에 정하는 시기 까지 전력수전예정 통지세에 의한 전기공급 요청을 하여야 한다.

① 계약전력 5,000kw이상~10,000kw이하 : 사용예정 1년전

② 계약전력 10,000kw초과~100,000kw이하 : 사용예정 2년전

③ 계약전력 100,000kw초과~300,000kw이하 : 사용예정 3년전

④ 계약전력 300,000kw초과 : 사용예정 4년전

1.2 수전전압 관련

1) 전기공급 약관 : 제23조 [전기공급방식, 공급전압 및 주파수] 내용

① 고객이 새로 전기를 사용하거나 계약전력을 증가시킬 경우의 공급방식 및 공급전압은 전기 사용장소내의 계약전력 합계를 기준으로 다음 표에 따라 결정하되, 특별한 사정이 있는 경우에는 달리 적용할 수 있습니다.

다만, 고객이 희망할 경우에는 아래기준보다 상위 전압으로 공급할 수 있습니다.

계 약 전 력	공급방식 및 공급전압
100kW 이상 10,000kW 이하	교류삼상 22,900V
10,000kW 초과 400,000kW 이하	교류삼상 154,000V
400,000kW 초과	교류삼상 345,000V

② 신설 또는 증설후 계약전력이 40,000kW 이하로서 인근변전소의 주변압기 공급능력

여유가 있고 전력계통의 보호협조, 선로 구성 및 계량방법에 문제가 없는 경우는 세칙에서 정하는 바에 따라 22,900V로 공급 할 수 있다.

2) 공급약관 세칙 : 제14조 [공급전압 및 공급방식]

①~③항은 생략

④ 고압이상 수전고객의 공급방안은 아래와 같다.

1. 공급방안의 결정

가. 154kV변전소 부지를 제공(유상 또는 무상)하는 경우 변전소 공급능력의 1/3까지 22.9kV 고객소유 선로로 공급할 수 있다. 단, 1회선에 20,000kW 이하

나. 계약전력 14,000kW 이하의 신、증설이 다음 조건 만족 할 경우 22.9kV 일반선로로 공급할 수 있다.

(1) 한전이 인정할 수 있는 최대 수요전력 관리 장치를 고객이 설치하여 최대수요전력을 10,000kW이하로 사용, 이를 위반할 경우 한전에서 전기공급 정지 할 수 있는 조건

(2) 전압강하가 10%를 초과 할 경우 고객이 전압보상장치를 설치

(3) 선로사고 등 비상시 부하절체가 불가능한 것에 대비하여 자가발전 또는 기타 대비책 강구

다. 고객이 다음중 하나에 해당하고 희망하는 경우 한전소유 22.9kV 전용공급설비로 공급할 수 있으며, 이 경우 예비전력 계약을 체결 하는 것을 원칙으로 한다. 다만 고객이 정전에 대비하여 스스로의 책임으로 대비책을 강구한다는 내용을 전기사용계약서에 명시 하는 경우는 예외

(1) 신설 또는 증설후 계약전력이 10,000kW초과 14,000kW이하인 경우

(2) 신설 또는 증설후 계약전력이 14,000kW초과 20,000kW이하로서 한전 주변 압기의 공급능력에 여유가 있고, 한전에서 정한 대용량 배전방식(예:600㎟전선로 사용)으로 공급하는 경우

라. 신설 또는 증설후 계약전력이 20,000kW초과 40,000kW이하로서 다음조건을 충족하는 경우에는 22.9kV 전용공급설비 2회선(1회선당 20,000kW이하)으로 공급할 수 있다.

(1) 한전변전소의 공급능력 및 인출개폐장치에 여유가 있고, 변전소로부터 전기사용장소에 이르기까지 공급선로 구성에 문제가 없는 조건

=> 한전변전소의 공급능력 = (최종규모의 뱅크 용량합계 - 1뱅크용량) × 0.9

(2) 공급선로가 Loop운전되지 않도록 고객 소유의 수전설비를 공급선로별로 완전히 분리하여 운전하는 조건

(3) 전압강하가 10%를 초과한는 경우에는 당해 고객의 부담으로 전압보상장치를 설치 또는 기타 자구책 을 강구하는 조건

(4) 정전에 대비하여 예비전력 계약을 체결하는 조건. 단, 고객이 정전에 대비하여 스스로의 책임으로 대비책을 강구한다는 내용을 전기사용계약서에 명시하는 경우는 예외

마. "라"의 규정에 따라 22.9kV 전용공급선로 2회선으로 전기를 공급할 때의 세부기준은 다음과 같다.

(1) 지중 배전선로로 공급이 원칙 단, 가공으로 하여도 향후 불특정 다수의 일반고객에게 전기를 공급하기 위한 선로경과지 확보에 지장이 없다고 판단되는 경우 한전과 협의하여 가공배전선로 가능

(2) 공급선로는 다음과 같이 공급선로별 부하설비 용량에 따라 일반 배전방식 또는 대용량 배전방식에 의한 전용공급설비로 구성하여 공급한다.

부하설비 용량	공급선로 구성방법
14,000kW이하	아래 "(4)"의 규정에 의한 경우를 제외하고, 일반배전방식에 의한 전용공급설비로 공급 단, 장래 설비증설 계획 또는 전압강하 등의 문제가 있는 등 부득이한 사유가 있을 때에는 대용량 배전방식에 의한 전용공급설비로 구성 가능
14,000kW초과 20,000kW이하	대용량 배전방식에 의한 전용공급설비로 공급

다만, 한전이 전용공급설비를 이용하여 다른 고객에게 전기를 공급할 필요가 있을 때, 한전은 고객과 협의하여 당해 전용공급설비를 일반공급설비로 변경할 수 있으며, 이 경우 한전은 다음과 같이 산정한 금액을 당해 고객에게 환불한다.

$$\text{환불금액(원)} = \frac{\text{한전이 이용가능한 용량(kW)}}{\text{해당 배전선로 상시 최대 운전용량(kW)}} \times \text{기부담한 설계공사비(원)}$$

(3) 공급선로(2회선)는 동일 변전소의 서로 다른 주변압기에서 인출하여 공급함을 원칙으로 한다. 다만, 변전소 공급능력 또는 인출개폐장치에 여유가 없는 등 부득이한 사유가 있는 경우에는 다른 변전소에서 인출하여 공급할 수 있다.

(4) 22.9kV 일반공급설비 1회선으로 전기를 공급받고 있는 고객이 계약전력을 증가

함에 따라 계약전력이 20,000㎾를 초과하는 경우에는 기존 일반공급설비 1회선에 22.9㎸ 전용공급설비 1회선을 추가 설치하여 공급할 수 있다.

이 경우 기존 일반공급설비에 연결하여 사용할 수 있는 전력은 기존 계약전력 범위 이내로 한다.

(5) 기존에 22.9kV 고객소유선로로 공급받고 있는 고객이 계약전력 증가(2만kW 초과 4만kW 이하)에 따라 22.9kV 1회선을 추가 설치하여 전기를 공급받고자 하는 경우에는 기존 고객소유선로 1회선에 한전 공급선로 1회선을 추가 설치하여 공급할 수 있다.

(6) 전기사용계약은 1계약을 체결하며, 계약전력은 공급선로별 수전설비 용량을 합산하여 산정한다.

(7) 계량은 전체를 일괄하여 합성계량하며, 합성계량장치는 기본공급약관 제37조에 따라 고객이 설치·소유한다.

(8) 예비전력은 고객의 희망에 따라 1회선 또는 2회선을 설치하여 공급할 수 있다.

이 경우 예비 공급선로는 다른 선로와 Loop 운전되지 않도록 Inter-lock 장치 등을 설치하여야 하며, 상시 공급선로 2회선에 예비 공급선로 1회선을 설치하여 공급하는 경우의 예비전력 계약전력은 상시 공급선로에 접속되어 있는 변압기설비 용량 중에서 큰 쪽의 변압기설비 용량을 기준으로 산정한다.

바. "나" 내지 "마"의 규정에 따라 22.9kV로 전기를 공급함에 있어서, 다음 각 호의 1에 해당하는 경우에 한하여 고객소유선로로 공급할 수 있다.

(1) 공급선로 시설장소가 한전이 자유로이 출입할 수 없는 지역 또는 공급설비의 설치 및 유지보수가 곤란한 지역을 통과하는 경우

(2) 고객이 희망하고, 한전이 불특정 다수의 일반 고객에게 전기를 공급하는데 지장이 없다고 인정되는 경우

1.3 수전방식에 따른 기본요금 : 약관 제63조(예비전력)

1) 예비전력 (갑)

① 적용 : 상시 공급변전소에서 상시 전압과 같은 전압으로 공급받는 예비전력

② 기본요금 : 상시 공급분에 대한 해당 계약종별 기본요금의 5%(고객소유선로는 2%)

2) 예비전력 (을)

① 적용 : 상시 공급변전소 이외의 변전소에서 공급받기 위한 예비전력 또는 상시 공급전압과 다른 전압으로 공급받기 위한 예비전력

② 기본요금 : 상시 공급분에 대한 해당 계약종별 기본요금의 10%(고객소유선로는 6%)

2. 수전방식 선정

2.1 수전방식 비교검토(일반, 전용)

구 분	일 반 선 로	전 용 선 로
장 점	■ 선로 사고시 한전 측 응급복구 가능. ■ 공사비가 전용선로에 비해 적게 소요.	■ 전력공급 신뢰도가 우수하다.
단 점	■ 일반수용가 사고시 파급효과가 예상. ■ 전력공급 신뢰도가 전용선로에 비해 떨어진다.	■ 전용선로 가선시 도로점유 허가 및 사용료를 납부하여야 한다. ■ 별도의 전문 유지보수팀이 구성되어야 한다. ■ 공사비가 많이 소요된다.
인허가 사항	■ 전용선로의 인허가 사항 없음.	■ 도로굴착, 점유허가 등 인허가 사항 복잡.
경제성	■ 100%	■ 150%

2.2 수전방식 선정

구 분	1 안 (전용 2회선 예비전력(갑) 수전)	2 안 (전용 2회선 예비전력(을) 수전)	3 안 (T분기 2회선 방식 수전)
계 통	동일 변전소에서 전용2회선 수전	다른 변전소에서 전용2회선 수전	동일 변전소에서 2회선 수전
	한전전원 수용가 변전소 전용선로	한전수전 수용가 변전소 전용선로	한전전원 수용가 변전소 공용선로
장 점	•2안 대비 기본요금, 한전수탁비 저렴.	•한전 변전소 장애시 전력공급 가능 •전력공급의 신뢰도 높음.	•한전 수탁비가 가장 저렴. •수전용량 14,000kW 이하 수전 가능
단 점	•기본요금의 5% 추가부담 •한전 변전소 장애시 전력공급 불가	•기본요금의 10% 추가부담 •한전 수탁비가 다소 고가	•배전(타 수용가와 공용 사용)선로 정전율 1(시간/년)이 높음. •정전시에도 예비전력 확보

2.3 검토결과

22.9kV 수전변전소는 수전회선을 2회선으로 수전하고 인근 역으로부터 연락배전을 하므로 소용량의 수전선로는 전용선로로 구성할 필요가 없을 것으로 생각되며, 현장상황에 맞게 1회선 수전과 2회선 수전을 비교 검토하여 구성하는 것이 바람직할 것임.

3. 수전 회선수 검토

3.1 수전전압방식 검토

1) 수전전압별 계통 특성 비교

<table>
<tr><th colspan="2">구분</th><th>154kV</th><th>22.9kV</th></tr>
<tr><td colspan="2">수전전압
특 성</td><td>○한전 송전계통이 복선 Loop방식으로 무정전 전원 공급가능
○한전변전소에서 단일 수용가 단일회선 공급으로 수용가 자체 정전 요인 이외의 타 요인으로 인한 정전 사고가 거의 없으며 전압변동 영향도 거의 없다</td><td>○일반선로의 경우 수많은 수용가와 연결됨으로 증설 및 개보수 등으로 잦은 정전이 발생되나, 전용선로인 경우는 타 요인으로 인한 정전 사고가 없다
○타수용가와 관련하여 전압 변동이 큼</td></tr>
<tr><td colspan="2">계통접지방식</td><td>유효 접지</td><td>유효 접지(다중 접지)</td></tr>
<tr><td colspan="2">계통절연레벨</td><td>높다</td><td>낮다</td></tr>
<tr><td colspan="2">보호계전방식</td><td>복잡</td><td>간단</td></tr>
<tr><td colspan="2">수전 케이블</td><td>OF 케이블
CV 케이블</td><td>CNCV 케이블</td></tr>
<tr><td colspan="2">유도 장해</td><td>크다</td><td>작다</td></tr>
<tr><td rowspan="3">경제성</td><td>전력요금</td><td>22.9kV에 비하여 기본요금 및 사용요금의 하향 적용</td><td>154kV에 비하여 기본요금 및 사용요금의 상향 적용</td></tr>
<tr><td>초기투자비</td><td>기자재 및 변전소 추가 소요 면적 증가로 투자비상승
(총 소요면적:W65×D23×H6)</td><td>정거장내 추가 소요 면적 불필요로 투자비절감
(총 소요면적:W55×D20×H5.5)</td></tr>
<tr><td>운전유지비</td><td>전력 손실 감소
운전 유지비 증가</td><td>전력 손실 증가
운전 유지비 감소</td></tr>
</table>

구 분	154kV 수전	22.9kV 수전
공급 신뢰도	양호(1회)	비교적 양호(80회)
변전소 부지	W65,000×D23,000×H6,000	W55,000×D20,000×H5,500
건설 기간	약 2년	약 1년
인입선로 공사	절연 이격 거리 확보 및 지하 케이블 매설 공사가 어려움	절연 이격 거리가 적어 케이블 관로 공사가 용이함
유도 장해	크다	작다
한전 사고시 파급 효과	크다	작다
타 수용가 사고시 파급 효과	작다	크다
유지 보수	어려움	용이
총 건설비	154kV 수전설비 : 약 70억 22.9kV 수변전설비:약140억	수변전설비 : 약 140억원

2) 적용사례

① 국내

22.9kV 수전	154kV 수전
서울특별시 1, 2기 지하철 대구광역시 지하철 광주광역시 지하철 대전광역시 지하철	부산광역시 지하철 일반철도(AT방식)

② 국외

구 분	수전 전압(kV)
신간선(일본)	22, 33, 66, 77
MRT LINE(싱가포르)	66
Turkey Istanbul Metro	34.5
Mexico City Metro	23

3.2 결 론

이상 검토한 바와 같이, 22.9kV 수전방식은 공사가 용이하고, 추가 소요면적이 불필요하며, 건설기간이 짧고 특히 경제성면에서 154kV 수전방식 보다 우수하고, 전력요금 및 신뢰도면에서는 다소 불리하다.

3-2. AC철도 배전선로

1. 설계기준

1.1 전압의 유지범위와 전압강하 율

공 칭 전 압[V]		전압유지범위[V]	비 고
저 압	110	104 ~ 116	± 6V
	200	188 ~ 212	± 12V
	220	207 ~ 233	± 13V
	380	342 ~ 418	± 38V
	440	414 ~ 466	± 26V
고 압	3,300	3,000 ~ 3,450	
	6,600	6,000 ~ 6,900	
특 고 압	6,600 / 11,400	6,000 ~ 6,900 / 10,400 ~ 11,900	
	13,200 / 22,900	12,000 ~ 13,800 / 20,800 ~ 23,800	

(단, 고압과 특고압배전선로의 전압강하율은 공칭전압을 기준으로 공급점에서 말단까지 10[%]이내이어야 한다)

1.2 배전선로 최대 긍상

전압별[kV]	회선당 기준용량[kVA]	상시 최대부하[kVA]	기준 최대긍장[km]
3.3	1,500	1,050	20
6.6 및 5.7	3,000	2,100	20
11.4	5,000	3,500	50
22.9	10,000	7,000	50

고압은 1,500kVA(특고압은 5,000kVA)의 최대부하가 변전소로부터 전긍장의 1/2지점 까지 전부하의 2/3가, 그리고 1/2 지점부터 말단까지 전부하의 1/3이 분포되어 있을 때를 준한 것임. 따라서 불가피한 경우 부하의 크기와 분포상태에 따라 최대긍장은 가감될 수 있음.

1.3 22.9kV(특별고압)배전설비의 중요시설

1) 노출된 충전부분의 시설제한

고압 및 특별고압 전로의 노출된 충전부분은 전기취급자가 쉽게 접촉되지 아니하도록 하여야 하며 전력선 등 감전위험이 있는 전기시설 부위에는 전기의 가압 여부를 식별할 수 있는 활선표시장치 등을 각 상에 부착하는 것이 바람직하다.(전기 34. 40)

주] 활선표시장치란 저압·고압 및 특 고압계통의 부스바, 절연케이블, 전로의 충전부분 등에 부착하여 전압의 인가여부를 표시해 주는 장치를 말한다.

주] 활선표시장치의 권장 설치장소는 다음과 같다.

㉠ 수전점 개폐기의 전원측 및 부하측 각상

㉡ 분기회로의 개폐기 전원측 및 부하측 각상

㉢ 변압기 등의 전원측 및 부하측 각상

2) 수전설비의 배전반 등의 최소유지거리

부위별 / 기기별	구 분	앞면 또는 조작·계측면	뒷면 또는 점검면	열상호간 (점검하는 면)	천정 (가장 낮은 부분)
특별고압배전반	내선규정	1.7	0.8	1.7	-
	NFC	0.8	0.8	1.5	0.5
	선 정	1.5	1.0	1.5	0.5
고·저압배전반	내선규정	1.5	0.6	1.5	-
	NFC	0.8	0.8	1.5	0.5
	선 정	1.2	1.0	1.5	0.5
변압기 등	내선규정	0.6	0.6	1.5	-
	NFC	0.8	0.8	1.5	0.5
	선 정	1.0	1.0	1.5	0.5

3) 특별고압 중성선의 가선

동일변전소에서 인출된 특별고압배전선의 중성선은 서로 공용하며, 서로 다른 변전소에서 인출된 특별고압배전선의 중성선은 공용하여서는 아니된다.

주1] 전원이 서로 다른 배전선을 동일 지지물에 병가할 때 중성선은 별도로 가선하여야 한다. 한 전주에서 양중성선은 함께 접지할 수 없으며 접지는 격주 교대로 시설하여야 한다.

주2] 공급전원이 다른 선로에서 전환하여 수전하는 경우 중성선도 같이 전환되도록 시설하여야 한다.

4) 혼촉방지판부 변압기의 시설 등

동일 저압전로를 절연할 목적으로 고압 구내전선로와 비접지식 저압 구내전선로를 결합하는 옥외 배전용변압기에 혼촉방지판부 변압기(고압권선과 저압권선이 직접 접촉되지 아니하도록 상호간에 금속제의 혼촉방지판을 가지는 변압기를 말한다)를 사용하는 경우에는 다음 각 호에 의하여 시설하여야 한다.(전기 27)

① 혼촉방지판에는 제2종 접지공사를 할 것

② 저압가공전선로 또는 저압옥상전선로의 전선은 케이블일 것.

③ 저압가공전선과 고압가공전선과는 동일 지지물에 시설하지 말 것. 다만, 고압가공전선이 케이블인 경우에는 그러하지 아니하다.

2. 연장급전 방안

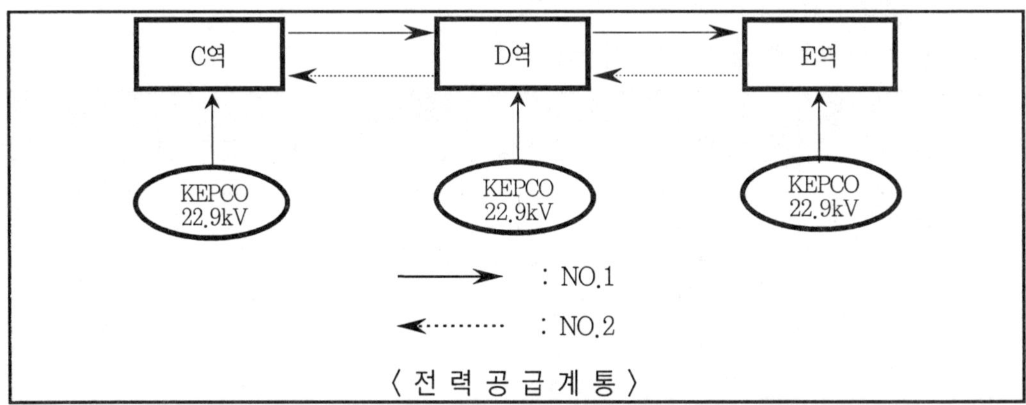

〈 전 력 공 급 계 통 〉

〈 전력계통 운전방안 〉

구 분	C역	D역	E역	비고
정 상 시	C역구내 및 D역공급	D역구내 및 E역공급	E역구내 공급	
C역사고시	-	C역공급	-	
D역사고시	-	-	D역공급	
E역사고시	-	E역공급	-	

3. 배전선로 전압상승 계산 (예)

3.1 수전설비간 거리 및 Cable Size

C역 28km000	11km000 22.9kV CN/CV-W 60㎟	D역 39km000

3.2 계통구성

특고배전선로는 지중2회선으로 구성되어 있으며 정상시 C역→D역방향으로 전원을 공급하며, 정전시 방향은 D역→C역방향으로 전원을 공급한다.

3.3 C역수전설비→D역수전설비

1) 계통구성

특고압 배전선로는 지중2회선으로 구성하며, 정상시 C역-D역방향으로 전원을 공급하며, 지중선로이므로 각 구간에 대한 전압상승을 검토하고자 함.

2) 정상 운전시의 페란티 효과(전압상승 여부)

① 선로 Data(22.9kV CN/CV-W 60㎟/1Cx3)

Z=R+j× [Ω]	R[Ω/km]	C[μ F/km]	WL=2π fL[Ω/km]	WC[℧/km]
0.3936+j0.1944	0.3936	0.21	0.1944	7.917× 10-5

② 전압상승 계산

수전설비간의 계산순서는 집중정수회로에 의하여 계산한다.

㉠ 전파정수 r (Propagation constant)

$$r = \sqrt{ZY} \times \ell \ [km](\ell = 11.0[km])$$

$$= \sqrt{(0.3936 + j0.1944) \times (7.917 \times 10^{-5})} \times 11.0$$

$$= 0.0614 + j0.0432$$

$$\cosh r = \cosh(0.0614 + j0.0432)$$

$$= (\cosh 0.0614 \times \cos 0.0432) + j(\sinh 0.0614 \times \sin 0.0432)$$

$$= 1.001 + j0.0027$$

㉡ 페란티 효과에 의한 전압상승 Vr

$$V_r = \frac{22.9}{\cosh r} = \frac{22.9}{1.001 + j0.0027} = 22.88[kV]$$

계산결과 : 전압상승 (22.88 - 22.9 = -20[V])

수전단전압은 22,880[V]로서 송전단전압 대비 -0.1%이므로 페란티 효과에 의한 전압상승은 고려할 필요가 없음.

4. 분로리액터 설치 검토

4.1 개 요

특고압 배전선로의 계통전압은 22.9kV이고, 지중계통으로 공급할 경우 계통의 충전전류에 대한 검토와 충전전류의 증가에 따른 수전설비 건설 또는 분로리액터 설치에 대하여 검토하고자 함.

4.2 분로리액터(Shunt-Reactor) 적용 사유

지중 특고압 배전선로의 증대로 인하여 경부하시에 수전단전압의 상승이 크게 문제로 되는데 이 수전단전압을 규정된 범위로 유지시키기 위해서는 무효전력의 공급이 균형을 이루도록 전력계통을 적절하게 조정하기 위한 방법으로서 배전선로에 분로리액터를 설치함으로써 지중배전선로에서 발생되는 용량성 무효전력을 보상하여 계통전압을 언제나 정해진 전압변동 이내로 유지시켜 전력계통의 안정도와 배전효율을 향상시키기 위함.

4.3 분로리액터 용량 계산(예) 및 선정검토

1) 수전설비간의 계통검토(예)

수전설비간 거리 및 Cable Size

구 분	본 과업 총거리[km]	적용케이블[㎟]	비 고
C역-D역	11.0	CN/CV-W 60	

2) 계통구성

특고압 배전선로는 지중2회선으로 구성하며, 정상시 C역-D역방향으로 전원을 공급한다.

3) Cable 충전전류의 계산

① 선로 Data(CN/CV-W 60㎟/1C S=D 배치의 경우, 기다리기술계산 핸드북)

구분	R[Ω/㎞]	C[μ F/㎞]	WL=2π fL[Ω/㎞]	WC[℧/㎞]
60㎟	0.389	0.21	0.175	7.917× 10-5
100㎟	0.234	0.25	0.163	9.424× 10-5
150㎟	0.157	0.29	0.154	10.932× 10-5
200㎟	0.118	0.32	0.149	12.063× 10-5
325㎟	0.0752	0.38	0.140	14.325× 10-5

② 각 구간별 충전전류계산

㉠ 수식에 의한 충전전류는

$$I_c = 2\pi fC \times \frac{E}{\sqrt{3}} = 7.917 \times 10^{-5} \times \frac{22,900}{\sqrt{3}} = 1.046732[A/km/1C]$$

여기에, 거리를 곱하면 충전전류가 계산이 된다.

㉡ C역-D역간 충전전류 Ic = 1.046732A/km/1C × 11.0km ≑ 11.5[A]로 IEC56 및 한전 표준구매시방서 ES 150에 의거 케이블의 정격 차단 충전전류는 25.8kV 의 경우 31.5A이다. ES 150, 3.11(정격차단 충전전류)에서 차단기는 정격전압에서 케이블 충전전류를 지장없이 차단할 수 있어야 하며 최대허용 개폐 과전압을 초과하지 않아야 한다.

구 분	역간거리[km]	적용케이블[㎟]	충전전류[A]
C역-D역	11.0	CNCV-W 60	11.5[A]

4.4 검토결과

1) 위에서와 같이 60㎟ 11km인경우

본 구간에서는 케이블의 정격차단 충전전류 이하이므로 이에 대한 별도의 대책(분로리액터 등)이 필요치 않은 것으로 판단됨.

2) 선로길이가 길어 충전전류가 31.5A이상일 경우

① 충전전류를 제한하는 분로리액터를 설치해야한다

② 분로리액터 용량산정

Q = 선로 정전용량으로 인한 무효전력 × β

$= \sqrt{3} \times 22.9 \times I_c \times \beta$ [KVA]

단, β (적정용량을 산정 하기위한 감소계수로 0.5~0.9 → 적용하지 않을 경우 선로 역율의 문제점 발생될 수 있음으로 선정한 수치)

5. 22.9kV 배전선로용 케이블 선정 검토

5.1 22kV 케이블 중성선의 단시간 정격

종 류	지락전류 지속시간(초)	지락전류(kA)				비 고
		60㎟	200㎟	325㎟	600㎟	
CN/CV-W	0.3초	4.8	15.5	25.3	46.9	
	0.5초	3.7	12.1	19.7	36.5	
	0.7초	3.22	10.2	16.7	31.0	
	1.0초	2.7	8.7	14.1	26.1	
CV	Shield tape의 단시간 허용전류(두께 0.1mm 폭 35㎜, 3.5㎟)					
	0.3초	1.06				
	0.5초	0.99				
	0.7초	0.8				
	1.0초	0.7				

5.2 검토결과

특고압 지중배전선로(22.9kV-y)의 케이블 선정은 고장지속시간을 1초로 가정할 때 CN/CV-W 60㎟ 선정시 중성선의 지락전류 허용값이 2,700(A) 이므로, 지락전류 계산 결과에 따른 C역~D역간(11km000) 직접 접지시 2,101[A]의 지락전류가 흐르고, 2,101[A]〈2,700 [A]이므로 중성선이 단시간 정격 과전류에 견딜 수 있는 CN/CV-W 케이블을 적용한다. 터널구간의 경우 CN/CV-W 케이블의 모든 특성을 만족하며 터널내 화재에 대비하여 난연 FR-CN/CO-W 케이블을 적용한다.

6. 케이블 시스 유기전압 계산

일반적으로 케이블 시스의 전위는 50V 이하로 유지하는 것이 바람직하다. 시스전위 저감방법은 케이블을 연가하는 것이 좋지만 곤란한 경우 시스를 접지하여야 한다. 또한 시스전위 저감방법으로 케이블을 정삼각형으로 하여야 한다. 따라서 22.9kV CN/CV-W 60[㎟] 시스접지에 대하여 검토하고자 한다.

6.1 검토조건

구 분 / 케이블규격	케 이 블 허용전류[A]	케 이 블 완성품외경[㎜]	비 고
22.9kV CNCV-W 60㎟	265	36	C역-D역간

6.2 케이블 시스 유기전압

단심 케이블은 3심 일괄 케이블과는 달리 케이블 각 상의 시스(Sheath)가 서로 절연되어 있어 심선에 전류가 흐르는 경우 이 전류에 비례하는 전압이 시스(Sheath)에 유기된다. 시스(Sheath)는 0.1× 36[㎜](=16[㎟]이상)의 동 tape로 통전전류 용량이 적어 전류가 흐르는 경우 시스(Sheath)의 온도상승으로 케이블 자체의 허용전류 용량이 크게 감소하게 된다. 시스(Sheath) 전류는 케이블의 시스간을 순환하는 전류와 유기전압의 불평형으로 인한 대지(접지선)를 회로의 일부로 하는 순환전류가 있다. 접지는 시스의 유기전압을 적정선으로 억제하고 순환전류가 흐르지 않도록 폐회로가 구성되어서는 안된다.

6.3 허용 시스(Sheath) 유기전압

국 가 별	케이블금속시스유기전압(허용기준)	비 고
미 국	규정 없으나 대체로 65[V]~90[V] 허용	
캐 나 다	최대 부하전류에서 100[V]	
영 국	65[V]	
일 본	50[V]	
한 국	전력구내 50[V], 전력구 이외 100[V]	지중송전설계기준 ES-1650

6.4 긴 긍장의 단심 케이블 접지

단심 케이블의 시스(Sheath)를 시스(Sheath) 유기전압이 허용범위를 넘지 않는 몇 개의 짧은 길이의 구간으로 분할하여 각 구간을 1점 접지하는 방법이 추천되고 있다.

6.5 시스(Sheath) 유기전압의 계산(포설길이 1,000[m]기준)

계산방식은 ANSI 757-1988 Appendix D에 D2.2 Trefoil formation Single circuit와 D2.3 Flat formation Single circuit의 계산 방법이 기재되어 있으며, 전력케이블기술 Hand Book(일본전기서원1994년판)과 Underground transmission system reference Book(1992 EPRI)에도 유사한 계산방법이 제시되어 있다. ANSI 757에 의하여 계산하면 다음과 같다.

1) 계산식

삼각배열로 케이블간의 간격이 없을 때

$$E_a = j\omega\ I_a(2\times10^{-7})\left(-\frac{1}{2}+j\frac{\sqrt{3}}{2}\right)\ln\frac{2S}{d}[V/m]$$

$$E_b = j\omega\ I_b(2\times10^{-7})\ \ln\frac{2S}{d}[V/m]$$

$$E_c = j\omega\ I_c(2\times10^{-7})\left(-\frac{1}{2}-j\frac{\sqrt{3}}{2}\right)\ \ln\frac{2S}{d}[V/m]$$

2) 시스유기전압 계산조건 및 계산결과

① 계산조건

삼각배열로 Cable간의 간격이 없을 때이고, 22.9kV CN/CV-W 1C 60㎟, 케이블 총 외경 D=36[㎜], 케이블 도체 외경 d=9.3[㎜], 케이블 간격 S=36[㎜], 케이블 허용전류 Ib=265[A], ℓ =1,000[m]이다.

② 계산결과

$$Ea = j377\times265\times(2\times10^{-7})\times1{,}000\times\left(-\frac{1}{2}+j\frac{\sqrt{3}}{2}\right)\times\ln\frac{2\times36}{9.3}$$

$$= -35.41 - j20.44 \doteqdot 40.89\angle-150^\circ\ [V/km]$$

$$Eb = j377\times265\times(2\times10^{-7})\times1{,}000\times\ln\frac{2\times36}{9.3} = j40.89 \doteqdot 40.89\angle90^\circ\ [V/km]$$

$$Ec = j377\times265\times(2\times10^{-7})\times\left(-\frac{1}{2}-j\frac{\sqrt{3}}{2}\right)\times\ln\frac{2\times36}{9.3}$$

$$= 35.41 - j20.44 \doteqdot 40.89\angle-30^\circ\ [V/km]$$

상기 계산과 같이 Cable이 삼각배치 되었을 경우에는 Sheath에 평형 삼상전압이 유기됨을 알 수 있다.

③ 시스의 선간전압 계산 (Vab, Vbc, Vca)

$$V_{ab} = E_a - E_b = -35.42 - j61.33 = 70.82\angle240^\circ\ [V/km]$$

$$V_{bc} = E_b - E_c = -35.42 + j61.33 = 70.82\angle120^\circ\ [V/km]$$

$$V_{ca} = E_c - E_a = 70.82 + j0 = 70.82\angle0^\circ\ [V/km]$$

④ 양단 완전 접지방식

㉠ 접지방식은 금속 차폐층을 2개소 이상에서 접지하여 유기전압을 저감시키는 방식으로 차폐전압은 거의 0으로 되지만 차폐층과 대지간에 폐회로가 형성되어 순환전류가 흐른다.

㉡ 실제로 현장에서는 부하전류의 30[%] 정도로 유도 순환전류가 흐르는 사례를 경험할 수 있다. 따라서 차폐손실의 문제가 없고 허용전류 면에서 충분한 여유가 있고, 시스 회로손이 문제가 되지 않는 경우에 적용할 수 있다.

㉢ 주로 장거리 해저 케이블 등과 같이 시스 전위저감방식을 적용하기 곤란할 때에만 사용된다. 국내의 경우는 한전 배전선로22.9kV-y 다중접지 지중배전선로에서 사용되고 있다.

⑤ 거리에 따른 시스유기전압의 변화

$L = 2.0$km일 때 $|E_a| = 40.89 \times 2.0 = 81.78[V]$

$L = 2.2$km일 때 $|E_a| = 40.89 \times 2.2 = 89.96[V]$

$L = 2.4$km일 때 $|E_a| = 40.89 \times 2.4 = 98.14[V]$

$L = 2.6$km일 때 $|E_a| = 40.89 \times 2.6 = 106.31[V]$

상기에서 계산한 결과에 의하여 CN/CV-W 60㎟의 경우 2.4km에서 98.14[V](약 100[V])로 100[V]를 초과하게 된다. 따라서 삼각배열의 경우에 2.4km마다 편단접지를 하여야 하며, 삼각배치의 경우 $|E_a| = |E_b| = |E_c|$ = 40.89[V] 임을 알 수 있으며, Ea = Eb = Ec의 벡터합 E0 = 0[V]이 됨을 알 수 있다.

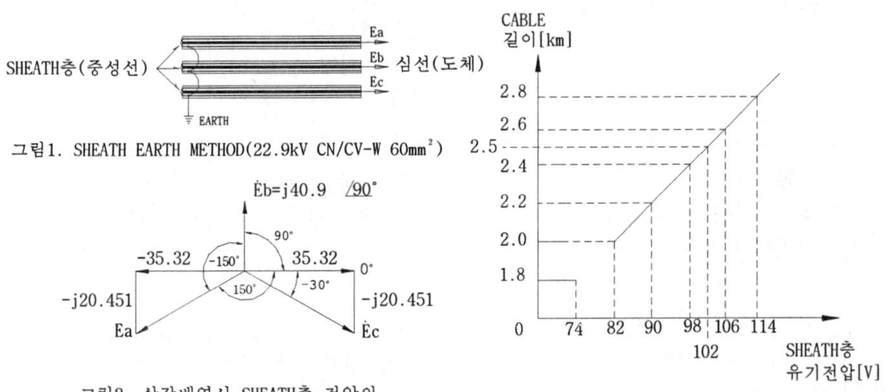

그림1. SHEATH EARTH METHOD(22.9kV CN/CV-W 60㎟)

그림2. 삼각배열시 SHEATH층 전압의 VECTOR DIAGRAM(km당)

그림3. CABLE길이와 SHEATH층 유기전압의 관계

3) 검토결과

이상의 계산에서 보는 바와 같이 시스(sheath)간의 유기전압이 대지전압에 비하여 훨씬 크게 되고, 전류도 시스(sheath)간 순환전류가 크게 되어 1점 접지를 하여야 한다. CN/CV-W 60[㎟]의 경우 시스(sheath)전압을 100[V]라 하면 삼각배치의 경우 ANSI 757의 계산결과를 통해서 보면 2.5km 지점에서 100[V]를 초과하게 된다. 따라서 달월-송도간 배전선로는 CN/CV-W 60㎟를 적용하므로 시공시 삼각배치로 2.4km 구간마다 케이블 접속함내에서 편단접지를 시행하여 시스전위를 저감하도록 하여야 한다.

7. 가선방식

7.1 가선방식 비교 검토

구분	1안(가공2회선)	2안(지중2회선)	3안(가공1회선+지중1회선)
설치 방법			
장 점	■ 경제적인 면에서 가장 유리. ■ 건설기간이 짧다. ■ 지중에 비해 시설이 간편.	■ 건설기간이 1안에 비해 길다. ■ 외관이 미려하고 자연재해 등에 따른 선로사고의 위험이 매우 적다. ■ 공급신뢰도가 높다.	■ 공급신뢰도가 가공2회선에 비해 높다. ■ 2안에 비해 경제성이 높다.
단 점	■ 전차선 보수시 감전사고 등 위험 상존 ■ 외부에 노출되어 있어 뇌빈도가 높은 지역의 경우는 상시 낙뢰 등에 의한 선로 사고 등이 예상됨	■ 지중2회선 매설방식으로 가장 안전한 설비이나 소요공사비가 많이 든다.	■ 1안에 비해 공사비가 다소 높다. ■ 전차선 보수시 감전사고 등의 위험이 있다.
경제성	약100% (51,378,000원/km)	약175% (90,020,000원/km)	약157% (80,652,000원/km)

7.2 검토결과

- 지중2회선의 경우 가공1회선+지중1회선에 비해 건설기간이 길고, 경제성면에서 가공2회선에 비해 175% 정도 높지만, 안정적인 전력공급을 할 수 있어 공급신뢰도가 높다.
- 또한 2회선 공급의 경우 CNCV-W Cable과 ACSR/AW-OC와의 송전능력의 차이도 있어 오히려 같은 선종으로 전력을 공급하는 것이 안정적이고 공급신뢰도가 높다.

3-3. 주 변압기(1:1변압기) 설치 검토

1. 주변압기(1:1 변압기) 설치 개요

1.1 검토배경 및 설치 목적

- 현재 한국전력공사의 배전방식은 22.9KV 다중접지 계통으로 1선지락 고장시 지락전류가 커서 주변 통신설비의 유도장해 및 지락점의 대지전위 상승으로 약전계통에 장해를 발생 시킬 수 있으므로 최근에 전기철도 수전 변전소에 22.9KV/22.9KV 1:1 권선의 변압기를 사용함
- 전기철도의 경우 신호 설비가 22.9KV 배전설로에 인접 병행하여 설치되므로 고장전류 크기를 경감시키고 고조파 전류의 확산을 방지 하기위해 1:1 변압기를 설치함

1.2 현재 변화추세

- 한국전력공사에서 운영중인 22.9KV 다중접지 배전방식은 당초에는 변압기 중성점을 직접접지 하여 운용하였으나 지락고장 전류값의 경감을 위하여 근래에는 중성점에 0.6[Ω]의 리액터를 연결하여 사용하고 있으며,
- 이경우에도 지락 전류값이 수천[A]에 이르고 있으나 초기 직접접지 계통으로 운용할 경우 3상 단락 전류보다도 1선지락 전류값이 컸던 것에 비유하면 상당히 개선된 것이다

2. 주변압기설치검토

1.1 비교검토

구 분		1안(변압기 설치후 배전하는 방안)	2안(수전전압으로 배전하는 방안)
개 요		■ 수전용변압기(1:1변압기)를 설치하고 변압기 2차측에 22.9kV 연락배전선로를 구성하여 인근 역사에 전원공급 ■ 소내용은 수전변압기 2차측 모선에 3Φ4W 22.9kV/380-220V 변압기를 설치하여 전원을 공급하는 계통 구성방식	■ 수전용변압기(1:1변압기)는 설치하지 않고 22.9kV 모선에서 22.9kV 연락배전선로를 구성하여 인근 역사에 전원공급 ■ 소내용은 22.9kV 모선에서 3Φ4W 22.9kV/ 380-220V 변압기를 설치하여 전원을 공급하는 계통 구성방식
구 성 도		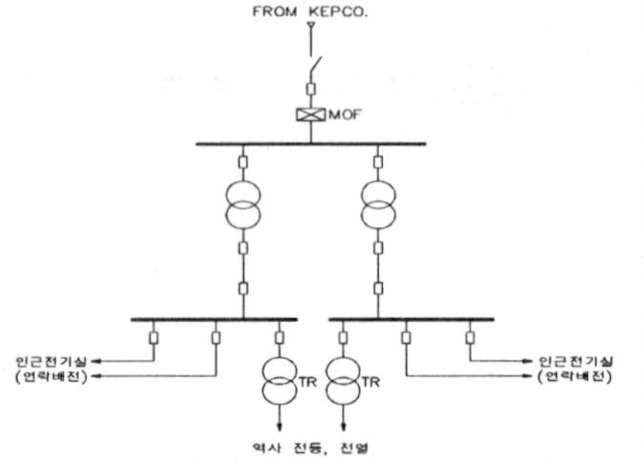 FROM KEPCO. MOF 인근전기실 (연락배전) TR TR 인근전기실 (연락배전) 역사 전등, 전열	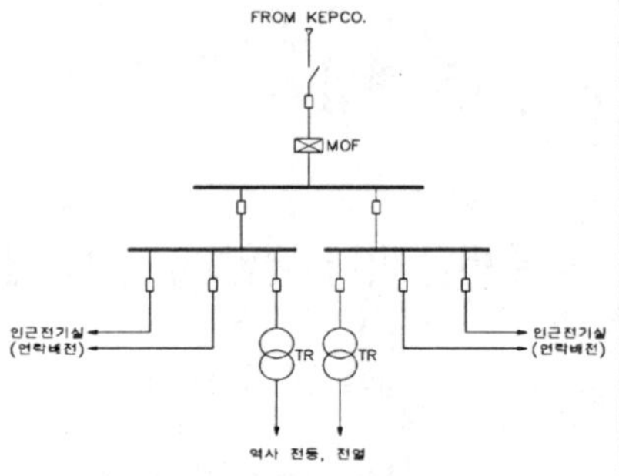 FROM KEPCO. MOF 인근전기실 (연락배전) TR TR 인근전기실 (연락배전) 역사 전등, 전열
수전용량		■ 약100%	■ 약150%
경제성	한전수탁비	■ 약100%	■ 약110%
	추가설치비	■ 261,356,000원(변압기 2면, 차단기 4면)	-
	전기 요금	■ 비교대상 안됨	■ 비교대상 안됨
	건축공사비	■ 256.5㎡x1,800,000/㎡=461,700,000원 (수전실 면적 : 27m x 9.5m 적용)	■ 190㎡x1,800,000/㎡=342,000,000원 (수전실 면적 : 20m x 9.5m 적용)
	계	■ 약100%	■ 약60%
단락/차단용량		■ 520MVA 선정	■ 520MVA 선정
장 점		■ 한전 계약전력 감소 ■ 단락 및 지락고장전류, 유도장해 감소	■ 계통보호시스템이 간단 ■ 초기투자비 감소
단 점		■ 수전 전기실 면적 커짐(건축비 상승) ■ 1:1 변압기 설치로 인한 계통보호시스템이 복잡 및 시공금액 상승	■ 한전 계약전력 증가(개별 변압기 용량 합계로 전력공급 계약) ■ 유도장해 증가(기준은 만족함) ■ 개개 변압기용량 변경시마다 한전에 계약용량 변경신청을 해야 함
안전관리자선임		■ 유리	■ 1안보다 불리(용량증가로 보조원필요)

2.2 검토결과

■ 차단기 선정을 위한 3상 단락전류는 1:1 변압기를 설치하는 방식이 줄어드나 일반적으로 두 방식 모두 차단용량 520MVA로 선정 가능함.

■ 1:1변압기 미 설치시 지락점 근거리에 있는 통신기기에 악영향을 미칠 수 있다.

■ 배전선로의 지락으로 인한 영향은 최근 철도 통신선은 광케이블을 사용함으로 영향

이 적고 KT 등 인접 통신선에 영향은 대개의 경우 기준을 만족함.

- 2안의 경우 개별변압기 용량 변경시마다 한전에 계약용량변경신고를 하여야 함.(운영상 어려움이 예상→대관(한전)인허가 업무 증대)
- 고장전류제한, 한전파급제한 등 계통보호면에서는 1안이 유리함.
- 기존 운영으로 인한 운영의 편의 및 유지보수 등을 고려하면 1안이 유리함.
- 향후 계약 관련사항(계약용량 30% 미만시 요금관계, 현재는 전철용이 아닌 일반용요금 적용)은 한국전력공사와 다각적인 협의가 필요함.

3. 수전측에 1:1 변압기 설치시 사용방법 비교검토

구 분	1:1 변압기의 중성점을 직접 접지하는 방식	1:1 변압기의 중성점을 저항 접지하는 방식
방법	-배전을 3φ 4ω 식으로 공급하게 됨 -소내용 변압기도 한전과 동일한 13.2KV 일단접지 변압기를 사용함	-중성점을 계통의 충전전류 보다 큰 전류값(200~300A)이 되도록함 -배전을 3φ 3ω 식으로 공급하게 됨 -소내용 변압기의 정격전압은 2붓싱 타입의 선간전압이 22.9KV를 사용 -완전지락시 300A 정도됨으로 지락시 300 A 미만이 되도록함 (25km 일 경우 약44Ω)
구성도	22.9kv KEPCO 수 내	22.9kv KEPCO 수 내
장점	-배전계통의 절연비 감소(22.9KV/√3) -소내용 변압기 절연비 감소 -단락 고장시 고장전류 감소	-지락 고장시 유도장해 및 대지전위상승 경미 -불평형 부하에 의한 유도장해 없음 -단락 고장시 고장전류 감소
단점	-불평형 부하에 대한 유도장해 발생 (단권변압기를 사용할것이므로 1대고장시) -지락시 영상전류 증대로 유도장해 발생 -지락고장시 대지전위상승	-배전계통의 절연비 상승 -소내용 변압기 절연비 상승
단락전류	대	대
지락전류	대(단락전류보다 클 수있음)	극소
검토의견	-철도에서 종전에는 신호 및 통신기기에 유도장해와 기기의 오동작 우려로 저항접지 방식을 많이 사용하여 왔으나, 직접접지의 경우 고장전류의 선택차단이 용이하고 건전상에 대한 파급영향이 적고 기기의 단절연이 가능하다 -직접 접지 방식의 경우 공통접지 계통을 사용함으로 고장전류나 이상전압 발생시 등전위가 되어 전철, 전력, 통신 및 신호설비에 고장전류의 파급 영향이 최소가된다.	

3-4. 역구내전기설비 선정

1. 공급계통 검토

최근 신호, AFC 전원은 물론 역사 조명 및 동력설비에 대한 무정전 확보가 절실히 요구되고 있어 고압선로의 2중화는 물론 전기실내 변압기 설비를 2중화하여 신호, AFC, 조명 및 동력 등 모든 설비를 무정전 전원공급이 가능하도록 함.

2. 중요 기기선정 검토

2.1 CT 및 PT 설치위치 검토

1) 개요

계기용변성기란 전기계기 또는 측정장치와 함께 사용되는 전류 및 전압의 변성용 계기로서 계기용변류기(CT)와 계기용변압기(PT)로 총칭되며 본 장에서는 계기용변류기 및 변압기의 설치위치를 검토하고자 한다.

2) 설치위치

구 분	설 치 위 치		비 고
	계 통	위 치	
수전전기실	■ 수전인입측 22.9kV 계통 (M.TR 1차측)	■ PT 인입단 VCB 1차측 ■ CT 인입단 VCB 2차측	
	■ M.TR 2차측 VCB 계통	■ PT:VCB 1차측 ■ CT:VCB 2차측	
	■ 연락배전 VCB 계통	■ PT:전원측 VCB 1차(정상시) ■ CT:전원측 VCB 2차(정상시)	
연락전기실	■ 전원측 VCB 계통	■ PT:전원측 VCB 1차(정상시) ■ CT:전원측 VCB 2차(정상시)	
	■ 저압계통	■ PT:ATS 2차측 ■ CT:ATS 2차측 ■ (MCCB 2차측)	
터널전원계통	■ 전원측 VCB 계통	■ PT:전원측 VCB 1차(정상시) ■ CT:전원측 VCB 2차(정상시)	
	■ 저압계통	■ PT:ATS 2차측 ■ CT:ATS 2차측 ■ (MCCB 2차측)	

※ 인입단 Main VCB반의 DIGITAL UNIT는 2조(1조 : 50/51x3, 51G, 27, 47번 / 1조 : 87번)로 배전반 구성상 1면에 수납이 어려워 MOF반에 DIGITAL UNIT 1조(50/51x3, 51G, 27, 47번)를 설치하고, Main VCB에 DIGITAL UNIT 1조(87번)를 설치하여야 할 것으로 판단됨.

2.2 수전단 주변류기(CT) 및 MOF 용량 선정

1) 수전단 MOF 정격과전류강도

① 한국전력공사 배전규정에서 수전점 주변류기의 1차 정격전류는 가급적 계통의 최대고장전류에서도 오차한도 이내에서 계전기의 동작이 보장되는 값으로 요구하고 있음.

② 따라서, 계통고장전류를 정격 1차전류로 나눈 값이 변류기(CT)의 과전류 정수보다 적게 되도록 규정하고 있다.

③ 한전에는 CT 규격을 C로 표시되는 Bushing CT의 과전류 정수는 ANSI 규정에서 20으로 정하고 있는 것을 사용하고 있으며, 100[MVA] 기준 3상 단락전류를 과전류정수 20으로 나눈 값보다 적지 않은 전류 값을 CT 1차정격전류로 선정하도록 요구하고 있다.

④ 주(main) CT 정격선정은 부하용량에 의한 CT 1차정격전류와 3상 단락전류를 구한 후 과전류정수를 적용한 CT 1차정격전류를 계산하여 상호 비교한 후 큰 값을 선정하는 것이 바람직할 것을 판단된다.

2) 검토 목적

① MOF의 과전류강도는 한국전력(주) 표준구매시방서(ES 140 ~ 900)의 기준에의해서 정격1차전류 60A이하에서 75배로 선정하였으나, (구매시방서 ES 140~900 참조.)

② 공급업자가 선정되고, MOF 1차측에 공급되는 전력휴즈의 사양(한류휴즈 20A)이 결정되어, 확정된 전력휴즈의 용단특성에 대해, MOF의 과전류강도의 적정성을 여부를 검토한다.

③ 과전류강도는 열적 과전류강도와 기계적 과전류 강도로 나누어 검토한다.

3) 기술 검토

① 열적 과전류강도

㉠ 열적 과전류강도는 정격과전류강도와 단락전류의 통전시간과의 다음 관계식으로 검토할 수 있다.

$$S = \frac{S_n}{\sqrt{t}} \quad \text{------------} \ [\text{kA}]$$

여기서, S ; 고장전류 통과시간 t 초에 대한 열적과전류강도

Sn ; 정격과전류강도 [kA]

t ; 고장전류 통과시간 [초]

㉡ MOF 보호용으로 1차측에 한류휴즈 20A(LBS)가 설치되어 있으므로, 단락전류에 대한 한류휴즈의 용단특성에 의해서, 고장전류 통과시간을 0.01[초]로 고려한다. (첨부1. 한류휴즈 특성곡선. 참조)

㉢ 열적과전류강도 검토

– 정격과전류강도 75배 적용시

Sn = 20A × 75배 = 1.5 [kA]

S = 1.5 ÷ $\sqrt{0.01}$ = 15 [kA] > 11.34[kA] → OK

– 정격과전류강도 150배 적용시

Sn = 20A × 150배 = 3 [kA]

S = 3 ÷ $\sqrt{0.01}$ = 30 [kA] > 11.34[kA] → OK

② 기계적 과전류강도

㉠ 기계적 과전류강도는 단락전류의 최대진폭, 규격상으로는 직류분의 감쇄 (0.5사이클 정도)를 고려하여, 정격과전류의 2.5배에 상당하는 초기 최대 순시치의 과전류에 견디면 충분한 것으로 하지만, 보통은 단락전류의 실효값과 변류기(CT)의 1차 전류로 비교한다.

㉡ 한류휴즈의 단락전류에 대한 한류특성곡선(첨부.1 한류휴즈 특성곡선 참조)에 의하여, 단락전류 11.3[kA]는 2[kA]로 한류되므로, 기계적과전류 강도는 2[kA] / 20[A] = 100배 이상 되어야 함.

3) 검토 의견

상기 2항의 기술검토 결과, CT의 열적, 기계적 과전류강도를 모두 만족시키기 위해서는 CT의 과전류강도는 150배로 하는 것이 바람직함.

4) 지하철역 수전설비계산 예)

① 부하 허용전류 계산

$$I = \frac{P}{\sqrt{3}\times V} = \frac{3000}{\sqrt{3}\times 22.9}\times 1.25 = 95[A]$$

② 단락전류에 의한 수전단 변류기 1차전류 계산

$$I = \frac{F_1\text{점 단락전류}}{\text{과전류정수}} = \frac{3,080}{20} = 154[A]$$

③ 수전단 변류기 선정

부하허용전류[A]에 의한 CT 1차 정격전류	단락전류에 의한 CT 1차 정격전류	주변류기(Main CT) 선정
95[A](100/5[A])	154[A](150/5[A])	150/5[A]

④ 과전류강도 선정

㉠ 전력수급계기용 변압변류기의 정격과전류강도

정격1차전압[kV] / 정격1차전류[A]	6.6/3.3	22.9/13.2Y	22	66
60A 이하	75배	75배	75배	75배
60A 초과 500A 미만	40배	40배	40배	75배
500A 초과	40배	40배	40배	40배

㉡ PF 동작시간에 의한 계산(내선규정 부록.7-2 참조)

과전류[A] / 퓨즈[A]	1000	2000	3000	4000	5000
125	0.7	0.05	0.01	0.004	-
200	2.5	0.2	0.04	0.02	0.01

$$I_{PF} = I_S \times \alpha \times \sqrt{\text{PF동작시간}} = 3.08[kA] \times 1.170 \times \sqrt{0.01} = 360.36[A]$$

$$\text{MOF 과전류강도} = \frac{I_{PF}}{\text{정격1차전류}} = \frac{360.36}{150} = 2.4 \fallingdotseq 40\text{배}$$

㉢ 선 정

과전류강도는 ㉠, ㉡ 모두 만족하는 40배로 선정함.

5) CT의 규격

참고문헌 : 전기철도의 급전시스템과 보호 1-2-3 계기용변성기-김정철저, 도서출판 기다리

아래 규격은 주로 IEC를 중심으로 적용한다.

① 단일비 CT의 1차 전류 : 10,12.5,15,20,25,30,40,50,60,75A이고, 이 값의 10n 배수 또는 분수로 한다. 밑줄 친 값이 추천 값이다.

② 정격 절연 강도

〈표1〉 정격 절연 강도(IEC 60044-1) [단위 kV]

계통최고전압(kV rms)	1분상용주파내압(kV rms)	임펄스내전압(kV Crest)
3.6	10	40
7.2	20	60
25.8	70	150
36	70	170
52	95	250
72.5	140	325
170	275	650
	325	750

③ 정격2차전류 : 1A, 2A, 5A 중에서 선정하되 5A가 추천 값임.

④ 정격부담

CT의 정격부담은 CT 2차측 부담을 말하며 부담은 2.5, 5, 10, 15, 30[VA]이며 30[VA]를 초과하여도 되며, CT의 부담은 역율 0.8일 때의 부담이나 5[VA] 이하인 CT에서는 역율 1인 때의 값을 말함.

⑤ 과전류 강도 (열적과전류 강도와 기계적 과전류 강도로 구분)

㉠ CT 1차측 계통에 고장이 발생했을 때 이 고장 전류로 인한 Joule 열에 의하여 소손되지 않는 CT의 열적 과전류강도와 고장전류의 첫 주파 파고치에 의한 권선의 변형 등 기계적 충격에 견딜 수 있는 기계석 과전류 강도를 규정하고 있음.

㉡ CT에 정격부담, 정격주파수 상태로 열적, 기계적 손상 없이 1초간 흘릴 수 있는 최고 1차 전류를 정격 1차 전류로 나눈 값을 과전류강도라 한다.

㉢ 열적 과전류 강도는 CT에 여하한 손상을 주지 않고 1차측 권선에 1초간 흘릴 수 있는 최대 전류를 말하며 기계적 과전류 강도는 열적 과전류 강도의 2.5배의 전류를 흘릴 수 있는 최대전류를 말함.

㉣ 여기서, 열적 과전류 강도는 대칭 실효치(Symmetrical root mean square)로 표시하고 기계적 과전류 강도는 파고치(Crest current)로 표시한다.

㉤ IEC에서는 과전류 강도를 특별히 수치로 명시하지 않았으나 계산에 의하여 정하며 그 값은 직렬로 접속된 차단기의 차단 전류와 같다.

⑥ 변류기(CT)의 과전류 영역 특성

㉠ 정격주파수, 정격부담(PF 0.8 lag)으로 정격전류 n에서 비오차가 -10%를 초과하

지 않는 n을 과전류정수라 하며, 과전류특성을 향상시키기 위해서는 철심의 단면적을 크게 한다. 과전류 정수는 표3과 같다.

㉡ 보호용 CT에 있어서는 과전류 영역 특성은 대단히 중요하다. CT의 1차에 정격 전류보다 큰 전류가 흐르면 철심의 포화 특성으로 인하여 2차에는 변류비에 비례하는 전류보다는 적은 전류가 흐르게 된다.

㉢ 즉, 2차에는 −(부)의 오차가 발생하는데 이때 발생하는 오차가 규정된 오차, 예를 들면 5P급 CT에서는 합성오차 −5%에, 10P CT에 있어서는 −10%에 일치하는 1차 전류와 CT의 1차 정격전류의 비를 과전류 정수라 한다.

㉣ 과전류정수가 작으면 과전류 계전기 등 전류형계전기에는 CT 2차측 전류는 실제 고장 회로 전류보다 적은 전류가 흘러서 동작이 매우 둔하여져서 적절한 보호가 되지 못하게 된다.

㉤ IEC에서는 과전류정수(Accuracy limit factor)로 5,10,15,20,30을 정하고 있다. 계전방식에 따른 과전류정수 추천 값은 표2와 같다.

㉥ 따라서, IEC에 의한 CT의 규격 표기는 전류비, 2차 부담, 오차 한도, 과전류 정수의 순으로 표기한다.

⑦ 예를 들면, 전류비 100/5A, 오차 계급이 10P, 과전류 정수가 20인 CT는

100 / 5A, 15VA, 10P 20

로 표기한다.

〈표2〉 계전기 방식에 따른 과전류 정수

보호대상	계전기방식	과전류정수	
		표준	특수
발전기	차동	10	20
2권선 변압기		10	20
3권선 변압기		20	40
송전선/전차선	차동	10	20
	거리	20	40
	과전류	10	20
배전선	과전류	10	20

⑧ IEC의 계측기용 CT와 보호용 CT의 성능상 차이점

㉠ 용도가 다른 2가지 CT의 성능상 차이점은 표 3과 같다.

㉡ 보호용 CT의 과전류 정수는 합성오차가 −5 또는 −10%가 최대치여서 그 이상은 오차를 허용하지 않는다.

㉢ 계측기용 CT의 FS(Instrument Security Factor)에서는 합성 오차 −10%는 최소 오차이므로 그보다 작은 오차를 허용하지 않는다.

〈표3〉 계측용 CT와 보호용 CT

항 목	계측기용	보 호 용
오차계급	0.1, 0.2, 0.5, 1, 3, 5	5P, 10P
정격전류	전류비 오차	전류비 오차
SF / ALF	합성 오차	합성 오차
과전류에 대한 1차정격	IPL	정격오차 1차 전류
과전류에 대한 규정	FS	ALF (N=5,10,15,20,30)
과전류 강도(열적)	계통고장전류(대칭실효치)	계통고장전류(대칭실효치)
과전류 강도(기계적)	계통고장전류의 파고치	계통고장전류의 파고치

※ IPL(rated instrument Limit Primary Current)

※ ALF(rated accuracy Limit Primary Current)

⑧ CT의 오차 표기 방법

㉠ 보호용 CT의 표기 방법은 IEC에서는 5P/10P으로 하고 있다.

㉡ IEC에서는 전류 정수배의 과전류 영역에서의 오차를 합성오차(Composite error)를 말한다.

㉢ 과전류 정수배의 전류에서의 오차 값은 IEC에서는 합성오차로 5P 및 10P에서 각각 −5%, −10%로 정하여져 있다.

㉣ ANSI에서는 과전류정수 20으로 단일 값이며 정격전류의 20배에서 전류비 오차 −10%를 채택하고 있음.

㉤ 여기서, 주의할 점은 최근 보호 계전기를 아날로그에서 Digital화 되므로 계전기의 부담이 대폭 감소되고 또, 계전기가 계측기의 역할을 겸하고 있다.

㉥ Digital 계전기를 보호 계전기와 계측 겸용으로 하고자 할 때에는 일반적으로 IEC 규격의 오차 규격 5P인 CT가 바람직하다.

2.3 UPS 설계 및 고려사항

1) 부하용량

① 3상 부하 $P=\sqrt{3}\times E\times I\times(1/1,000)$ [kVA]

② 단상부하 P = E×I×(1/1,000) [kVA]

E : 선간전압 [V]

I : 정격전류 [A]

2) 수용율

부하가 복수의 기기로서 구성되는 경우 부하특성상 동시에 운전되는 경우가 없는 중、대형부하의 경우는 수용율을 고려하여 적정용량이 산출되게 하여야 한다.

① 설비용량이 100kVA이상되는 부하는 부하의 운전특성을 검토하여 수용율(80- 100%)을 고려하여 적정용량이 산출되게 하여야 한다.(100kVA 미만은 100% 적용)

② 통신용 부하는 수용율 100%를 적용한다.

3) 고조파 전류의 영향

① 무정전 전원장치의 경우 다른 전원기기와 달리 고조파전류에 의하여 출력전압파형이 일그러지기 때문에 용량의 여유를 두고 설비를 계획한다.

② 여유계수는 부하의 특성을 고려하여 3상 부하에서 1.2~1.4, 단상 부하에서 1.3~2.0의 여유를 고려하며, 저항부하, 리액터 부하등 선형부하가 대부분인 경우는 여유계수를 작게, 비선형 부하인 정류부하가 많은 컴퓨터 응용기기등은 여유계수를 크게 적용한다.

4) 부하 불평형률

① 3상출력의 무정전 전원장치에 단상부하와 3상부하가가 혼용된 경우는 부하 불평형률이 가능한 20% 이내가 되도록 하여야 한다.

※ 부하 불평형률 = (선전류최대치 - 선전류최소치)/선전류 × 100%

② 이 때의 무정전 전원장치 소요용량 산출을 위한 부하용량은 최대수용 상(Phase) 부하용량의 3배 용량이 된다.

5) 기동 돌입 전류

① 부하 기동시의 돌입전류를 포함한 피크 전류와 계속 시간이 무정전 전원장치 과부하내량 허용치 이내이여야 한다.

② 순차 기동할 경우에는 나중에 투입하는 부하의 기동전류에 의한 출력전압변동이 먼저 투입된 부하의 허용치를 넘지 않아야한다.

6) 과도전압변동

무정전 전원장치 출력전압 변동은 부하급변 50%에서 ±8% 정도이고, 컴퓨터 응용기기의 허용 전압변동율은 일반적으로 ±10% 정도이므로 무정전 전원장치 출력전압 변동을 ±8%로 억제하기 위하여 부하 급변량이 무정전 전원장치 정격 용량의 50% 이내가 되도록 용량을 산정한다.

7) 기동 돌입전류의 제한

① 기동 돌입전류의 억제는 무정전 전원장치의 용량 결정에 중요한 사항이므로 기동 돌입전류가 큰 부하는 그 억제 대책을 검토하여야 한다.

② 억제책으로는 부하의 순차투입으로 기동이 중첩되지 않도록 하는 방법, 상용 바이패스 라인에서의 기동등 가능한 여러 가지 방법을 검토하여야 한다.

8) 부하 역률

① 부하에 공급 가능한 유효전력의 최대치는 무정전 전원장치 제작시 설계된 출력 역률에 관계되므로 부하 역률이 출력측 설계 역률보다 클 경우에는 이에 대한 무정전 전원장치 용량증가를 검토하여야 한다.

② 부하에 공급 가능한 유효전력의 최대치는

(kW) = 출력용량(kVA) × 출력정격 역률(pF)

③ 부하 역률 향상을 위한 전력용 콘덴서를 부착할 경우는 무정전 전원장치 제작사 기술자료를 검토하여 부착 위치를 결정하여야 한다.

9) 장래 부하에 대한 설계

장래 부하에 대한 여유 용량은 특별한 경우를 제외하고는 시설 계획에 의거 Y+(2~3)년의 용량을 설계한다.

10) 분산형 및 집중형의 검토

① 무정전 전원장치는 수전장치를 설치한 전력실에 집중형으로 설치하는 것을 원칙으로 한다.

② 경제성, 배선공사의 난이도, 부하기기의 배치상태 등 집중형이 불리한 경우는 비교 검토하여 분산형을 설치할 수 있다.

2.4 무정전 전원장치의 소요용량의 결정

1) 정상용량

설계 및 고려조건들을 종합 검토하여 아래의 정상용량으로 무정전 전원장치의 소요 용량을 산출 적용함을 원칙으로 한다.

$P_r \geq \alpha\beta(Pk+Pt)$

Pr : 무정전 전원장치 소요용량(kVA)

α : 부하의 수용률

β : 고조파 전류에 의한 여유계수

Pk : 부하용량 총합

Pt : 시설계획에 의한 차후 증설 부하

2) 과전류 내량을 고려한 용량

$$P_R \geq \frac{P_b + P_S}{\gamma}$$

Pr : 무정전 전원장치 소요용량(kVA)

Pb : 부하용량총합(출력용량의 합)(kVA)

Ps : 최대돌입용량(기동되는 부하의 정격용량을 제외한 순수 돌입용량)

γ : 과부하 내량 계수(1.2~1.5)

3) 돌입용량을 고려한 용량

$$P_r \geq \frac{Ps}{0.5}$$

Ps : 최대돌입용량(기동되는 부하의 정격용량을 제외한 순수 돌입용량)

4) 부하용량 100kVA 일 때 UPS 용량선정의 예

Pr ≥ 0.9 × 1.25(100 + 20) (α =0.9, β =1.25, Pt=20kVA, Ps=25kVA)≒135[kVA]

Pr ≥ (100 + 25)/(1.2~1.5) ≒ 83~104[kVA]

Pr ≥ 25/0.5 = 50[kVA]

상기 세가지 조건을 만족하는 용량은 135kVA 이상이나 UPS의 용량 구조상 135kVA 이상에서는 150kVA를 선정하는 것이 좋다.

2.5 축전지 특성 비교

종류 구분	NI-MH 축전지	무보수밀폐형연축전지	Ni-Cd 축전지
공 칭 전 압	■ 1.2V	■ 12V	■ 1.2V
셀 종지전압	■ 1.05V	■ 10.8V(25℃±5℃)	■ 1.05V
부 동 전 압	■ 1.35V	■ 13.38~13.5V(25℃)	■ 1.25V
극 판 재 질	■ 니켈수소 저장합금(NI-MH)	■ 연, 칼슘 또는 안티몬 알루미늄 등	■ 니켈, 수산화카드뮴
방 전 특 성	■ 방전초기 전압변동이 거의 없음	■ 방전초기 전압변동이 거의 없음	■ 방전초기 전압변동이 거의 없음
충 전	■ 균등충전시 균등충전과 동 전압 으로 충전가능	■ 균등충전시 공칭전압으로 충전가능	■ 균등충전시 공친전압의 140% 이상 충전해야 함
메모리효과 (사용빈도에 따른 출력저하)	■ 거의 없음 (균등충전 필요없음)	■ 거의 없음	■ 급격한 성능저하 (140% 균등충전 필수)
방 출 공 해	■ GAS 발생 없음	■ GAS 약간 발생	■ GAS 약간 발생
사용상태시 전해액 보충	■ 불 필 요	■ 불 필 요	■ 1~2년 주기
액 누 출 가 능 성	■ 밀폐형으로 가능성 없음	■ 밀폐형으로 누출되지 않으나 고온사용시 부반응으로 인한 누출 우려	■ 충전시나 기울일시 액 누출
보 수 인 원	■ 별도인원 불필요	■ 정기적인 유지보수 필요	■ 정기적인 유지보수 필요
온 도 특 성	■ -20 ~ +50℃(온도대역이 큼)	■ 0 ~ +30℃(온도대역이 작음)	■ -20 ~ +40℃(온도대역이 큼)
습 도 특 성	■ 습도에 영향이 최소 (해안지방, 선박에 유용)	■ 습도에 취약 (별도설비 구성 필요)	■ 밀폐가 불가능해 극판 산화로 인한 성능저하
내 진 동 성	■ 수평진동만 가능	■ 분당 2000회, 10분 진동가능	■ 수평진동만 가능
전해질 (액)	■ 교체 불필요	■ 교체 불필요	■ 교체 불필요
환 기 설 비	■ 불 필 요	■ 불 필 요	■ 필 요
GAS 발생	■ 발생 GAS는 재결합 99.9% 이상	■ 발생 GAS는 재결합 99.9% 이상	■ 발생 GAS가 평상시 미세
교 체 주 기	■ 20년 이상	■ 5년(25℃ 기준)	■ 15년 이상
Cycle 수명	■ 2,700회 이하	■ 500회 이하	■ 1,000회 이하
경 제 성 (고율 150Ah 단가 적용)	■ 1.2Vx92cell=110V (92cellx336천원x1회=30,912천원) 약100%	■ 12Vx10cell=110V (10cellx339천원x5회=16,950천원) 약55%	■ 1.2Vx92cell=110V (92cellx318천원x1.3회=38,033천원) 약123%
환 경 성	■ 중금속이 아닌 경금속 사용으로 친환경적임	■ Pb : 환경부 유독물 (번호97-1-9, 7439-92-21)	■ Cd(OH)2 : 환경부 유독물 (번호97-1-250)
유 지 보 수	■ 교체주기전 점검 불필요	■ 7년마다 교체 (납은 3년이면 자체부식 발생)	■ 균등충전, 전해액 보충 (2회/1년)
설 치	■ 세워서 설치가능 Rack 또는 큐비클 필요	■ 어느 방향도 설치가능 Rack 또는 큐비클 불필요	■ 세워서 설치가능 Rack 또는 큐비클 필요
점검 용이도	■ Rack에 설치하므로 점검 및 유지보수 어려움	■ 점 검 용 이	■ Rack에 설치하므로 점검 및 유지보수 어려움
중 량	■ 100%	■ 발전용량당 중량이 가장 높으므로 설치 및 시공시 불리	■ 100%
설 치 면 적(㎡)	■ 약80	■ 약40	■ 약 90
적 용 사 례	■ 친환경, 증가추세	■ Ni-Cd 대체품으로 증가 추세	■ 중요부하에 설치실적 있으나 공해문제로 감소 추세

2.6 전력설비 내진대책 검토

기기종류	내 진 대 책 예	비 고
옥외형 기 기	·공진시 동적 하중에 견디는 강도로 함. ·가대를 포함한 내진설계 검증을 함. ·필요에 따라 고강도 애자를 사용함.	·공진 주파수는 수 Hz~15Hz 정도 ·내진조건에 따라서 스테이 애자로 보강
큐비클형 가스절연 개폐장치 (C-GIS)	·스위치기어와 동일하게 내진설계. ·반 과 변압기와의 접속에는 케이블 사용 ·0.3G, 공진3파의 검증도 실시함.	·일반적으로 C-GIS, 스위치기어 본체 자체는 중심에서 2G 정도의 내진강도가 있음 ·베이스의 고정에 유의하면 거의 문제없음.
스위치 기어	·기초 볼트나 베이스와 프레임의 고정볼트의 인발력과 전단력이 가장 큰 체크 포인트임. ·내진성 향상을 기하기 위해 부재의 강성을 높이고 기초부 보강.	·몸체를 벽 등에 고정시킴 ·중량물이나 내진성이 문제가 되는 것은 반고(盤高)의 1/2 이하로 배치함. ·필요에 따라 문 멈침점을 늘림.
보호 계전기	·정지형계전기나 디지털릴레이를 사용. ·판의 강성을 높여서 응답배율을 내림. ·기초부를 보강. ·다른 종류의 계전기를 조합해서 사용. ·협조 가능한 범위에서 타이머를 넣는다.	·변압기의 기계적 보호계전기에 대해서도 경보만으로 한다든가, 지진검출기로 차단 로크하는 등 대책을 강구함. ·수전점계전기의 동작시한을 늦게 할 것을 전력회사와 협의하여 결정.
설비전반	·전기실은 지하층이나 저층에 시설. ·옥외 기기의 기초는 일체구조로 함. ·배관이나 리드선에는 가요성을 부여하고 진동에 여유있게 시설. ·내진 스토퍼를 설치.	·지진의 주파수는 지반이나 건물에 따라서 다르나 공진 유무를 사전에 검토하여 두는 것이 좋다.
변 압 기	·기초볼트의 정적 하중이 최대체크 포인트 ·방진장치가 있는 것은 내진스토퍼 설치 ·애자는 0.3G, 공진 3파에 견디는 것으로 함. ·기계적인 계전기의 불필요한 동작으로 인한 대책을 세움.	·본체의 공진주파수는 일반적으로 10Hz 이상 ·내진성을 향상시키기 위해 기초 부재를 크게 한다든가 부싱 지지부의 보강 등을 실시함. ·변압기 용량·중량에 의해 적정 방진고무를 설치 ·변압기에 대한 접속 전선은 진동에 여유가 있게
축 전 지	·앵글 프레임을 나사조임에 의한 마찰력만으로 고정시키는 것은 관통볼트에 의하여 고정시키거나 또는 용접 방식이 바람직함.	·내진가대의 바닥면 고정은 강도적으로 충분히 견딜 수 있도록 처리. ·전조(電槽) 상호간 틈을 없애고 ·축전지 인출선은 가요성이 있는 접속재로 충분한 길이의 것을 사용하고 S자형으로 배선
콘크리트 트 로 프	·지하구간내 구조물 Hunch 상부에 노출설치하므로 콘크리트 구조물과 트로프를 모르타르로 매 500mm 간격마다 견고히 부착	·트로프 고정에 사용되는 모르타르는 고강도용을 적용
노출배관 노출박스	·배관 지지재는 1.5m 또는 2m 마다 U-챤넬을 구조물에 견고히 부착(셋트앵커 또는 앵커볼트 이용)	·PULL BOX나 JOINT BOX 등은 구조물에 견고히 부착(셋트앵커 또는 앵커볼트 이용)

3-5. 고장전류계산

1. 단락전류 계산 및 차단전류 선정

22.9kV 수전설비와 한전 154kV 변전소와의 위치 및 선로 규격이 다음과 같을 경우

구 분	한전 A변전소	한전 B변전소	비 고
공급개소	C역 공급	D역 공급	
주변압기용량	45/60[MVA]×4Bank	45/60[MVA]	
공급거리	약 6[km]	약 2[km]	
간선규격	ACSR/AW-OC 160[㎟]	ACSR/AW-OC 160[㎟]	

1.1 계통도

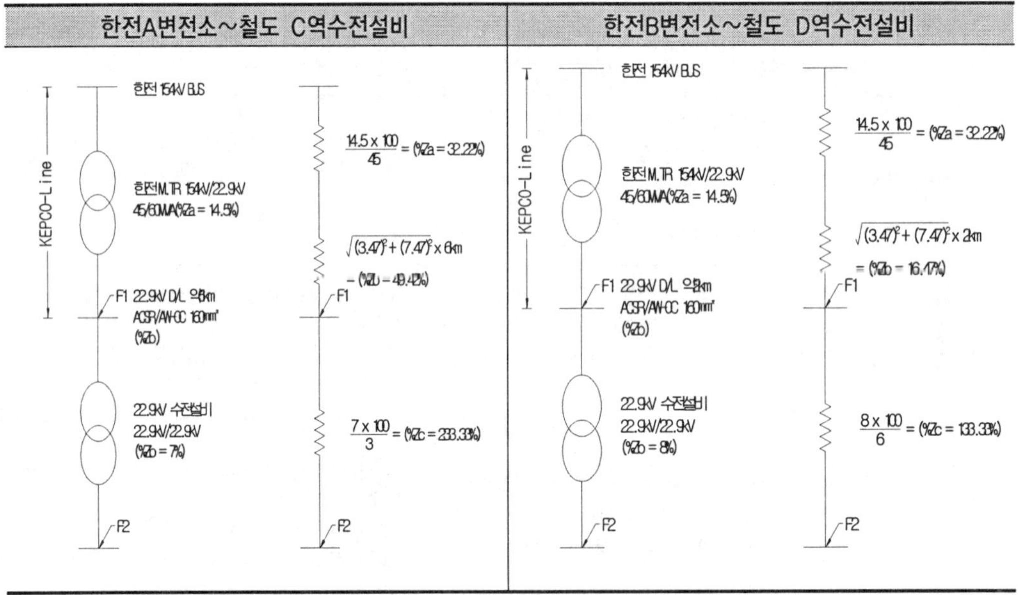

1.2 각 구간의 %임피던스

일반적으로 송배전 계통의 고장계산은 100[MVA]를 기준으로 하고 있어 기준전력 Pn = 100[MVA]로 한다.

1) 한전변전소 주변압기

한전 A변전소 M.Tr 45/60[MVA]	한전 B전소 M.Tr 45/60[MVA]
$\%Z_a = \dfrac{14.5 \times 100}{45} = 32.22[\%]$	$\%Z_a = \dfrac{14.5 \times 100}{45} = 32.22[\%]$

2) 22.9kV D/L

① 한전 A 가공선로 간선 규격은 ACSR/AW-OC 160㎟으로 정상 임피던스는 Z = 3.47 + j7.47[%/km](100MVA 기준)이고, 배전선로의 길이가 약 6km이므로

$$\%Z_b = \sqrt{(3.47)^2 + (7.47)^2} \times 6 = 8.237 \times 6 = 49.42[\%]$$

② 한전 B 가공선로 간선 규격은 ACSR/AW-OC 160㎟으로 정상 임피던스는 Z = 3.47 + j7.47[%/km](100MVA 기준)이고, 배전선로의 길이가 약 2km이므로

$$\%Z_b = \sqrt{(3.47)^2 + (7.47)^2} \times 2 = 8.237 \times 2 = 16.47[\%]$$

3) 22.9kV 수전변압기

C역수전실 (Tr 3,000[kVA], %Z = 7[%])	D역수전실 (Tr 6,000[kVA], %Z = 8[%])
$\%Z_c = \dfrac{7.0 \times 100}{3.0} = 233.33[\%]$	$\%Z_c = \dfrac{8.0 \times 100}{6.0} = 133.33[\%]$

4) 임피던스 종합

%임피던스	%Za	%Zb	%Zc
C역수전실	32.22	49.42	233.33
D역수전실	32.22	16.47	133.33

1.3 단락용량 계산

1) F1 지점의 단락용량 (Pn = 100[MVA])

① C역 수전실

$$P_{s1} = \frac{100}{\%Z_a + \%Z_b} \times P_n = \frac{100}{32.22 + 49.42} \times 100 = 122.49[\text{MVA}]$$

$$I_{s1} = \frac{122.49}{\sqrt{3} \times 22.9} = 3.08\ [\text{kA}]$$

② D역수전실

$$P_{s1} = \frac{100}{\%Z_a + \%Z_b} \times P_n = \frac{100}{32.22 + 16.47} \times 100 = 205.38[MVA]$$

$$I_{s1} = \frac{205.38}{\sqrt{3} \times 22.9} = 5.18 \ [kA]$$

2) F2 지점의 단락용량

① C역 수전실

$$P_{s2} = \frac{100}{\%Z_a + \%Z_b + \%Z_c} \times P_n = \frac{100}{32.22 + 49.42 + 233.33} \times 100 = 31.75[MVA]$$

$$I_{s2} = \frac{31.75}{\sqrt{3} \times 22.9} = 0.8 \ [kA]$$

② D역 수전실

$$P_{s2} = \frac{100}{\%Z_a + \%Z_b + \%Z_c} \times P_n = \frac{100}{32.22 + 16.47 + 133.33} \times 100 = 54.94[MVA]$$

$$I_{s2} = \frac{54.94}{\sqrt{3} \times 22.9} = 1.39 \ [kA]$$

1.4 계산결과 및 선정

구 분	사고지점	P_s[MVA]	I_s[kA]	차단선류선정	정격전압
C역 수전설비 공 급 시	F_1	122.49	3.08	12.5[kA]	25.8kV
	F_2	31.75	0.8	12.5[kA]	25.8kV
D역 수전설비 공 급 시	F_1	205.38	5.18	12.5[kA]	25.8kV
	F_2	54.94	1.39	12.5[kA]	25.8kV

2. 수전설비간의 임피던스계산 및 지락전류계산

2.1 C역-D역 수전설비간의 임피던스 계산 및 지락전류계산

1) 정상, 역상 및 영상 임피던스 계산

지중배전계통의 지락사고시 등가회로 및 대지충전전류를 고려한 1선 지락사고는 아래와 같다.

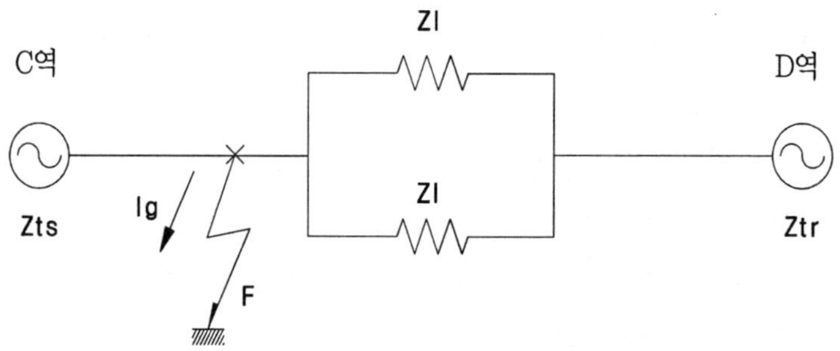

〈지중배전계통의 지락 사고시 등가회로〉

Zts	:	달월 22.9kV 변압기의 임피던스 [Ω]
Ztr	:	송도 22.9kV 변압기의 임피던스 [Ω]
Zℓ	:	달월-송도간 선로 임피던스 [Ω]
Ig	:	지락전류 [A]

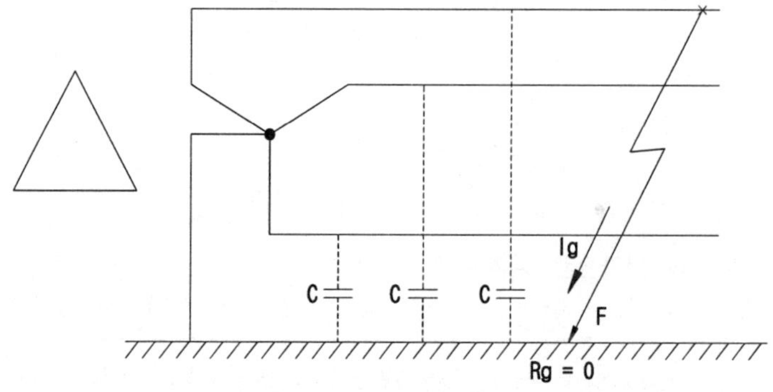

〈대지충전전류를 감안한 1선 지락사고〉

C	:	대지간 충전용량[μF]
Rg	:	지락점 저항[Ω] (완전지락시 Rg = 0)

① 임피던스 산정

C역-D역간 구간중 C역 수전설비를 기준으로 임피던스를 계산하면

㉠ %Zts : 달월 22.9kV 3,000kVA 변압기 임피던스 : j7.0%

$$Z_{ts} = \frac{10\times V^2 \times \%Z_{ts}}{P_{ts}} = \frac{10\times 22.9^2}{3,000}\times j7.0 = j12.2362[\Omega]$$

㉡ 22.9kV CN/CV-W 60㎟의 선로 정수를 고려한 임피던스는

r : 0.3936 [Ω/km], C : 0.21 [μF/km], ω L = 0.1944 [Ω/km]

- jω C = 2π × 60[Hz] × 0.21 × 10−6 = 7.917× 10−5 [℧/km]

- Z = R + jX = (0.3936 + j0.1944)

Data 출처 : 전기사업자 설계기준(내선규정 P963, 개정증보 9판1쇄)

② 정상 및 역상 임피던스

Z1 = Z2 = R + jXℓ = (R + jω L)ℓ =(0.3936 + j0.1944) × 11.0km

= 4.3296 + j2.1384[Ω]

③ 영상분 임피던스

㉠ 직접접지

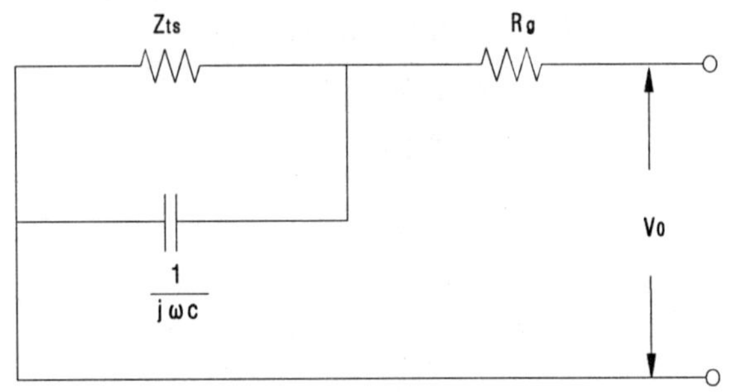

Zts = j12.2362[Ω], jω C = 7.917× 10−5 [℧/km]

Rg = 0 (완전지락으로 가정)

$$Z_0 = \frac{1}{\frac{1}{Z_{ts}} + j\omega c} = \frac{1}{\frac{1}{j12.2362} + j7.917 \times 10^{-5} \times 2\text{회선} \times 11.0\text{km}}$$

$$= \frac{1}{-j0.08172 + j0.00174} = \frac{1}{-j0.08} = j12.503[\Omega]$$

㉡ 저항접지

- 3RN = 3 x 44[Ω] = 132[Ω]

- Rg = 0 (완전지락으로 가정)

$$Z_0 = \frac{1}{\frac{1}{Z_{ts} + 3R_N} + j\omega c} = \frac{1}{\frac{1}{j12.2362 + 132} + j7.917 \times 10^{-5} \times 2\text{회선} \times 11.0\text{km}}$$

$$= \frac{1}{0.00751 + j0.0007 + j0.00174} = 125.167 - j17.4[\Omega]$$

2) 1선지락전류 계산

① 직접접지방식

$$I_g = \frac{3Ea}{Z_0 + Z_1 + Z_2} = \frac{3Ea}{Z_0 + 2Z_1} = \frac{3 \times \frac{22,900}{\sqrt{3}}}{j12.5031 + 2 \times (4.3296 + j2.1384)}$$

= 963.44 − j1866.67 ≒ 2100.6∠62.7005° [A] (단, Z1=Z2 이므로 2Z1)

② 저항접지방식

$$I_g = \frac{3Ea}{Z_0 + Z_1 + Z_2 + 3R_N} = \frac{3 \times \frac{22,900}{\sqrt{3}}}{(125.167 - j17.4) + 2 \times (4.3296 + j2.1384 + 3 \times 44}$$

= 148.74 +j7.54 = 148.9∠2.902° [A]

③ 계산결과

1선 지락시 직접접지방식인 경우 약 2,101[A], 저항접지인 경우는 149[A]가 흐르게 됨을 알 수 있다.

2.2 지락전류의 계산결과

직접접지방식에서는 배전선로가 길어질수록 지락전류값이 적어지며, 배전선로가 짧을수록 지락전류값이 크게 된다. 즉 수전 모선에서 근거리 고장시에 고장전류가 많이 흐르게 된다. 따라서 직접접지시 지락전류를 충분히 흘릴 수 있는 케이블을 선정해야 하며, 중성선에 지락전류가 흘러도 지장이 적은 CN/CV-W 케이블을 적용토록 한다.

3-6. 6.6kV 비접지보호방식

1. 개요

전기철도에 사용되는 6.6kV 비접지배전방식의 지락보호방식이 대개에는 GPT, OVGR, SGR 등으로 보호회로를 구성하고 있다.

지락시 계전기 동작은 동일변압기군에 GPT 설치수량이 많고 선로충전 전류가 클 경우 지락시 OVGR의 최소동작 전압까지 상승하기 어렵고 전력동작형이면서 자기선로 이외의 타선로의 영상전류를 비교하여 동작하는 유도형 SGR을 동작시키기 어렵다.

그러므로 중성점 접지방식의 개략설명, 관련계전기 동작설명, 6.6kV 비접지 배전방식의 사용되는 NGR, GPT에 대하여 요약한다.

2. 중성점 접지방식 및 보호방식

2.1 중성점 접지방식의 비교

No.	비교항목	PT접지(비접지)	고저항접지	저저항접지	직접접지	비 고
1	결선도와 유효 접지 전류	3, R	NGR	NGR		
2	유효접지전류	380mA 정도	5~100A 정도	200A 정도 이상	전압에 따라 수십~수천A	
3	주된적용계통	고압회로	특별고압회로 고압회로	특별고압회로 (고압회로)	특별고압회로 (고압회로) 저압회로	괄호안은 구미 회로
4	1선완전지락시의 건전상전위	$\sqrt{3}$E	$\sqrt{3}$E	$\sqrt{3}$E	특고(유효접지계) 1.3E이하저압(비유효접지계)	E:건선시 대지 전위 X0/X1에 따라 변화
5	1선지락시의 과도과전압일반	간헐아크지락에의한 과전압이있다(케이블계통)	일반적으로작다	일반적으로작다	작 다	GVT접지에서 max4배 고저항 접지면 약 2.6배
6	지락시의 고압 피더 트립	필 요	필 요	필 요	필 요	전기설비기술기준에서는 모두 트립한다.(사업용제외)

7	회전기의 내부 지락검출	불 가	가 능	가 능	가 능	회전기의 중성점을 100[A]접지하는 것이 보통
8	약전선에의유도	소	중	대	대	
9	지락시의 기기 손상	소	중	대	대	
10	지락점저항의 검출감도	대	중	소	소	
11	접지기기스페이스	소	중	대	소	

2.2 비접지 방식의 보호방식

2.2.1 비접지방식의 보호 방법

계통 지락시 영상전압과 영상전류를 얻기 위한 방법으로 여러 가지 방법들이 사용되고 있다.

가장 일반적인 영상전압 검출방법은 GPT에 의한 방법과 보조PT에 의한 방법이 사용되고, 영상전류는 3개의 CT에 의한 잔류회로 방식과 ZCT에 의한 검출방식이 사용된다.

2.2.2 지락보호

1) 지락저항

① 지락사고시 고장점저항은 실측해보면 대체로 4㏀이하이나 상당한 고저항을 가진 지락사고도 존재한다. 그 한 예는 아래의 표 1과 같다

〈6.6kV 지락저항예〉

상 태	고장점 저항[Ω]
애자, 절연물의 섬락	0 ~ 200
전선의 지상 낙하	100 ~ 3,000
조류의 접촉	200 ~ 300
조류의 깃털	40,000 ~ 60,000
나무의 접촉	10,000 ~ 60,000

② 비접지계에서는 지락전류는 선로 충전전류뿐이므로 아주 적어서 지락보호는 지락과전류계전기인 선택지락계전기(選擇地絡繼電器, Selective ground relay, SGR)를 적용

한다.

③ 6.6kV배전선의 대지 충전전류 개략치는 아래 표와 같다.

지락보호 방식은 접지방식에 따라 차이가 있는데 여기서는 일반적인 비접지 방식의 경우를 생각한다.

〈6.6kV(60㎟) 배전선 대지충전전류〉

구 분	가 공 선	케 이 블
대지정전용량(μF/km/3선)	0.014	0.9 ~ 1.1
대지충전전류(A/km/3Io)	19 [mA]	1.3 ~ 1.5 [A]

2) 지락과전압 계전방식 (OVGR)

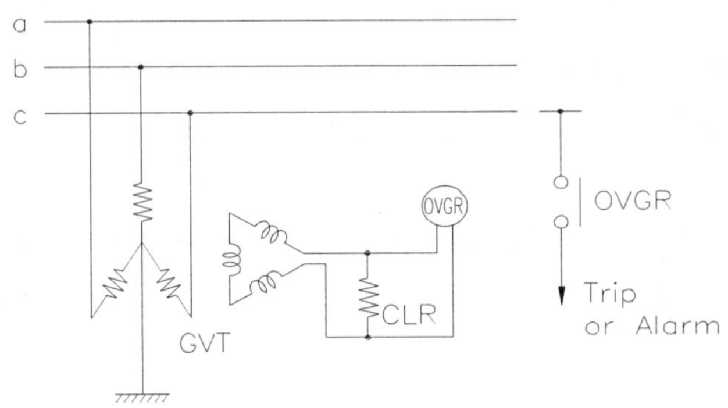

[영상전압 검출회로}

① 그림 1 과 같이 지락사고시 생기는 영상전압을 검출하여 경보 또는 Trip케 한다.

② 그러나 이 방식은 단독으로는 선택할 수 없으로 SGR과 조합하여 사고 검출용으로 사용한다.

3) 방향지락 계전방식 (SGR)

① 이 방식에 쓰이는 선택지락계전기(SGR)는 지락 사고시에 영상전압과 영상전류 적(積)으로 동작하는 전력형 방향계전기로서 그림 2와 같이 사고회선을 선택 차단한다.

② 이 SGR은 사용시에 기계적 충격에 약해 오동작 가능성이 있으므로 OVGR와 조합해서 쓰는 경우가 많다.

③ 또 배전선의 순간 접지에 의한 차단을 피하기 위해 아래 그림 과 같이 한시계전기로 2~3초 정도의 시한을 갖는 Trip 회로를 구성하기도 한다.

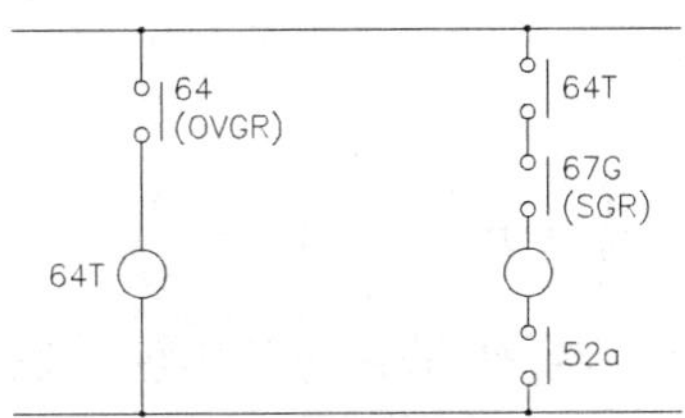

④ 이 방식에서의 고장검출 감도는 3.3kV계에서는 2,000~4,000[Ω], 6.6kV계에서는 4,000~6,000[Ω] 정도의 지락저항을 검출하는 것을 목표로 하고 있다.

⑤ 그런데 케이블이 길어 충전전류가 큰 경우(약 8A이상)에는 영상전압이 적게 나타나게 전기 검출 감도가 저하된다.

⑥ 이 경우 아래 그림과 같이 영상전압을 승압시켜 감도를 향상시키는 방법을 사용하는 경우도 있으나 현재 철도에는 적용하지 않는다.

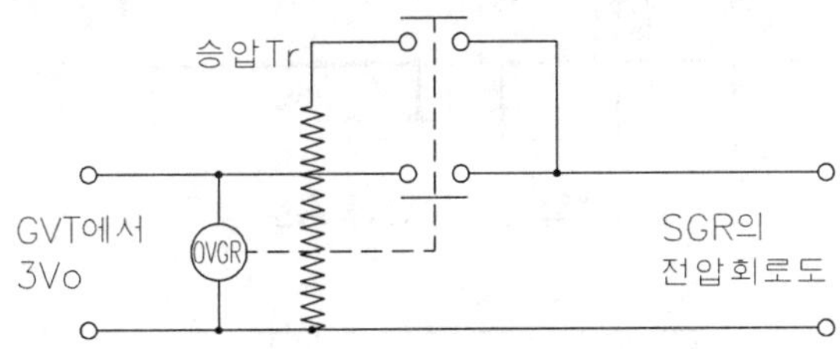

2.3 직접접지계통

2.2.1 지락보호

- 전력계통에서 발생하는 사고 중 70~80%는 지락사고이며, 20~30%는 단락사고이다.
- 이 비율은 수용가 구내뿐만 아니라 전력회사 송ㆍ배전선에 있어서도 같다.
- 즉, 단락사고는 그다지 높은 확률로 발생하는 일은 없으나 지락사고는 단락사고에 비하여 자주 발생한다고 생각해도 무방하다.

1) 영상전류(지락고장전류) 검출

① 영상전류를 얻기 위해서는 3개 CT를 Y결선으로 하고 잔류회로를 이용한다.

② 각상 전류를 대칭분으로 표시하면

$Ia = I0 + I1 + I2$

Ib = I0 + a2 I1 + a I2

Ic = I0 + a I1 + a2 I2

여기서 a = $\varepsilon^{j\frac{2}{3}\pi} = -\frac{1}{2} + j\frac{\sqrt{3}}{2}$, a2 = $\varepsilon^{-j\frac{4}{3}\pi} = -\frac{1}{2} - j\frac{\sqrt{3}}{2}$, A상 기준가 되고 영상전류 I0는 각 상에서 모두 동상이라는 것을 알수 있다.

③ 그림 9의 잔류 회로에는 그 동상분 즉, 영상 전류만 흐르게 된다. 잔류 회로에 흐르는 영상전류는 $3\,i_0 = i_a + i_b + i_c$ 가 된다.

④ 일반적으로 CT의 변류비가 300/5A까지는 영상 전류 검출은 잔류회로를 사용하고 변류비 300/5A 가 초과 되는 400/5A 이상에서는 3차 권선 CT를 사용한다.

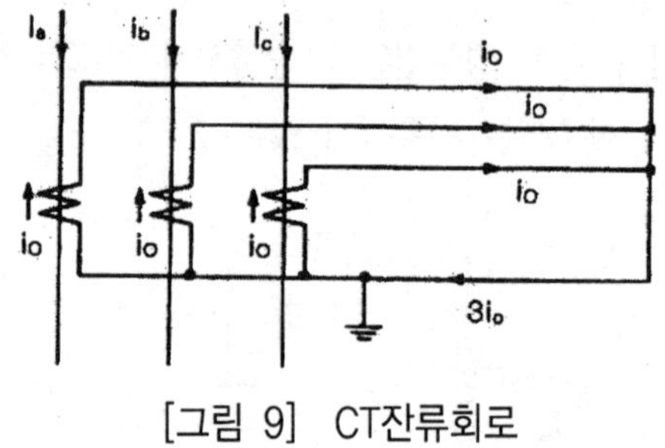

[그림 9] CT잔류회로

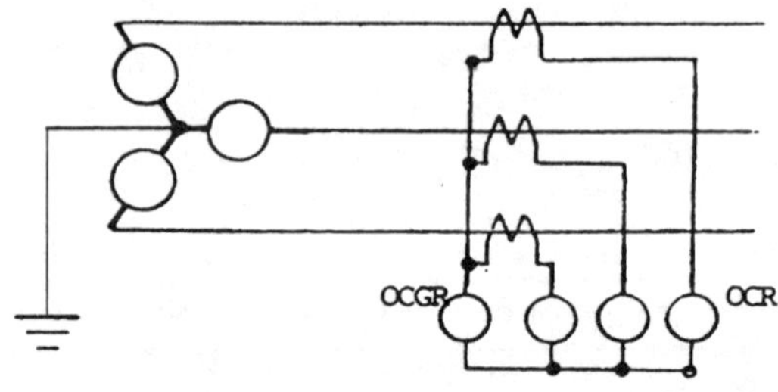

[그림 10] CT 및 OCGR 조합

2) 적정탭 계산방법

① 3상 4선식 다중 접지방식에서는 불평형 부하로 인한 오동작을 방지하고 감도를 높이기 위하여 최대정격전류 또는 최대부하전류 30%, 저항접지 방식에서는 최대지락전류 30%정도에 정정한다.

② 이때 고려하여야 할 점은 CT 권수비와 계전기 탭과의 검토가 필요하며 또한, 전등용으로 일단 접지변압기를 사용하면 이 변압기 정상 부하전류가 CT를 통과하여 소세력

지락계전기 구동전류가 되며 실제 아무런 지락사고가 없는데도 차단기가 동작하는 사고가 발생되니 계전기정정시 참고해야 한다.

③ 한시조정 Lever는 과전류 계전기에서와 같이 선로보호용 지락계전기와 보호협조를 이루어야 한다.

④ 정정전류값(A) = $\dfrac{\text{수전전력}}{\sqrt{3}\times\text{수전전압}\times\text{역률}}\times 30\%\times CT\text{비}$

㉠ 보통의 소세력 계전기 정정탭은 0.5 ~ 2.0A 탭을 가지고 있으므로 실제 발생하는 부하 불평형이 적은 경우나 단독 평형 부하에 공급하는 경우에는 되도록 감도를 높이는 것이 바람직하다.

㉡ 순시요소부 계전기(10 - 40탭)는 탭을 한시정정 탭전류의 5배정도에서 최대 지락전류 이하로 하는 것이 바람직하다.

3. 6.6kV비접지 방식에서 GPT, CLR사용 검토

3.1 지락사고시 영상전압에 영향을 주는 제요인 검토

선로의 충전전류, GPT 설치 수량에 따른 계통등가저항 변화, 지락사고시 지락저항(지락검출감도라함)등이 영상전압에 영향을 미치는 정도를 검토하기 위하여 계통도에 의한 등가회로를 구성하여 영상전압을 구하는 계산식을 유도하여 그 계산식에서 영상전압변화에 미치는요인을 찾아 검토한다.

3.1.1 비접지 계통 회로도

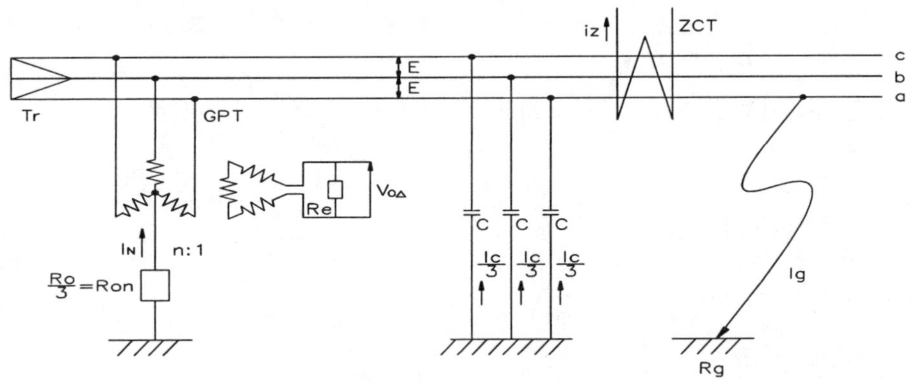

[그림11] 계통도(1선지락사고)

Tr : 수전 변압기
GPT : 접지 PT
ZCT : 영상 CT
E : 상전압
C : 1상에 대한 대지정전용량
n : GPT의 변압비
Re : GPT 2차측 제한 저항
Ro : 1상당의 Re의 1차 환산 영상 저항
Ron : Re의 1차 환산 등가 NGR 값

Rg : 지락저항
In : GPT 영상전류
Ic : 3상 일괄 대지충전전류
Ig : 지락전류
iz : ZCT 2차전류
Vo : 영상전압(GPT)
Voo : 영상전압(계통)
Vo△ : GPT 2차 전압

3.1.2 비접지 계통의 등가회로도

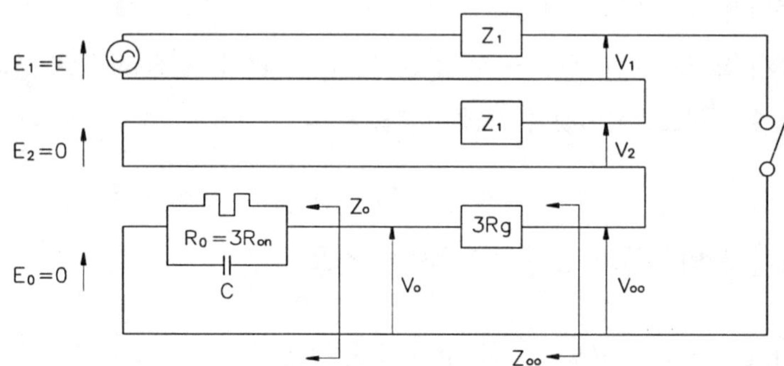

3.1.3 비접지계통에서 접지저항과 충전전류가 영상전압에 미치는 영향

1) 상기 계통에서 a상 지락고장시 영상전압을 구해보면 영상전압 Vo는 발전기의 기본식에서 VO = −IO ZO 되고 영상전류 Io는 발전기 기본식에 Ib = Ic = 0, Va = 0 등의 조건으로 부터

$$IO = \frac{E}{Z_I + Z_2 + Z_{00}}$$

2) 일반적으로 구내배전계통에서는 직접접지가 아닌이상 $Z_{00} \gg Z_I + Z_2$ 이므로

$$IO = \frac{E}{Z_{00}}$$

3) 따라서 $|VO| = |ZO| \cdot \frac{|E|}{|Z_{00}|}$

여기서 ZO를 구하면

$$ZO = \frac{1}{\frac{1}{3Ron} + j\omega C} = \frac{3Ron}{1 + j3\omega C \cdot Ron}$$

$$\therefore |ZO| = \frac{3Ron}{\sqrt{1 + (3\omega C \cdot Ron)^2}}$$

4) 또 ZOO를 구하면

$$Zoo = 3Rg + ZO$$

$$= \frac{3Rg(1 + j3\omega CRon) + 3Ron}{1 + j3\omega CRon} = \frac{3(Rg + Ron) + j9\omega C \cdot Ron \cdot Rg}{1 + j3\omega CRon}$$

$$|ZOO| = \frac{\sqrt{\{3(Ron + Rg)\}^2 + (9\omega C \cdot Ron \cdot Rg)^2}}{\sqrt{1 + (3\omega C \cdot Ron)^2}}$$

$$|VO| = \left|\frac{Z_0}{Z_{00}}\right| \cdot |E|$$

$$= \frac{3Ron}{\sqrt{\{3(Ron + Rg)\}^2 + (9\omega C \cdot Ron \cdot Rg)^2}} \cdot E$$

$$= \frac{Ron}{\sqrt{(Ron + Rg)^2 + (3\omega C \cdot Ron \cdot Rg)^2}} \cdot E$$

$$= \frac{1}{\sqrt{(1 + \frac{Rg}{Ron})^2 + (\frac{Ic}{E} \cdot Rg)^2}} \cdot E$$

5) 위식에서 다음과 같은 것을 알 수 있다

① 지락점 저항 Rg가 클수록 지락시에 GPT의 3차측에 나타나는 영상전압은 작다

② 충전전류 Ic가 클수록 지락시에 GPT의 3차측에 나타나는 영상전압은 작다.

③ 계통의 접지저항 Ron 이 작을수록, 즉 GPT의 설치개소가 많아지면 병렬회로 IMPEDANCE가 작아지므로 GPT의 3차측에 나타나는 영상전압은 작다

=〉충전용량이 큰계통 및 GPT 설치개소가 많은 계통은 지락 계전기의 검출감도가 저하하여 동작이 않될수 있다는 것을 알수 있다.

④ GPT의 영상 IMPEDANCE Ron은 다음과 같이 구해진다.

㉠ GPT의 영상전류 In은 1차측의 각 권선에 3등분하여 나누어져 흐르고 2차측에는 변압비인 n배된 전류가 Re에 흐른다.

㉡ 그러면 Re의 양단에는 OPEN DELTA 전압 Vo⊿가 나타난다. 이 전압의 1/3이 2차측 각 권선에 나타나므로 본 Re의 등가저항이 구해진다.

㉢ 3선 일괄 했을 때는 각 권선이 병렬이 되므로 등가저항은 1/3이되고 GPT의 영상 IMPEDANCE Ron은 다음과 같이 된다.

$$Vo\Delta = I_n \times \frac{1}{3} \times n \times Re$$

$$Ron = \frac{I_n \times \frac{1}{3} \times n \times Re \times \frac{1}{3} \times n}{I_n \times \frac{1}{3}} \times \frac{1}{3} = \frac{n^2 Re}{9}$$

3.1.4 영상전압에 영향을 주는 제요인에 대한 검토방안

1) 계통충전전류의 영향

① 문제점

㉠ 충전전류는 CABLE(고배 배전계통연락선호)에서 대부분 발생한다.

㉡ 계통충전 전류가 커지면 지락사고시 GPT 영상전압이 작아져서 지락계전기의 검출감도를 나쁘게한다.

㉢ 지락검출감도를 높이면 지락점 저항을 낮추어야 하고 이 경우는 CABLE 및 기기의 질연이 SHORT 상태로 진행되는 과성에 지락사고가 검출되는 문제가 발생

② 검토방안

㉠ CABLE 충전전류를 줄이는 유효한 방법은 배전선로를 적정 SIZE로 설계하는 것 이외는 별도의 대책강구가 현실적으로 없으므로 검토대상에서 제외

2) 고장 저항 Rg의 영향

① 문제점

㉠ 계산식에서 Rg가 클수록 GPT 영상전압은 작아져서 지락 검출감도 저하한다.

㉡ 검출감도를 높이기 위하여 전압 정정치를 높일 경우 CABLE 및 기기 절연이 SHORT로 진행하는 과정에 검출되는 문제점이 있음.

② 검토방안

㉠ 영상전압과 고장저항과의 관계를 각각 정상급전과 연장급전을 구분하여 GPT 설치수량에 따라 영상전압을 먼저 선정하고 Rg를 구하여 영상전압을 구하는 방법과

Rg를 먼저 선정하여 영상전압을 구하는 2가지 방법으로 계산하여 분석

3) GPT 설치수량에 따른 영향

① 문제점

㉠ 계산식에서 GPT 설치 수량이 많아지면 Ron이 저하하고 이에 따라 영상전압이 작아져서 지락검출 감도 저하

② 검토방안

㉠ 영상전압과 고장저항과의 관계를 각각 정상급전과 연장급전을 구분하여 GPT 설치수량에 따라 영상전압을 먼저 선정하고 Rg를 구하는 방법과 Rg를 먼저 선정하여 영상전압을 구하는 2가지 방법에 의하여 GPT 설치수량 따라 각각 계산하여 분석

3.2 6.6KV 비접지식 고배계통의 지락전류 계산과 대책 예

3.2.1 각 검토 방안별 입력 DATA

1) DATE 작성 조건

① 각 정거장간 평균거리 : 1[Km]

② 변전소 고배 T/R에서 첫 번째 정거장 전기실 간거리 : 100[m]
(첫번째 정거장은 변전소가 있는 정거장에 해당됨)

③ CABLE SIZE

㉠ 변전소 - 첫 번째 정거장 전기실 : CV 1C/200㎟ x 3LINE

㉡ 전거장 전기실과 6.6KV 고배연락선 : CV 1C/60㎟ x 3LINE

④ 정상 급전시 CABLE 정전용량과 충전전류

㉠ 정상 급전시 CABLE 정전용량

ⓐ CV 1C/200㎟ 상당 정전용량 : 0.51 x 10-6[F/Km]

ⓑ CV 1C/60㎟ 상당 정전용량 : 0.37 x 10-6[F/Km]

㉡ 연장 급전시 CABLE 정전용량

ⓐ 상당 : (0.51 x 10-6x0.1)+(0.37 x 10-6x2) = 0.791 x 10-6[F]

ⓑ 3심일괄 : 0.791 x 10-6x 3LINE = 2.373 x 10-6[F]

㉢ 충전전류

ⓐ 상당 $Ic = 2\pi fc\frac{V}{\sqrt{3}} = 2 \times 3.14 \times 60 \times 0.791 \times 10^{-6} \times \frac{6600}{\sqrt{3}} = 1.1357[A]$

ⓑ 3심일괄 $Ico = 3 \times Ic = 3.4067[A]$

⑤ 연장급전시 CABLE 정전용량과 충전전류

㉠ 정상 급전시 CABLE 길이

ⓐ CV 1C/200㎟ : 0.1[Km]

ⓑ CV 1C/60㎟ : 1[Km] x 5 = 5[Km]

㉡ 연장 급전시 CABLE 정전용량

ⓐ 상당 : (0.51 x 10−6x0.1)+(0.37 x 10−6x5) = 1.901 x 10−6[F]

ⓑ 3심일괄 : 1.901 x 10−6x 3LINE = 5.703 x 10−6[F]

㉢ 충전전류

ⓐ 상당 : $2 \times 3.14 \times 60 \times 1.901 \times 10^{-6} \times \frac{6600}{\sqrt{3}} = 2.7295[A]$

ⓑ 3심일괄 : $2 \times 3.14 \times 60 \times 5.703 \times 10^{-6} \times \frac{6600}{\sqrt{3}} = 8.188[A]$

2) 검토 방안별 입력 DATA

① 계전기 입력전압(영상전압)을 먼저 결정한 후 이 전압에 대응하는 지락검출감도(Rg)를 구하여 계산하는 방안

구분	GPT 설치 수량	계전기 입력전압[V]	계통 충전전류	비교
정상 급전	1~4 SET 단계별로 설치	57, 50, 45, 40, 35, 30, 25[V] 7단계로 구분하여 Rg를 구하여 계산	3.4067[A]	
연장 급전	1~4 SET 설치 인접변전소 연장 급전시 3개 정거장 전기실에 GPT 설치 하는 것으로 봄	57, 50, 45, 40, 35, 30, 25[V] 7단계로 구분하여 Rg를 구하여 계산	8.188[A]	연장급전시 3개 정거장 전기실에 GPT설치가 단계적으로 1개씩 추가는 현실성없으므로 전체 설치로 본다

② 계전기 지락검출감도(Rg)를 먼저 정한후 영상 전압을 구하여 계산하는 방안

구분	GPT 설치 수량	계전기 입력전압[V]	계통 충전전류	비교
정상 급전	1~4 SET 단계별로 별도	5000, 4500, 4250, 4000, 3750, 3500, 3250, 3000, 2750 8단계로 구분	3.4067[A]	
연장 급전	1~4 SET 설치 인접변전소 연장 급전시 3개 정거장 전기실에 GPT 설치 하는 것으로 봄	5000, 4500, 4250, 4000, 3750, 3500, 3250, 3000, 2750 8단계로 구분	8.188[A]	연장급전시 3개 정거장 전기실에 GPT설치가 단계적으로 1개씩 추가는 현실성없으므로 전체 설치로 본다

3.2.3 계산 결과 검토

1) 최저 지락검출감도(Rg)의 선정

① 6.6kV 비접지식 배전계통에서 지락검출감도를 4000~6000[Ω] 범위에서 지락검출이 되는 것을 표준으로 삼고 있으므로 최저 지락검출감도를 4000[Ω]으로 선정하여 계산 결과를 검토하기로 한다.

② 4000[Ω] 미만에서 검출한다면 CABLE의 절연이나 기기절연이 파괴되어 단락으로 이행하는 과정에서 검출하므로 최저 지락검출감도를 4000[Ω]으로 하여 검토한다.

2) 지락검출감도(Rg) 4000[Ω] 기준한 계산결과 요약

GPT 설치 대수	지락 저항 (Rg)	영상전압		지락전류		유도형 SGR 동작		비고
		정상 급전	연장 급전	정상 급전	연장 급전	정상 급전	연장 급전	
1SET	4000[Ω]	49.5[V]	21.8[V]	0.86[A]	0.94[A]	○	×	
2SET	4000[Ω]	47.5[V]	21.6[V]	0.85[A]	0.93[A]	○	×	
3SET	4000[Ω]	45.3[V]	21.4[V]	0.83[A]	0.93[A]	○	×	
4SET	4000[Ω]	43.0[V]	21.2[V]	0.83[A]	0.92[A]	○	×	
7SET	4000[Ω]	–	20.2[V]		0.91[A]		×	연장급전에 해당

3) 계산결과 검토

① 상기에 보여 주는 바와 GPT 1SET 설치하는 경우 연장급전시에는 유도형 SGR로는 지락고장을 검출하여 계통을 보호할수 없다

② GPT 설치수량이 증가됨에 따라 영상전압이 줄어들고 특히 연장급전의 경우 충전전류

의 영향이 커서 영상전압이 급격히 작아지는 것을 보여준다.

③ 따라서 6.6kV 비접지식 고배계통의 지락보호 시스템용 계전기를 고감도 DIGITAL SGR로 계전기로 바꾸고 이에 따라 GPT설치를 각 정거장 전기실에 설치하여 유효한 보호가 되도록 개선한다.

3.2.4 6.6kV 비접지식 고배계통 지락보호 방식 개선안

1) SGR 계전기 비교 검토

구분	DIGITAL	STATIC	유도형
원리	1. 전압, 전류등을 일정한 시간간격으로 샘플링하여 디지탈양으로 변환하고, 이 데이터를 마이크로 프로세서 등으로 구성된 연산처리부에서 미리 준비한 프로그램에 의해 연산처리하여 계전기 특성을 실현시키는 것이다.	1. 트랜지스터 회로에 의해 입력전기량의 크기와 위상비교 해서 그 비교결과에 따라 출력을 낸다. 2. 정지형의 출력은 전기적 출력이지만 이것을 적당한 가동철심형의보조계전기에 주어 최종출력을 접점의 개폐로 얻는다.	1. 교류자계에 의해 도체에 생기는 와전류와 다른 교류자계와의 전자작용, 즉 전자 유도작용에 의해 구동된다. 2. 원리적으로는 교류전용이다
장점	1. 고도의 보호기능 및 특성을 실현 2. 장치를 축소해서 만들 수 있다. 3. 고도의 자동감시 기능을 실현 4. 표준화가 용이함. (융통성 풍부) 5. 소비전력이 극히 적다. 6. 열화에 의한 특성변화 적다 7. 영상전압과 전류 정정이 자유롭다. -전압정정범위:7.5~100[V] -전류정정범위:1~10[mA]	1. 고감도로서 전력소비가 적다. 2. 고속도 동작을 얻기 쉽다. 3. 특수한 기능을 삽입 용이 4. 고빈도 동작에 견딜 수 있다. 5. 충격, 진동에 의한 오동작 적다. 6. 접점의 장해나 도약현상이 거의 없다. 7. 자동점검이나 상시감시 장치를 부가하기 쉽다. 8. 소형으로 된다. 9. 접점, 가동부 보수 필요가 없다.	1. 노이즈에 강하다.
단점	1. 노이즈에 약하다. - 회로를 노이즈발생 원으로부터 격리하고 차폐하는 등의 대책이 필요한다. - 전송회로가 긴 경우는 광통신용케이블을 사용하면 효과적이다.	1. 동작에 속응성이 있다 - 찌그러진파형이나 써지로 오작될 우려가 있음(필터를 설치) 2. 써지에 의해 파손될 우려 있다. 3. 사용부품수, 접속부가 많기 때문에 불량률이 높다. 4. 별도의 전원이 필요하다. 5. 국내생산	1. 부품열화에 의해 특성이 변화 2. 접점이나 가동부에 대한 정기적인 유지보수 관리가 필요. 3. 충격, 진동에 의해서 오동작 4. 특수한 기능을 삽입 불가 5. 접점 불량에 의한 장해발생 6. 자동점검이나 상시감시 장치를 부가하기 불가능하다. 7. 보호계통이 전산화 및 고장원인 분석이 어렵다. 8. 계전기 동작전력이 크다 (입력 28.5W 이상에서 동작)

2) 전자식 계전기 선정

3.2.4항 계산결과 검토에서 보여주는 바와 같이

① 정상급전시

㉠ 유도형 SGR은 GPT 설치 수량 4대까지는 문제가 없다

② 연장급전시

㉠ 지락저항 4000[Ω]일경우에 지락사고를 검출할 수 없다

㉡ 지락저항3500[Ω]미만에서는 검출한다

=>이것은 케이블 또는 기기절연이 파괴되어 단락으로 이행되어가는 과정을 의미한다.

㉢ GPT 1대설치 경우에도 연장급전에서는 3250[Ω]에서 지락검출한다

③ 계전기선정

㉠ 변전소 고배변압기 2차측에 GPT 1대 설치하고 유도형 SGR 사용시 연장급전에서는 지락사고를 유효하게 검출할수 없다

㉡ SGR로 정지형 또는 DIGITAL 중에서 선택하여야 한다

- 정지형은 SGR 계전기 비교검토에서 보여주는 바와 같이 여러 가지 문제점이 있으므로 선정에 제외하고 DIGITAL 계전기를 검토한다.

④ DIGITAL 계전기 정정 범위

국내 DIGITAL 계전기 제작업체 별로 조사한 결과 다음과 같은 정정범위를 갖고 있다.

㉠ 영상전압 정정범위:7.5~100[V]

㉡ 영상전류 정정범위:1~10[mA]

⑤ 선정결과

㉠ 3.2.4항 계산결과 검토에서 보여주는 바와 같이 지락검출감도 4000[Ω] 기준으로 할때

구 분	영상전압		비고
	계전기	계산치	
영상전압 정정범위	7.5~100[V]	20.2~49.5[V]	정정가능
영상전류 정정범위	1~10[mA]	ZCT 2차측 전류로 환산하여 6.225~7.05[mA]	정정가능

㉡ 상기와 같이 정정 범위내에 있으므로 DIGITAL SGR 선정하고 GPT는 변전소 고

배 변압기 2차측 및 정거장 전기실에 호계별로 각각 설치하고 GR은 설치하지 않는다.

3) 지락사고시의 SEQUENCE 회로 개선

① SEQUENCE 검토

㉠ SGR와 OVGR 병렬연결

ⓐ 영상 전압조정에 따라 OVGR와 SGR 간의 보호협조를 이루어

ⓑ OVGR은 PRIMARY 보호 SGR는 SECONDARY 보호 기능이 있다

㉡ SGR와 OVGR 직렬연결: OR 조건으로 되어 보호협조를 이룰수 없다.

② 개선방법

㉠ 1선지락사고는 가공선인 경우 80~90%가 일시적 사고로서 자동 회복 되어지는 경우가 많으나 CABLE로 되어 있을 경우 사정이 다르다.

㉡ CABLE과 기기연결부분등에서 일시적 지락이 있을 수 있고 OVGR와 SGR의 보호협조를 이루도록 다음과 같이 SEQUENCE를 이루도록 한다.

㉢ 이 경우 OVGR 동작전압이 SGR 동작 전압보다 작게하여 OVGR이 동작하면 경보를 울려서 선로 점검이 가능토록하고 지락이 일정시간 계속되면 OVGR 동작신호를 받아 동작하는 TIMER가 시간지연을 갖고 동작하도록 하고

㉣ 일시적 고장이 아닐 경우 SGR가 동작하면 OVGR→TRIMER→SGR을 AND 조건으로 하여 차단기를 트립하도록 한다.

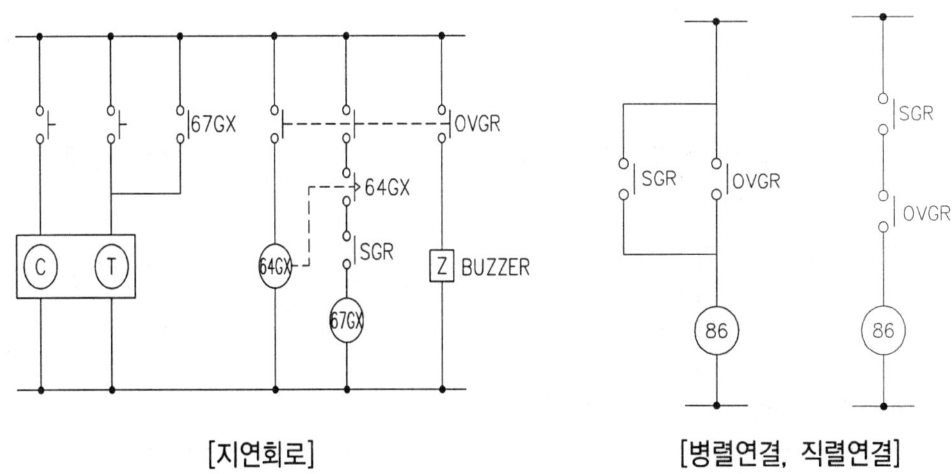

[지연회로] [병렬연결, 직렬연결]

3.3 한류저항기(CLR) 및 GPT 용량 선정

3.3.1 한류저항기(CLR)의 사용목적

한류저항기 비접지계통 △-선로에서 1상 지락시 GPT의 2차 개방단자에 삽입하여

1) 선택접지 계전기(SGR)을 동작시키는 유효전류를 발생시키고
2) GPT 3차개방 △-회로의 각상전압의 제3고조파 발생분을 흡수하며
3) 비접지회로의 중성점이상 전류, 전위진동, 중성점 불안정 이상현상등을 억제

3.3.2 한류저항기(CLR)선정

1) CLR 저항(Rn) 계산식

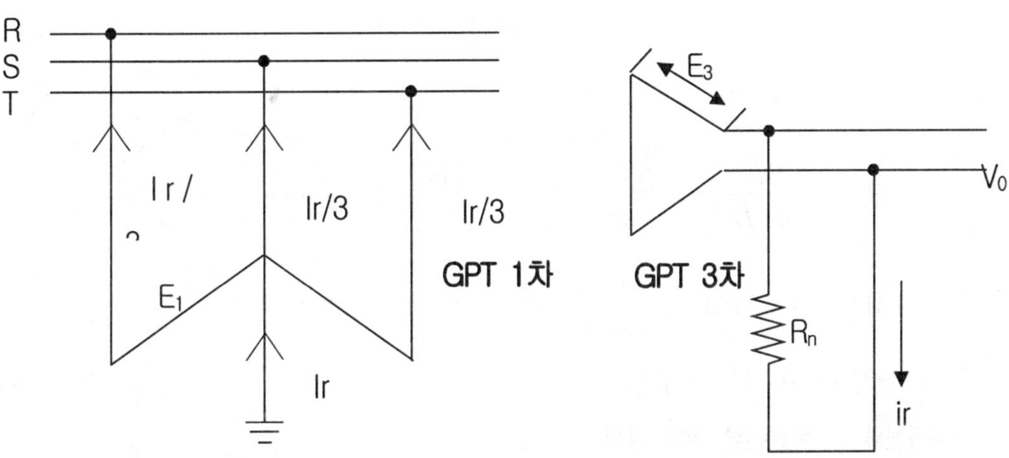

E1 : GPT 1차 상전압
Rn : CLR(한류저항기)
Ir : 1선지락시 GPT에 흐르는 전류
N : GPT의 전압비(E1/E3)

E3 : GPT 3차 상전압
Vo : 영상전압
ir : 1선지락시 GPT 3차 한류저항기에 흐르는 전류

$$Rn = \frac{V_0}{ir} = \frac{V_0}{n \times Ir/3} = \frac{V_0}{\frac{E_1}{E_3} \times Ir/3} = \frac{9E_3}{\frac{E_1}{E_3} \times Ir} (\Omega)$$

※ 완전지락시 3차측 전압 $3E_3 = V_0$(V)

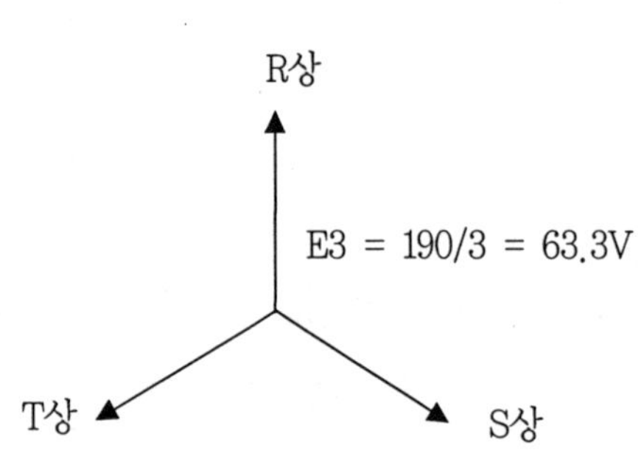

건전상인 경우 GPT 3차전압 벡터

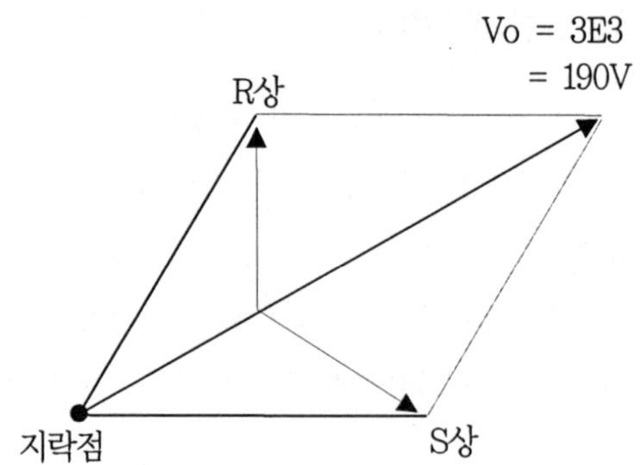

T상에 지락이 발생된 경우
GPT 3차전압 벡터

[GPT 3차전압 벡터]

즉, $Rn = \dfrac{9E_3}{n \times Ir} = \dfrac{9\dfrac{E_1}{n}}{n \times Ir} = \dfrac{9E_1}{n^2 \times Ir}(\Omega)$ ·············①식

$W = ir^2 \times Rn = \dfrac{V_0 2}{Rn}(w)$ ·····································②식

※ 완전지락시 $V_0 = 190$(V)

2) 지락전류 중 유효전류 Ir의 결정

① 보통 Ir(유효전류)은 380mA로 선정한다.

② 이는 지락방향 계전기 감도가 380mA 부근에서 고감도를 나타내고 또한 ZCT 1차 정격 전류가 200mA이므로 여유전류를 두어 380mA로 한다.

③ 따라서, GPT 각 상의 전류는 $\dfrac{380}{3} = 127(\text{mA})$로 결정한다

3) 한류저항(CLR)Rn(Ω), 용량(W) 선정

① 6.6KV 계통의 GPT $\dfrac{6600}{\sqrt{3}} / \dfrac{110}{\sqrt{3}} / \dfrac{190}{3} V$ 인 경우

㉠ $Rn = \dfrac{9E_1}{n^2 \times Ir} = \dfrac{9 \times \dfrac{6600}{\sqrt{3}}}{\left(\dfrac{6600/\sqrt{3}}{190/3}\right)^2 \times 0.38} = 25\ (\Omega)$

㉡ $W = \dfrac{V_{0Rn}^2 = \dfrac{190^2}{25} = 1444(w)}{}$ =〉연속정격

※ GPT $\dfrac{6600}{\sqrt{3}} / \dfrac{64}{\sqrt{3}} / \dfrac{110}{3} V$ 인 경우

① 항에서 계산한 방법으로 계산하면 Re = 8.35[Ω] = 8[Ω]

※ 3차 권선의 정격전압은 110/√3[V]와 110/3[V]가 있지만 6600V 일때는 110/√3 이 많이 사용된다.

㉢ 용량선정

ⓐ 만일 완전지락 사고발생으로 단시간(GPT 시간정격: 30분 정격사용이 일반적임) 내에 계통에서 분리되지 않을 경우(CB Fail), CLR 보다 GPT가 먼저 소손되어 경제적으로 손실이 더 크고 이로 인한 2차 파급사고가 발생할 수 있으며 또한 복구에 소요되는 시간도 훨씬 많을 것 임.

ⓑ 따라서 CLR은 단시간정격(30Sec, 1Min, 3Min 등)을 사용하며 W용량 또한 100W를 사용하는 것이 일반적 임.

② 3.3kV 계통의 Rn W값

㉠ $Rn = \dfrac{9E_1}{n^2 \times Ir} = \dfrac{9 \times 3300/\sqrt{3}}{\left(\dfrac{3300/\sqrt{3}}{190/3}\right)^2 \times 0.38} = 50 = 50(\Omega)$

㉡ $W = \dfrac{V_{0Rn}^2 = \dfrac{190^2}{50} = 722(w)}{}$

㉢ 용량선정 : CLR은 단시간정격(30Sec, 1Min, 3Min 등)을 사용하며 W용량 또한 100W를 사용하는 것이 일반적 임.

③ 저압 440V 계통의 Rn, W

㉠ $Rn = \dfrac{9E_1}{n^2 \times Ir} = \dfrac{9 \times 440/\sqrt{3}}{\left(\dfrac{440/\sqrt{3}}{190/3}\right)^2 \times 0.38} = 375$ 표준저항 370(Ω)으로함.

㉡ $W = \dfrac{V_0^{\ 2}}{Rn} = \dfrac{190^{\ 2}}{370} = 98$

㉢ 용량선정: CLR은 단시간정격(30Sec, 1Min, 3Min 등)을 사용하며 W용량 또한 훨씬 작은 값을 사용함.

3.3.3 GPT용량선정

1) GPT1상분당의 부담 : P = GPT 한 상의 전류 × GPT 한 상의 전압 (VA)

2) 6,600V일 경우 :

$P = 0.127 \times \dfrac{6,600}{\sqrt{3}}$ = $484[VA]$ 정격인 500[VA] 사용

3) 3,300V일 경우 : $P = 0.127 \times \dfrac{3,300}{\sqrt{3}}$ = $242[VA]$ 정격인 300[VA] 사용

4) 440V일 경우 : $P = 0.127 \times \dfrac{440}{\sqrt{3}}$ = $32[VA]$ 정격인 50[VA] 사용

3.3.4 GPT에 적용된 CLR 및 GPT부담

구 분	CLR(한류저항기) 산출 값		GPT 1상당 부담 (VA)
	저항값(Ω)	용량(W)/ 단시간	
6,600V 비접지 설비	25	1444/100	500
3,300V 비접지 설비	50	722/100	300
440V 비접지 설비	370	–	50

4. 6.6kV비접지방식에서의 NGR, GTR 사용 검토

4.1 저항 접지계통

4.1.1 저항접지의 적용배경

1) 배전계통을 저 접지계로 구성하는 경우는 일반적으로 드문 일이지만 일반 수용가 구내의 대규모 배전계통에 채용되는 경우가 있다.

2) 또한 계통에서 저항 R의 값이 너무 낮으면 고장발생시 통신유도 장해가 커지고 반대로 너무 높으면 지락계전기의 동작이 곤란해짐과 동시에 건전상의 대지전압 상승을 초래하게 된다.

3) 그러므로 계통의 지락전류는 필요에 의하여 수백A(저저항 접지)또는 수십A(고저항 접지)로 중성접 접지 저항기(Netural Grounding Resister)에 의하여 제한할 수 있다.

4.1.2 고저항접지방식

1) 접지저항치 : 100Ω ~ 1000Ω

2) 지락전류 : 5 ~ 100A

3) 특 징

① 전자유도장해를 줄이고 동시에 계전기의 확실한 동작 확보

② 주철제 그리드 저항체를 사용하고 계통의 안정도가 높고 운전도 용이하며, 차단기 차단내량은 보통등급이 사용된다

4.1.3 저저항 접지

1) 접지저항치 : 수십Ω정도

2) 지락전류 : 수백 A 정도

3) 특징 : 1선지락전류의 유료분이 증가되므로 과도안정도가 향상됨

4.1.4 수전용 변압기 중성점접지(Y결선 경우)

저항접지로 하는 방법은 NGR을 그림 16 에 나타낸 것 같이 수전변압기가 Y결선으로 중성점 이 있는 경우 중성점에 직접 설치하는 경우가 일반적이며 그림 16(a)와 같다.

4.1.5 수전용 변압기 중성점이 없는 경우 접지계통 변환(△결선의 경우)

수전용 변압기가 △결선으로 변압기 중성점이 없는 경우 그림 16(b)와 같이 별도의 중성점 접지용 변압기를 설치하고 1차측 중성점에 제한저항을 연결하여 접지한다.

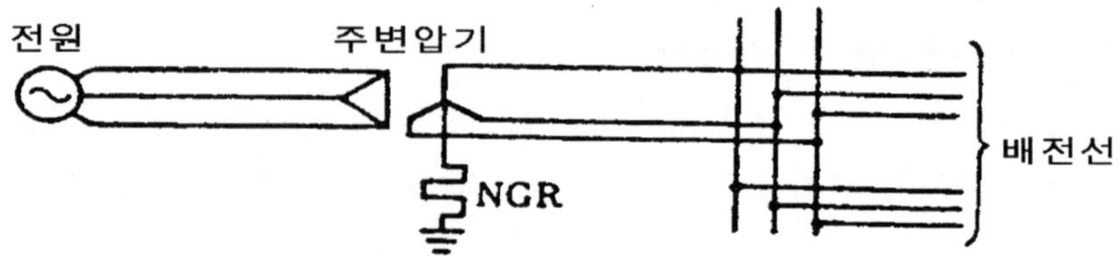

(a) 주변압기 의 중성점에 NGR을 설치한 방법

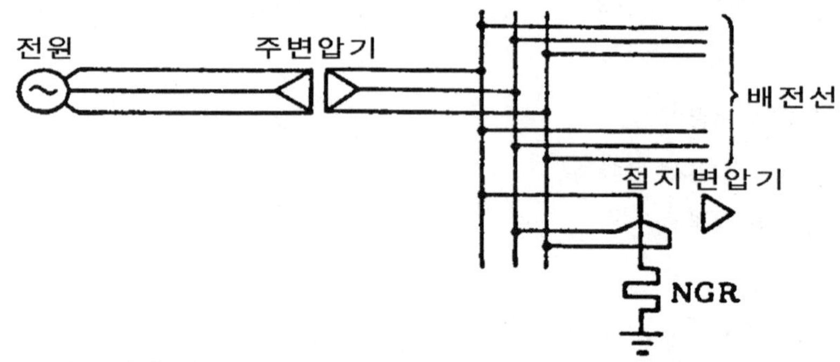

(b) 전용의 접지 변압기 중성점에 NGR을 설치한 방법

[저항접지방식]

4.1.6 중성점 접지용 변압기 및 계통 보호

1) 중성점 접지용 변압기 정격은 일반적으로 수분 정격인 것이 많으며 중성점에 흐르는 지락전류를 그림 17과 같이 지락과전류계전기 51N으로 검출하고 NGR 정격시간 이하 시한에서 경보표시 및 전원측의 차단기를 트립시켜서 NGR 및 계통을 보호하는 방식이 필요하다.

2) 전체 계통의 원만한 보호협조를 위해서는 보호계전기들 각각의 동작 시간차를 이용하는 한시차 계전방식이 적합하며 저항접지 계통에서는 한시차 계전방식 적용 가능하다.

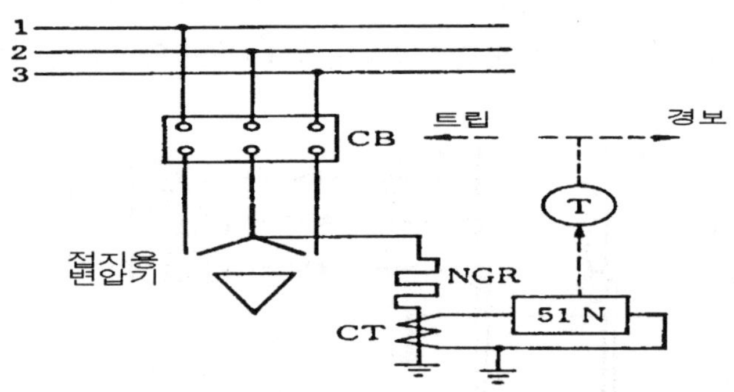

[NGR 설치 및 보호]

4.1.7 지락전류 검출 - 지락보호

1) 변압기 중성점 접지선에 CT설치

① 변압기 중성점 접지선에 영상전류 검출용 CT를 설치하고 계통에 지락사고 발생시중성점 접지점으로 귀환하는 지락전류를 검출하며, 이것은 직접접지계통, 저항접지계통 등 중성점을 접지한 계통에 적용 가능하다.

② 대체로 배전계통 후비보호용으로 사용하거나 경보용으로 사용하는 경우가 많다.

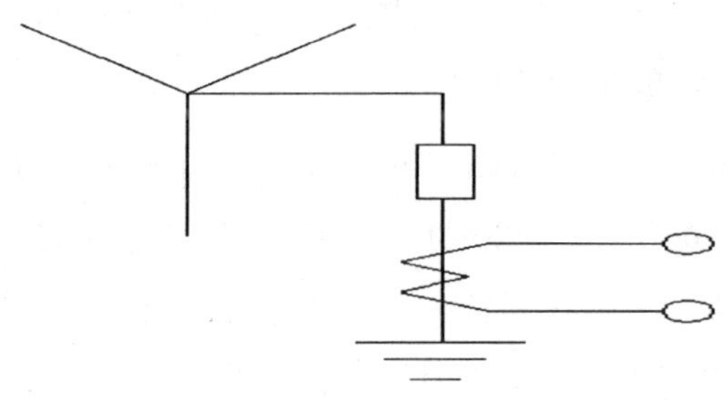

[중성점에 CT설치]

2) CT의 3차 영상 분로 접속

① 저항접지계통에서는 지락전류가 단락전류에 비해 현저하게 적으므로 변류비가 큰 CT 2차 잔류회로만으로 영상전류를 검출하기에는 영상전류 검출량이 너무 적어 지락보호용 계전기 오(부)동작하는 경우가 종종 발생한다.

② 이때는 CT 2차권선과는 별도로 3차권선을 두어 지락계전기 전용으로 사용한다. 3차권선은 2차권선에 비해 비교적 오차가 크다 (JEM 규격 3G급 3%, 5G급 5%).

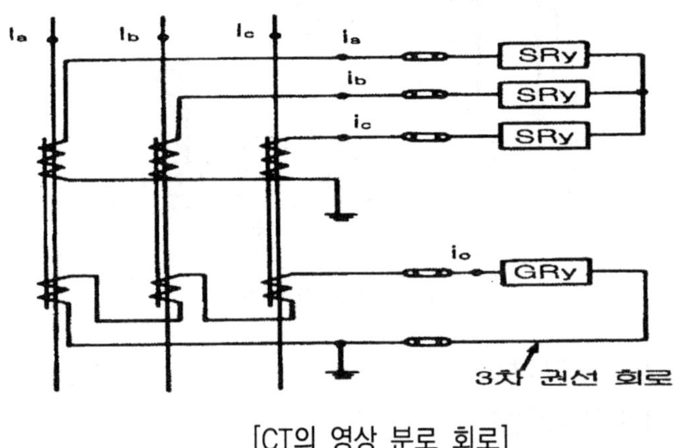

[CT의 영상 분로 회로]

③ CT3차 권선 결선은 위 그림 에서 보는 바와 같이 각 상 모두를 직렬로 연결하고 이 회로를 3상분로 회로라고 한다. 이때 CT 2 차 권선은 Y로 결선하고 잔류 회로를 만들지 않도록 해야 한다.

④ 영상전류를 검출하기 위한 3상 분로회로(3차권선) 변류비는 1、2차 권선비에 관계없이 100/5로 일정하다. 여기서 CT 2차측 접지는 CT 2차측 또는 계전기측에서 해야되며 2개소 동시 접지시공 해서는 안 된다. 영상회로를 접시세동으로 난락하는 경우 영상 전류를 검출할 수 없기 때문이다.

⑤ 상시 평형 전류가 흐르고 있을 때는 $I_a + I_b + I_c = 0$ 이므로 정상시에는 3차 권선에 전류가 흐르지 않는다. 그러나 지락사고 발생시 CT회로 전류는 A상에 지락고장이 발생할 때, A상 1차 전류에 의하여 발생한 자속은 2차 권선과 3차 권선에서 분담되지만, 2차측에는 전류를 유기하지 않는 B상, C상 2차 및 3차 권선 보상으로 인하여 3차 권선에는 I0가 흐른다.

⑥ 계통에서 지락사고 발생시 CT Y결선 잔류(영상)회로 또는 3권선 변류기 영상 분로 권선에 나타나는 영상전류를 검출하여 OCGR(또는 DGR)을 동작 시킨다.

⑦ 이 경우 일반적으로 수전단 이후의 각 단계별 계전기는 각각의 계전기 동작시간차를 두어 상호 보호협조하는 한시차계전방식을 적용한다.

4.1.8 저항접지 계통과 한시차 계전방식 적용

1) 위의 각 항들에 언급한 저항접지방식은 지락사고시 발생되는 지락전류를 제한하여 직접접지방식에서 나타나는 지락전류 과다로 인한 2차적인 파급사고와 통신선로에의 유도전압 발생, 비접지 방식에서 나타나는 보호계전방식의 복잡과 다단계 보호 불가능 등을해소하기 위하여 저항접지 방식의 도입이 고려된다.

2) 저항접지 방식은 직접접지와 비접지 방식의 단점들을 상호 보완할 수 있어 비교적 규모가 큰 플렌트 설비 등에 적용된다.

4.2 6.6kV 비접지방식에서 NGR, GTR 사용

4.2.1 NGR의사용

1) 개 요

① 직접접지 방식의 문제점인 지락전류가 커서 통신선에 미치는 유도장애와 비접지 계통에서는 각피더가 늘어남에 따라 정전용량 값이 병렬로 되어 작아 지게 되면 계전기의 오동작의 문제점을 보완하고자 NGR을 삽입하여 지락전류의 크기를 억제 조절한다

② 1선 지락전류를 억제하기 위하여 계통의 중성점에 저항기를 접속하여 저항기의 크기를 조정하여 지락사고시 계통에 흐르느 지락전류의 크기를 조정할 수 있다

③ 지락전류가 100A 정도까지 흐르도록 조정하는 계통을 고저항 접지방식이라 하고

④ 지락전류가 100A 이상 흐르도록 저항을 조정하는 계통을 저저항접지 방식이라 한다

2) 적 용 :

① 수전용 변압기 중성점접지(Y결선 경우)

② 수전용 변압기 중성점이 없는 경우 접지계통 변환(△결선의 경우)

3) 사용목적

① 지락사고시 지락전류를 제한하거나 전선로의 대지전위 상승억제
=>이상전압의 발생으로 인한 기기 및 선로의 절연 파괴예방을 위해사용

② 아크지락, 개폐서지에 의한 이상전압 상승억제로 전선로 및 접속기기의 절연파괴 방지

③ CT 및 지락보호계전기(OCGR)를 사용하여 사고회로의 검출이 쉽고, 사고 개소만을 선택차단이 가능

④ 지락시 통신선로의 유도장해 억제

⑤ 변압기(발전기) 지락사고시 부하의 급변을 피하고, 과도안정도 향상

4) NGR의 크기선정

① 지락전류의 제한과 고려하여 선정한다

② 지락전류는 가급적 적게 제한하는 것이 유리 할 것이나 건전상의 전압상승을 방지하기 위해서는 충전전류 보다 큰 유효 전류를 흐르게 하여야 한다

③ 지락전류는 100~300A로 제한하도록 NGR크기를 선정한다

=> 일본의 경우 100A, 200A지락전류를 제한하도록 NGR를 선정한다

5) NGR의 정격

① 재질 : 일반적으로 KS STS.304 스테인리스 스틸을 사용한다

② 정격 전압 : 선간전압의 $\frac{1}{\sqrt{3}}$

③ 계통전압 : 23KV, 6.6KV, 3.3KV

④ 설치장소 : 옥외 또는 옥내

⑤ 정격시간 :

㉠ 단시간 정격 : 10초, 1분, 10분 으로 되어 있음

=> 국내 제작사에서는 30초 정격을 이에 더하여 제작 하고 있다

㉡ 지연시간 정격 : 정격 전류를 흘렸을 때 NGR의 온도상승이 일정하게 되는 시간보다시간을 말함

⑥ 기타 : 온도상승한도, 저항의 표준 등을 별도로 정함

4.2.2 GTR사용

1) 개요

① 중성점 비접지 계통의 지락전류는 케이블의 충전전류가 대부분이다.

② 케이블의 충전전류가 커지면 PT접지에서 영상전압이 낮아져 지락검출감도가 낮아질 뿐만 아니라 1선 지락시 건전상의 전압이 상승하게 된다.

③ 과거 가공배전선로의 경우 충전 전류가 적어 비접지 방식의 사용이 가능했으나 지중 CABLE을 사용하고 선로의 길이가 길 경우 대지 충전전류가 큰 계통에서 1선 지락사고 발생시 대지전압을 웃도는 이상전압이 발생한다.

④ 따라서 1선 지락시 계통의 이상전압을 억제하고, 지락시 선로의 신속한 분리를 위해서 전개소의 수전변전소에 접지변압기와 저항을 설치하여 지락전류의 귀로를 형성하고 지

락과전류계전기(OCGR)를 사용하여 지락시 신속하게 선로를 차단하도록 한다.

2) 적용 : 수전용 변압기 중성점이 없는 경우 접지계통 변환(△결선의 경우)

3) 사용목적 :

① 변압기 결선이 △-△, 또는 Y-△일 때 2차 회로의 중성점 접지가 불가능 하다

② 이와 같이 계통에 중성점이 없을때에 부득 이 접지용 변압기를 설치하여 $3wCE = I_c \leq I_N$ 이 되도록 중성점을 만드는데 사용한다

4) 접지용 변압기 설치 방식 : Delta 결선방식, Y-open△방식, Zig-Zag 변압기 방식

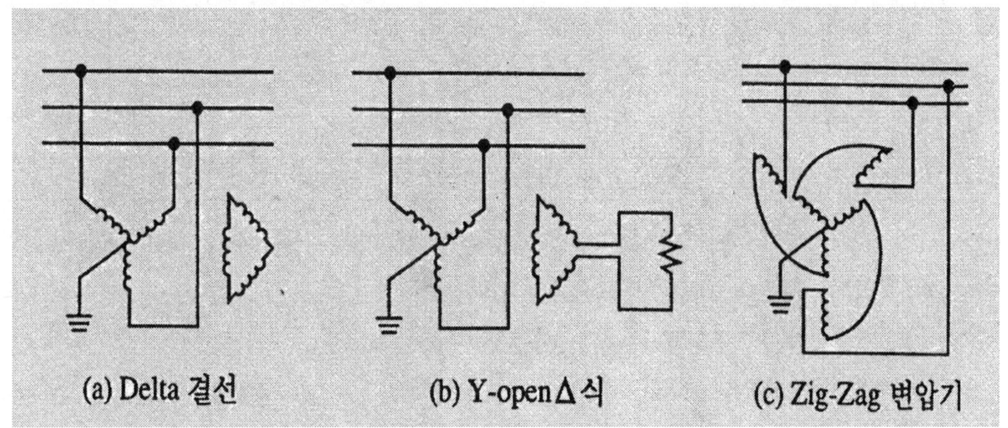

[그림21] 접지용 변압기 설치 방식

5) 설치시 주의사항

① 접지용 변압기로 성형-개방결선 변압기(Y-open△)를 사용할 경우에는

② 1선지락시에 지락된 상은 단락 상태이므로 3각 철심인 변압기에서는 1선 지락시 지락상에 영상 자속이 중첩되어 과열 하게됨 으로

③ 5각 철심 변압기를 사용하거나 단상변압기 3대로 성형- 개방3각 결선을 하여야 한다 이때 중성점 절연은 특별히 필요하지 않다

6) 접지용 변압기 정격

① %Z : 150KVL BIL이하에서는 5.5%~8% 로한다

② 계통전압 : 23KV, 6.6KV, 3.3KV

③ 설치장소 : 옥외 또는 옥내

7) 접지용 변압기(GTR) 용량선정

접지변압기의 용량은 지락 최대전류와 지속시간에 따른 시간정격으로 결정한다.

① Y-△결선인 경우 GTR용량 계산 공식 :

㉠ 3상등가용량 KVA = $\frac{V}{\sqrt{3}} \times I_g \times k$

단, V : 선간전압 I_g : 접지전류

k : factor

지속시간	지락전류에 대한 중성점 연속 전류비[%]					비 고
	0~5%	10%	15%	20%	25%	
10sec/미만	0.110	0.110	0.157	0.206	0.264	
1분	0.112	0.141	0.180	0.223	0.269	
10분	0.206	0.233	0.260	0.283	0.320	
그 이상	0.602	0.608	0.619	0.633	0.650	

※ 지락전류에 대한 중성점 연속 전류비는 접지변압기를 설치할 경우에는 변압기정격전류의 10~20%정도 고려하면 된다

※ 단상변압기 3대를 Y-△결선 하는 것이 좋다

㉡ 단상변압기용량 KVA = 0.383 × 3상 KVA

㉢ Westinghouse 에 의하면 접지용 변압기는 100 KVA이상을 추천함

② GigZag 변압기 용량 선정

㉠ Y-△결선 변압기 용량의 $\frac{1}{\sqrt{3}}$ 으로 한다

㉡ Westinghouse 추천에 의하면 접지용 변압기(GTR) 용량이 100KVA를 초과할 경우 GigZag 변압기 사용을 추천하나 국내 여건상 제작이 어려울 경우 Delta 결선방식, Y-open△방식함을 적용함

4.2.3 NGR, GTR선정 예

1) 조건

① 케이블 6.6(kV) CV 60㎟ / 1C

② 거리 : 40(km)

③ 정전용량 : 0.37[㎌/㎞]

④ 지락전류 : 200 [A]

2) NGR 용량

① 선로조건계산

㉠ 선로정수 : 6.6(kV) CV 60㎟ / 1c × 40(km) = 3×0.37×40 =44.4(uF)

㉡ 충전전류 Ic = 2π fc ×10−4 × $\frac{6.6}{\sqrt{3}}$ = 63.78 [A]

② 1선지락전류 제한의 예

㉠ 조건 : NGR의 저항 19Ω 선정할경우

㉡ 지락전류계산: $I_g = 3I_0 = \frac{3E}{Z_0 + Z_1 + Z_2 + 3R_f}$ 에서

$Z_0 \gg Z_1, Z_2$ 이고, 고장점 저항 (R_f)을 무시하면

$Z_0 = 3 \times R_N = 3 \times 19$

$I_g \fallingdotseq \frac{3E}{Z_0} = \frac{3 \times 6600/\sqrt{3}}{3 \times 19}$ = 200A

③ 용량선정

㉠ NGR저항 용량은 지락전류를 계산하여 적절히 선정한다

㉡ 지락전류(Ig)는 100~300(A)로 제한하여 선정하는 것이 바람직하다.

3) GTR용량

① 계산식 : $P = V \times Ig \times K$ (지락전류에 대한 중성점 연속 전류비)

$K = 0.141$ (지그재그 결선, 1분 정격, 지락전류에 의한 중성점 연속 전류비10% 적용)

② 계산결과 :

$$P = K \times \frac{V}{\sqrt{3}} \times I \times 10^{-3} = 0.141 \times \frac{6600}{\sqrt{3}} \times 200 \times 10^{-3} = 107.4\,[\mathrm{kVA}]$$

4) 계산결과

공급구간	접지저항 (NGR)[Ω]	지락전류[A]	변압기용량[kVA]		비고
			계 산	선 정	
40km	19	200	107.4	110	접지변압기는 110[kVA]로 선정

5) 중성점 접지방법에 따른 중성점 접지 저항기의 선정예(전기기술 기다리 P-102참조)

I_c	I_N	접지방식	저 항	비 고
$I_c \le 500mA$	380mA	GPT접지	25Ω	제한 저항임
$500mA < I_c \le 1A$	1A	충전전류 보상식	–	사용실적없음
$1A < I_c \le 10A$	10A	NGR	380Ω	중성점접지
$10A < I_c$	100~400A	NGR	38Ω ~10Ω	중성점접지

I_c : 선로충전전류 I_N : 중성점저항기 정격전류(지락전류)

5. 결론

5.1 6.6.KV 비접지 보호 방법

5.1.1 6.6.KV 비접지 보호 방식의 개요

6.6KV 비접지 보호 방법에서의 가장 큰 문제점은 케이블을 사용함으로서 선로 충전전류가 커지므로 이로 인하여 계전기가 동작하지 않게 됨으로의 문제점이 있으므로 지락 전류를 제한하기 위하여 여러 가지 방법이 검토되고 있다

5.1.2 6.6.KV 비접지 보호 방법

1) CLR, GPT를 사용하는 방법

① 방법 : GPT, OVGR, SGR등으로 보호회로를 구성하고 있다.

② 적용 :

㉠ 비교적 중거리 케이블 선로 (역간 거리가 은 DC철도의 연락 배전선로)

㉡ 선로충전전류 약 500mA이내의 선로

③ 문제점 : 지락시 계전기 동작은 동일변압기군에 GPT 설치수량이 많고 선로충전 전류가 클 경우 지락시 OVGR의 최소동작 전압까지 상승하기 어렵고 전력동작형이면서 자기선로 이외의 타선로의 영상전류를 비교하여 동작하는 유도형 SGR을 동작시키기 어렵다.

④ 대책 : 지락 전류 검출 감도가 좋은 디지털계전기 사용, 시퀀스 회로 개선

2) NGR, GTR을 사용하는 방법

① 방법 : NGR, GTR, OCGR 등으로 보호회로를 구성하고 있다.

② 적용 :

㉠ 비교적 장거리 케이블 선로 (역간 거리가긴 AC철도 연락 배전선로)

㉡ 선로충전전류 약 1A이상의 선로

㉢ 기존에 비접지 방식으로 되어 있는 계통에 적용

③ 문제점 : 널리 사용 되지 않음으로 신뢰성 미정

④ 대 책 : 최적의 용량선정 및 제작시 신뢰성 확보

3) 신설 선로인 경우 비접지방식이아닌 GTR 을 없앤 방식적용(저항접지방식)

① 방법 :

㉠ 신설일경우는 변압기 결선을 △-Y결선을 하여 GTR을 없앤 방식적용 (저항접지 방식)

㉡ NGR, OCGR 등으로 보호회로를 구성한다

② 적용 :

㉠ 비교적 장거리 케이블 선로 (역간 거리가긴 AC철도 연락 배전선로)

㉡ 선로충전전류 약 1A이상의 선로

㉢ 새로 구성되는 계통에 적용(신설인경우)

5.2 6.6.KV 비접지 보호 방법의 비교

항목	비접지		직접접지	저항접지	
	CLR, GPT사용	NGR GTR사용		고저항	저저항
결선도	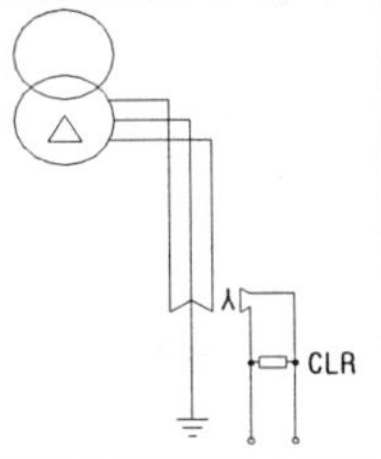 CLR	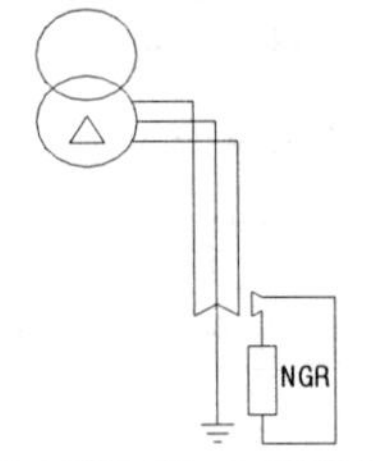 NGR	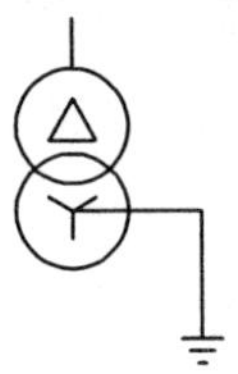	 NGR	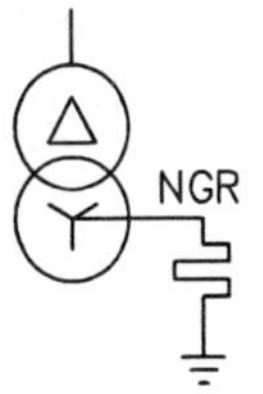 NGR
적용 전압	3.3kV, 6.6kV,22kV	3.3kV, 6.6kV,22kV	22.9kV-Y, 154kV	3.3kV, 6.6kV, 22kV	3.3kV, 6.6kV, 22kV
검출 방식	o 영상전압 : GPT CLR사용 o 영상전류 : ZCT	o 영상전압 : GTR NGR사용 o 영상전류 : CT	o 3CT Y결선잔류회로	o 3CT Y결선잔류회로 NGR사용 o 3권선 CT o 링 타입 CT	o 3CT Y결선잔류회로 NGR사용 o 3권선 CT o 링 타입 CT
계전기 적용	o 단락보호 : OCR o 지락보호 : SGR OVGR	o 단락보호 : OCR o 지락보호 : OCGR(51N)	o 단락보호 : OCR o 지락보호: OCGR	o 단락:OCR o 지락:DGR	o 단락: OCR o 지락:OCGR
건전상 전압 상승	o 크다. 장거리의 경우 이상전압 발생가능($\sqrt{3}$ 배 이상)	o 크다. 장거리의 경우 이상전압 발생가능($\sqrt{3}$ 배 이상)	o 작다. 정상시와 거의 동일. (1.3배 이하)	o 중간 비접지와 직접접지 중간. (1.3 ~ $\sqrt{3}$ 배 이하)	o 중간 비접지와 직접접지 중간. (1.3 ~ $\sqrt{3}$ 배 이하)
지락 전류	o 작다(380[mA]정도) 송전거리가 길어지면 커짐 (수백mA정도)	o 저항 접지 방식과 유사 o 10 ~ 400A정도	o 최대 전압에따라수십~수천(A) 3상단락 전류와 유사	o 5 ~ 100A정도	o 100 ~ 300A 정도
계전기 동작 확보	o 곤 란 (디지털식사용시 확실)	o 확 실	o 가장 확실	o 확 실	o 확 실
고장시 유도 장해	o 거의없다	o 거의없다	o 크다	o 중간	o 크다
적용	o 단거리 소규모 구내 배전선로로서 유도 장해에 민감한 설비가 설치되는곳 o DC철도의 연락배전 o 선로충전전류 500mA이내의 지중선로	o 중거리 소규모 구내 배전선로로서 유도 장해에 민감한 설비가 설치되는곳 o AC철도의 연락배전 o 선로충전전류1A이상의 기설치된 비접지 방식의 지중선로 o 신설일경우는 Δ-Y결선을 하여 GTR을 없앤 방식적용(저항접지 방식)	o 장거리 대규모 한국 전력에서 채용하는방식임	o 중거리 중규모 플랜트 구내 배전선로에 주로 채용	

3-7. 터널전기설비

1. 터널 전기설비

터널내 조명설치 기준은 전철·전력 시설지침 「제6장 전력설비 제13절 조명설비 제232조」 이하 「터널조명 부하설비의 시설범위」를 기준으로 적용함.

구 분		시 설 내 용
터널조명	사용광원	■ 형광등 FHF 1/32[W](소요조도 : 10lx)
	등기구	■ 형광등용방습방진등기구(폴리카보네이트 재질)
	시설간격	■ 복선터널 : 지그재그 10m(입·출구부 70m지점까지 7m 간격으로 배열, 전철기 위치 : 2.5m)
	시설높이	■ 1.8[m]
	점멸방식	■ 터널 입·출구에서 일괄 점소등 제어
콘센트	시설종류	■ 1Φ 15[A] 방수형 1구 접지형
	시설간격	■ 40m 간격 설치(철도시설안전세부기준 제35조(06년9월) 고시 ⇒ 복선터널의 경우 양측 250m 간격으로 설치)
	시설높이	■ 1.0[m]
전원설비	공급전압	■ 3Φ 4W, 380/220[V](터널시·종점에서 전원공급)

2. 터널조명

2.1 터널조명 시설기준

1) 시설기준

터널내 조명설치 기준은 KSA 3703 "터널조명기준"과 "철도전기시설관리규정"으로 구분할 수 있으나 KSA 3703의 경우 터널내 운전자의 시야 확보를 위한 것으로 높은 조도를 요구하고 있어 철도 시설물 유지 관리용으로 적용은 불가능한 것으로 판단된다. 따라서 본 설계에서는 철도 전기시설관리 규정에 준하여 계획한다. 터널 길이에 따른 조명설비 시설기준은 다음 표와 같다.

종 별	직 선	R = 600 이상	R = 600 미만	비 고
단 선	120m 이상	100m 이상	80m 이상	적용대상 :
복 선	150m 이상	130m 이상	110m 이상	청학터널(1,114m)

2.2 터널내 조명, 콘센트 설치 비교

구 분		철도공사	고속철도	서울지하철	비 고
터널조명	사용램프	FL 32W/1	저압나트륨 36W	FL 40W/1	
	설치간격	양측 10m (균등간격 복선 지그재그)	지그재그 20m	지그재그 20m	
	설치높이	1.8m	3.4m	3.0m	
	요구조도	10 lx	10 lx	10 lx	
	점멸방식	Push Button	Push Button	MCCB	
	점멸구간	300m (500m로 변경 적용)	500m	역 간	변경사항
콘센트	설치간격	편측 40m	편측 60m	지그재그 60m	
	설치높이	1.0m 이상	0.5m	1.0m	
	공급전압	1Φ2W 220V 3Φ4W 380V/220V (단상만 변경 적용)	1Φ 220V	3Φ 4W 380V/220V	변경사항

2.3 조명율의 선정

조명율은 도로 시설물 유지관리 지침 및 규정 (서울시)에 의하면 터널내 재료와 배열 방식에 따라 다음과 같이 분류되어 있다.

구 분	마감재료			조명율		비 고
	노 면	천 정	벽 면	양측배열	중앙배열	
1	ASP 10%	적벽돌류 10%	적별돌류 10%	0.30	0.35	
2	ASP 10%	적벽돌류 10%	Con c 25%	0.32	0.37	
3	ASP 10%	Con c 25%	Con c 25%	0.34	0.39	
4	ASP 10%	Con c 25%	타일류 50%	0.36	0.41	
5	Con c 25%	적벽돌류 10%	적벽돌류 10%	0.31	0.36	
6	Con c 25%	적벽돌류 10%	Con c 25%	0.33	0.38	
7	Con c 25%	Con c 25%	Con c 25%	0.35	0.40	
8	Con c 25%	Con c 25%	타일류 50%	0.37	0.42	
9	Con c 25%	Con c 25%	스탠판류 70%	0.4	0.45	

2.4 보수율의 선정

조명등을 초기 설치시 광속은 시간이 경과함에 따라 먼지 또는 매연에 의해 저하됨으로 가중치인 보수율을 적용하여 계산하여야 하며 터널의 길이와 구배에 의해 다음과 같이 분류되어 있다.

터널현황 / 교 통 량	I	II	III
(A) 15,000대 / 일 이상	0.40	0.45	0.50
(B) 7,000대 / 일 ~ 15,000대 / 일	0.45	0.50	0.60
(C) 7,000대 / 일 미만	0.50	0.60	0.70

터 널 현 황	길 이	구 배
I	200m 이상	2% 이상
II	200m 이상 200m 이하	2% 이하 2% 이상
III	200m 이하	2% 이하

2.5 램프 선정

터널 내부조명은 과거 고압나트륨램프를 많이 사용하였으나, 고효율 형광등이 개발되어 고압나트륨램프에 비해 에너지가 현저히 절약되므로 형광등을 사용한다.

1) 고압나트륨램프와 형광램프 비교 검토

내 용	고효율 형광등	고압 나트륨등
효 율	■ FHF 32W에서 95(lm/W)	■ NH 200W에서 100(lm/W)
평균수명 (광속유지율 기준)	■ 10,000 시간	■ 12,000 시간 (100W 기준)
전 광 속	■ 3,040 lm	■ 9,000 lm (100W 기준)
온도특성	■ 저온(영하)에서 점등이 어려움 ■ 저온 사용시 안정기 수명 급감 및 흑화현상의 원인	■ 주위온도가 낮을수록 점등에 유리
경 제 성	■ 10m 간격 설치 (500m÷10m간격=50등×40W =2000W) 1배선구간 부하량이 작아 간선 규격이 적음	■ 20m 간격 설치 (500m÷20m간격=25등×115W =2875W) 1배선구간 부하량이 커서 간선 규격이 큼
특 징	■ 효율이 높다 ■ 광색 : 주광색 ■ 연색성(Ra : 82)이 좋다 ■ 순간 재점등 가능 ■ 눈부심이 적다	■ 효율이 높다 ■ 광색 : 등백색 ■ 연색성(Ra : 29)이 안좋아 시력 장애와 피로감을 줌 ■ 온도에 의한 광속변화 없음 ■ 순간 재점등 어려움(1분 소요) ■ 눈부심이 강하다

2) 검토결과

경제성(단위 부하량이 작아(40W : 115W) 간선 규격 감소)이 우수하고, 에너지 및 전기요금 절감이 가능하며 연색성이 우수하여 유지보수에 유리한 고효율 형광등을 주로 채택한다.

2.6 터널 조명기구 선정 검토

터널은 외부보다 습도가 높은 관계로 조명기구의 부식이 유지보수 및 전기안전 등에 큰 영향을 끼치게 되므로 등기구는 배광, 눈부심 제어, 조명율 및 유지보수가 쉬운 구조이며 부식방지에 우수하고 방수 패킹 및 내구성과 개폐빈도 등에 거의 영향을 받지 않는 재질이어야 한다.

1) 터널 등기구 비교 검토

구 분	장 점	단 점
형광등용 방습방진 등 기 구	■ 재질상 부식방지에 우수함 ■ 방수, 방습, 방진에 양호함 ■ 금형에 의거 제작되므로 균일제품 생산 가능 ■ 외관형태가 견고하고 미려함 ■ 물청소 등에 관계없이 부식 방지에 최적함 ■ 등기구 수명이 반영구적임.	■ 금형 제작에 따른 제작비용 부담증가
알루미늄 주 물 재 등 기 구	■ 녹방지가 양호 ■ 무게가 가벼움 ■ 금형에 의거 제작 균일제품 생산가능	■ 완전방수 방습 다소 부족 ■ 공해에 따른 부식성 증대로 수명단축 ■ 물청소에 따른 부식성 증대
철 재 등 기 구	■ 재질단가가 저렴 ■ 금형 제작시 단가 절감	■ 완전방수ㆍ방습 부족 ■ 공해에 따른 부식성 증대로 수명단축(5-7년) ■ 물청소에 따른 부식성 증대 ■ 제작과정이 수동방식이므로 균일성 결여

2) 검토결과

- 철재 터널 등기구는 제작단가가 저렴하나 방수ㆍ방습이 부족하여 부식성 증대에 따른 수명이 짧고, 알루미늄 주물재 터널 등기구는 무게가 가볍고 녹 방지가 양호하나 방수ㆍ방습이 다소 부족하고 부식성에 대하여 우수하지 못함. 따라서 제작단가는 다소 증가하나 재질상 부식성이 가장 우수하고 방수, 방습, 방진에 양호하며 등기구 수명이 반영구적인 형광등용 방습방진 등기구를 선정하는 것이 바람직하다.
- 현재 철도공사에서 옥외 승강장에 사용하는 형광등용 방습방진 등기구는 몸체와 카바가

합성수지의 일종인 재질로 충격에 매우 강하고 외부 환경의 변화에 따른 변형이 없으며 내염성이 강하고 습기 먼지, 분진이 많이 발생하는 장소에 적합하므로 터널용 등기구로 선정하는 것이 바람직하다.

2.7 터널조명 배열방식 검토

1) 터널조명 배열방식 비교

구 분	양 측 배 열		편 측 배 열
	지그재그 배열	마주보기 배열	
시설방법	■ 터널 양측 벽에 지그재그로 시설	■ 터널 양측 벽에 대칭으로 시설	■ 터널 한 측벽에 시설
시설간격	■ S=10m	■ S=10m	■ S=10m
시설높이	■ H=1.8m	■ H=1.8m	■ H=1.8m
조도	■ 12.5 lx	■ 12.5 lx	■ 10.2 lx
장단점	■ 조도분포가 좋다 ■ 유지관리가 나쁨 ■ 시설비 증가	■ 조도분포가 보통 ■ 유지관리가 나쁨 ■ 시설비 증가	■ 유지관리가 편함 ■ 시설비가 저렴함 ■ 조도분포가 나쁨 ■ 선로보수 공사시 조도분포가 균일하지 못하여 불편하다
경제성	■ 135%	■ 130%	■ 100%
선 정	■ 복선일 경우 선정	–	■ 단선일 경우 선정

2) 검토결과

■ 편측 배열은 시설비가 저렴하며 유지관리에 편리하나 조도 분포가 균일하지 못하고 터널 폭이 10.84m이므로 반대편 선로측이 어둡게 되어 선로 점검 및 보수 공사시 지장을 초

래하게 된다. 따라서 시설비는 다소 증가하나 조도분포가 균일하며 시설간격이 적어지는 효과를 얻을 수 있고 선로 점검 및 보수공사에 편리한 지그재그 배열로 선정함이 바람직하다.

- 본 과업구간(오이도~송도간)은 지하 개착 BOX TYPE의 청학터널(1,114m) 1개소로서 복선터널임.

2.8 조도계산

1) 터널의 조건

- 천정 : CON'C
- 벽면 : CON'C
- 바닥 : 자 갈
- 폭 : 단선(4.9m)
- 높이 : 6.05m
- 조명율 : 0.35(u)
- 보수율(M) : 0.5(감광보상율 D의 역수, M=1/D)
- 사용광원 : 형광등(FL) 32W(3,040lm) 방진방습등

2) 계산식

- $\text{FUN} = \text{EAD}$에서 $E = \frac{\text{FUN}}{\text{AD}} = \frac{1 \times 3,040 \times 0.35 \times 0.5}{10 \times 4.9} = 10.86[\text{lx}]$

2.9 전원공급

- 터널내 조명 및 콘센트의 전원공급
  - 공사비 절감 및 전압강하를 고려하여 3상4선식 380-220V로 전원을 공급.
- 점소등 방식
  - 최대 500m를 1개 점등구간으로 하여 시점과 종점에서 일괄 점、소등 가능하도록 시설.

2.10 터널내 케이블 포설(예)

일반적으로 22.9kV 배전선로는 구조물의 Hunch 상부에 콘크리트 트로프를 설치해 포설하고, 저압용간선 및 제어선용 케이블은 등기구 상부에 케이블 트레이를 설치하여 포설한다.

2.11 터널 입 · 출구용 배전반(터널전원공급용 변압기반) Door의 시건장치

배전반 Door는 관계자 이외에는 조작을 하지 못하도록 특수 시건장치 즉, 비밀번호를 이용

한 출입 통제형 번호키 기능이 있는 제품을 시설한다.

3. 터널내 전기방재설비 검토

내 용 / 공종	적 용 내 용	설 치 기 준	비 고
비상 조명등	■ 직선 150m 이상 터널에 적용	■ 설치간격은 30m(전반조명등 3등에 1개) 비상등기구를 축전지 내장형을 사용(60분간 5[lx]이상 유지)	철도설계 편 람
거리표시 유 도 등	■ 1km 이상 터널에 적용	■ 100m 간격(지그재그) 축전지 내장형을 사용(60분간 유지)	고속철도 설계기준
비상 콘센트	■ 직선 150m 이상 터널에 적용	■ 4등마다 1개설치(1P 15A만 적용) ■ 외함 SUS 재질 적용	10.16 참조
내화케이블 사 용	■ 모든 전원, 제어케이블에 적용	■ 현행 : 난연성케이블 사용(816±10℃에서 20분 가열에 피복손상 180㎜ 이하) ■ 적용 : 내화케이블 사용(750±5℃에서 3시간 가열시 피복손상이 없을 것)	철도설계 편 람

3.1 비상조명설비

1) 본선터널

① 비상조명등(관련규정 : 국가화재안전기준 NFSC 304)

- 일반조명등 3등마다 축전지내장형 비상등기구를 1등 설치하여 정전시 조명이 가능하도록 구성(60분간 유지)

② 주간선 : 0.6/1kV HFCO(0.6/1kV 저독성난연폴리올레핀시스트레이용케이블)

분기선 : 배관·배선일체형 케이블(HFCO 케이블)

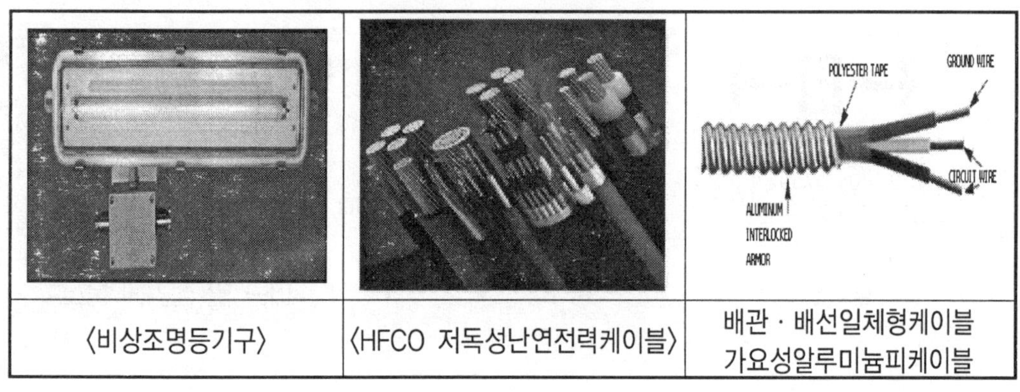

〈비상조명등기구〉 〈HFCO 저독성난연전력케이블〉 배관·배선일체형케이블 가요성알루미늄피케이블

2) 비상조명등

화재발생 등에 정전시에 안전하고 원활한 피난활동을 할 수 있도록 피난통로 등에 설치되어 자동 점등되는 조명 등을 말함.

3) 비상조명등의 설치기준

① 소방대상물의 각 거실과 그로부터 지상에 이르는 복도、계단 및 그 밖의 통로에 설치할 것

② 조도는 비상조명등이 설치된 장소의 각 부분의 바닥에서 1[ℓx] 이상이 되도록 할 것

③ 예비전원을 내장하는 비상조명등에는 평상시 점등여부를 확인할 수 있는 점검스위치를 설치하고 당해 조명등을 유효하게 작동시킬 수 있는 용량의 축전지와 예비전원 충전장치를 내장할 것

④ 설치높이 : 바닥에서 1.8m 위치에 설치할 것

3.2 피난연락갱유도등설비(거리표시유도등)

1) 설치기준 : 국가화재안전기준(NFSC 303) 제5조, 제6조

구 분	시 설 현 황
피난구유도등	▪ 피난구 또는 피난경로로 사용되는 출입구를 표시하여 피난을 유도하는 등(Lamp)을 말함.
통로 유도등	▪ 피난통로를 안내하기 위한 유도등으로 복도통로유도등, 거실통로 유도등, 계단통로유도등을 말함.
설 치 방 법	▪ 터널연장 1km 이상 터널에 적용. ▪ 터널 입、출구 300m 지점부터 지그재그 100m 간격으로 설치.

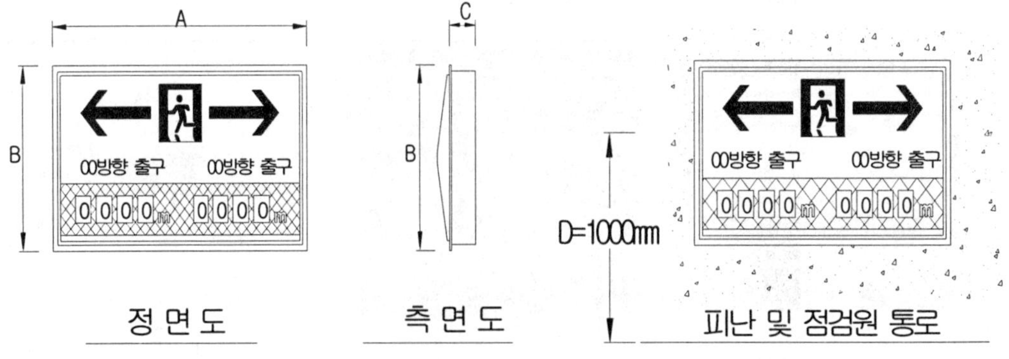

2) 설치예

구 분	내 용	비 고
정격전압	■ AC 1Φ2W 220V	
광 원	■ FL 32W/2등용	
외 함	■ 1.5t 스테인레스 강판	
	■ 폴리카보나이트 3㎜	
바 탕	■ 초록색, 문자 : 백색	
구 조	■ 램프 교체 가능한 TYPE	
밧 데 리	■ 내장형 (60분 이상)	
규 격	■ A : 1,320㎜, ■ B : 720㎜, ■ C : 130㎜	

3.3 터널내 작업용 콘센트

1) 터널내 작업용 콘센트 설치 비교검토

구 분	1Φ 및 3Φ 콘센트설비 채용안	1Φ 콘센트설비 채용안
구성도		
개 요	■ 유지보수용 터널 콘센트 함 내에 1Φ (220V) 및 3Φ(380V) 콘센트설비를 설치하는 방식	■ 유지보수용 터널 콘센트함 내에 1Φ(220V) 콘센트설비만 설치하는 방식
장 점	■ 터널 유지보수시 1Φ 및 3Φ의 전동 공구를 다양하게 활용 가능 ■ 철도설계편람 반영(2004년)	■ 유지보수 작업시 사용되는 전동공구가 대부분 1Φ용인 것을 감안하면 터널 콘센트함에 불필요한 3Φ콘센트를 제외하여 설비의 간소화 가능
단 점	■ 경제적으로 불리(17백만원/km 추가 소요) ■ 간선의 규격이 큼	■ 3Φ용 전동공구 활용 못함

2) 검토결과

철도공사에서 보유중인 3Φ 장비는 대형으로 고정형이며, 발전기를 보유하여 사용 중으로 3

Φ 콘센트설비가 필요치 않으므로 본 과업구간 터널에는 1Φ 콘센트설비(외함 SUS 재질 적용)만 구성토록 함.

4. 터널내 전선로 구성검토(예)

4.1 일반적인 설치 현황

상선측에 전력분야 특고압배전선로가 포설, 하선측에 신호·통신분야의 저압 또는 제어케이블을 포설하기 위한 공동구를 각각 설치하여 배전계통을 구성함.

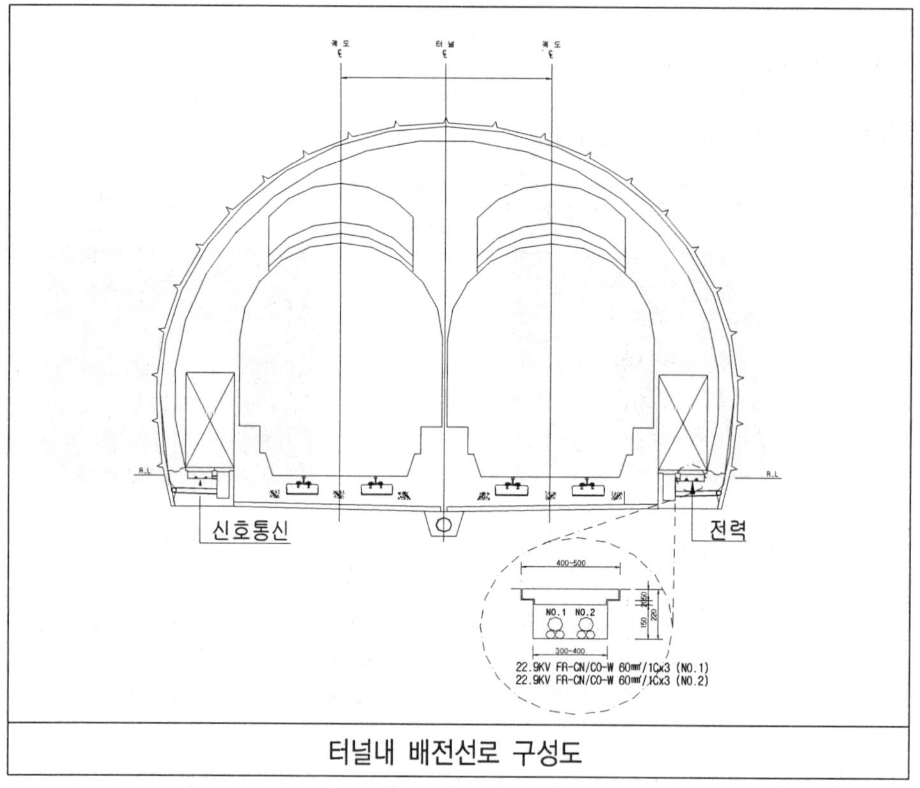

터널내 배전선로 구성도

4.2 공동구 크기 검토

22.9kV FR-CNCO-W 60㎟/1C x 3 x 2Line으로 적용시

1) 케이블 직경 : 37mm(제조사 Cable Data)

2) 케이블 직선접속재 직경 : 61.2mm(제조사 케이블 직선접속재 Data)

① 60㎟ 1본 단면적 : 1,075㎟ x 6본 = 6,450㎟

② 공동구 사이즈 300x150 = 45,000㎟

③ 공동구 내부단면적의 14.34%

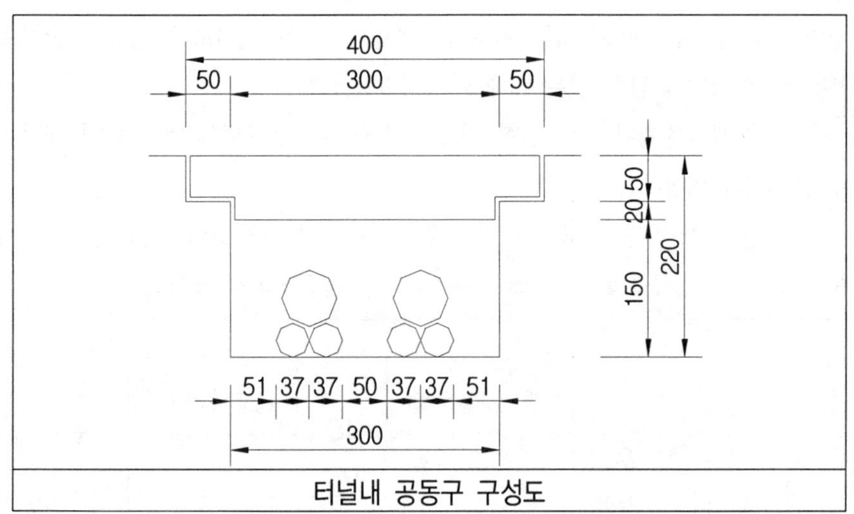

터널내 공동구 구성도

※ 철도설계편람(전철전력편 : 전력)의 제5장 터널 및 교량구간의 배전선로 참조

4.4 공동구내 격벽 설치

공동구에 격벽을 설치하는 이유는 전압이 서로 다른 전선(케이블) 상호간에 인접·교차하는 경우에 격벽을 설치하여 전압에 따른 상호유도 및 통신장해 등을 제거하기 위함.

4.5 검토결과

터널에 설치되는 특고압배전선로는 상선측 공동구를 이용, 터널내 전력부하설비 저압용 간선 및 제어선용 케이블은 케이블트레이를 이용하여 포설하며, 신호·통신분야는 하선측 공동구를 사용하므로 공동구내에 격벽 설치는 불필요한 것으로 판단됨.

3-8 태양광발전 시스템

1. 태양괄발전시스템 개요

1.1 일반사항

1) 태양광발전시스템이란 태양전지를 이용하여 햇빛을 직접 전기로 변환하는 장치로써 시스템 작동에 별도의 에너지가 필요 없는 대체 에너지원임.

2) 전체 시스템은 태양전지판, 전력변환 및 조절장치 등으로 구성되며 독립형 태양광발전 시스템의 경우 축전지와 비상발전기가 부가됨.

3) 초기 투자비는 다소 비싸나 시설 수명이 길고 보수·유지가 거의 필요 없어 도서 지방의 전력공급 등 소규모 전원 공급과 같이 특수 목적의 전력공급장치로 적합함.

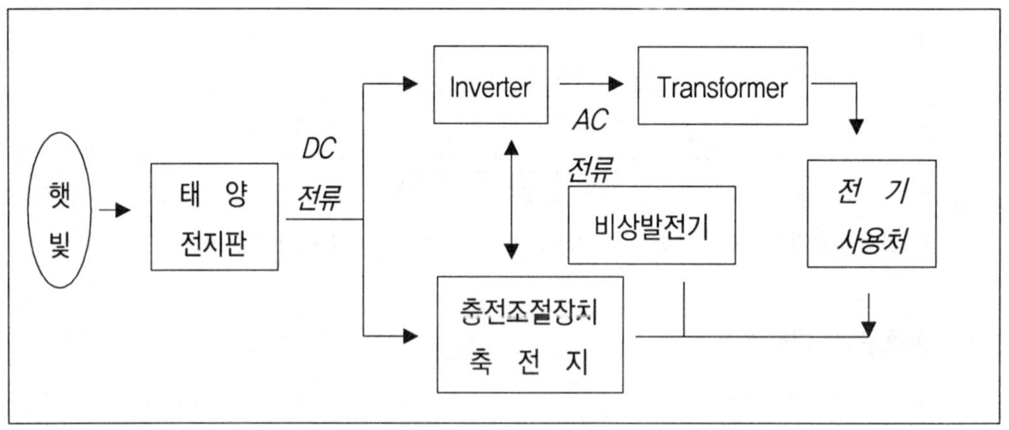

1.2 시설의 용도

구 분	주 요 내 용
독립형 태양광발전 시스템	•도서벽지 등 독립된 장소 전력공급 •전기실 설비가 없는 곳 •축전지설비 필요
계통연계형 태양광발전 시스템 (주택용 태양광발전 시스템 포함	•생산된 전기를 자체 사용하고 남는 전기는 계통선에 송전

[주] 일조조건에 따라 다소 차이가 있으나 시설용량 30kW 기준으로 연간 약 40~50MWh 정도의 전기를 생산

1.3 시설의 설치조건

구 분	주 요 내 용
기후조건	•특별한 제약은 없으며 일조량이 양호한 곳
설치장소	•옥상, 건물외벽, 평지 등 그늘이 지지 않는 유휴 공간 등
소요면적	•시설용량 1kW 기준으로 약8m² 정도

1.4 추정 공사비

1) 태양광발전 시스템 설치비용은 입지조건과 이용방식, 시설용량 등에 따라 차이가 있으나 시설용량 1kWp를 기준으로 약1,600만원 정도 소요

2) 국내 주택용 태양광발전 시스템 설치비용은 3kWp를 기준으로 약 4,800만원 정도 소요

1.5 주요 선진국의 태양광발전 시스템 보급실적 및 계획

1) 생산실적

구 분	생 산 량(2002년 기준)	비 고
일 본	•년간 116.7MW 생산	
미 국	•년간 78.5MW 생산	
유 럽	•년간 58.5MW 생산	
국 내	•년간 4.9MW 생산	

[주] 일본, 미국, 유럽이 전 세계 생산량의 88%를 차지함.

2) 보급계획

국가명	연구개발 및 보급내용	비 고
일 본	•New Sunshine 계획(1993) 수립 추진 – 저가화 실현을 위한 태양광발전 시스템 연구개발 •Rooftop 태양광발전 시스템(4kW 까지)에 대해 주거용은 50%, 상업용은 67% 까지 보조금 지원(¥900,000/kW 까지) – 주택용 태양광발전 보급계획 : 2000년 21,700호 65MW, 2010년 153,300호 460MW	
미 국	•에너지성(DOE) PW 5개년 계획(2000~2004) – 비정질(효율 13%), 박막형(효율 17%) 태양전지 개발 목표 •Million Roofs Solar Power Initiative : 2010년까지 10억불의 예산 투입하여 1백만호의 주택에 태양광발전 시스템 보급 – 총 보급목표 3,025MW, 최종연도 생산용량 610MW	
독 일	•10만 Roof 태양발전 보급계획(1999~2004) 추진 – 2004년 말 300MW 보급목표 – 신발전 전력 의무매입 : 전력판매가 + 적정이윤 – 보조금 지원 : 설치용량 500kW 이하 90%, 500kW 초과 65% – 주요 장려책 : 총 투자비중 최대 25% 징 – 총 발전량에 대해 0.036~0.048US$/kWh의 생산장려금 지급	

1.6 국내 현황

1) 기술개발 현황

① 70년대 초부터 대학과 연구소를 중심으로 기초연구를 시작하여 1988년부터 정부의 지원 아래 본격적으로 수행

② 3kW급 태양광발전 시스템을 주택에 대량보급을 목표로 추진중 임

2) 국내 이용현황

구 분	~ 91	92	93	94	95	96	97	98	99	00	01	계
설치용량 (kWp)	1,248	135	160	50	92	388	410	619	518	531	792	4,943

2. 대체에너지 사용시 장 · 단점

2.1 설치효과

1) 재해발생 및 정전에도 관계없이 전원을 공급할 수 있음

2) 자연에너지 사용으로 에너지 절약사업에 선도적 역할을 하며 범국민 홍보에 효과를 얻을 수 있음

3) 태양광발전을 이용한 청정에너지 사용으로 전 국민에게 대체에너지에 대한 사용을 권장할 수 있음

4) 청정의 무궁무진한 자연에너지이므로 설치비 이외의 추가 비용이 적어 에너지 절감효과를 얻을 수 있음

2.2 장 · 단점 비교

장 점	단 점
•에너지 절약 •전력에너지 유지비용 절감 •대체에너지 홍보에 유리 •무공해, 무한량, 무가격의 청정에너지원 •기존의 화석에너지에 비해 지역적 편중이 적음 •지구온난화 대책으로 탄산가스 배출을 저감할 수 있는 대체에너지원	•대체에너지 생산용 별도의 장비 필요 •초기 투자비 과다 소요 •건축물 조형에 제한이 있음 •에너지 밀도가 낮고, 생산이 간헐적임 •설치면적이 필요(전지판, 축전지, 제어기, 인버터 등)

3. 대체에너지 사용 법령 등 기준

3.1 정부지원

구 분	주 요 내 용	비 고
지역연합사업	•계통 연계형만 해당됨 •약 2년 이상 기간 소요(심사)	
시범보급사업	•계통 연계형만 가능 •약 1년 이상기간 소요(심사)	

3.2 대체에너지 시범 보급사업

구 분		주 요 내 용
사업개요	목 적	•대체에너지의 개발이 완료되었으나 경제성이 낮고 시장이 성숙되지 않아 아직 상용화 진입이 어려운 기술의 기반구축 및 홍보 등을 위해 시범사업 추진 •공공기관 및 민간부분에 시설비의 일정비율을 국고로 보조 지원하여 대체에너지 공급기반구축을 유도하여 보급 확대 유도
	근 거	•대체에너지개발 및 이용.보급 촉진법 제13조(시범사업)
	지원내용	•시범사업 : 소요시설비용의 80% 이내 •설비보조사업 : 소요시설비용의 70% 이내 •신청자중 약 20%만 선정됨
	지원대상	•홍보시설 설치 적합성 등이 우수한 공공부문과 민간부문 – 공공부문 : 지자체를 제외한 학교, 사회복지시설 및 공공기관 – 민간부분 : 개인주택 및 기타 적합시설

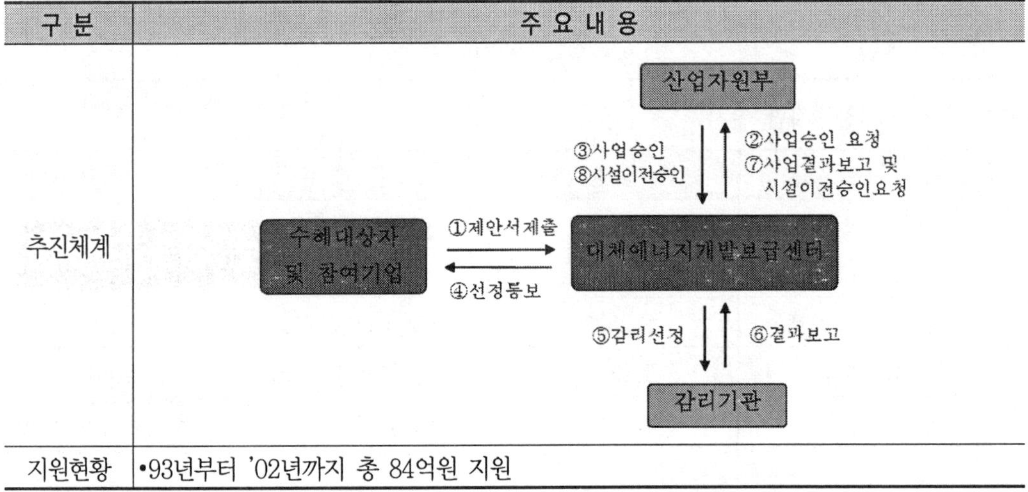

구 분	주 요 내 용
추진체계	
지원현황	•93년부터 '02년까지 총 84억원 지원

4. 정거장 설계 적용(예)

4.1 정거장 운영에 필요한 모든 전력에 적용시

1) 개 요

태양광 발전에 의해 생산된 전력을 정거장 운영에 필요한 모든 전력에 공급할 때 소요되는 장비 및 설치비 검토

2) 정거장 예상 소요전력

구 분	예상소요 전력	비 고
조명설비	50kVA	•신호설비를 제외한 조명 및 동력설비에만 전력공급시 필요한 전력량 ⇒ 150kVA
동력설비	100kVA	
신호설비	30kVA	
합 계	180kVA	

3) 구성 : 태양전지판, 축전지, 제어장치, 인버터

① 태양전지판 설치

㉠ 태양전지 기본사양(예)

전력생산량	크 기	면 적
75Wp	1,200(W)×527(H)×35(D)mm	0.632㎡

㉡ 태양전지판 설치

구 분	산 정	근 거	비 고
예상 소요전력	135kW	150kVA×0.9	역율 90% 적용
태양전지 용량	169kW	135kW÷0.8	인버터 효율 80% 적용
태양전지판 소요개수	2,253개	169kW÷0.075kW	1개=75Wp
소요면적	1,423㎡	2,253개×0.632㎡	1개=0.632㎡
설치금액	236,600만원	169kW×1,400만원	1kW당 1,400만원

② 축전지

구 분	산 정	근 거	비 고
운전시간	10시간	야간 10시간 운전	
축전지 용량	200AH~300AH		
축전지 개수	약 960개	2V×24=48V 병렬40회로	추정치임 1회로 30분
소요면적	100㎡		
설치금액	약 31,800만원		

4.2 부분적으로 적용시

1) 개요

태양광 발전에 의해 생산된 전력을 부분적(조명)으로 적용할 때 소요되는 장비 및 설치비 검토

2) 소요전력

정거장 조명설비 용량이 약 50kVA 이나 상징적으로 설치한다면 심야 비상부하 약 4kVA 정도 적용하는 것으로 추정함.

3) 구성 : 태양전지판, 축전지, 제어장치, 인버터

① 태양전지판 설치

구 분	산 정	근 거	비 고
예상 소요전력	2.7kW	3kVA×0.9	역율 90% 적용
태양전지 용량	3kW	2.7kW÷0.8	인버터 효율 80% 적용
태양전지판 소요개수	40개	3kW÷0.075kW	1개=75Wp
소요면적	25㎡	40개×0.632㎡	1개=0.632㎡
설치금액	4,200만원	3kW×1,400만원	1kW당 1,400만원

② 축전지

구 분	산 정	근 거	비 고
운전시간	10시간	야간 10시간 운전	
축전지 용량	100AH~200AH		추정치임
축전지 개수	약 48개	2V×24=48V 병렬 2회로	추정치임
소요면적	5㎡		
설치금액	약 1,000만원		

4.3 설계적용 종합 검토

1) 설치면적 및 비용

구 분		모든 부하에 적용시	일부 비상부하 적용시	비 고
적용용량		135kW	2.7kW	
태양전지	용 량	약 169kW	약 3kW	
	소요면적	약 1,423㎡	약 25㎡	채광이 필요한 곳의 공간이 필요함
	설치금액	236,600만원	4,200만원	
축전지	용 량	약 200AH~300AH	100AH~200AH	
	개 수	약 1,100개	약 55개	
	소요면적	100㎡	5㎡	
	설치금액	31,800만원	1,000만원	
제어 및 인버터	면 적	10㎡	5㎡	
	설치금액	2,000만원	500만원	
총 추정금액		270,400만원	5,700만원	1kW당 약 1600만원
적 용		적용은 가능하나 기술적으로 한계가 있음	적용 가능함	

2) 검토의견

① 적용 불합리함

㉠ 정거장 설비의 모든 전기설비에 태양광발전에 의해 전력을 공급하는 방안은 매우 비합리적임

㉡ 더욱 당 공구인 하반송 정거장에는 변전소가 설치되므로 한전에서 전원을 받아야 하는 상황으로 전기실이 반드시 구성되어야 함

㉢ 전기실이 있는데 굳이 태양광발전 시스템을 도입하는 것은 매우 불합리함

㉣ 계통연계형으로 구성한다면 고려할 수는 있으나 쉽지는 않음

㉤ 또한 설치할 수 있는 공간 확보가 어려움

② 일부 적용 고려

본 T/K 구간 설계에 굳이 적용한다면 상징적인 의미로 매우 제한된 곳(계단 등)에 적용하는 것은 고려해 볼 수 있으나 이 경우에도 설치공간 확보, 기존 전기실 설치됨, 추가 유지관리 등의 어려움이 예상되므로 불리함

③ 태양광발전 시스템 적용 추천

㉠ 태양광발전 시스템은 전기를 수전하기 어려운 도서벽지 또는 전기실이 설치되지 않은 소용량의 전원설비에 설치하는 것은 고려해 볼 만함

㉡ 가로등과 같이 단독부하에는 고려해볼 필요가 있음

4.4 태양광 발전시스템 적용

구 분		내 용
태양광 발전 시스템	설계개요	-태양광을 이용한 대체 에너지원으로 에너지 절약형 시스템 -초기 투자비는 다소 비싸나 수명이 길고 유지보수가 유리 -환경 친화성 에너지 시설의 적용으로 시설물의 이미지 향상 및 시설물 홍보효과 도모
	설치효과	-재해발생 및 정전에도 관계없이 전원을 공급가능 -에너지 절약사업에 이바지 및 범국민 홍보에 효과 도모 -청정의 자연에너지로 설치비외의 추가 비용이 적어 에너지 절감효과
	근 거	-대체에너지개발 및 이용.보급 촉진법 제13조(시범사업) -건축연면적3,000㎡ 이상에 적용
	지원내용	-시범사업 : 소요시설비용의 80% 이내 -설비보조사업 : 소요시설비용의 70% 이내
	지원대상	-공공부문 : 지자체를 제외한 학교, 사회복지시설 및 공공기관 -민간부분 : 개인주택 및 기타 적합시설
설계 적용	적용방법	태양광가로등 또는 태양광 발전시스템을 영업소에 적용
	설치비용	건축비의 3% 예산확보 (일부를 추후 지원받을 수도 있음)
	설계진행	추후 구체적으로 진행예정

4.5 태양광발전 시스템 비교 검토

구 분	독 립 형	계통 연계형
구성도	태양전지판 / 인버터 / 부하 / 축전지 / 태양광 발전 또는 주간 / 태양광 미발전 또는 야간	계통 / 태양전지판 / 인버터 / 부하 / 태양광 발전 또는 주간 / 태양광 미발전 또는 야간
원 리	•자가발전 시스템처럼 생산된 전기를 전력망에 연결하지 않고 사용	•태양전지에서 생산된 전기를 계통에 연결하여 사용
설비 구성	•축전지, 충전 조정장치, 인버터, 배전장치	•인버터, 배전장치, 매전용 계량기
특 징	•전력계통이 정비되지 않은 장소에 주로 사용 •유지관리비가 많이 듬	•잉여전력을 전력회사에 매전 가능 •태양전기로 필요한 전기를 충당하지 못할 때는 계통으로부터 전기 공급 •축전지가 필요 없음 •유지관리비가 독립형 보다 적어 경제적
설 치 비 용	1kW당 약1천 5백만원(일부 지원가능)	1kW당 약1천 1백만원(일부 지원가능)
검 토 의 견	•독립형은 별도의 축전지 시설이 필요하여 설비비 및 기능실 면적 증가 •추후 검토하여 적정한 방식으로 선정	

3-9. 설계 VE / LCC 분석

1. VE 개론

1.1 기본개념

- VE는 Value Engineering의 약자로서 국내에서는 '가치공학'으로 알려져 있으며, VA(Value Analysis : 가치 분석) 이라고도 불림
- 최저의 생애주기 비용(LCC ; Life Cycle Cost)으로 필요한 기능을 확실히 달성하기 위한 목적으로 수행
- 여러 전문분야의 협력으로 프로젝트의 기능을 분석하고 대안을 창출하는 체계적인 노력

1.2 가치 척도

가치척도	기　능 (Function)	가　치 (Value)	생애주기비용 (LCC)
$V = \dfrac{F}{C}$ V : 가치의 척도 F : 필요한 기능 C : 생애주기비용	• 프로젝트 대상의 기능을 분석을 통한 대체안 도출 • 일반적인 원가절감 사고 방식 에서 벗어나 기능 중심 사고 중시	• 프로젝트의 필요한 기능에 대한 비용의 상대적 비율로 가치 지수 (V=F/C)를 높이는 것이 바람직한 설계방향임.	• 프로젝트의 투자비용을 초기투자비용 뿐만 아니라 시설물 생애주기(Life Cycle) 동안의 총 비용 산정

1.3 가치향상 유형

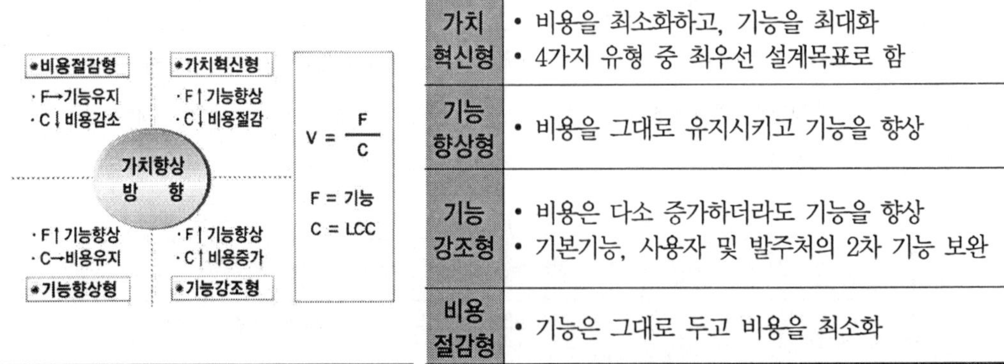

가치 혁신형	• 비용을 최소화하고, 기능을 최대화 • 4가지 유형 중 최우선 설계목표로 함
기능 향상형	• 비용을 그대로 유지시키고 기능을 향상
기능 강조형	• 비용은 다소 증가하더라도 기능을 향상 • 기본기능, 사용자 및 발주처의 2차 기능 보완
비용 절감형	• 기능은 그대로 두고 비용을 최소화

2. LCC 분석의 이해

2.1 LCC의 개요

LCC란 총 생애주기 비용(Life cycle cost : 이하 LCC라 칭함)이라는 것은 시설물의 기획단계에서부터 폐기 처분시까지 모든 비용 즉, 계획 · 설계비, 운용관리비, 폐기물 처분 비용을 합한 것으로 시설물의 생애에 필요한 모든 비용을 말하며, LCC 분석이란 총 생애주기 비용(LCC)을 최소화 할 수 있는 대안의 비교를 통한 의사결정 기법을 의미함.

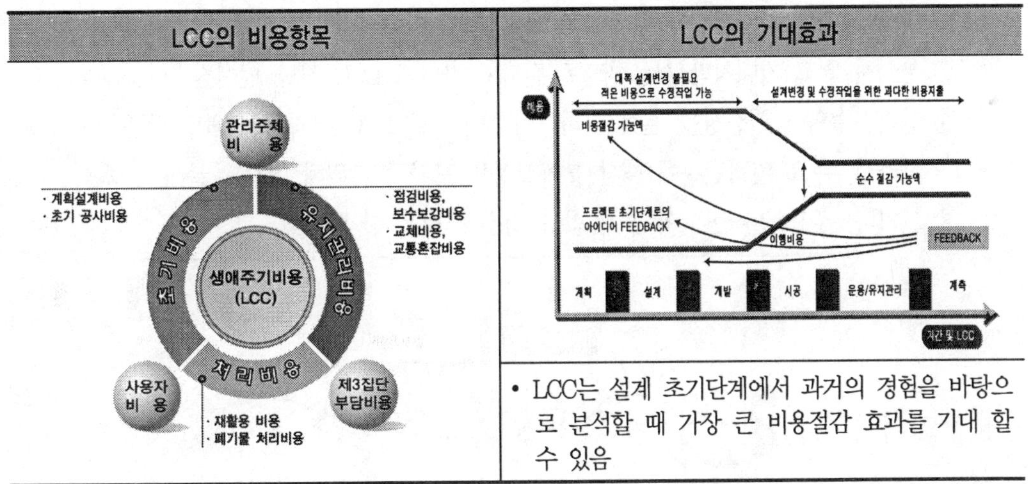

• LCC는 설계 초기단계에서 과거의 경험을 바탕으로 분석할 때 가장 큰 비용절감 효과를 기대 할 수 있음

2.2 LCC 분석절차

절 차	내 용
1. 분석방향 설정	• 분석범위, 비용항목, 분석부위, 인자에 대한 기준
2. LCC 변수 설정	• 할인율, 분석기간, 비용항목
3. 대안의 요구 성능분석	• 대안별 성능만족을 위한 특성의 장 · 단점 분석
4. 비용항목 계량	• 신뢰성 있는 기초자료로부터 추정
5. 기회 손실비용 산정	• 장 · 단점의 항목에 대한 비용 추정
6. 각 대안의 LCC 산정	• 비용항목의 산술합계로 비교
7. 종합평가	• 할인율에 의한 민감도 분석 (할인율, 분석기간 등) • 컴퓨터 시뮬레이션 기법에 의한 비용항목의 발생 분포도 해석

2.3 LCC 분석시 고려사항

1) 본 과업의 LCC 분석 적용모델

- PVLCC = IC + PVOMR + PVD

여기서, PVLCC = 현재 가치의 총기대비용, IC = 초기비용, PVOMR = 유지보수비용의 현재가치, PVD = 철거 및 폐기비용의 현재 가치

2) 최소 LCC에 기초한 최적설계 개념

① 분석을 위한 입력변수의 불확실성 및 변동성 미고려

② 분석시 최고 기대치만 사용하므로 결과도 하나의 LCC 값만 얻어짐.

③ 입력변수의 불확실성을 전혀 고려하지 못하므로 LCC 결과의 신뢰도 낮음.

④ 따라서, 주요 입력변수에 대한 불확실성을 보완하기 위해 민감도 분석 수행

⑤ 그러나, 주요 입력변수의 수가 많을 경우 어려움 산재

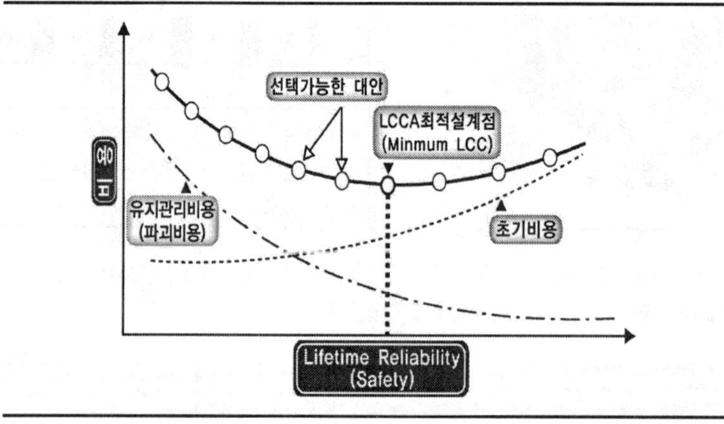

3) 할인율

① 할인율의 변화함에 따라 LCC 분석 결과에 큰 영향을 미침.

② 할인율은 보통 명목 할인율(Nominal Discount Rate)와 실질 할인율(Real Discount Rate)로 구별

③ 명목 할인율과 실질 할인율의 상관관계 : $I_r = \frac{(1+I_n)}{(1+F)} - 1$

(여기서, Ir : 실질 할인율, In : 명목 할인율, F : 물가 상승률)

④ 보통 LCC 분석시 물가 상승율을 고려하지 않는 실질 할인율을 사용

⑤ 타당성이 있는 LCC 분석을 위해서는 과거의 오랜 기간의 이력을 반영한 합리적인 할인율의 사용이 필수적

⑥ 미국의 아주 오랜 기간에 걸친 과거 이력에 대한 실질 할인율은 평균 4%이며 최근의 LCC 분석시 대략 3 ~ 5%의 실질할인율을 사용하고 있음.

⑦ 본 과업에서는 1993 ~ 2003년까지의 통계자료로부터 구한 평균 실질 할인율 3.9% 적용

4) 분석기간

세 부 내 용
• 분석기간은 미래에 지불될 비용을 평가하는 시간 한계 이므로 LCC 분석대안의 장기간 비용 차이를 반영할 만큼 충분한 범위가 되도록 결정 • LCC 분석의 대상이 되는 기간을 의미하며 내구성, 경제성 및 사회적 영향과 관련제도 등에 의해 결정 • 설정한 분석기간이 시설물의 내구년수 또는 목표기간 보다 짧을 경우 잔존가치(Salvage Value)가 비용항목 으로 LCC 분석에 포함되어야 함 • 본 과업에서는 목표 내구년한과 동일한 100년 적용

시설물 / 시설부품의 내용년수의 종류	
물리적 내용년수	• 물리적인 노후화에 의한 결정
기능적 내용년수	• 원래의 기능을 충분히 달성하지 못함으로써 결정
사회적 내용년수	• 기술발달로 사용가치가 떨어지는 것에 의해 결정
경제적 내용년수	• 지가 상승, 기술발달 등으로 경제성이 현저히 떨어지는 것에 의해 결정
법적 내용년수	• 공공의 안전 등을 위해 법에 의해 결정

5) 화폐가치의 등가 환산방법

구 분	현재 가치화법	연등가액법
개 념	• 시설물의 생애주기 동안에 발생하는 모든 비용을 일정한 시점을 기준으로 환산하는 방법	• 생애주기 동안 발생하는 비용이 매년 균일하게 발생한다는 가정 아래에서 출발하여 이와 대등한 비용이 얼마인지를 균일한 연간 비용으로 환산하는 방법
환산식	• $P = \frac{(1+i)^n - 1}{i \cdot (1+i)^n} \times A$ 、P : 비용의 현재가치 、I : 할인율 、n : 분석기간 、A : 매년 발생하는 반복비용	• $A = \frac{i \cdot (1+i)^n}{(1+i)^n - 1} \times P$ 、A : 매년 발생하는 반복비용 、i : 할인율 、n : 분석기간 、P : 분석기간이 n년인 비용의 현재가치

① 본 과업적용 등가 환산방법

㉠ ASTM의 표준화된 방법인 E-917(ASTM, 1994)에서 채택한 NPV는 현재가치로 할인된 화폐가치임.

㉡ 만약, 모든 비교 대안의 편익이 같다면 편익부분은 생략하고 검토

㉢ 일반적으로 LCC 검토시 다음과 같은 식으로 표현됨.

$$NPV = C_I + \sum_{k=1}^{N} C_{M_k}\left[\frac{1}{(1+i)^k}\right]$$

여기서, CI : 초기비용

N : 설계수명

CMk : k번째 연도에서의 소요비용

I : 할인율

㉣ 식에서 i(할인율)을 실질 할인율(Real Discount Rate)로 사용할 경우 k번째 년도에서의 소요비용 CMk는 미래에 발생하는 비용이기는 하지만 물가 상승율을 고려하지 않은 현재의 단가로 계산한 비용을 사용하면 됨.

㉤ 순 현재 가치화법 일예

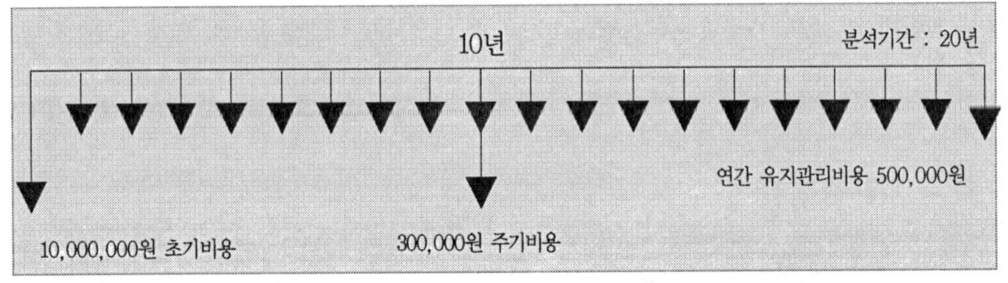

연간 유지관리 비용의 현재가치	10년 주기비용의 현재가치
$500,000\frac{(1+0.1)^{20}-1}{0.1\ (1+0.1)^{20}}$ $= 500,000 \times 8.514$	$3,000,000\frac{1}{(1+0.1)^{10}}$ $= 3,000,000 \times 0.3855$
4,257,000원	1,156,500원

3. 기능 평가

3.1 품질모델 및 가중치 결정

1) 품질모델의 개념

① 발주자 · 사용자가 인식하는 프로젝트 성능에 대한 요구와 기대수준, 이에 대한 대응수준을 발주자와 설계팀, VE팀 간의 상호 의사소통과 합의를 통해 도식적으로 표현

② 기대수준의 종류에는 프로젝트의 목적, 이미지에 대한 관심, 설계기준 등이 있으며, 발주자, 사용자의 모든 기대수준을 품질모델에 도식적으로 표시

2) 품질모델 작성절차 및 효과

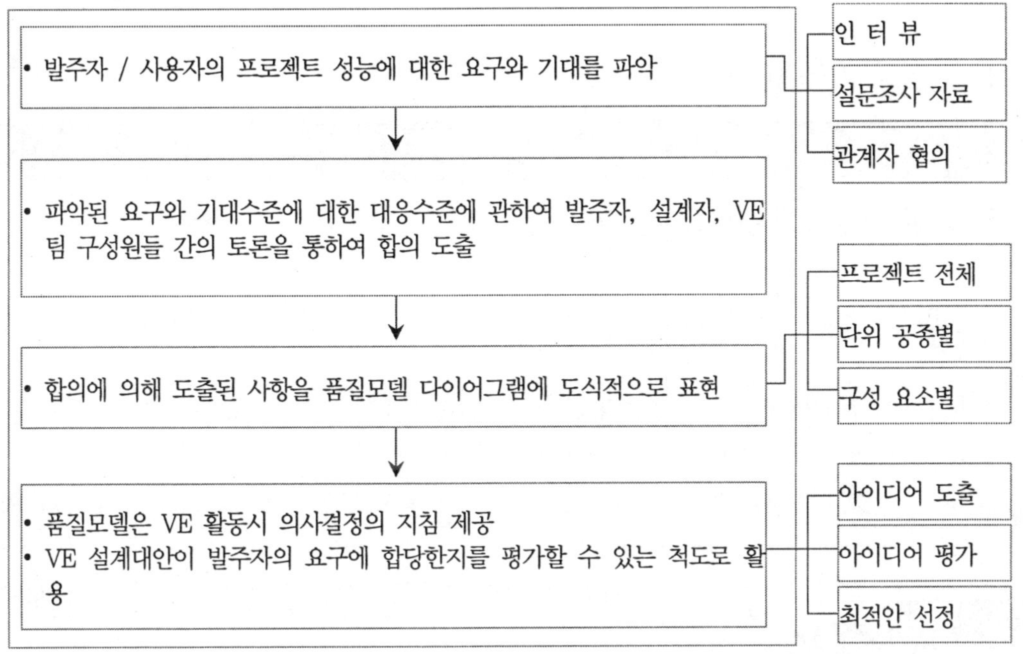

3) 가중치 결정

① 평가항목의 가중치를 결정하기 위하여 사용하는 방법 중 하나로 Caltrans(1999)에서 추천하는 방법

② 구체화된 대안을 평가하기 위한 가중치를 결정하기 위해서 평가기준 매트릭스 사용

③ 설계자, 관련전문가, VE팀에 의해서 평가

④ 평가항목들 중 두 가지 항목을 서로 상대적으로 비교 평가하여 가중치를 배분
⑤ 각 평가항목이 만나는 박스 내에서 두 개의 항목을 상호 비교하여 상대적인 중요항목을 기록
⑥ 중요성이 높은 평가항목을 기록하고 비슷하게 평가되었을 때 A/B와 같은 형식으로 기록됨
⑦ 중요성이 높다고 평가된 항목은 1점, 중요도가 비슷하게 평가 기록된 항목은 0.5점을 배점하며, 상대적으로 중요도가 떨어지는 항목은 0점을 배점(Caltrans「Value Analysis Report Guide」의 추천방법)
⑧ 평가기준 매트릭스의 모든 항목을 평가항목별로 점수를 취합하고, 이 점수를 100점 만점으로 환산하여 항목별 가중치를 산정함

4) 평가기준 매트릭스법에 의한 산정(예)

A	B		C		D		E		F		G		H		점수	가중치
A. 경제성	A/B	0.5	A/C	0.5	A/D	0.5	A/E	0.5	F	1	A/G	0.5	A/H	0.5	3	11.0%
B.교통안정성			B/C	0.5	D	1	B/E	0.5	B/F	0.5	B/G	0.5	B/H	0.5	3	11.0%
C. 수리영향성					C/D	0.5	C/E	0.5	C/F	0.5	C	1	C/H	0.5	4	14.0%
D. 주행시승차감							D/E	0.5	D/F	0.5	D/G	0.5	D/H	0.5	4	14.0%
E. 우회도로처리성									E/F	0.5	E/G	0.5	E/H	0.5	3.5	13.0%
F. 운행효율성											G	1	F	1	4	14.0%
G. 민원성													G/H	0.5	3.5	13.0%
H. 시공성															3	11.0%
1 : 중요, 0.5 : 동등										합계					28	100.0 %

3.2 기능평가 및 VE평가

1) 설계 VE 평가기준

① 평가항목별 대안의 등급(Rank) 결정은 장·단점 분석 및 분야별 전문가 협의에 의해 평가등급의 평가내용에 근거하여 평가 실시

② 가중치에 각 대안별 평가항목의 등급(Rank)를 곱하여 가중 평가치를 산정

③ 가중 평가치 산정시 등급은 10단계의 등급으로 평가

④ 대안별 각 평가항목의 가중 평가치를 합산하여 총가중평가치를 산정

⑤ 총 가중 평가치는 1000점을 만점으로 평가되는데 이해를 돕기 위해서 설계기능 점수라는 개념을 도출 각 대안별 총 가중 평가치 × 0.1 = 설계기능점수 (F)

⑥ LCC 상대비(C)(= 대안의 생애주기비용 / 대안별 최소 생애주기비용)의 산정

⑦ 가치지수(V = F/C)의 산정

2) 기능평가 등급기준

배점	평 가 내 용	언어학적 평가
10	• 기술적으로 가능함 / 대단히 큰 편익 예상됨 / 중요비용과 중요기능 개선	• 탁월함.
9	• 기술적으로 가능함/프로젝트 개선 예상됨/약간의 비용과 다른 기능적인 개선	• 매우 우수함.
8	• 기술적으로 가능함/작은 비용과 다른 기능적인 개선	• 우수함.
7	• 약간의 프로젝트 편익 예상됨/설계기준에 제안할 필요가 있음.	• 성능면에서 보통
6	• 대안 접근 / 가능한 설계 제안	• 특별한 이점 없음.
5	• 비용 축소 / 기능적인 요구에서 약간의 손실	• 약간의 문제가 있음.
4	• 편익추구에 의심스러움.	• 불리함.
3	• 추구하기에는 미지수가 너무 많음.	• 아주 불리함.
2	• 중요한 단점	• 중요한 문제가 있음.
1	• 프로젝트의 요구사항과 맞지 않음.	• 치명적인 문제가 있음.

4. 전기분야 VE / LCC 분석(예)

4.1 변압기

1) 기본방향

① 설계기준을 검토하여 발주자의 품질요구사항 반영

② 기존 전기분야 VE / LCC 분석 및 전문가의 의견을 검토하여 반영

2) 가중치 산정

A	B		C		D		E		F		가중치
A. 경제성	A/B	0.5	C	1	A/D	0.5	A/E	0.5	A/F	0.5	13.0%
B.기능성			B/C	0.5	B/D	0.5	B	1	B/F	0.5	20.0%
			C. 효율성		C/D	0.5	C/E	0.5	C/F	0.5	20.0%
			D. 공간활용성				E	1	D/F	0.5	13.0%
			E. 유지보수성						E/F	0.5	17.0%
			F. 친환경성								17.0%
1 : 중요, 0.5 : 동등								합계			100.0%

3) 대안의 구체화

구 분	일반 몰드 변압기	아몰퍼스 몰드 변압기
개 요		
장단점	• 단락 기계력 우수 • 충격내전압 특성 우수 • 내습성 및 난연성 우수 • 환경 친화적 • 아몰퍼스 몰드형 변압기보다 재료비 저가	• 일반 몰드형 변압기 특성 그대로 보유 • 무부하손실 75% 이상 절감 • 전기료 절감 • 운전보수비 절감 및 수명연장 • 고효율 및 Compact화 • 환경개선효과 • 고효율 기자재 인증

4) LCC 분석

구 분	분석기간	적용할인률	전력단가	유지관리비 산정
LCC 분석기준	15년	3.9%	48.77원/kW	• 손실로 인한 전력비만 계산 • 15년을 교체주기로 가정

구 분	일반 몰드 변압기	아몰퍼스 몰드 변압기
초기투자비	10.38백만원	17.99백만원
유지관리비	8.08백만원	1.44백만원
LCC	18.46백만원	19.43백만원
LCC 상대지수	1.000	1.053

단계별 비용

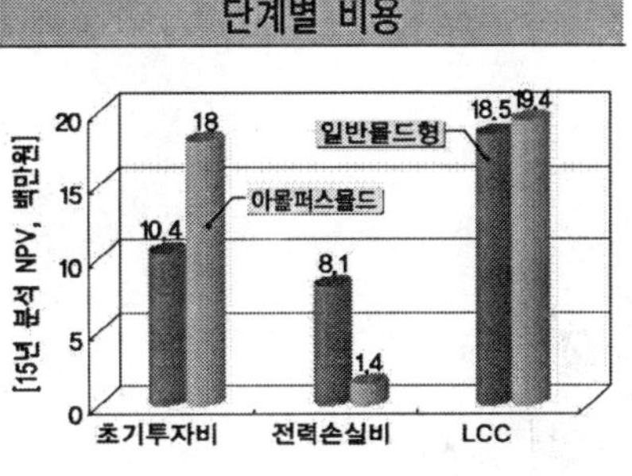

• 분석결과 : 일반 몰드형에 비해 아몰퍼스 몰드 변압기가 6.64백만원의 유지관리 비용의 절감을 보임.

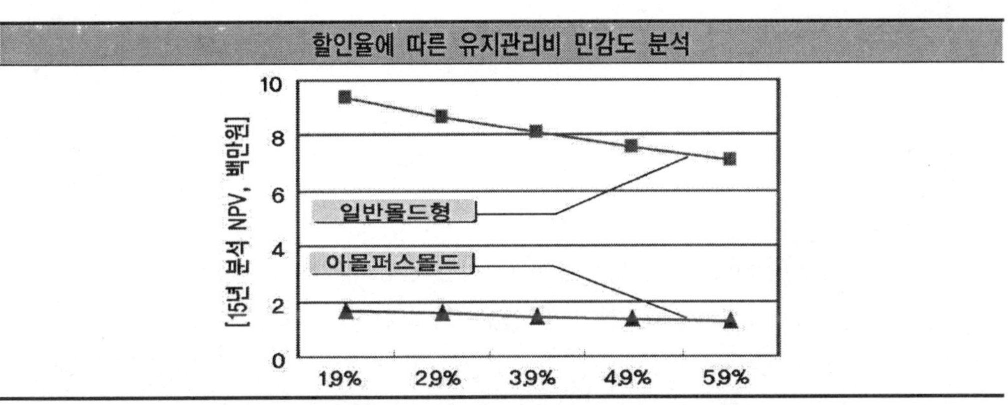

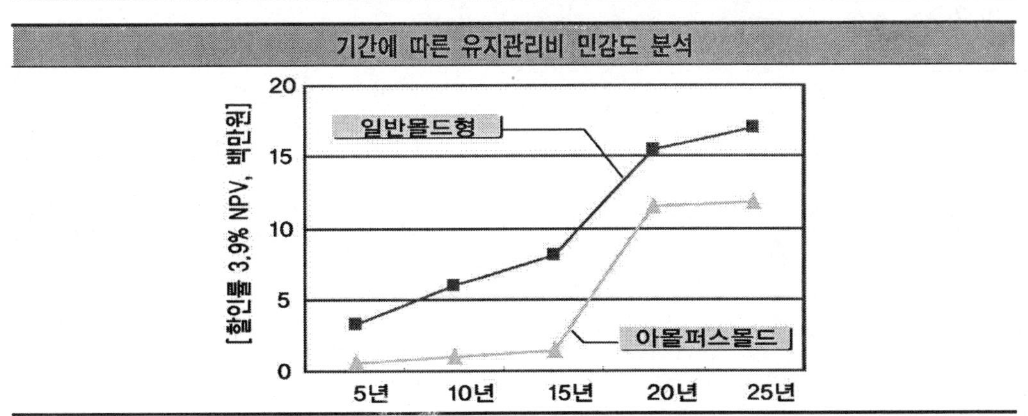

5) 기능 및 VE평가

구 분	대 안 1	대 안 2
형 식	일반 몰드 변압기	아몰퍼스 몰드 변압기
Weighted Diagram	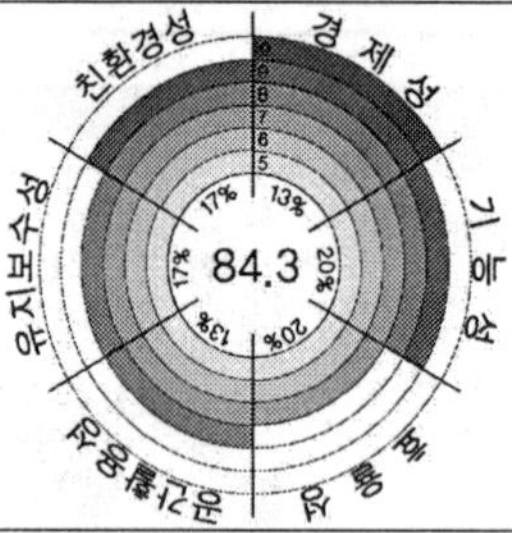 84.3	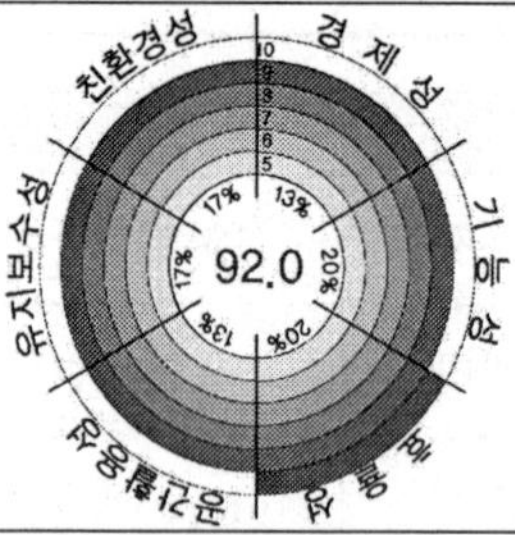 92.0
기능점수	84.3	92.0
향상율	–	9.1%
L C C	18.46백만원	19.43백만원
비용지수	1.000	1.053
향상율	–	5.3%
가치지수	84.3	87.4
향상율	–	3.7%
선정예		◎

4.2 안정기

1) 기본방향

① 설계기준을 검토하여 발주자의 품질요구사항 반영

② 기존 전기분야 VE / LCC 분석 및 전문가의 의견을 검토하여 반영

2) 가중치 산정

<table>
<tr><th>A</th><th colspan="2">B</th><th colspan="2">C</th><th colspan="2">D</th><th colspan="2">E</th><th colspan="2">F</th><th>가중치</th></tr>
<tr><td>A. 경제성</td><td>A/B</td><td>0.5</td><td>C</td><td>1</td><td>A/D</td><td>0.5</td><td>A/E</td><td>0.5</td><td>A</td><td>1</td><td>13.0%</td></tr>
<tr><td colspan="3">B.안전성</td><td>B/C</td><td>0.5</td><td>B/D</td><td>0.5</td><td>B</td><td>1</td><td>B</td><td>1</td><td>20.0%</td></tr>
<tr><td colspan="3" rowspan="4">저온시동성 경제성
효율성 7% 17%
17%
13% 23%
23%
소음여부 안전성
기능편의성</td><td colspan="2">C. 기능편의성</td><td>C/D</td><td>0.5</td><td>C/E</td><td>0.5</td><td>C</td><td>1</td><td>20.0%</td></tr>
<tr><td colspan="4">D. 소음여부</td><td>E</td><td>1</td><td>D/F</td><td>0.5</td><td>13.0%</td></tr>
<tr><td colspan="6">E. 효율성</td><td>E/F</td><td>0.5</td><td>17.0%</td></tr>
<tr><td colspan="8">F. 저온시동성</td><td>17.0%</td></tr>
<tr><td colspan="9">1 : 중요, 0.5 : 동등</td><td colspan="2">합계</td><td>100.0%</td></tr>
</table>

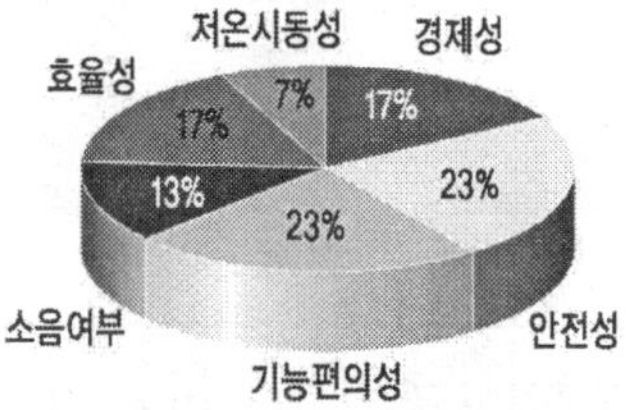

3) 대안의 구체화

구 분	자기식 안정기	전자식 안정기
개 요	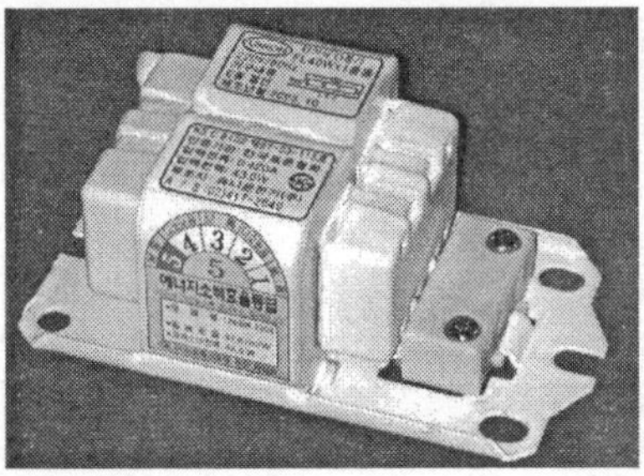	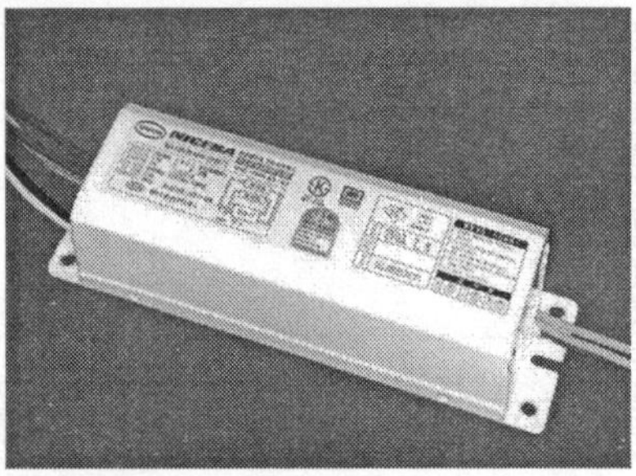
장단점	• 내구성 우수 • 램프수명 말기시나 오결선시 화재위험성 있음 • 내구성 우수 • 소음발생 • 저온 시동시 문제발생 가능성 있음 • 빛의 떨림 현상인 Flicker 발생	• 소비전력이 적음 • 역율이 우수하고 점등시간 빠름 • 효율이 매우 좋음 • 내부에 보호회로 내장 • 수명이 우수함 • 자기식 안정기 대비 재료비 고가

4) LCC 분석

구 분	분석기간	적용할인률	전력단가	유지관리비 산정
LCC 분석기준	15년	3.9%	48.77원/kW	• 비교안별 소비전력에 따른 전력비 산정 • 내구성에 따른 교체비 산정

구 분	일반 몰드 변압기	아몰퍼스 몰드 변압기
초기투자비	0.8만원	1.4만원
유지관리비	15.5만원	14.0만원
LCC	16.3만원	15.4만원
LCC 상대지수	1.000	1.006

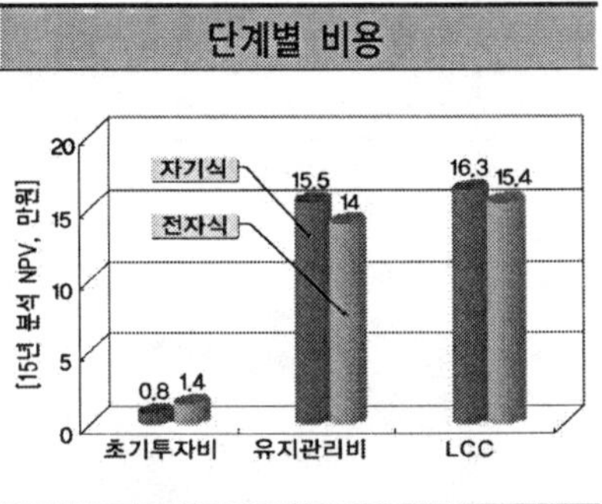

• 분석결과 : 자기식 안정기에 비해 전자식 안정기가 1만 5천원의 유지관리 비용 절감을 보임.

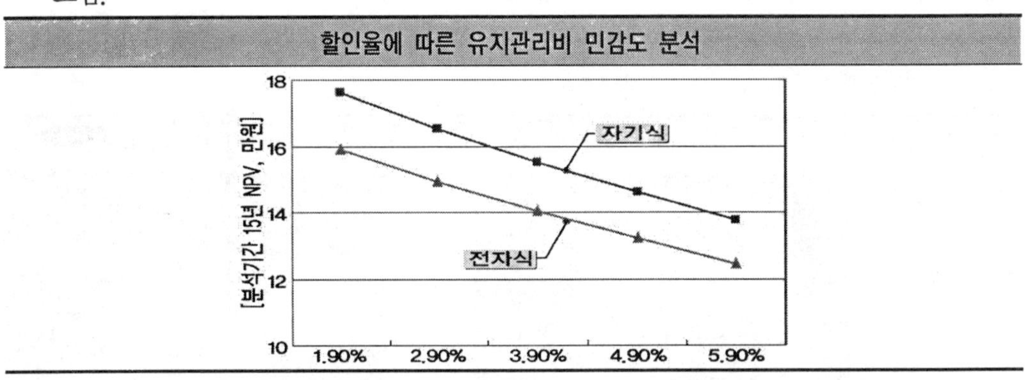

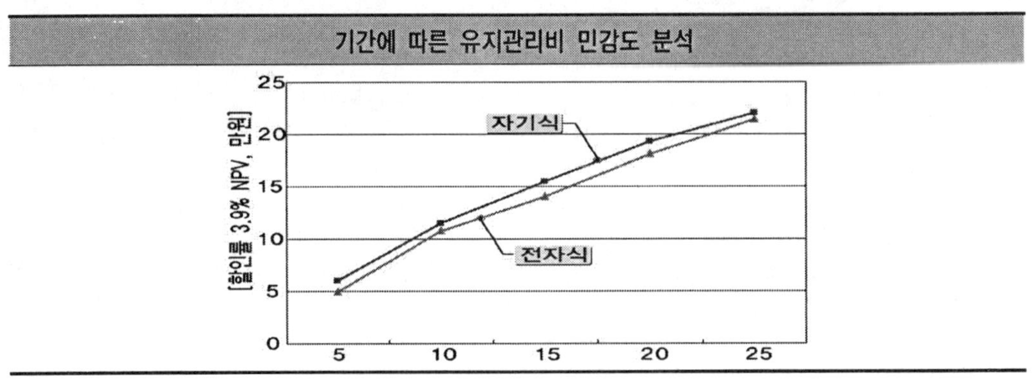

5) 기능 몇 VE평가

구 분	대 안 1	대 안 2
형 식	자 기 식	전 기 식
Weighted Diagram	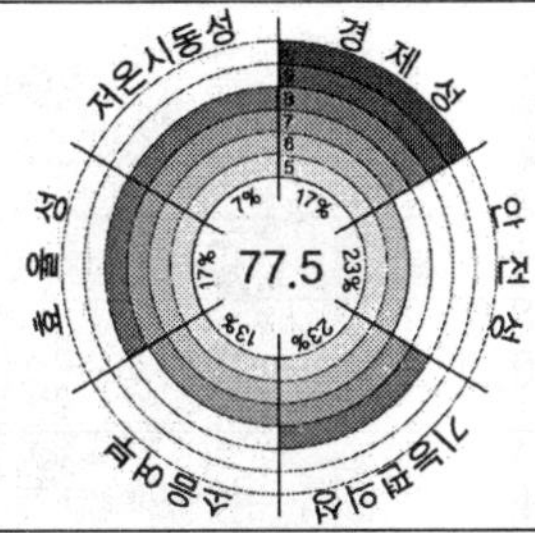	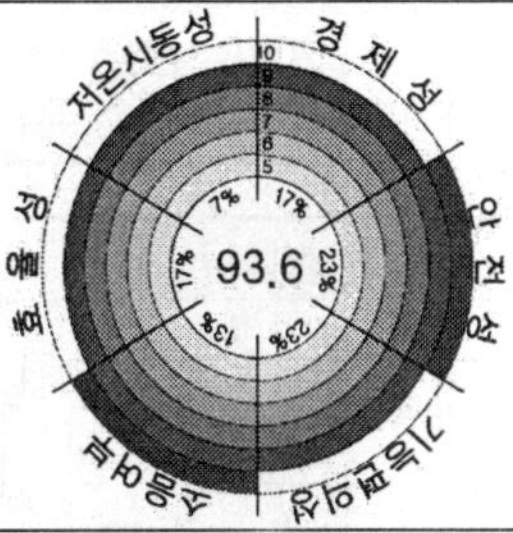
기능점수	77.5	93.6
향 상 율	–	20.8%
L C C	16.3만원	15.4만원
비용지수	1.058	1.000
향 상 율		–5.5%
가치지수	73.2	93.6
향 상 율		27.8%
선 정 예		◎

4.3 램프

1) 기본방향

① 설계기준을 검토하여 발주자의 품질요구사항 반영

② 기존 전기분야 VE / LCC 분석 및 전문가의 의견을 검토하여 반영

2) 가중치 산정

A	B		C		D		E		F		가중치
A. 경제성	A/B	0.5	A/C	0.5	D	1	A/E	0.5	A	1	17.0%
B.연색성			B/C	0.5	B/D	0.5	B	1	B/F	0.5	20.0%
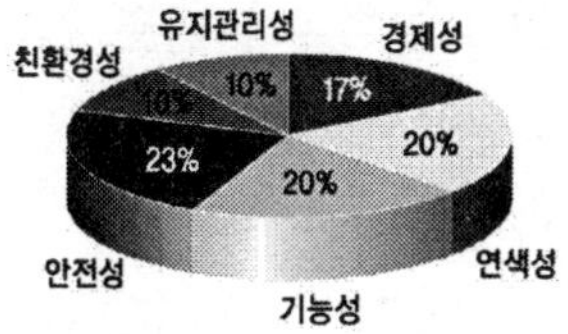			C. 기능성		C/D	0.5	C	1	C/F	0.5	20.0%
			D. 안전성				D;/ E	0.5	D	1	23.0%
			E. 친환경성						E/F	0.5	10.0%
			F. 유지관리성								10.0%
1 : 중요, 0.5 : 동등									합계		100.0%

3) 대안의 구체화

구 분	고압나트륨 램프	무전극 램프
개 요		
장단점	• 투과율이 좋음 • 무전극 램프 대비 재료비 저가 • 무전극 램프 대비 수명 짧음 • 연색성이 좋음 • 램프 발열이 심해 등기구의 수명감소	• 수명이 길고 연색성이 좋음 • 즉시점등 및 재점등 가능하고 램프 발열이 적음 • 화재 및 폭발 위험성 적음 • 정전압 회로 사용으로 조도변동 없음 • 고압나트륨 램프 대비 재료비 고가 • 투과율이 낮음

4) LCC 분석

구 분	분석기간	적용할인률	전력단가	유지관리비 산정
LCC 분석기준	15년	3.9%	48.77원/kW	• 비교안별 소비전력에 따른 전력비 산정 • 내구성에 따른 교체비 산정

구 뷰	일바 몰드 변압기	아몰퍼스 몰ㄷ 변압기
초기투자비	3.4만원	51.8만원
유지관리비	130.9만원	78.0만원
LCC	134.3만원	129.8만원
LCC 상대지수	1.034	1.000

단계별 비용

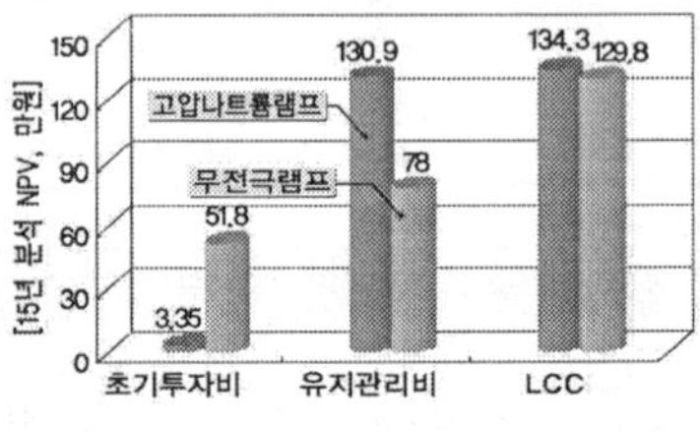

• 분석결과 : 고압나트륨 램프에 비해 무전극 램프가 53만원의 유지관리 비용 절감을 보임.

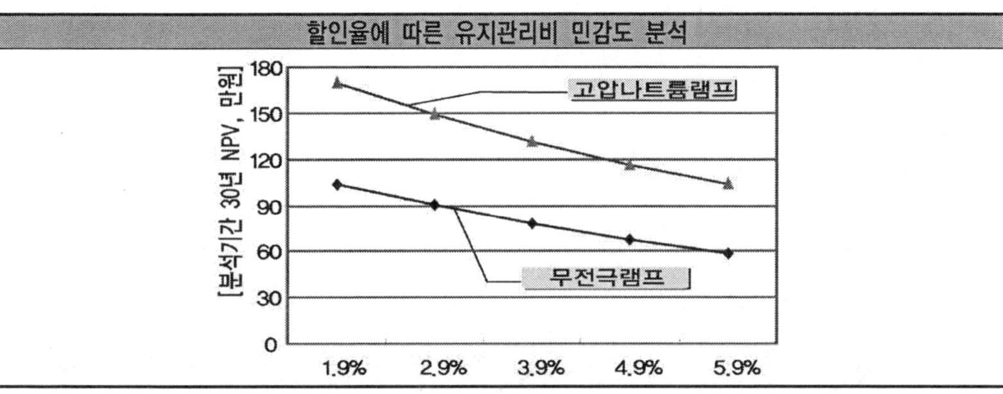

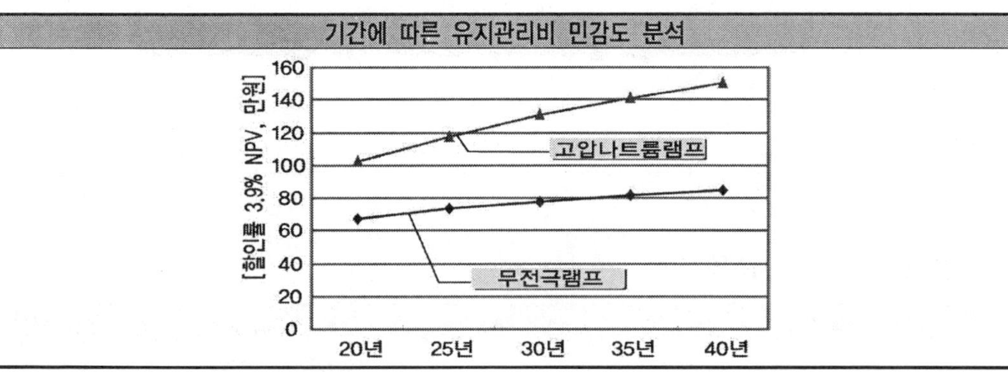

5) 기능 몇 VE평가

구 분	대 안 1	대 안 2
형 식	자 기 식	전 기 식
Weighted Diagram	유지관리성 경제성 연색성 기능성 안전성 친환경성 76.4	유지관리성 경제성 연색성 기능성 안전성 친환경성 97.0
기능점수	76.4	97.0
향상율	–	27.0%
L C C	134.25만원	129.8만원
비용지수	1.034	1.000
향상율	–	–3.3%
가치지수	76.4	97.0
향상율		31.3%
선정예		◎

3-10. 타분야 고려사항

1. 철도터널내 전기설비

1.1 공사중 전기

1) 공사용 임시동력 공급계통(예)

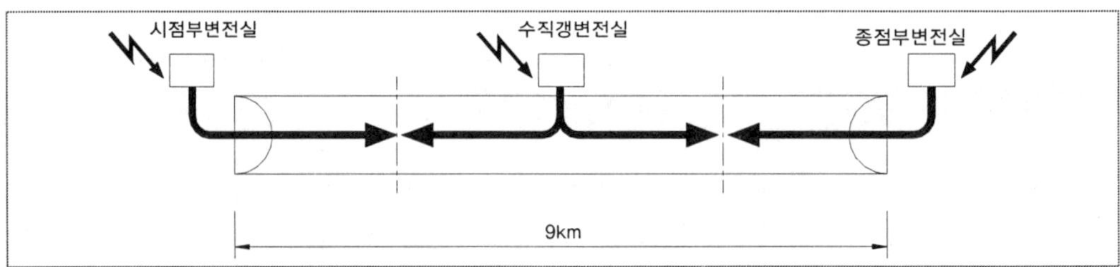

2) 공사용 주요설비 시스템 선정

주요 적용사항	설치 단면도	전등 설비(형광등)	전등 설비(투광등)	전등 설비(옥외등)
▪ 점보 드릴용 전원은 고압배전 (6.6kV) ▪ 조작반 형태 : 이동형제작 ▪ 외함의 재질 : 스텐레스 ▪ 콘 센 트 : FRP방습형 ▪ 접지공법 : 매설지선 포설 (BC 100), 저항2Ω 이하	▪ 배관형태 : 터널 내는 노출 배관, 앙카고정후 와이어 루푸 Cable지지	▪ 터널:형광등 (FL1/32W) 지그재그양측배열 (조명환경개선) ▪ 기구의형태:방습등	▪ 터널:투광등으로 공사현장 조명보강 ▪ 기구의형태: 투광방습등	▪ 옥외:투광등(MHL 250W) ▪ POLE높이: 5M ▪ 기구의형태:방습등

주요 적용사항	콘센트 설비	CCTV 설비	인터폰 설비	접지단자반
▪ 터널내 작업용 콘센트설치 ▪ 입、출구부에 CCTV 설치 ▪ 터널내 인터폰 설치 ▪ 접지 단자반 : 100M 간격 시설	▪ 터널내 : FRP 방습형 ▪ 설치간격: 편측 100M ▪ 사양: 2P 15A 300V	▪ 터널입、출구부에 2개소 설치 ▪ 도난 및 고방지	▪ 터널내 : 100M 간격 인터폰 시설 (비상시 연락)	▪ 터널내 : 100M 간격 접지단자반 설치 ▪ 매설지선에 연결

3) 터널내 변압기굴 계획

장터널의 터널내 전기설비의 효율적인 전원공급을 고려하여 다음과 같이 변압기굴을 배치 계획하기로 한다.

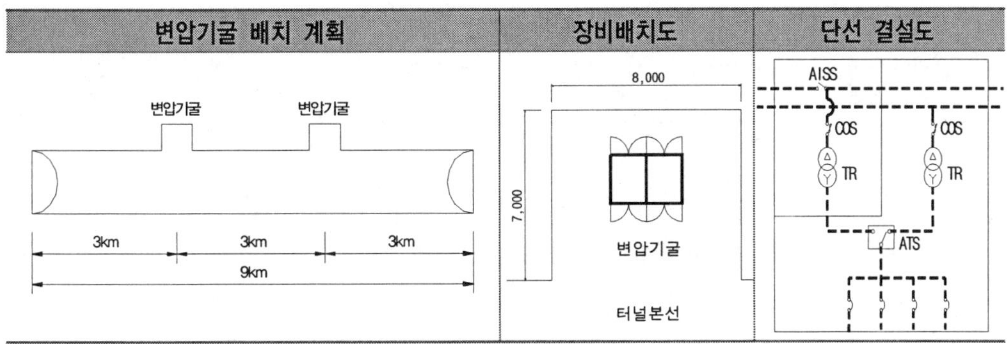

4) 매설지선

전철의 지락사고 등으로 인한 전기설비 접지계통에 미치는 영향을 최소화하여 안전한 전철운행이 되도록 매설접지를 계획한다.

① 개요

레일과 병행하여 지중에 매설접지선을 포설하여 변전소로 돌아오는 귀선전류의 귀환을 용이하게 하는 방식으로, 모든 전기설비(전철, 전력, 통신, 신호)를 등전위 접지망으로 구성하여 레일 및 귀선(보호선 포함)과 연결시키는 접지방식이다.

② 매설지선 계획

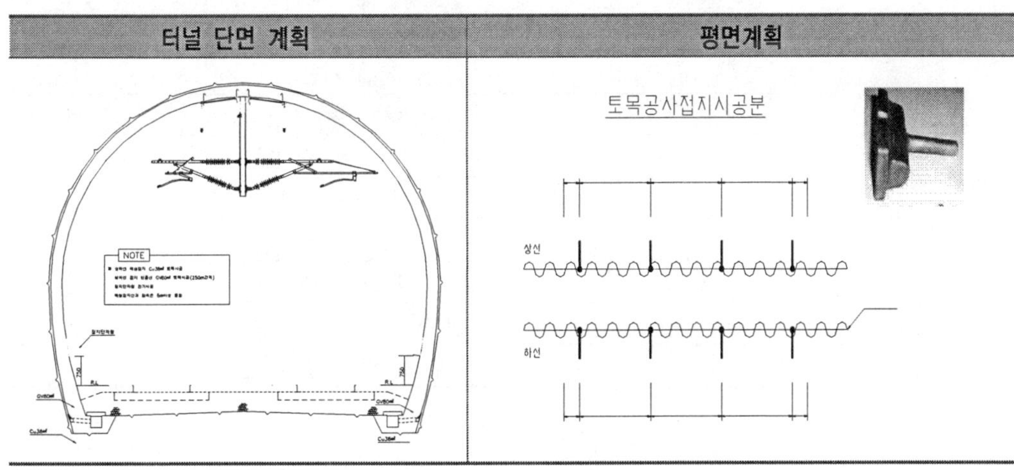

적용사례	효과	접지선 굵기	접지단자
■유럽, 미국 등 선진 전기 철도 국가에서 80년대이 후부터 채용 ■우리나라에는 한국고속철도에 적용	■전기차 운행시 레일전압이 최대50V 감소 ■전차선과 레일간 단락사고 시 레일전압 약50% 감소	■매설접지선 : 나동연선 38㎟ 이상 ■보조접지선 : GV 80㎟이상	■터널내 전기시설물과 매설지 선과의 연결 ■250m마다 절연접지선으로 분기하여 접지단자 연결

2. 토목분야와 전기와 인터페이스 사항

2.1 토공(흙쌓기, 흙깎기)구간 토목분야와 전철 · 전력분야의 인터페이스 사항

시행분야	관련분야	주요공종	비 고
노반분야	–	보조도상	
	–	입도조정층	
	–	상부노반시공	
	–	하부노반시공	
	–	토공깎기구간 헌치 시공	
	전력분야	전선관로 시공	
	전력분야	선로횡단개소 핸드홀 시공	
	전력분야	선로횡단개소 배관 시공	
	전력분야	선로횡단개소 배관하부 자갈 시공	
	전철분야	전철주 기초 시공	
궤도분야	–	도상콘크리층(TCL)	
	–	노반강화층(HSB)	
	–	채움콘크리트(FC)	
	–	채움자갈(FB)	
전철분야	–	전철주 및 기타전철설비	
전력분야	–	케이블 및 매설접지선	

2.2 경전선 BTL 노반분야 반영 사항(예)

시 설 물 명	설 치 위 치 기 준	시 설 물 규 격	기 초 규 격
케이블 접속함 기초	22.9kV 배전선로의 매 400m 마다 설치 (토공구간에만 적용하고 교량, 터널은 직선접속재로 공동구내에서 접속함)	1200Wx500Dx 1100H	1400Wx70 0Dx300H
역간구분개폐기 기초	본선 2km를 초과하는 구간내에 22.9kV 배전선로를 차단하여 점검을 할 수 있는 설비(터널변압기반, 전기실 등)가 구성되어 있지 아니한 경우 ex : 64km500(전기실) ~ 66km500(터널변압기반)=2.0km 구간내에 점검설비가 없는 경우 65km500 지점에 역간구분개폐기를 설치하여 유지보수가 가능하도록 구성함	1400Wx2500D x2400H	1600Wx27 00Dx300H
터널 변압기반 기초 및 설치공간 확보	150m 이상 ~ 1,000m 미만 터널 : 입구측 설치 1,000m 이상 ~ 2,000m 미만 터널 : 입·출구측 설치	1500Wx2500D x2350H (1면 기준)	3400Wx29 00Dx300H (2면 기준)

※ 기초높이 300H는 강화 노반면상(F.L)부터의 높이임.(강화노반 하부로 200H 이상 기초를 더 보강하여야 할 것으로 사료됨)

제 4 장

전 차 선 로

4-1. 전차선의 특성 검토

1. 전차선의 기계적특성

1.1 전차선 압상량 검토

1) 개 요

커티너리 가선의 전차선을 어떤 힘으로 가만히 압상하였을 때 그 압상량(정적 압상량)은 일반적으로 경간 내의 위치에 따라 다른 값을 나타낸다. 즉, 경간 중앙부근은 압상하기 쉽고, 지지점 부근에서는 압상하기 어려운 성질을 가지고 있다. 이 가선의 정적압상 특성은 가선구성, 전선의 장력, 지지경간 길이 등에 따라 다르지만 가선의 집전성능을 판단하는데 중요한 요소가 된다.

2) 전차선의 압상량 계산조건

① 조 건

구 분		장 력	단위중량	팬터그래프 압상량
조 가 선	Bz 65[㎟]	1,200[kgf]	0.605[kg/m]	6.0[kg/m]
전 차 선	Cu 110[㎟]	1,200[kgf]	0.9877[kg/m]	

② 정적 압상량 계산식

㉠ 경점중앙에서의 전차선 압상량

$$\bullet\ y_1 = \frac{P_0 \times S}{4 \times (T_M + T_T)} \times 1,000\ [mm]$$

㉡ 지지점 아래에서의 전차선 압상량

$$\bullet\ y_2 = \frac{P_0 \times S}{T_T} \times \frac{1 + \frac{T_M}{T_T}}{2(1 + 2n \times \frac{T_M}{T_T})} \times 1,000\ [mm]$$

S : 경간길이 [m]

Po : 압상력 [kg]

Tm : 조가선 장력 [kgf]

Tt : 전차선 장력 [kgf]

Wt : 전차선 단위중량 [kg/m]

y : 압상량 [m]

X : 지지점에서 압상점까지의 거리 [m]

n : 1경간내 행어 수 [본]

③ 동적 압상량 계산식

전차선의 동적 압상량은 시속 100㎞미만 구간에 대하여는 전차선의 정적 압상량의 팬터그래프 압상력을 3배로 하여 계산한다. 다만, 시속 100㎞이상 구간에서는 시속에 따라 3배 이상의 값을 고려한다.

㉠ 경점중앙에서의 전차선 압상량

$$\bullet\ y_1 = \frac{3\times P_0\times S}{4\times(T_M+T_T)}\times 1,000\ [mm]$$

② 지지점 아래의 전차선의 압상량

$$\bullet\ y_2 = \frac{3\times P_0\times S}{T_T}\times\frac{1+\frac{T_M}{T_T}}{2(1+2n\times\frac{T_M}{T_T})}\times 1,000\ [mm]$$

3) 전차선의 정적 압상량 계산

① 경간중앙에서 전차선의 압상량

㉠ 15m 경간의 경우

$$\bullet\ y_1 = \frac{15\times 6}{4\times(1200+1200)}\times 1,000\ [mm] = 9.375[mm]$$

㉡ 경간별 압상량

경간[m]	15	20	25	30	35	40	45	50
압상량[㎜]	9.375	12.5	15.625	18.75	21.875	25.00	28.125	31.25

② 지지점 아래의 전차선의 압상량

㉠ 15m 경간의 경우

$$\bullet\ y_2 = \frac{6\times 15}{1200}\times\frac{1+\frac{1200}{1200}}{2(1+2\times 3\times\frac{1200}{1200})}\times 1,000\ [mm]$$

㉡ 경간별 압상량

경간[m]	15	20	25	30	35	40	45	50
행거수[EA]	3	4	5	6	7	8	9	10
압상량[㎜]	10.714	11.111	11.363	11.538	11.666	11.764	11.842	11.904

4) 전차선의 동적 압상량 계산

① 경간중앙에서 전차선의 압상량

㉠ 15m 경간의 경우

$$\bullet\ y_1 = \frac{3 \times 15 \times 6}{4 \times (1200 + 1200)} \times 1,000\ [mm]$$

㉡ 경간별 압상량

경간[m]	15	20	25	30	35	40	45	50
압상량[㎜]	28.125	37.5	46.875	56.25	65.625	70.000	84.375	93.750

② 지지점 아래의 전차선의 압상량

㉠ 15m 경간의 경우

$$\bullet\ y_2 = \frac{3\times15\times6}{1200} \times \frac{1+\frac{1200}{1200}}{2(1+2\times3\times\frac{1200}{1200})} \times 1,000\ [mm]$$

㉡ 경간별 압상량

경간[m]	15	20	25	30	35	40	45	50
행거수[EA]	3	4	5	6	7	8	9	10
압상량[㎜]	32.142	33.333	34.089	34.614	34.998	35.292	35.526	35.712

5) 압상량 개선방안

전차선이 수평으로 가선된 보통의 심플 커티너리 가선에서는 팬터그래프의 압상력으로 인하여 같은 압상력에 대하여 지지점 부근보다 경간 중앙부근이 압상량이 커지게 된다. 이와 같은 현상은 팬터그래프의 상하반복 운동을 하게 되며 100㎞/h 이상의 고속운전이 되면 전차선과 팬터그래프의 이선률이 현저히 높아진다. 전차선에 미리 이도를 주는 즉 Sag를 주어 가선을 하면 팬터그래프는 수평으로 주행하게 되므로 집전특성이 좋아진다. 고속으로 운전하기 위해서는 전차선의 장력을 크게 하고 pre-sag 가선을 시행하며, 유럽 및 우리나라 경부고속철도등에서 시행하고 있다. 그러므로 본 경전선 함안~진주간간에서는 운행속도는 150㎞/h 이고, 전차선 Cu 110[㎟] 장력 1,200[kgf]의 심플 커티너리가선 방식을 채택하므로 pre-sag 방식은 채택하여 속도 향상에 대처하도록 한다.

1.2 전차선의 편위 검토

1) 개 요

전차선로 설계시 우선적으로 결정해야 요소는 전차선의 지지물 경간과 장력이다. 전차선을 지지하는 인접 지지물간의 중심간 거리 즉 경간이 클수록 건설비는 적지만 경간을 크게 하면 차량동요와 풍압에 의한 전차선의 횡요 동에 의해 팬터그래프가 전차선으로부터 이탈하게 될 우려가 있다. 따라서 전차선 지지물의 최대허용 경간은 전차선의 가선방식과 선로의 상태(직선로 또는 곡선로), 신호기 위치, 교량, 터널 과선교 등의 위치, 기상 및 전기차의 운전조건(운전속도, 운전시격)등을 고려하여 팬터그래프의 유효 폭 범위 내에 들어갈 수 있는 전차선의 편위의 크기에 따라 결정되나 강풍에 의한 장해가 일어날 위험이 있는 구간에서는 표준경간과 관계없이 전차선의 편위량을 고려하여 경간을 축소할 필요가 있다.

2) 전차선의 편위에 고려할 요소

① 차량동요에 의한 팬터그래프의 편위

② 가동 브래킷 회전에 의한 편위

③ 풍압에 의한 전차선 편위

④ 곡선로에서 전차선 편위

⑤ 지지물의 휨에 의한 전차선의 편위

3) 집전장치 유효 폭

① 전기동차 집전장치

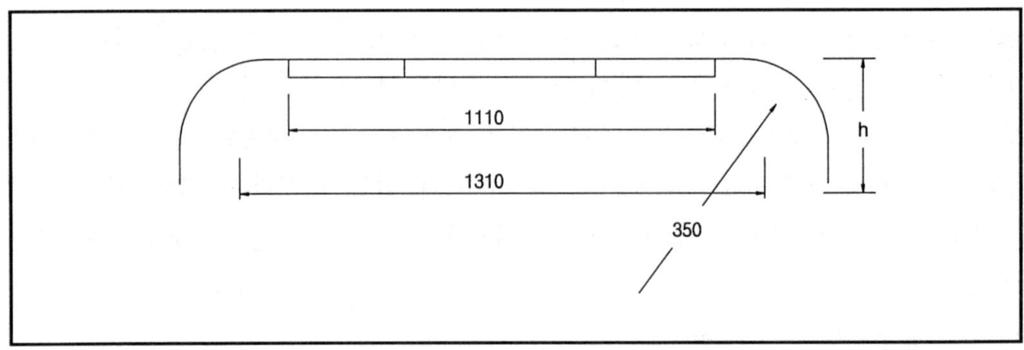

② 전기기관차 집전장치

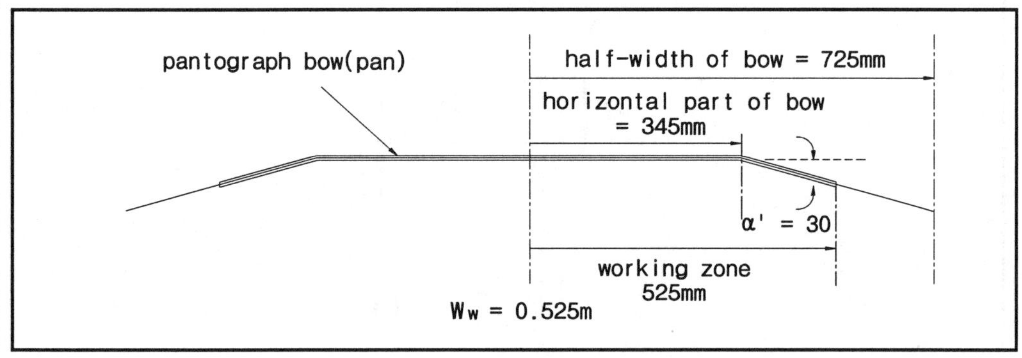

4) 차량동요에 의한 팬터그래프의 편위

- 궤도면상 585[㎜]의 점을 중심으로 좌,우 610[㎜]의 수평점에 상,하 각각 최대32[㎜](차량동요 최대각도 3°)까지 이동이 되므로 전차선의 높이를 5,200[㎜]로 하면
- $d_A = (5200-585)\times 32/610 \fallingdotseq 242[mm]$

5) 가동 브래킷 회전에 의한 전차선의 편위

- 온도변화에 의한 전차선의 신축과, 마모에 의한 경년변화(신장)에 의해, 가동 브래킷 가설시 보다도 지지주를 중심으로 회전하여, 그 결과 전차선 편위가 변화한다. 다만, 조가선에 강연선을 사용하고, 자동장력조정의 인류단에 삼각요크를 사용하여 MT 일괄 당김을 하고 있는 경우는, 선조장력의 배분이 변화하여, 전차선의 온도변화분이 작게 된다.

① 계산조건

- $\sigma_1 = D - \sqrt{D^2 - \Delta \ell^2}$

D : 가동브래킷의 회전반경 [m]
σ_1 : 가동브래킷의 회전에 의한 전차선 편위 [m]
$\Delta \ell$: 전차선 마모에 의한 신장과 온도변화에 의한 신장의 합

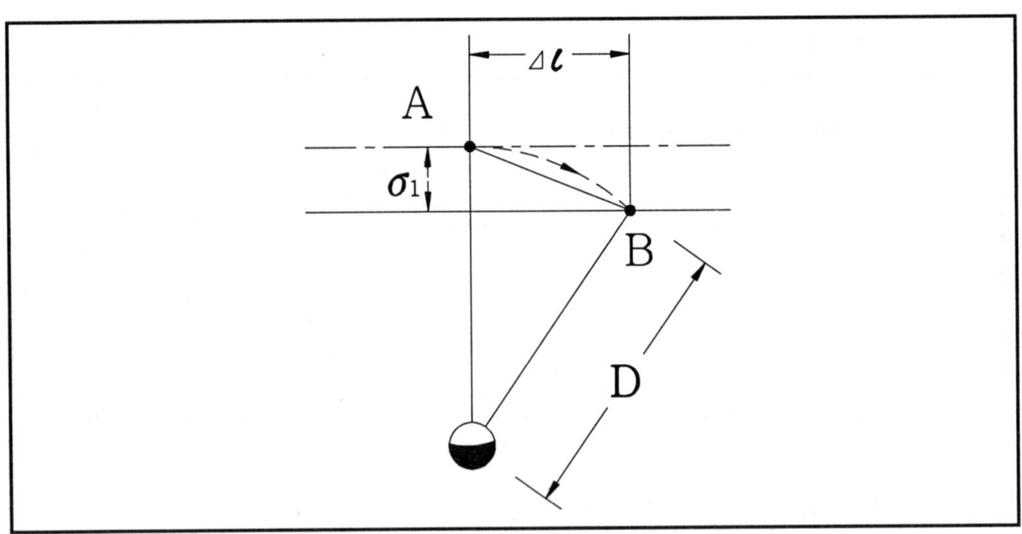

[가동브래킷의 편위]

② 가동브래킷의 회전반경

- 전차선 마모의 영향이 없는 것으로 하여, 가동 브래킷 회전반경 D는
- D = (전주 게이지)-(브래킷 설치위치)-(전차선 시설 편위)

  = 3,000-100-200

  = 2,700㎜

③ 전차선 마모에 의한 신장과 온도변화에 의한 신장의 합

- $\Delta \ell = \alpha\ (t - t0)\ L \times 103$

  $= 1.7 \times 10^{-5}\ (40-10) \times 750 \times 10^{3} = 382.5$[㎜]

α : 전차선의 팽창계수 1.7×10^{-5}
t : 최고온도 40[℃]
t_0 : 표준온도 10[℃]
L : 전차선장력 조정길이 750[m]

④ 가동 브래킷 회전에 의한 전차선의 편위

- $\sigma_1 = 2700 - \sqrt{2700^2 - 382.5^2} \fallingdotseq 27$[㎜]

6) 풍압에 의한 전차선 편위(지그재그 편위 a를 주었을 때의 최대 편위량)

- 바람이 불면 전차선에 편위가 발생하기 때문에 열차의 안전운행을 위해서는 풍압에 의

한 전차선의 편위가 집전장치의 유효 폭보다 작게 되도록 경간이나 편위를 제한하여야 한다.

① 계산조건

• $\sigma_2'' = \dfrac{(W_m + W_t)S^2}{8(T_m + T_t)} + \dfrac{2a^2(T_m + T_t)}{(W_m + W_t)S^2}$

σ_2'' : 지그재그 편위를 붙였을 때 풍압에 의한 전차선 편위 [m]
a : 지그재그 편위량 [m]
S : 지지경간 [m]
S_0 : 풍압편위를 받았을 때 등가경간 [m]
W_m : 조가선에 가해진 풍압 [kgf/m]
W_t : 전차선에 가해진 풍압 [kgf/m]
T_m : 조가선의 가선장력 1200 [kgf]
T_t : 전차선의 가선장력 1200 [kgf]

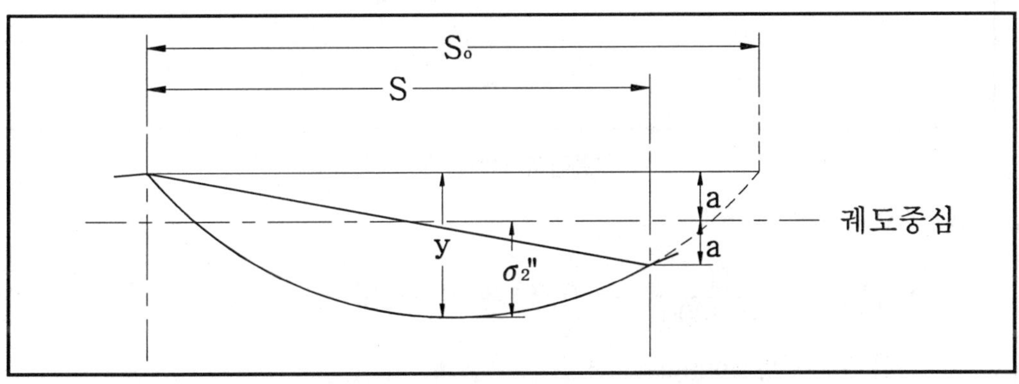

[지그재그 편위가 있는 경우 풍압편위]

② 조가선의 풍압하중

• Wm = 0.0105[㎡/m] × 76[kgf/㎡] = 0.798[kgf/m]

③ 전차선의 풍압하중

• Wt = 0.01234[㎡/m] × 76[kgf/㎡] = 0.937[kgf/m]

④ 지그재그 편위를 붙였을 때 풍압에 의한 전차선 편위

• $\sigma_2'' = \dfrac{50^2(0.798+0.937)}{8(1200+1200)} + \dfrac{2\times 0.2^2(1200+1200)}{50^2(0.798+0.937)}$

$= 0.225 + 0.044 = 0.269[m]$

7) 곡선로의 경우 전차선의 편위

- 곡선로의 전차선은 지지점 에서는 곡선의 외방에, 경간 중앙에서는 곡선내방 위치에 시설한다. 곡선로의 경우 전차선의 편위는 각각의 곡선반지름에 대하여 구한다.

① 계산조건

- $d_o = \dfrac{S^2}{8R} - ds$

d_0 : 경간 중앙의 전차선 편위 [m] S : 전주경간 [m]
R : 곡선반지름 [m] d_S : 지지점의 전차선 편위 0.2[m]

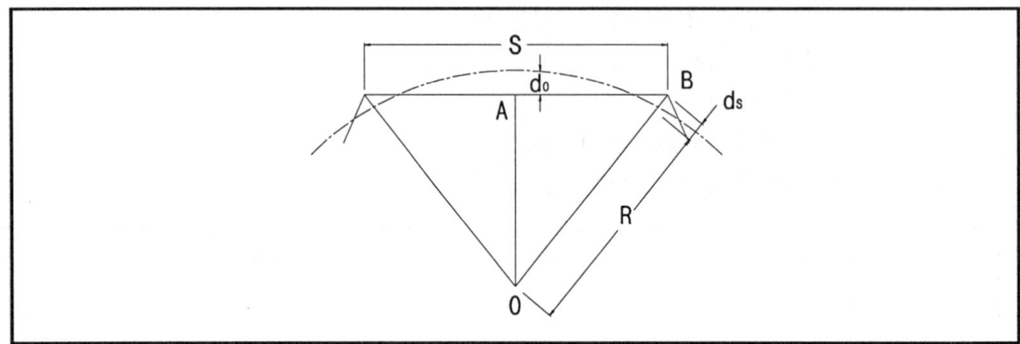

[곡선로에서 전차선의 편위]

② 경간 중앙에서의 편위

- $d_{50} = \dfrac{50^2}{8 \times 1000} - 0.2 = 0.1125[m]$

③ 곡선 및 경간별 편위[m]

전주경간	곡선반경	지지점편위	중간 편위	풍압 편위	편위계
50	1000	0.2	0.112	0.269	0.381
45	700	0.2	0.161	0.236	0.397
40	500	0.2	0.200	0.213	0.413
35	400	0.2	0.182	0.200	0.382
30	300	0.2	0.175	0.203	0.378
20	200	0.2	0.050	0.312	0.362

8) 지지물의 휨에 의한 전차선의 편위

바람의 영향 또는 전선의 수평장력에 의하여 전주의 굽힘과 기초변형에 의한 전주경사가 발생하므로 전차선 높이에 있어서의 전주의 휨을 50[㎜], 기초경사에 대하여 50[㎜]로 하여 지지물의 굽힘에 따른 편위는 100[㎜] 정도의 경사를 고려한다.

d = 100[㎜]

9) 직선구간에서 전차선의 편위 여유 : 단위[㎜]

구 분	전기동차	전기기관차
집전장치 유효폭(D)	1310	1050
지지물의 굽힘에 의한 편위(D1)	100	100
차량동요에 따른 집전장치 편위(D2)	242	242
가동브래킷 회전에 따른 편위(D3)	27	27
D/2 − (D1+D2+D3)	286	156
전차선의 풍압에 의한 편위	269	269
편위 여유	17	−113

10) 곡선구간에서 전차선의 기울기 여유 : 단위[㎜]

구 분	전기동차				전기기관차			
집전장치 유효폭(D)	1310				1050			
지지물의 굽힘에 의한 편위(D1)	100				100			
차량동요에 따른 집전장치 편위(D2)	242				242			
가동브래킷 회전에 따른 편위(D3)	27				27			
D/2 − (D1+D2+D3)	286				156			
전차선의 풍압에 의한 편위(곡선)	50m	40m	30m	20m	50m	40m	30m	20m
	381	413	378	362	381	413	378	362
편위 여유	−95	−127	−92	−76	−225	−257	−222	−206

11) 검토결과

열차는 일반적으로 풍속 30[m/s] 이상에서는 운전을 중지하게 되어 있다. 그러나 부분적인 순간 풍속과 돌풍은 그때그때에 따라 풍속을 측정하여 운용하기는 어려우므로 경우에 따라서는 순간 풍속 30[m/s]를 초과하는 풍속에서도 운전을 계속하는 경우도 있게 된다. 전차선의 편위 변동에 영향을 주는 것은 가동브래킷 회전에 의한 전차선의 편위 변화, 진동방지 및 곡선 당김 금구의 압상에 의한 편위 변화, 전주의 휨과 기초의 경사로 인한 편위 변화, 선로의 켄트에 의한 변위, 차량동요에 의한 Pantograph의 변위 등이 작용할 수 있다.

2. 전차선의 전기적 특성

2.1 이선률

1) 정 의

- 팬터그래프가 전차선에서 이탈되는 비율이며 열차가 어느 일정 구간을 주행할 때의 이선율은 다음 식으로 표시된다.
- $\text{이선율} = \dfrac{\text{일정 구간의 이선거리총계}}{\text{일정 구간의 전체주행거리}} \times 100(\%)$

2) 이선율이 커질 때의 영향

- 습동판이나 전차선의 마모 증가
- 소음, 전파 잡음의 증가
- 열차 내 정전 등 차량의 전기 기기의 악영향

3) 이선율의 기준

- 이선율은 완전히 영(zero)으로 하는 것은 매우 어려운 일이므로 다음 값을 기준으로 하고 있다.

① 직류구간 : 집전전류가 수천 암페어 〔A〕 까지도 운행

㉠ 1% 이하 : 양 호

㉡ 3% 이하 : 통상 허용 범위

㉢ 5% 이하 : 부득이 한 경우

② 교류구간 : 직류구간보다 훨씬 적어 집전전류는 수백 암페어 〔A〕

㉠ 10% 이하 : 양 호

㉡ 20% 이하 : 통상 허용 범위

㉢ 30% 이하 : 부득이 한 경우

- 그러나 10% 이하에서 양호라는 기준은 비교적 속도가 낮은 도시철도 등이며, 고속철도에서는 1% 이하가 되어야 안정된 집전을 할 수 있다.

4) 이선율의 저감 방안

① 전차선의 경점을 적게 한다.

② 목적에 응한 팬터그래프를 사용한다.

③ 열차 속도는 전차선의 파동전파속도의 70% 이하로 운영한다.

④ 전기동차의 구동차 1량에 2개의 팬터그래프를 사용한다. 직류모터, MG타입의 차량에

서는 1회 최대이선 시간 200ms 정도는 차량운전에 지장이 없었으나, 주회로, 보조전원장치에 인버터를 사용하고 있는 차량 (VVVF방식 차량등)에서는 10~20ms 이하로 규제하여야 하기 때문에 구동차 일량에 2개의 팬터그래프를 사용한다. 이 방식은 원래의 이선율 저감 방안과는 방향이 다르나 구동차단위로 이선이 저감되는 것은 확실하다.

5) 이선의 측량

- 이선율을 확인하려면, 주행하고 있는 팬터그래프의 이선을 측정하여야 하는 데, 다음과 같은 방법이 있다.

① 접촉력의 측정

- 전차선과 팬터그래프의 접촉력을 측정함으로서 직접적으로 이선을 확인할 수 있으면 가장 좋은 방법이라고 생각된다. 그러나 심하게 변동되는 접촉력을 측정하는 것은 매우 어려우며 30Hz 이하의 변동이 측정될 수 있어 적은 이선은 측정할 수 없다.

② 광학식 측정

- 이선 때의 발생하는 arc 방전의 빛을 감지하는 방법이다. 이것에는 film으로 계속 촬영하는 방법과 광전 변환소자로 빛의 밝기를 전기신호로 바꾸어 기록하는 방법이 있다. 다음 그림은 전기신호로 기록한 예이다.

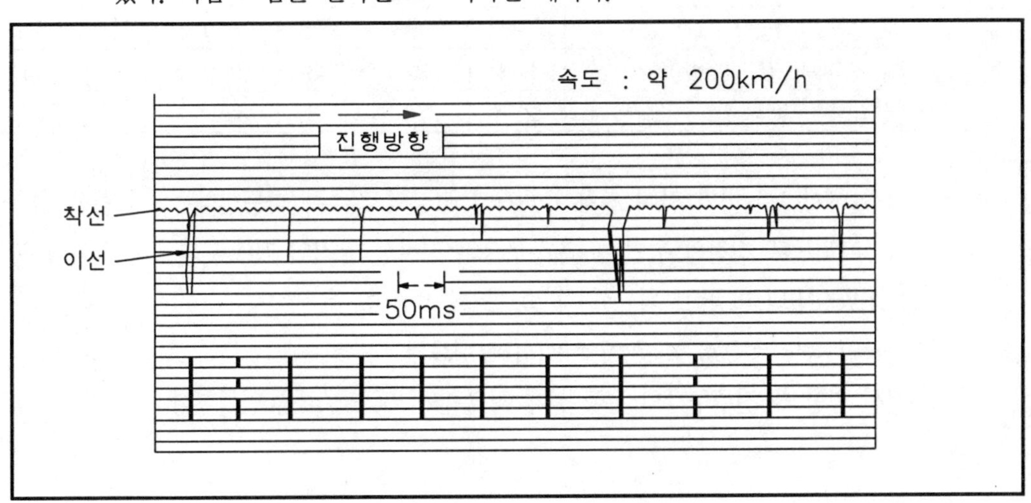

[광학식 이선 측정기에 의한 이선측정 예]

③ 전기적 측정

- 전차선, 팬터그래프와 레일을 전기회로로 구성하여 회로의 전압 또는 전류의 변동을 측정하는 것으로 이선을 감지하는 방법이다.

2.2 파동전파속도

- 전차선에 좌우로 발생한 진동이 열차 진행방향으로 이동 전파하는 속도를 파동전파속도라 하며 전차선의 질량과 전차선의 장력의 크기로서 결정되며 파동전파속도

$$C = \sqrt{\frac{T}{\rho}} \ (m/s)$$

T : 전차선의 장력 (N)

ρ : 전차선의 단위질량 (kg/m)

열차속도가 가선의 파동전파속도에 가까워지면 팬터그래프의 이선, 전차선의 압상량, 응력 등이 급격히 증대하여 전차선의 압상량이 커서 꺾여져 휘어지며 열차 통과 후 진동 진폭이 크게 되므로 파동전파속도의 70[%]정도가 바람직한 집전 속도로 보고 있다.

〈선종별 파동전파속도〉

구 분	Cu 110㎟		Cu 150㎟		Cu 170㎟	
전차선의 장력 (N)	9,800	11,760	11,760	3,720	13,720	14,700
전차선의 단위질량 (kg/m)	0.988	0.988	1.375	1.375	1.511	1.511
파동전파속도(C) (km/h)	358	392	333	359	343	355
최대정상집전속도(C의 70%) (km/h)	250	274	233	359	240	248

- 상기 표에서 보는바와 같이 전차선이 작고 고장력 일수록 파동전파속도가 큼을 알 수 있다. 그러므로 경전선 함안 ~ 진주구간의 전차선 규격인 110㎟ 과 표준장력 1,200 kgf(11,760N)의 파동속도를 전기차 속도로 환산하면

전기차의 속도 = 392 × 70% = 274[km/h]로서

경전선 함안 ~ 진주구간의 운행 설계 최고속도 150[km/h]을 만족한다.

2.3 무차원화비

- 무차원화비란 파동전파속도와 열차속도의 비를 말하며 다음 식으로 표시한다.

$$무차원화비(\beta) = \frac{열차속도[km/h]}{파동전파속도[km/h]}$$

여기서 무차원화비가 적을 때 즉 열차속도가 낮을 때에는 팬터그래프 접촉점의 압상량은 적어지게 되고 무차원화비가 1에 까까우면, 즉 열차속도가 파동전파속도에 가까우면 팬터그래프의 이선, 전차선의 압상량 및 응력이 급격히 증대하여 전차선이 휘어져 꺾이게 되며 통과한 뒤에는 진폭이 크게 되어 이선현상이 심해진다. 그리고 과도한 압상량은 가선금구의 접촉과 파괴를 야기 시키고 전차선의 변형과 단선을 유발하기도 한다. 따라서 가선의 영업 속도에 알맞은 무차원화비를 대략 70% 이하를 기준으로 하고 있다. 각국의 고속전철의 무차원화비를 구해보면 다음 표와 같다.

구 분	Cu 110㎟		Cu 150㎟		Cu 170㎟	
열차속도 (km/h)	150	150	150	150	150	150
파동전파속도(C) (kg/h)	358	392	333	359	343	355
무차원화비	0.41	0.38	0.45	0.41	0.43	0.42

2.4 전차선의 최고허용속도

- 전차선의 최고허용속도는 일반적으로 파동전파속도의 70%가 한계라고 한다. 그러나 이러한 문제는 실제 전차선의 시공과 보수의 정도(精度) 여하에 있다고 한다. 가선의 공사, 보수정도는 집전속도의 자승에 비례하여 향상되어야 하기 때문이라고 한다. 그러므로 경전선 함안~진주구간의 전차선 CU 110㎟(장력 1,200kgf)을 적용하였을 경우 전차선로도 최대 정상 집전속도는 약274km/h 까지 가능하다. 그러나 열차의 속도향상은 전차선로만으로 이루어지는 것이 아니고 궤도와 운행차량등 기타의 시설물이 해당 속도에 적합한 규격이나 성능을 갖추어야 하며 이와 더불어 신호, 통신설비도 균형을 이루어야 한다. 경전선 함안 ~ 진주구간 전차선로는 전철설비 시설규정 등에 적합하다는 것을 전제로 하고 274km/h까지 활용할 수 있다. 단지 현재의 최대속도가 150km/h이기 때문에 파동전파 속도의 38%가 되는 것이다.

4-2. 강체전차선의 특성

1. 개요

Trolley Wire의 마모로 인한 교환 주기를 연장하여 유지관리 비용을 절감할 수 있도록 함은 물론이고 전차선로의 기계적 및 전기적 특성에도 무리가 없는 최적의 전차선로 설비가 되도록 서울지하철7호선연장에 사용될 Trolley Wire의 선종과 Al T-Bar의 재질를 선정하고자한다.

2. Trolley Wire의 선종 선정

2.1 Trolley Wire의 제원

Trolley Wire 원형 170㎟와 제형 170㎟의 제원은 아래의 그림과 같으며 AL T-Bar 2100 ㎟에 원형 170㎟와 제형 170㎟의 Trolley Wire모두 조합하여 사용할 수 있다.

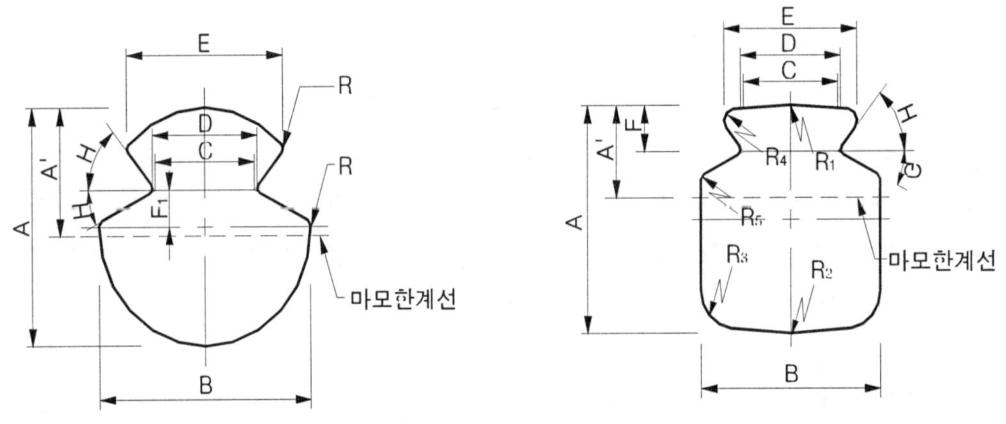

Nominal Sectional Area	Dimension												Angle (deg)		잔 존 량	
	A	B	C	D	F	E	R1	R2	R3	R4	R5	F1	G	H	A'	면적
원형170㎟	15.49	15.49	7.32	7.74	11.43	5.35	0.38	–	–	–	–	2.4	27°	51°	8.35	85.14
제형170㎟	14.8	13.0	6.85	7.27	9.6	3.0	30	35	2.5	0.75	0.38	–	27°	51°	6.0	59.27

2.2 Trolley Wire의 특성 검토

Trolley Wire 원형 170㎟와 제형 170㎟는 구조적으로 그 모양을 달리 하고 있으며, 이모양에 따라 전동차의 운행에 따른 Trolley Wire의 마모될 부분의 서로 다르게 된다.

따라서 원형 170㎟ 및 제형 170㎟의 특성을 검토하여 지하구간 강체 전차선로의 Trolley Wire를 선정토록 한다.

1) Trolley Wire 마모에 따른 이용율 및 잔존량의 폐기율 비교

구 분	신 선		마 모 부		잔 존 부		이용율	폐기율
	직경	단면적	직경	단면적	직경	단면적	(%)	(%)
원형 170㎟	15.49	170.0	7.14	84.86	8.35	85.14	49.92	50.08
제형 170㎟	14.80	169.1	8.80	109.93	6.0	59.27	64.97	35.03

(주) : 제형의 경우 직경은 수직 높이이며 백분율은 단면적 대비임.

2) 원형 170㎟을 100%로 하였을 경우 제형 170㎟의 비교

구 분	신 선		마모부대비(%)		잔존부대비(%)		이용율	폐기율
	직 경	단면적	직경	단면적	직경	단면적	(%)	(%)
원형 170㎟	15.49	170.0	100	100	100	100	100	100
제형 170㎟	14.80	169.1	123.3	129.5	71.86	69.61	130	70
비교결과(%)			+23.30	+29.50	-28.14	-30.39	+30.00	-30.00

3) 결 론

두 선종의 신선 시 동량은 170㎟대 169.1㎟로 비슷하나 사용량(마모량)면에서 제형이 원형에 비하여 사용량이 약 30%정도 많음으로 전차선 사용기간 연장이 가능하다.

2.2 AL T-Bar의 재질 선정

1) 종류

가공전차선로에 사용되는 AL T-Bar는 합금번호 A5083F, A6063-T5 2종류가 있다.

2) 합금별 화학성분 비교

합금번호	Si	Fe	Cu	Mn	Mg	Cr	Zn	Ti	기 타		Al
									각각	계	
AL 5083F	0.40 이하	0.40 이하	0.10 이하	0.40 ∿ 1.00	4.00 ∿ 4.90	0.05 ∿ 0.25	0.25 이하	0.15 이하	0.50 이하	0.15 이하	나머지
AL 6.63-T5	0.20 ∿ 0.60	0.35 이하	0.10 이하	0.10 이하	0.45 0.90	0.10 이하			0.50	0.15	나머지

3) 합성저항 비교

강체 전차선의 전기저항 특성은 합금 종류별로 달라지며 각 합금 종류별 고유 전기저항은 다음의 표와 같다.

구 분	AL T-Bar	Long Ear (Ω/㎞)	Trolley Wire (Ω/㎞)	Rail N 60Kgx2 (Ω/㎞)	합성저항 (Ω/㎞)	비 고
A5083F	0.0293	0.06	0.0298	0.014	0.0259	Rail 누설전류 0(%) 적용
A6063-T5	0.0154	0.06	0.0298	0.014	0.0227	Rail 누설전류 0(%) 적용

(주) 상기의 합성저항은 Trolley Wire 마모후 조건의 합성저항 적용.

동일 조건에(Rail 저항은 누설전류 0% 적용) AL T-Bar A5083F는 도전율 28(%), A6063-T5는 도전율 51(%)를 적용 전차선로의 합성 저항을 검토한 결과는 상기의 표와 같이 검토 되었으며 A6063-T5의 합금 재질이 A5083F 합금 재질에 비하여 도전율 높음으로 전기적 특성은 A6063-T5 합금이 양호한 것으로 검토된다.

4) 합금별 기계적 특성 검토

① 합금별 특성 비교

구 분	인장강도 (Kgf/㎟)	내 력 (Kgf/㎟)	신장율 (%)	탄성계수 (Kgf/㎟)	비 고
A5083F	28이상	11이상	12이상	7,200	비열처리
A6063-T5	16이상	11이상	8이상	7,000	열처리

비열처리 합금인 A5083F는 Al 합금중 기계적 특성 및 내식성과 용접성에서 양호하며, A6063-T5는 인장강도와 용접성에서 다소 뒤지나 도전율과 압출성이 양호하고 내식성, 표면 처리면에서 양호한 것으로 검토된다.

② AL 합금별 Deflection 검토

합 금 별	A5083F	A6063-F5	비 고
Deflection	0.1809	0.25	지지간격 5m

5) 결 론

상기 검토결과 2종류 모두 Deflection에 문제가 되지 않으며, 기계적 특성면에서 A6063-T5가 다소 뒤지나 가선특성상 문제가 되지 않으며, 전기적 특성면에서 A5083F 보다 우수하다.

4-3. 설계 최고속도(200㎞/h) 향상을 위한 선종 및 장력, 경간 검토

• "Catenary System의 Speed-Up에 대한연구[2001.11]"보고서 내용 발췌

1. 전차선로 시스템의 최고속도 결정

1.1 집전성능 검토

• 팬터그래프가 1% 이하의 이선율 기준으로 전차선의 가선장력과 지지물의 경간에 따라 한국고속철도차량(KTX)에서는 팬터그래프의 접촉력이 최소 경간에서 발생하며 크기는 45N이다.

• 팬터그래프의 접촉력 45N을 기준으로 하여 160㎞/h 이하에서 경간(30~60m)에 따른 시뮬레이션을 수행한 결과 모든 경간에서 양호한 집전성능을 나타내고 있다. 또한 한국철도 신형기관차의 팬터그래프는 고속용인 KTX보다 낮은 속도를 위한 팬터그래프이기 때문에 고속용 기준인 45N이상 적용 기준은 무리가 있어 독일ERRI 보고서 등에서 제시한 다음과 같은 판단 기준을 양호한 집전성능의 기준으로 적용하고 있다.

$$\frac{\text{접촉력표준편차}}{\text{평균접촉력}} \leq 20\ \%$$

1.2 최고 설계속도

• 조가선 CdCu 80㎟ (장력 1.5톤), 전차선 Cu 170㎟ (장력 1.5톤)을 적용해서 경간 50m에서 속도를 줄여가며 아래 표와 같이 시뮬레이션을 수행하였다. 결과에서 보듯이 설계속도 160㎞/h에서 표준편차/평균 접촉력(%)이 20%이하이다.

〈설계최고속도에 따른 집전성능〉

설계최고속도(㎞/h)	180	170	160	150
평균 접촉력(N)	103.7	100.2	97.1	94.0
접촉력 표준편차(N)	25.2	21.0	18.4	15.5
압 상 량 (㎜)	19.7	17.8	15.6	13.3
표준편차/평균접촉력(%)	24	21	19	17

• 설계최고속도 160㎞/h 조건에서 각 경간에서 양호한 집전성능을 보이는지 판단하기 위해서 아래와 같이 시뮬레이션을 수행한 결과 각각의 경간에서 모두 만족하고 있다.

〈설계 최고속도 160km/h에서 경간에 따른 집전성능〉

경 간 (m)	60	50	45	40	35	30
평균 접촉력(N)	97.4	97.1	96.7	96.6	96.0	95.5
접촉력 표준편차(N)	18.1	18.4	18.4	18.5	18.5	19.2
압 상 량 (mm)	15.3	15.6	15.7	15.8	15.5	15.1
표준편차/평균접촉력(%)	19	19	19	19	19	20

- 속도를 5km/h 상향조정해서 설계최고속도를 165km/h(최고열차운영속도 150km/h)에서 신형 EL8100대 팬터그래프를 적용하여 시뮬레이션을 수행한 결과는 다음 표와 같다. 경간 30m를 제외한 모든 경간에서 양호한 집전성능을 보이고 있다. 그러나 경간 30m 이하의 전철구간은 철도청시설규정에 따르면 곡선반경 400m 이하에서 적용하는 경간이고 또한, 열차운전시행 절차 28조에 의하면 운전최고속도를 90km/h로 제한하고 있기 때문에 열차가 결정된 시스템에서 운행하는데 문제가 없을 것이다.

〈설계 최고속도 165km/h에서 경간에 따른 집전성능〉

경 간 (m)	60	50	45	40	35	30
평균 접촉력(N)	99.0	98.6	98.2	98.1	97.4	97.0
접촉력 표준편차(N)	19.6	19.7	19.6	19.7	19.8	20.2
압 상 량 (mm)	16.6	16.8	16.7	16.7	16.2	15.9
표주편차/평규접촉력(%)	20	20	20	20	20	21

1.3 가선 선종 및 장력

- 한국철도의 기존 전차선로 가선선종 및 장력에 따른 신형 EL 8100대 및 고속철도 KTX 차량 주행시 아래와 같은 조건에서 시뮬레이션을 시행한 결과 집전 성능분석은 다음 표와 같다.
- 설계최고속도 : 165km/h
- 전 차 선 : Cu 150mm² 장력 1,400 kgf
- 조 가 선 : Bz 65mm² 장력 1,400 kgf

〈신형 EL 8100대 집전성능〉

경　　간 (m)	60	50	45	40	35	30
평균 접촉력(N)	99.8	99.4	98.9	98.6	97.9	97.2
접촉력 표준편차(N)	19.7	19.8	19.8	19.8	19.6	20.0
압 상 량 (㎜)	17.9	18.2	18.2	18.2	17.8	17.3
표준편차/평균접촉력(%)	20	20	20	20	20	21

- 위 결과에서 보듯이 경간 30m를 제외하고는 양호한 집전 성능을 보이고 있음

〈KTX 차량 집전성능〉

경　　간 (m)	60	50	45	40	35	30
평균 접촉력(N)	114.8	114.2	114.8	112.5	111.4	110.2
접촉력 표준편차(N)	22.6	23.4	22.6	20.1	17.6	16.5
압 상 량 (㎜)	21.9	24.7	21.9	23.4	19.9	17.4
표준편차/평균접촉력(%)	47	44	47	52	59	61

- 위 결과에서는 경간 50m일 때를 제외하고는 모든 경간에서 양호한 집전 성능을 보이고 있다
- 경간 50m는 기본 경간이기 때문에 50m 경간에서 양호한 집전성능을 보이지 않는 다는 것은 그 속도에서 위 선종 및 장력을 사용할 수 없다는 것이다. 따라서 설계 최고속도 160㎞/h로 내려서 똑같은 조건에서 시뮬레이션을 아래와 같이 시행하였다.

〈설계 최고속도 160㎞/h에서 경간에 따른 집전성능〉

경　　간 (m)	60	50	45	40	35	30
평균 접촉력(N)	112.2	111.6	112.2	110.2	109.0	108.1
접촉력 표준편차(N)	21.2	22.1	21.2	19.5	16.9	15.9
압 상 량 (㎜)	19.6	22.4	19.6	22.4	19.9	16.7
표준편차/평균접촉력(%)	49	45	49	52	58	60

- 설계최고속도를 160㎞/h로 하향조정해서 시뮬레이션 한 결과 위 표와 같이 모든 경간에서 양호한 집전 성능을 보이고 있다.
- 위와 같은 방법으로 기존 전차선로의 합성 전차선에 대하여 시뮬레이션을 수행한 결과 전차선로 접촉력 변동은 다음 표와 같다.

〈전차선로 시스템에 따른 접촉력 변동〉

구 분	전차선 Cu 110㎟ 조가선 Bz 65㎟	전차선 Cu 170㎟ 조가선 CdCu 80㎟	전차선 Cu 150㎟ 조가선 Bz 65㎟
최고설계속도(㎞/h)	200	165	165
전차선 장력(톤)	1.2	1.5	1.4
전차선 단위중량(kg/m)	0.9877	1.511	1.334
조가선 장력(톤)	1.2	1.5	1.4
조가선 단위중량(kg/m)	0.605	0.7166	0.605
파동전파속도(㎞/h)	393	355	365
전체파동속도(㎞/h)	437	413	428
F1 =	3.95	5.51	4.73
F2 =	5.33	6.15	5.05

- F1 : 요철에 의한 접촉력 변동,   F2 : 파동전파에 의한 접촉력 변동
- 위 결과를 분석하여 보면 전차선 Cu110, Cu150 및 Cu170 순으로 접촉력 변동이 작은 것을 알 수 있다. 또한 파동전파속도 측면에서도 선종이 작은 것이 유리함을 보여주고 있다.
- 즉 "가선도"에서는 비슷한 집전성능(Current collection performance)을 보인 두 전차선로지만 위 결과에서는 전차선 Cu 150 및 조가선 Bz 65를 사용한 전차선로 시스템이 더 작은 접촉력 변동을 보이고 있다.

1.4 팬터그래프 현황

차 량 별	지붕 높이	팬 터 그 래 프				
		pan접은 높이	최소작동 높이	최대작동 높이	작동 범위	접촉력
수도권 전동차 (구형, 신형동일)	3,750㎜	4,500㎜	4,750㎜	5,600㎜	850㎜	6kgf
8,000계 전기 기관차	3,890㎜	4,495.5㎜	4,595.5㎜	6,995.5㎜	2,400㎜	7kgf

2. 접촉력 변동 분석

- 전차선로(전차선 Cu170, 조가선 CdCu80 및 전차선 Cu150, 조가선 Bz65)에 대하여

장력에 따라 접촉력 변동 F1(요철에 의한 접촉력 변동) 및 F2(파동에 의한 접촉력 변동)는 아래 표와 같다.

〈접촉력 변동분석〉

구 분	전차선 Cu110㎟ 조가선 Bz65㎟	전차선 Cu170㎟ 조가선 CdCu80㎟	전차선 Cu150㎟ 조가선 Bz65㎟
최고설계속도(km/h)	200	200	200
전차선 장력(톤)	1.2	1.7	1.6
전차선 단위중량(kg/m)	0.9877	1.511	1.334
조가선 장력(톤)	1.2	1.5	1.4
조가선 단위중량(kg/m)	0.605	0.7166	0.605
파동전파속도(km/h)	393	378	390
전체파동속도(km/h)	437	427	443
F1 =	3.95	6.28	5.37
F2 =	5.33	8.00	6.43

- 위 결과를 분석하여 보면 전차선 Cu110㎟, Cu150㎟ 및 Cu170㎟ 순으로 접촉력 변동이 작은 것을 알 수 있다. 또한 파동전파속도 측면에서도 선종이 작은 것이 유리하다.
- "가선도"에서는 비슷한 집전성능(Current collection performance)을 보인 두 전차선로지만 위 결과에서는 전차선 Cu150㎟ 및 조가선 Bz65㎟를 사용한 전차선로 시스템이 작은 접촉력 변동을 보이고 있다.
- 그리고, 지지물의 안전성 측면에서도 선종 및 장력이 작은 것이 유리하므로 전차선 Cu150㎟ 및 조가선 Bz65㎟만 고려하여 최고설계속도 200km/h 조건에서 시뮬레이션을 수행하여 전차선 장력을 결정한다.

3. EL 8,100대 주행시 집전성능 분석

- 신형 EL 8,100대 팬터그래프를 이용해 전차선 및 조가선 선종을 아래와 같이 사용하여 장력을 결정하였다.
- 전차선 Cu 150㎟
- 조가선 Bz 65㎟ (장력 1.4톤)
- 아래의 표는 설계최고속도 200km/h 및 경간 50m에서 전차선의 장력을 올려가며 "가

선도" 프로그램으로 시뮬레이션 한 결과이다. 아래 결과에서 알 수 있듯이 전차선 장력 1.6톤에서 통계적 최소 접촉력 기준을 만족하고 있다.

〈설계최고속도 200㎞/h에서 전차선 장력에 따른 집전성능〉

전차선 장력(톤)	1.6	1.7	1.8
평균접촉력(N)	110.7	110.2	109.8
접촉력 표준편차(N)	22.3	21.4	20.37
압상량(㎜)	23.9	22.2	20.7
표준편차/평균접촉력(%)	20	19	19

- 따라서, 위 조건(전차선 장력 1.6톤, 조가선 장력1.4톤) 및 설계최고속도 200㎞/h 조건에서 각 경간에 따라 접전성능을 판단하기 위하여 시뮬레이션을 수행하였고 그 결과는 아래와 같아. 결과에서 보면 알 수 있듯이 경간이 35m이하일 때 기준(표준편차/평균 접촉력(%)이 20%이하)에 부적합함을 알 수 있다.

〈설계최고속도 200㎞/h에서 경간에 따른 집전성능〉

경 간(m)	60	50	45	40	35	30
평균접촉력(N)	111.6	110.7	110.4	109.8	109.3	109.0
접촉력 표준편차(N)	22.5	22.3	22.3	22.5	22.9	23.4
압상량(㎜)	25.1	23.9	23.4	22.9	22.0	21.7
표준편차/평균접촉력(%)	20	20	20	20	21	21

- 모든 경간에서 안정된 집전을 할 수 있는 전차선 장력을 얻기 위하여 장력을 1.7톤으로 올려서 또 다시 시뮬레이션을 수행하였고, 그 결과는 아래와 같다. 이 장력에서 30m 경간을 제외한 모든 경간에서 기준을 만족하고 있음을 알 수 있다.

〈경간에 따른 집전성능〉

경 간(m)	60	50	45	40	35	30
평균접촉력(N)	111.1	110.2	110.0	109.5	109.0	108.7
접촉력 표준편차(N)	21.7	21.4	21.6	21.8	22.2	22.9
압상량(㎜)	23.2	22.2	21.8	21.3	20.6	20.3
표준편차/평균접촉력(%)	20	19	20	20	20	21

4. KTX 주행시 집전성능 분석

- 아래 표는 앞장에서 모델링한 KTX 팬터그래프를 이용하여
- 설계최고속도 200㎞/h,
- 전차선 Cu 150㎟
- 조가선 Bz 65㎟ (장력 1.4톤)
- 선종 조건에서 경간 50m에서 안정된 집전성능을 위한 장력을 알아보기 위하여 전차선의 장력을 올려가며 "가선도"프로그램으로 시뮬레이션 한 결과이다.

〈전차선 장력에 따른 집전성능〉

전차선 장력(톤)	1.6	1.7
평균접촉력(N)	132.7	132.5
접촉력 표준편차(N)	26.6	26.8
압상량(㎜)	33.1	30.7
표준편차-3*평균접촉력(%)	53	52

- 위 결과에서 알 수 있듯이 전차선 장력 1.6톤에서 이선 1%를 만족하는 통계적 최소 접촉력이 기준치에 허용되는 53N임을 알 수 있다.
- 아래는 위의 조건(전차선 장력 1.6톤) 및 설계 최고속도 200㎞/h에서 각 경간에 따른 집전성능을 판단하기 위하여 시뮬레이션 한 결과이다. 60m경간을 제외한 각각의 경간에서 기준치를 만족하는 것을 알 수 있다.

〈설계최고속도 200㎞/h 에서 경간에 따른 집전성능〉

경 간(m)	60	50	45	40	35	30
평균접촉력(N)	134.4	132.7	131.5	130.0	128.1	126.4
접촉력 표준편차(N)	31.0	26.6	23.1	20.0	19.5	21.3
압상량(㎜)	37.4	33.1	28.3	24.3	20.5	19.6
표준편차-3*표준편차(N)	41	53	62	70	70	63

5. 검토결과

- 최고설계속도 200㎞/h에 적합한 선종 및 장력을 검토하였고, 그 결과를 요약하면 다음 표와 같다.

〈일괄장력방식적용〉

구 분	최고설계속도 및 운영속도	비 고
전차선 Cu150 장력 1.6톤 조가선 Bz65 장력 1.4톤	최고설계속도 200km/h 최고운영속도 180km/h	경간 60m 및 35m이하 일 때 제외
전차선 Cu150 장력 1.7톤 조가선 Bz65 장력 1.4톤	최고설계속도 200km/h 최고운영속도 180km/h	경간 60m 및 30m이하 일 때 제외

- 따라서, 전주배치(pegging plan) 후 선로곡선반경, 구배, 정거장 등을 고려하여 최고속도 200km/h를 낼 수 있는 구간에서 경간을 조사하여 가능하면 전차선 장력 1.6톤 및 조가선 장력 1.4톤을 시스템에 적용하는 것이 바람직하다

6. 전차선로 속도향상을 위한 시스템 요약

6.1 전차선과 팬터그래프의 접촉력

- 전차선 장력 변동에 따른 전주 경간에서 표준 편차/평균 접촉력이 20%를 넘으면 부적합한 것으로 되어 있다. 조가선 Bz 65㎟일 때(CdCu, St 사용시 제외) 최대장력은 1,400kgf로 전차선 Cu 150㎟ 장력이 1,400kgf 이하에서는 일괄장력 1,400kgf를 넘는 장력에서는 개별 장력을 사용할 수 있다. (일괄장력에서 분배바를 사용시 제외) 다음은 설계최고속도에서 전차선 장력에 따라 지지물 경간의 제한을 나타내고 있음

〈전차선 장력에 따른 지지물 경간의 제한〉

경 간 (m) / 전차선장력	60	50	45	40	35	30
1,600 [kg·f]	X	O	O	O	X	X
1,700 [kg·f]	X	O	O	O	O	X

※ O : 적합 , X : 부적합

〈파동 전파 속도와 최고 운행속도 (단위 : ㎞/h)〉

사용 장력(kg.f) / 선종㎟ ( )kg/m		1,000	1,200	1,400	1,500	1,600	1,700	2,000
원형 CU 110 (0.9877)	C	359	393					
	V	250	270					
원형 CU 150 (1.34)	C		337	364	377	389	401	435
	V		230	250	260	270	280	300
원형 CU 170 (1.511)	C			343	355	367	378	410
	V			240	240	250	260	280
평형 CU 150 (1.334)	C	308	338	365	378	390	402	436
	V	200	230	250	260	270	280	300
비 고		$C = \sqrt{\frac{T}{\rho}}$ (㎞/h) V = 0.7 C (㎞/h)				C : 파동전파속도 (㎞/h) T : 전차선 사용 장력(N) ρ : 전차선 단위 중량(kg/m) V : 설계 최고 속도 (㎞/h)		

6.2 집 전 성 능

- 집전성능은 장력에 따라 전차선 이선율이 1% 이하로 통계적 최소 접촉력이 기준치에 허용되는 53N이다. 전차선 장력 1,600kgf는 설계최고속도 200㎞/h에서 60m 이상의 경간을 제외한 50~30m는 충족되고 있다.

6.3 경 간 선 정

- 전항에서와 같이 설계 최고속도 200㎞/h에서는 경간을 40m이상 60m로 선정하고 있다.

6.4 전차선로 속도향상을 위한 시스템

- 선로 및 차량의 속도에 대한 제한 등이 설계 최고속도에 미치는 영향을 배제한다면 전차선로 시스템에 따른 속도향상은 위의 표와 같이 전차선의 재질(단위무게) 및 장력의 크기에 따라 설계 최고속도는 결정된다.

6.5 속도별 전차선로 시스템

〈속도별 전차선로 시스템〉

설계최고속도 (㎞/h) / 장치별	120이하 (3급선)	150이하 (2급선)	200이하 (1급선)
전 기 방 식	1Φ25㎸ AT방식	1Φ25㎸ AT방식	1Φ25㎸ AT방식
가 선 방 식	심플 커티너리	심플 커티너리	심플 커티너리
조가선 선종(㎟)	Bz 65	Bz 65	Bz 65
전차선 선종(㎟)	Cu 110 Cu 150 Cu 170	Cu 110 Cu 150	Cu 110 Cu 150
전차선 현수방식	드로퍼	드로퍼	드로퍼
장 력 장 치	일 괄	일 괄	일 괄
최대(최소) 경간(m)	50 (40)	50 (40)	50 (40)
전차선 높이(㎜)	5,200	5,200	5,200
전차선 편위(㎜)	±200	±200	±200
가 고(㎜)	960	960	960
드로퍼 간격(m)	5	5	5

7. 기존 전차선로 속도 향상을 위한 경간 검토

7.1 전철전력 시설규정 검토

• 전철전력 시설규정의 제2절 제11조(경간)에 기재된 일반철도의 경간 기준은 다음과 같다.

1) 커티너리식 가공전차선로 지지물의 표준 경간은 다음 표에 의하고 인접하는 경간의 차는 10m 이하로 한다. 다만, 부득이 한 경우는 20m 이하로 할 수 있다.

2) 터널 브래킷의 설치 표준 경간은 20m (강체방식의 경우는 10m)이하로 한다. 다만, 선로 조건이나 가선방식 등을 고려하여 단축할 수 있다.

3) 제1항에 의거 곤란할 경우는 표준경간에 대하여 다음표의 5m 내로 경간을 단축할 수 있다.

곡 선 반 경	경 간 (m)
• 곡선반경 2,000m 초과	60
• 곡선반경 1,00m 초과 ~ 2,000m 까지	50
• 곡선반경 700m 초과 ~ 1,000m 까지	45
• 곡선반경 500m 초과 ~ 700m 까지	40
• 곡선반경 400m 초과 ~ 500m 까지	35
• 곡선반경 300m 초과 ~ 400m 까지	30
• 곡선반경 200m 초과 ~ 300m 까지	20

4) 지지물의 경간은 최대 60m 이하로 한다.

5) 커티너리 가선구간에서의 터널 입, 출구의 경간은 20m를 표준으로 한다.

6) 특수한 가선구조로 하는 구간에서 곡선반경 1,600m 이상에 대해서는 60m 까지 할 수 있다.

7) 전력설비 지지물의 경간은 최대 60m 이하로 하며, 철주 및 콘크리트주는 경간150m를 초과하여 사용할 수 없고, 경간이 150m를 초과하는 경우에는 철탑을 사용하되 400m이하로 한다.

7.2 경간검토

- 전철 전력 시설규정에 기재된 표준 경간은 설계속도 향상을 위하여 앞에서 검토된 바와 같이 경간 60m 및 35m 이하일 경우 집전성능에 문제가 있으므로 곡선반경 1,000m 초과 경간 50m 기준은 적합한 것으로 판단되나 35m경간 기준인 곡선반경 500m미만의 곡선은 500m 이상으로 교체시설 하여야함을 알 수 있다.

4-4. 전차선로 애자검토

1. 개 요

- 전차선로의 애자는 전선 및 진동방지, 곡선당김장치 등의 부속설비를 전주, 빔, 완금 등에 지지하는 경우와 전차선을 전기적으로 구분하는 경우, 또한 가동브래킷 등에 직접 지지물과의 절연을 목적으로 사용한다.
- 전차선로용 애자는 대기 중의 습도, 분진, 매연, 염해 등에 의하여 애자표면이 오손되어 그 표면저항이 저하되므로 누설전류의 증대에 따라 전기적 파괴를 발생시킬 우려가 있다. 이 애자의 파손은 즉시 전기차 운전에 지장을 초래하므로 그 형상은 가능하면 표면 누설거리가 큰 것이 적합하지만 합리적인 절연강도가 되도록 애자를 선정할 필요가 있다.

2. 애자의 설치 기준 및 구비조건

2.1 애자의 설치기준

애자의 표준 사용구분은 다음 각 호 및 표에 의한다.

1) 염해 우려 지역·공장지대 등 공해지역에는 내오손용 애자를 사용하거나 현수애자의 경우 그 수량을 늘려 설치한다.

2) 기기배선용 애자는 급전선 및 부급전선(보호선)에 준용한다

3) 표에서 괄호 내의 숫자는 일반철도 2중 절연방식의 경우에 추가하여야 하는 애자의 숫자를 나타낸 것임.

사용 설비 \ 애자 종별		현수애자			장간애자		지지애자
		180[㎜]	250[㎜]	고분자	항압용	인장용	지지용
급전선	인류	(1)	4	1		1	
	현수	(1)	4	1			1
	이상 구분		5	1			
부급전선 및 보호선	인류	1					
	현수	1					1
	흡상변압기 단자 구분	2					
가공전차선	인류		4	1		1	
	현수		4	1		1	1
	곡선당김장치	(1)	4	1		1	
	스팬선	(1)	4	1		1	
	보조곡선당김장치	(1)	4	1		1	
	이상 구분장치		5	1			
	흡상변압기 구분장치		2				
가동브래키트	수평파이프					1	
	경사파이프				1		
스팬선브래키트	하수파이프					1	

※ ( )는 설비 개량시까지로 한다.

4) 고속철도 장간애자는 수직힘(횡장력)이 작용하는 곳에는 사용하지 말아야 한다.

장치별 \ 기능별	설치개소	명칭	비 고
급전장치	일반 노출구간	현수애자(φ 266×4)	
	노출 오손구간	현수애자(φ 266×4)	
	외부 침해우려구간(구름다리등)	현수용장간애자	
	터널구간	지지애자	
가동브래키트장치	일반구간	상부파이프 절연용 장간애자	
		주파이프 절연용 장간애자	
	오손구간	상부파이프 절연용 장간애자	
		주파이프 절연용 장간애자	
	외부 침해 우려개소 (구름다리, 터널입구 등)	상부파이프 절연용 장간애자	
		주파이프 절연용 장간애자	
인류장치	인류개소	전차선, 조가선, 급전선 인류 절연장간애자	
구분장치	구분개소	구분개소 절연장간애자	
급전분기장치	단로기 구분개소	급전분기선 지지애자	
개폐기장치	단로기 조작롯드 개소	단로기 조작롯드 절연장간애자	

5) 애자의 절연누설거리등 절연성능은 환경조건, 운영조건등을 반영하여 철도시설관리자가 따로 정하는 바에 의한다.

2.2 애자의 구비조건

1) 절연저항 및 절연내력이 커야 한다.
2) 기계적 강도가 우수하여야 한다.
3) 피로특성이 우수하여야 한다.
4) 내후성 및 안전성이 확보되어야 한다.

3. 애자의 종류 및 사용구분

- 전차선로에 사용하는 애자는 전선의 지지·인류에는 현수애자가 사용되고, 가동브래킷 등에는 장간애자가 사용되며, 과선교 하부 등 특수한 개소와 기기의 지지에는 지지애자가 사용되고 있다.

3.1 자기제 애자

종 별		사 용 개 소
현수애자	180㎜	•부급전선, AT보호선의 지지 또는 인류용, 2중 절연보호 방식의 저압부분
	250㎜	•전차선, 급전선의 지지 또는 인류용, 곡선당김장치 인류용, 급전선구분용
장간애자	항압용	•가동 브래킷 경사 파이프용
	인장용	•급전선, 가공전차선, 곡선당김장치 인류 및 현수, 가동브래킷 수평파이프용
지지애자	SP10	•보호선 지지용
	SP60	•급전선 지지용

3.2 고분자제 애자

종 별		사 용 개 소
현수애자	T –s 1호 T –s 2호	•급전선 현수 및 인류용
	T –s 3호	•전차선로 구분 및 인류용
장간애자	T – m	•가동브래킷
지지애자	NSP–50	•급전선용 지지지용

4. 고분자 및 자기제 애자의 검토

4.1 특성비교

구 분	고분자 애자	자기제 애자
깨 어 짐	•아주 좋다	•나쁘다
내 트래킹 성	•좋다	•좋다
표면 발수성	•아주 좋다	•나쁘다
내 오손성	•아주 좋다	•나쁘다
자기 세정성	•아주 좋다	•보통
내 후 성	•좋다	•아주 좋다
전기적 회복성	•아주 좋다	•좋다
기계적 특성	•좋다	•좋다
유지보수	•아주 좋다	•나쁘다
중 량	•많다	•적다
장 점	•경량으로 건설비 및 운송비 절감 •설비의 소형화로 취급이 용이 •높은 인장강도 •성형성 및 충격성 우수 •오염지역에서의 우수한 절연성능 •파편비산에 의한 2차사고 예방	•내트랙킹 특성 우수 •내후성 우수 •사용 경험이 많으므로 신뢰성 확인 (30년 이상)
단 점	•사용 경험이 짧음(20년 이하) •장기 내트랙킹 특성. 내후성 등 장기 신뢰성 검증 필요	•무거운 중량으로 운반 및 설치 불리 •물리적 충격에 취약 •내오손 특성이 나쁨 •유지보수불리(세척 등)

4.2 성능비교

1) 현수애자

① 전철용 고분자 T-s 비교표(규격:KRS PW0016-06)

시험 항목		CEA LWIWG-01 DS-69기준 (69kV급)	ANSI C29.13 DS-69 기준 (69kV급)	IEEE1024 DS-69 기준 (69kV급)	급전선 지지용(25kV)		
					250mm 현수애자 4개	250mm 현수애자 5개	전철용 고분자 T-s
연결 길이[mm]		-	750±50	750±50	584	730	750±10
섬락 거리[mm]		560 이상					570
날개 크기[mm]		-	-	-	Φ254	Φ254	Φ138/Φ110
누설 거리[mm]		1,450 이상	1,190 이상	1,190 이상	1,120 (280/개)	1,400	1,725 이상 (실측:1,800)
건조섬락전압[kV]		-	220	-	801)	801)	230
주수섬락전압[kV]		180	185	185	501)	501)	185
50% 충격섬락전압[kV]		±385	±360	±360	1251)	1251)	±380
전파장 해전압	시험전압[kV]	45	45	45	101)	101)	45
	RIV[μV]	10 이하	10 이하	10 이하	371) 이하	371) 이하	10 이하
규정인장하중[kg]		-	-	-	12,000kgf	12,000kgf	14,000kgf
인장내하중(1분간)[kg]		-		-	6,000kgf	6,000kgf	7,000kgf

※ 주기 : 1) Φ254mm 자기애자 1개의 시험 기준임.

② 검토사항

- 내염성 검토는 누설거리와 상관되는바 자기제 254mm의 누설거리는 280mm로 내염지역 5개 기준으로 1,400mm임.
- 고분자 현수애자(T-s)는 누설거리가 1,725mm이상 조건으로 실측결과 1,800mm로 내염성을 충분히 고려함.
- 전철용 고분자 현수애자(T-s) IEC815에 따라 중오손[25mm/kV×69kV] 지역에 해당하는 누설거리로 설계되었음(내염형)
- Φ254mm 자기애자 5개의 누설거리와 비교해도 고분자 현수애자(T-s)가 약 23%이상 큰 누설거리로 염해지역에 적정함.
- 69kV의 전기적 특성은 국제규격과 동등 이상임.

2) 장간애자(전철용 T-m)

항 목		고분자	자기제
치수	표면누설거리[㎜]	A-B : 1,250 이상 C-D : 230 이상	A-B : 1,250 이상 C-D : 230 이상
기계적 성 능	구부림파괴하중[kgf]	380 이상	350 이상
	인장내하중(1분간)[kgf]	6,000 이상	3,600 이상
전기적 성 능	건조섬락 전압[㎸]	A-B : 230 이상 C-D : 70 이상	A-B : 230 이상 C-D : 70 이상
	주수섬락전압[㎸]	A-B : 180 이상 C-D : 50 이상	A-B : 180 이상 C-D : 50 이상
	50%충격섬락전압[㎸]	A-B : 380 이상 C-D : 100 이상	A-B : 380 이상 C-D : 100 이상
전파 장해 전 압	상용주파 대지간[rms ㎸]	25	
	최대전파 장해전압[㎶ at 1000㎑]	10	

4.3 고분자 애자의 신뢰성 평가

항 목	내 용	평 가 결 과	비 고
내후성 시 험	•자외선에 의한 열화 특성 시험	•2,000시간 폭로후 평가결과 발수성 및 절연내력 양호	•사용기간 약 40년
내오존 시 험	•오존에 의한 열화 특성시험	•6,000시간 폭로 후 평가결과 발수성, 인장강도 양호 •1,400시간 까지 전기적 특성 양호	•사용기간 약250년 •사용기간 약 60년
내트래킹 시 험	•전기적 스트레스 상황에서 오손물질 시험	•내트래킹시험 후 외관에 이상 없음 •급준파 및 섬락전압(1㎲, 1,000㎸) 시험에 이상 없음	
염수분무 시 험	•전기적 스트레스 상황에서 염수분무 시험	•AC17㎸에서 1,000시간 후 외관에 이상 없음	
진동변화 시 험	•진동하중에 의한 기계적 특성	•상하 진폭 25㎜로 3개월간 시험 결과 양호	•사용기간 약 30년
경년변화 시험	•가혹한 온도변화에 따른 기계적 특성평가	•저온 -30℃, 고온 60℃에서 교차로 8시간씩 4주기로 시험결과 이상 없음	
누설전류 측 정	•실제 사용 환경에서 애자의 절연내력 평가	•기간: '98.5~12월 (7개월) •자기체 애자의 약 1/20~1/10배 •유리제 애자의 1/7배	•비교평가 결과 고분자 가장 우수

5. 해외적용 사례

국 가	적 용 사 례	비 고
오스트레일리아	•'78년도에 처음 설치 후 '85년도부터 본격 사용. •7년 동안 12,000개설치.	
독 일	•70년대부터 주로 해안지대에 사용 중.	South Africa의 예
미 국	•고분자애자를 세계에서 가장 많이 사용. (송전선로의 30%, 신구선로의 80%이상)	
일 본	•70년대 후반과 80년대 초에 NGK에서 고분자 피뢰기 개발. •현재 4만여 개를 일본 내에 설치. •전차선로용 고분자장간애자 규격 제정 운용 중 (JR 큐슈)	
중 국	•아시아국가중 가장 많이 사용. •70년대부터 '95년도까지(약20년) 11[㎸]~500[㎸]급 4만개 설치. (내수용으로 현재 30만개 생산사용 중)	
기타 국가	•이탈리아의 경우 전철용 애자는 모두 고분자로 사용. •IEC(국제전기표준회의)에서 고분자 현수애자 규격제정. (96 ')	

6. 적용방안 검토

6.1 신뢰성

- 고분자(폴리머)애자는 1954년 미국에서 처음 개발되어 1985년부터 본격적으로 송전용으로 사용되고 있으며,
- 철도시설공단에서도 장간애자(전철용고분자 T-m)를 고분자제로 국산 개발하여 현장에 사용하고 있으며 인정시험 등을 통한 고분자애자에 대한 장기신뢰성이 확보된 상태임.

6.2 안정성

- 개발품은 애자사용에 관한 국제규격(ANSI, CEA LWIWG, IEEE)DS-46(46㎸)급의 전기적 성능 및 기계적 하중에 적합하도록 제작되었으므로 충분한 안정성(사용 27.5㎸급, 기준 46㎸급)을 확보하였다고 판단됨.

6.3 검토결과

- 위와 같이 고분자 애자의 파손 균열 등이 없고, 중량이 가벼워 시공 및 유지보수가 용이하다. 설치 후에는 자기제와 같은 주기적인 애자 세척이 필요 없으므로 시설물 유지보수비가 절감되고, 시설물의 경량화로 시설물에 미치는 하중이 경감되며 지지물의 안전도를 향상시킨다. 해외 적용 사례에 의하면 고분자 절연재의 사용이 국제적으로 확대되며 자기제 제품 의 대체물로 정착되고 있는 추세로 우리나라도 국산화 이후 공인 시험기관의 성능시험과 실제사용 환경에서 기존 제품과의 비교 시험 등을 통하여 고분자 애자의 신뢰성을 충분히 확보한 상태이다. 따라서 한국철도표준규격(KRS)에서 규정한 고분자제를 채택 적용하였다.

4-5. 매설접지방식 검토

1. 매설접지 방식의 시설기준

구 분	시 공 방 법	비 고
토공구간 (매설접지)	•상선측 지중 매설접지선 경동연선 Cu 50[㎟] 포설 •매설접지선 1㎞마다 횡단접속 •주행레일, 매설접지선, 비절연보호선을 변전소 접근지역은 1~1.2[㎞]마다 기타 지역은 1.5~2[㎞]마다 주기적으로 접속 •등전위 접지로 모든 접지는 접지단자함에 연결 •약 250[m]마다 상, 하선에 접지단자함 설치 •임피던스 본드 개소 접속선 설치	전력설비시공 전력설비시공 전차선로시공 각 설비별 시공 전차선로시공 신호설비시공
고가구간 (교각철근접지)	•교각 바닥철근에 F-GV 95[㎟]를 발열용접 접속. •교각 전철주와 교각 철근접지 연결접속 •상·하선측 전력 및 신호관로에 F-GV 50[㎟] 포설 •약 250[m]마다 접지단자함 설치 •임피던스 본드 개소 접속선 설치 •약 250[m]마다 접지단자함 설치 •주행레일, 매설접지선, 비절연보호선을 변전소 접근지역은 1~1.2[㎞]마다 기타 지역은 1.5~2[㎞]마다 주기적으로 접속	토목시공 전차선로시공 전력설비시공 전차선로시공 신호설비시공 전력설비시공 전차선로시공
터널구간 (매설접지)	•터널 양측 배수로 하부에 매설접지선 경동연선 Cu 50[㎟] 포설 •약 250[m]마다 매설접지선에서 F-GV 95[㎟] 분기 시공 •약 250[m]마다 접지단자함 설치 •임피던스 본드 개소 접속선 설치 •주행레일, 매설접지선, 비절연보호선을 변전소 접근지역은 1~1.2[㎞]마다 기타 지역은 1.5~2[㎞]마다 주기적으로 접속	토목시공 토목시공 전차선로시공 신호설비시공 전차선로시공

2. 접지저항과 전위상승

- 소요접지 저항은 지락사고시의 최고전위상승, 접촉전압, 저압회로의 절연내력을 고려하여 결정한다. 일선지락시의 접지망 전위상승은 접지망에 흐르는 전류 IR과 접지저항 R에 의해 E = IR × R과 같으며 접지저항이 높고 통과전류가 클 때는 접지망 전위가 상승한다.
- 절연내력의 관계에서 최고접지전위 상승은 1,000~2,000V 이하로 억제하여야 하며 이를 초과할 경우는 제어선 및 전화선에 대한 대책을 강구하여야 한다.

3.1 대지저항율 측정결과(예)

1) 대지저항률 측정기준

구분	내용
측정일자	•2007년 06월 28일 목요일
측정장소	•함안정거장
기상상태	•맑음
측정방법	•4–점 Wenner 법(4–Point Wenner Method --- NEC,IEEE 규정)
측정장비	•C.A 6462
계산법	•대지저항률(Ω .m) = 6.28 X 측정거리(m) X 저항값(Ω)

구분	내용
측정일자	•2007년 06월 28일 목요일
측정장소	•군북정거장
기상상태	•맑음
측정방법	•4–점 Wenner 법(4–Point Wenner Method --- NEC,IEEE 규정)
측정장비	•C.A 6462
계산법	•대지저항률(Ω .m) = 6.28 X 측정거리(m) X 저항값(Ω)

구분	내용
측정일자	•2007년 06월 28일 목요일
측정장소	•서군북SSP
기상상태	•맑음
측정방법	•4–점 Wenner 법(4–Point Wenner Method --- NEC,IEEE 규정)
측정장비	•C.A 6462
계산법	•대지저항률(Ω .m) = 6.28 X 측정거리(m) X 저항값(Ω)

구분	내용
측정일자	•2007년 06월 28일 목요일
측정장소	•군북전철변전소
기상상태	•맑음
측정방법	•4–점 Wenner 법(4–Point Wenner Method --- NEC,IEEE 규정)
측정장비	•C.A 6462
계산법	•대지저항률(Ω .m) = 6.28 X 측정거리(m) X 저항값(Ω)

2) 대지저항 측정 결과분석

위치	측정거리(m)	저항값(Ω)	계산 대지저항률(Ω.m)
함안정거장	1	50.4	316.5
	2	32.6	409.5
	4	11.92	299.4
	8	3.7	185.9
	16	1.5	150.7
평 균			272.4

위치	측정거리(m)	저항값(Ω)	계산 대지저항률(Ω.m)
군북정거장	1	21.5	135.0
	2	18.7	234.9
	4	10.1	253.7
	8	3.2	160.8
	16	1.07	107.5
평 균			178.38

위치	측정거리(m)	저항값(Ω)	계산 대지저항률(Ω.m)
서군북 SSP	1	15.24	95.7
	2	6.06	76.1
	4	5.9	148.2
	8	4.01	201.5
	16	2.6	195.9
평 균			143.48

위치	측정거리(m)	저항값(Ω)	계산 대지저항률(Ω.m)
군북 SSP	1	6.07	38.1
	2	2.92	36.7
	4	2.63	66.1
	8	1.87	93.9
	16	0.95	95.5
평 균			66.06

3.2 매설접지저항 계산

1) 계산조건

① 매설 접지선 : Cu 50 [㎟]

② r 반 지 름 : 3.9 [㎜]

③ t 매설깊이 : 0.75 [m]

④ ρ 대지고유저항 : 500 [Ω.m] (측정최고치 409.5[Ω.m])

⑤ ℓ 매설접지 길이 : 50,000[m](변전소 간격을 기준)

⑥ R 접지저항 [Ω]

⑦ Tagg, Dwight 의 식에서

- $$R=\frac{\rho}{2\pi \ell}\left(\ell n\frac{2\ell}{r}+\ell n\frac{\ell}{t}-2+\frac{2t}{\ell}-\frac{t^2}{\ell^2}+\frac{t^4}{8\ell^2}\right)$$

2) 매설접지 길이 1㎞의 경우

- $$R=\frac{500}{2\times3.14\times1,000}\left(\ell n\frac{2\times1,000}{0.0039}+\ell n\frac{1,000}{0.75}-2+\frac{2\times0.75}{1,000}-\frac{0.75^2}{1,000^2}+\frac{0.75^4}{8\times1,000^2}\right)$$

$= 0.0796\ (13.15 + 7.195 - 2 + 0.0015 -$ 무시 $+$ 무시$) = 1.46\ [\Omega]$

3) 매설접지 길이 10㎞의 경우

- $$R=\frac{500}{2\times3.14\times10,000}\left(\ell n\frac{2\times10,000}{0.0039}+\mathrm{In}\frac{10,000}{0.75}-2+\frac{2\times0.75}{10,000}\right)$$

$= 0.00796\ (15.45 + 9.5 - 2 + 0.00015) = 0.18\ [\Omega]$

4) 매설접지 길이 50㎞의 경우

- $$R=\frac{500}{2\times3.14\times50,000}\left(\ell n\frac{2\times50,000}{0.0039}+\ell n\frac{50,000}{0.75}-2+\frac{2\times0.75}{50,000}\right)$$

$= 0.0016\ (17.06 + 11.1 - 2 + 0.00003) = 0.04\ [\Omega]$

3.3 전위상승 전압 계산

- 변전소 2차측 고장 전류치는 27.5kV 기준으로 9,664A로 계산하면 단락 사고시 전압상승전압은 다음과 같다.

1) 매설접지 길이 1km의 경우
- E = IR · R = 9,664[A] × 1.46 = 14,109[V]

2) 매설접지 길이 10km의 경우
- E = 9,664[A] × 0.18[Ω] = 1,740[V]

3) 매설접지 길이 50km의 경우
- E = 9,664[A] × 0.04[Ω] = 387[V]

3.4 접지선 굵기 계산

- 기기의 접지단자 및 기기 케이스와 접지전극을 접속하는 접지선 및 접지모선은 여하한 고장전류에 의해서도 용단하지 않을 정도의 단면적을 사용하여야 한다.
  또 접지선은 매설부분이 많고 또한 안전에 관한 설비이고 후일의 점검이나 개조는 불가능에 가깝기 때문에 안전 측을 고려하여 고장전류는 최대지락전류로 한다.

1) 접지선 굵기 계산조건

① $A = \sqrt{\dfrac{8.5 \times 10^{-6} \times S}{\log 10(\dfrac{t}{274} + 1)}} \times I$ [㎟] [근거 : 전기설비기술계산 핸드북]

A : 접지선의 단면적 [㎟]

S : 고장계속 시간 [초] : 0.5[초]

t : 접지선의 용단에 대한 최고허용 온도 상승(나동연선 850 [℃], 접지용 비닐전선 120 [℃]

I : 고장전류 [A] : 9,664 [A] (27.5kV 기준)

2) 접지선 굵기 계산

① 매설접지선(나동연선) 계산

- $A = \sqrt{\dfrac{8.5\times10^{-6}\times0.5}{\log10(\dfrac{850}{274}+1)}}\times9,664$

  = 25.4 [㎟] < 50 [㎟] --- 적합

② 접지용 비닐전선

- $A = \sqrt{\dfrac{8.5\times10^{-6}\times0.5}{\log10(\dfrac{120}{274}+1)}}\times9,664$

  = 50 [㎟] < 95 [㎟] --- 적합

3.5 교각철근 접지

- 현재 전철화 계획 중인 선로는 용지활용의 여건상 상당히 많은 구간이 고가로 추진되는 경향이 있다.

  따라서 수인선 수원~인천간의 고가구간이나 교량의 경우 새로 건설할 때 철근 접지방식을 채택하면 저렴한 비용으로 매우 우수한 접지전극을 확보할 수 있게 된다.

  철근접지 방식의 시행은 바닥철근과 접지선을 용융용접(산화구리와 알루미늄)하여 교각 상부까지 접지선 F-GV 95㎟를 인출하고(교각상부 1m) 전철주 앵커볼트와 교각철근을 용접하여 교각 공사 때 일괄적으로 시행할 수 있도록 토목공사에 포함하여 시공하여야 하며 용접으로 인하여 열전도 된 부분의 접지선은 아연 도금 코팅으로 피막을 형성한 후 에폭시(Epoxy)계 고무절연 테이프로 감아서 산화방지 처리를 한 후 콘크리트를 타설 하여야 한다. 앵커볼트 매입 및 접지선 공사에 대하여 토목 시공전에 토목시설 분야와 충분히 협의하고 공사감독은 전차선분야에서 담당하는 것이 바람직하다.

3.6 터널접지

- 터널내 접지설비는 매설접지방식으로 각종 설비의 접지를 공용하기 위하여 상·하선 터널 배수로 하부에 매설접지선을 포설하되 250m마다 접지선(F-GV 95㎟)을 인출

하여 접지단자함을 설치하여 터널내부의 시설물 접지로 활용하도록 하여야 하나, 매설접지선은 전기공사로는 시공이 불가하므로 터널 공사시 매설접지선과 250m마다 접지선을 인출하도록 토목공사에 포함하여 시공하고 접지공사에 대한 감독은 전차선분야에서 담당하는 것이 바람직하다.

- 터널내 매설접지 시공은 터널하부에 한번 시설하면 유지보수 등이 불가능 하므로 상・하선에 매설접지선을 포설하도록 한다.

3.7 매설접지 적용구분

적 용 개 소	전선의 종류	설치조수	비 고
매설접지선(토공개소)	Cu 50㎟	1조	상 선
매설접지선(터널개소)	Cu 50㎟	각1조	상・하선
매설접지선(교량개소)	F-GV 95㎟	각1조	상・하선
비절연보호선(FPW)	Cu 75㎟	각1조	상・하선
비절연보호선(FPW)접속	F-GV 95㎟	각1조	상・하선
임피던스 본드 접속선	F-GV 95㎟	각2조	상・하선
횡단 접속선	F-GV 95㎟	각2조	상・하선 접속
변전소, 귀선전류 귀환선	F-GV 95㎟	각4조	상・하선
급전구분소, 보조급전구분소 중성선	F-GV 95㎟	각4조	상・하선
터널 접지단자함 인출선	F-GV 95㎟	각1조	상・하선
교각 철근접지 인출선	F-GV 95㎟	각1조	상・하선

▣ 교량부 하선 공동구(신호、통신용) 격벽설치 사유 : 사고전류로부터 신호、통신선 보호(14자) 사고시 신호、통신선과 간섭 억제(13자)

■ 매설접지 구간별 계통도

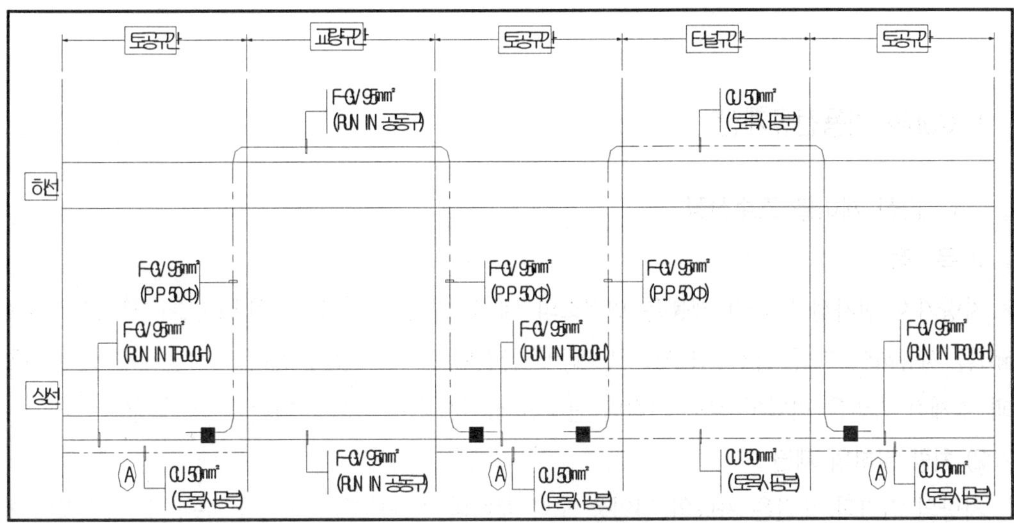

☞ A : F-GV 95㎟(TROUGH내)와 CU 50㎟(지중, 토목시공분)는 50m 마다 인출하여 F-GV 95 ㎟와 접속할 것.

■ 매설접지 구간별 설치기준 및 시공주체

본선구간	매설접지선	설 치 기 준	시 공 주 체	설 치 개 소	비고
토공구간	CU 50㎟	G.L면下 750mm 이상	토목(노반)시공	상선측	
	F-GV 95㎟	TROUGH내 포설 (접지단자함과 π 분기 접속)	전력시공	상선측	
교량구간	F-GV 95㎟	TROUGH내 포설 (접지단자함과 π 분기 접속)	전력시공	상、하선측	
터널구간	CU 50㎟	G.L면下 750mm 이상	토목(터널)시공	상、하선측	

4-6. 지상전차선계산

1. Cable 허용전류계산

1.1 급전 케이블 조수산정

1) 목 적

차량기지 전차선로 급전 계통은 변전소의 HSCB 2차 측에서 CABLE(3.3㎸ HFCO 1C 400㎟)을 사용하여 가공 급전선(HAL 510㎟)에 급전되며 이 계통의 설비를 시설함에 있어 안전성과 경제적 측면을 면밀히 검토 최적의 전차선 급전계통이 되도록 하는데 그 목적이 있다.

2) 차량 부하의 제원

차량의 전기적 제원은 차량의 견인용 모타 부하와 차량내부의 조명용 부하 및 하절기의 냉방부하 및 동절기의 난방부하로 구분 지을 수 있으며 각각의 부하 용량은 다음과 같다.

① 차량 견인 모타 부하

㉠ 165(KW) × 4(대당) × 3(1편성당 전동차량 수) = 1,980(KW)

㉡ $I = KW \cdot (\frac{1.1}{KV}) = (A)$ 1편성당

- I : 부하전류량 --- (A)
- KW : 부하정격 -- (KW)
- KV : 전차선 전압 -- (KV)

㉢ $I = 1,980(KW) \cdot (\frac{1.1}{1.5(KV)}) \fallingdotseq 1,452(A) \cdots\cdots\cdots$ 1편성당

상기 전류량은 차량 1편선 당 공차 량이 운행하는데 소모되는 전류량임.

② 하절기 차량 보조부하

㉠ SIV 3대(최종년도) x 140(KVA / SIV 1대당) = 420(KVA)

㉡ $I = 420(KW) \cdot (\frac{1.1}{1.5(KV)}) \fallingdotseq 308(A)$ 1편성당

③ 동절기 차량 보조부하

㉠ Tc : 1.05(KW) × 16(대) × 2(대 편성) = 33.6(KW)

㉡ T : 1.05(KW) × 14(대) × 1(대 편성) = 14.7(KW)

㉢ M : 1.05(KW) × 16(대) × 3(대 편성) = 50.4(KW)

㉣ 난방용 방열기 계 = 98.7(KW)

차량부하 중 하절기 부하용량이 동절기 부하용량에 비하여 대용량이나 차량 기지내의 유치선 군에서는 동시 다발적으로 사용하는 난방 부하용량(차량내 동파방지를 위한 난방부하를 사용함)을 적용 차량기지 급전조수를 선정하며 차량 1편 선당 난방부하 용량은 다음과 같다.

④ $I = 98.7(KW) \cdot (\frac{1.1}{1.5(KV)}) \fallingdotseq 73(A)$1편성당

차량 1편 선당 난방부하 전류용량은 73(A)로 계산되었으나 차량 입 출고시 난방부하 외에도 기타 보조 전력을 사용하는 것을 감안 100A를 적용하기로 한다.

⑤ 차량기지내 차량 운전 속도 : 25(㎞/H)

3) 차량기지 급전구분 계통

차량기지의 급전 계통 구분은 기 검토된 차량기지 급전계통 검토서 에 의하여 아래의 그림과 같이 구분하였음.

4) 정, 부급전선의 연속 통전 전류용량

① 정 급전선(케이블)의 통전 전류용량

정 급전선은 케이블 3.3㎸ HFCO 1C 400㎟를 사용하며 연속 통전전류용량은 다음과 같이 적용하였음.

- 3.3㎸ HFCO 1C - 400㎟ = 750(A)

② 정 급전선(가공 급전선)통전 전류용량

가공 급전선은 HAL 510㎟를 사용하는 것으로 기본설계에서 정하였으며 연속 통전전류용량은 다음과 같이 산정 적용하였음.

㉠ HAL 510㎟ × 1Line = 938(A)

㉡ HAL 510㎟ × 2Line = 1,688(A)

* 주 : 938 x 2 x 0.9 = 1,688(A)

- 0.9는 다조포설에 의한 감소계수
- 전기 공작물 (전차선로) 설계시공기준 해설집 참조

③ 부 급전선 통전 전류용량

부 급전선의 통전 전류용량은 다음과 같이 적용하였음.

- 600V HFCO 1C 400㎟ = 700(A)

5) 정 급전선의 순시 통전 전류량 산정

① 정 급전선(가공 급전선)통전 전류용량

차량기지 내 에서 사용되는 가공 급전선(HAL 510㎟)의 순시 통전 전류 용량은 다음 식에 의하여 산정 적용하였음.

㉠ $I = 93.26 \cdot \frac{A}{\sqrt{t}}$

- I : 허용전류 (A)
- A : 전선의 단면적 (㎟)
- t : 통전시간 (Sec)

② 정 급전선(케이블)통전 전류용량

순시에 의한 통전 특성은 다음의 표(순시 통전전류 특성)를 적용 산정하였음.

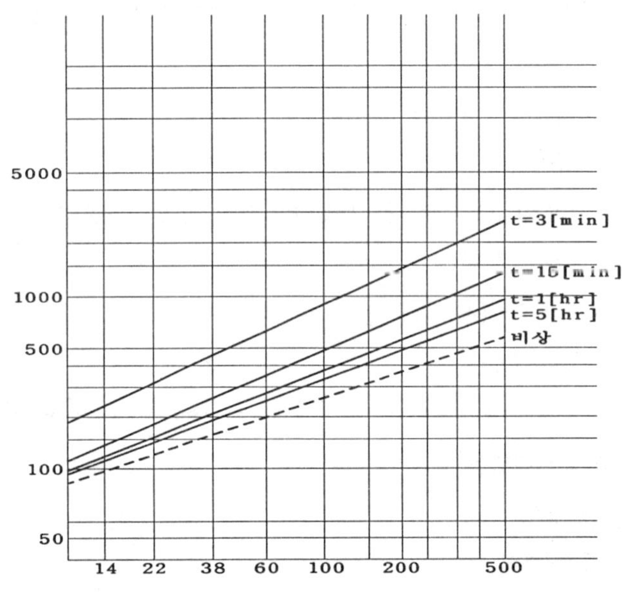

케이블의 허용전류값은 400㎟값을 기준으로 하였으며 그 값의 결과는 다음과 같다.

(1) 1 분동안 의 순시 전류값 = 5,000 (A) (2) 3 분동안 의 순시 전류값 = 2,100 (A)

(3) 15 분동안 의 순시 전류값 = 1,300 (A) (4) 연속 통전전류량 = 750 (A)

6) 정 급전 CABLE 및 가공 급전선 조수 산정

① HSCB 1 입고선 급전조수 산정

입고선 연장 약 420(M)의 통과 시간을 산출하면 다음과 같다.

통전시간 산정 : $T = L \cdot \frac{HS}{V} = 420x\frac{3,600}{25,000} = 60.48(Sec)$

- T : 시간 (Sec)
- L : 운전선로 긍장 (m)
- HS : 시간당 초 (Sec)
- V : 속도 (Km/H)

산출된 순시통전 시간을 정 급전선인 케이블(3.3㎸ HFCO 1C - 400㎟)과 가공 급전선(HAL 510㎟)에 적용 검토하면 다음과 같다.

㉠ 정 급전 CABLE의 허용 전류량 산정

입고선 통과 시간이 1분 이상이므로 3분 동안의 허용 통전 전류량 2,100(A)을 부하 전류량에 적용 검토하면 다음과 같다.

- 2,100(A) 〉 (1,452 + 308) = 1,752(A) : 공차 운전시 입고선의 정 급전 케이블은 3.3㎸ HFCO 1C 400㎟ × 1조로 포설한다.

(주) 308(A)은 Air con용량.

㉡ 가공 급전선의 허용 전류량 산정

60.48(Sec)동안 통전시킬 수 있는 가공 급전선의 전류량은 다음과 같다.

- $I = 93.26 \cdot \frac{A}{\sqrt{t}} = 93.26x\frac{510}{\sqrt{60.48}} = 6,116(A)$
- 6,116(A) 〉 1,752(A) : 공차 운전시 입고선의 가공 급전선은 HAL 510㎟ × 1Line으로 포설 한다.

② HSCB 2 출고선 급전 조수 산정

㉠ 출고선 연장 약 420(M)의 통과 시간을 산출하면 다음과 같다.

통전시간 산정 : $T = L \cdot \frac{HS}{V} = 420x\frac{3,600}{25,000} = 60.48(Sec)$

산출된 순시통전 시간을 정 급전선인 케이블(3.3㎸ HFCO 1C - 400㎟)과 가공 급전선(HAL 510㎟)에 적용 검토하면 다음과 같다.

㉡ 정 급전 Cable의 허용 전류량 산정

출고선 통과 시간이 1분 이상이므로 3분 동안의 허용 통전 전류량 2,100(A)을 부하 전류량에 적용 검토하면 다음과 같다.

- 2,100(A) 〉 (1,452 + 308) = 1,752(A) : 공차 운전시 출고선의 정 급전 케이블은 3.3㎸ HFCO 1C 400㎟ × 1조로 포설한다.
  (주) 308(A)은 Air con용량
- 2,100(A) 〉 1,752(A) : 공차 운전시 출고선의 정 급전 케이블은 3.3㎸ HFCO 1C 400㎟ x 1조로 포설한다.

㉢ 가공 급전선의 허용 전류량 산정

가공 급전선이 60.48(Sec)동안 통전시킬 수 있는 전류량은 다음과 같다.

- $I = 93.26 \cdot \frac{A}{\sqrt{t}} = 93.26 \mathrm{x} \frac{510}{\sqrt{60.48}} \fallingdotseq 6,116(A)$
- 6,116(A) 〉 1,752(A) : 공차 운전시 출고선의 가공 급전선은 HAL 510㎟ × 1Line으로 포설 한다.

7) 부급전선 CABLE 조수 산정

① 옥동차량기지 급전조수 산정

㉠ 부급전선 조수 산정

부급전선의 규격은 600V HFCO 1C 400㎟이며, 허용전류 용량 700A를 적용하여 부급전선 조수를 산정 한다.

- 순시 부하 용량.

순시 부하용량은 입고선과 출고선 차량이 동시에 운전이 가능하므로 부하의 합을 2개 차량 부하로 한다.

- 차량 부하 용량 산정 : 1,452 × 2 = 2,904(A)
- 난방 부하 용량 산정
  100(A)×(유치선 1군 : 3 + 유치선2군 : 3) = 600(A)
- 합 계 : (2,904 + 600) = 3,504(A)

순시 부하조건은 입고선, 출고선 동시 부하 조건이며 2개 선로의 동시 운전 조건 중 가장 짧은 경간의 통과 시간동안 가장 큰 부하 조건으로 볼 수 있음으로 이를 계산하면 다음과 같다.

순시 통전 시간은 선로중 가장 짧은 선로는 입고선이며 선로의 연장 210(M)를 적용 다음과 같이 산출한다.

- 통전시간 산정 : $T = L \cdot \frac{HS}{V} = 210x\frac{3,600}{25,000} = 30.24(Sec)$

부급전선에 통전되는 시간이 약 30.24(Sec)이므로 부급전선에 허용될 수 있는 통전 전류량은 약 5,000(A)로보고 조수를 산정 한다.

- 순시 : $N = \frac{3,504(A)}{5,000(A)} = 1(조)$

앞의 계산에서 보는바와 같이 순시에 의한 부 급전 조수는 600V HFCO 400㎟ × 1조이다.

• 연속 부하 용량.

연속 부하 량은 차량기지에 모든 차량이 난방을 하면서 유치하는 동안이 가장 큰 부하로 계산할 수 있음으로 다음과 같이 계산 한다.

- 연속 : $N = \frac{600(A)}{700(A)} \fallingdotseq 1(조)$

차량기지 전체에 부 급전선 600V HFCO 400㎟ × 1(조)로 계산 되었으나 부하의 균등 분배와 전압 강하 등을 고려하여 부급전선 군을 유치선 1군과 유치선 2군으로 나누어 군별 부급전선 조수를 선정한다.

3. 중추형 자동장력 조정장치

3.1 중추 소요 중량 산정

1) 2[Ton] 자동 장력조정장치의 경우

- ■ TT : 전차선 장력 [1,000 kgf]
- ■ MT : 조가선 장력 [1,000 kgf]
- ■ TTM : 전차선 + 조가선 장력
- ■ W : 활차비 1 : 4의 중추무게 [kg]

① TTM = TT + TM

= 1,000 + 1,000 = 2,000 [Kg]

② 소요 중추무게

$$W = \frac{T_{TM}}{4} = \frac{2,000}{4} = 500\ [kg]$$

2) 3[Ton] 자동 장력조정장치의 경우

- TT : 전차선 장력 [15000 kgf]
- MT : 조가선 장력 [1,500 kgf]
- TTM : 전차선 + 조가선 장력
- W : 활차비 1 : 4의 중추무게 [kg]

① TTM = TT + TM

= 1,500 + 1,500 = 3,000 [Kg]

② 소요 중추무게

$$W = \frac{T_{TM}}{4} = \frac{3,000}{4} = 750\ [kg]$$

3.2 중추 무게 산정

1) TYPE-A(강판 19t)

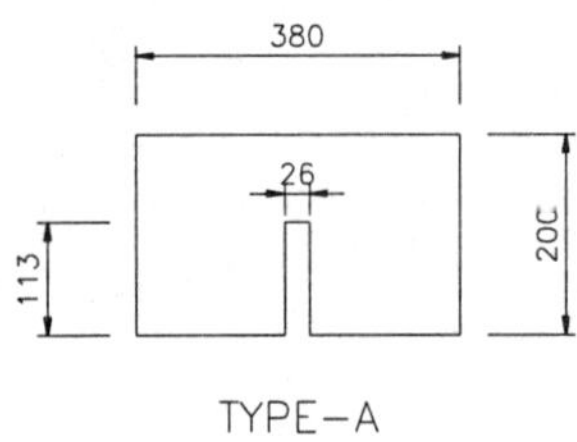

TYPE-A

- 강판 19t 중량 : 149.2kg/㎡
- TYPE-A 중량
  (0.2×0.38−0.113×0.026)×149.2
  = 10.9kg

2) TYPE-B(강판 19t)

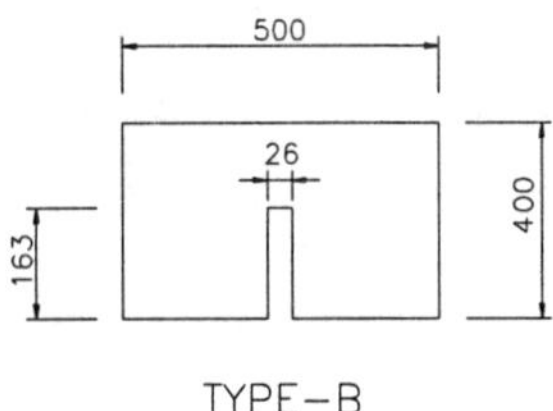

TYPE-B

- 강판 19t 중량 : 149.2kg/㎡
- TYPE-B 중량
  (0.4×0.5−0.163×0.026)×149.2
  = 29.01kg

3) TYPE-C(강판 19t)

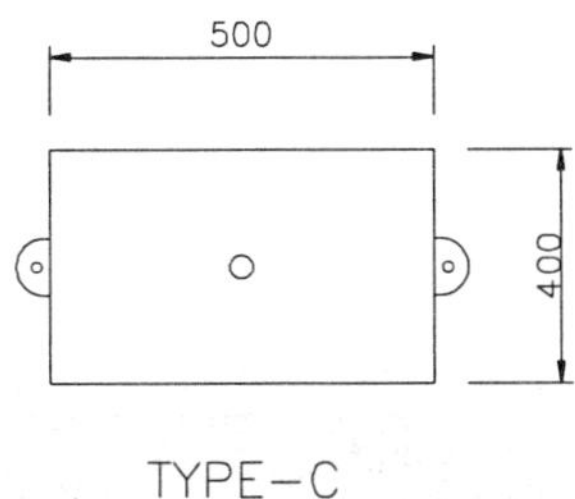

TYPE-C

- 강판 19t 중량 : 149.2kg/m²
- TYPE-C 중량
  (0.4×0.5)×149.2
  = 29.84kg

3.3 중추소요량 산정

1) 2[Ton] 자동 장력조정장치

TYPE-A : 10.9kg × 1개 = 10.9kg

TYPE-B : 29.01kg × 15개 = 435.15kg

TYPE-C : 29.84kg × 2개 = 59.68kg

∴ 10.9 + 435.15 + 59.68 = 505.73kg

2) 3[Ton] 자동 장력조정장치

TYPE-A : 10.9kg × 1개 = 10.9kg

TYPE-B : 29.01kg × 24개 = 696.24kg

TYPE-C : 29.84kg × 2개 = 59.68kg

∴ 10.9 + 696.24 + 59.68 = 766.82kg

3.4 결 론

2 [Ton]계의 경우 505.73[kg]의 중추로 산정하였고, 전차선에 부하되는 장력은 505.73[kg] × 4 ≒ 2,022[kg] 〉 2000[kg] …… OK이며, 3[Ton]계의 경우 766.82[kg]의 중추로 산정하였고, 전차선에 부하되는 장력은 766.82[kg] × 4 ≒ 3,067[kg] 〉 3,000kg …… OK 이다.

4-7. DC 전차선로 관련계산서

1. Catenary 전차선의 전기저항 검토

1.1 설계조건

구 분	Simple Catenary	Heavy Simple Catenary	Compound Catenary	비고
Messenger Wire	St 90mm2	St 135mm2	Cu325㎟	
Sub – Messenger Wire			Cu200㎟	
Trolley Wire	Cu 110㎟	Cu 170㎟		
Feeder Wire	Cu325㎟×2	Cu325㎟×2	–	
Rail	50Kg×2	60Kg×2	–	단선기준 : 누설전류 30%상정
			60Kg×2	단선기준 : 누설전류 10%상정
조가선 저항	RM			
보조조가선 저항	–		RSM	
전차선 저항	RT			
급전선 저항	RF			
레일 저항	RR			

〈사용전선 특성표〉

구 분	전 선	계산 단면적 (mm2)	소선구성 (EA/mm)	외경 (mm)	단위 중량 (Kg/m)	전기저항 (20℃) Ω/Km	저항온도 계수 (20℃)	선팽창 계수	비고
Messenger Wire	St 90mm2	88	7/4.0	12.0	0.697	1.653	0.005	1.2x10−5	
	St 135mm2	137.5	7/5.0	15.0	1.09	1.057	0.005	1.2x10−5	
	Cu 325㎟	323.8	61/2.6	23.4	2.937	0.056	0.00381	1.7x10−5	
	Cu 200㎟	196.4	37/2.6	18.2	1.776	0.092	0.00381	1.7x10−5	
Trolley Wire	Cu 110㎟	111.1 (67.59)	–	12.34 (7.5)	0.9877	0.1592 (0.2617)	0.00383	1.7x10−5	
	Cu 170㎟	170 (87.45)	–	15.49 (8.5)	1.5113	0.104 (0.2021)	0.00383	1.7x10−5	
Feeder Wire	Cu 325㎟×2	323.8	61/2.6	23.4	2.937x2	0.028	0.00381	1.7x10−5	
Rail	50Kg×2	6,420	–	–	50.4x2	0.0119	–	–	지상
	60Kg×2					0.0098			
	60Kg×2					0.0126			지하

(　　) : 마모 한도시 단면적 및 저항

1.2 Simple Catenary 가선방식의 합성저항

1) 신선의 경우 합성저항

① Feeder + Messenger + Trolley 합성저항

$$R_{FMT} = \frac{R_F R_M R_T}{R_M R_T + R_F R_T + R_F R_M}$$

$$= \frac{0.028 \times 1.653 \times 0.1592}{(1.653 \times 0.1592) + (0.028 \times 0.1592) + (0.028 \times 1.653)}$$

$$= 0.02347\ [\Omega/km]$$

② Simple Catenary 합성저항

- RS = RFMT + RR
- RS = 0.02347 + 0.0119
  = 0.03537 [Ω/Km]

2) 마모후의 합성저항

① Feeder + Messenger + Trolley 합성저항

$$R_{FMT} = \frac{R_F R_M R_T}{R_M R_T + R_F R_T + R_F R_M}$$

$$= \frac{0.028 \times 1.653 \times 0.2617}{(1.653 \times 0.2617) + (0.028 \times 0.2617) + (0.028 \times 1.653)}$$

$$= 0.02491\ [\Omega/km]$$

② Simple Catenary 합성저항

- RS = R'FMT + R'R
- RS = 0.02491 + 0.0119
  = 0.03681 [Ω/Km]

1.3 합성저항 계산결과

구 분	Simple Catenary		Heavy Simple Catenary		Compound Catenary		비 고
	신선	마모전선	신선	마모전선	신선	마모전선	
Messenger Wire St 90㎟ [Ω/Km]	1.653	1.653	–	–			
Trolley Wire Cu 110㎟ [Ω/Km]	0.1592	0.2617	–	–			
Rail 50Kg x 2 [Ω/Km]	0.0119	0.0119	–	–			
Feeder Wire Cu 325㎟ x 2 [Ω/Km]	0.028	0.028	0.028	0.028			
Messenger Wire St 135㎟ [Ω/Km]	–	–	1.057	1.057			
Trolley Wire Cu 170㎟ [Ω/Km]	–	–	0.104	0.2021	0.104	0.2021	
Rail 60Kg x 2 [Ω/Km]	–	–	0.0098	0.0098	0.0126	0.0126	
Messenger Wire Cu 325㎟ [Ω/Km]					0.056	0.056	
Sub Messenger Wire Cu 200㎟ [Ω/Km					0.092	0.092	
합성저항 (M+T+F+R) [Ω/Km]	0.03537	0.03681	0.0314	0.03383	0.03868	0.04229	

2. 강체전차선로의 합성저항 검토

2.1 설계조건

구 분	강체가선방식	비고
AL. T-Bar	2100㎟	
AL Long Ear	271㎟ × 2	
Trolley Wire	Cu 170㎟	제형
Rail	60Kg×2	단선기준 : 누설전류 10%상정
AL. T-Bar 저항	RB	
AL Long Ear 저항	RE	
Trolley Wire 저항	RT	

2.2 강체전차선로 저항 및 합성저항 계산식

1) 강체전차선로 저항

$$R = 연동표준저항\Omega(M.㎟) \times \frac{100}{도전율(\%)} \times \frac{1000}{전선단면적(㎟)}$$

$$연동의표준저항율 = \frac{1}{58}$$

$$연동의표준저항율 = 0.01724\Omega(M.㎟)$$

AL T-bar (A6063S) 의 도전율 ------------ 53(%)

2) 강체전차선로 합성저항

R = 합성저항 ----------------------- (Ω/Km)

RB = T-Bar 의 저항 ----------------- (Ω/Km)

RE = Long Ear 의 저항 --------------- (Ω/Km)

RT = Trolley wire 의 저항 ------------ (Ω/Km)

$$R = \frac{1}{\frac{1}{R_B} + \frac{1}{R_E} + \frac{1}{R_T}}$$

2.3 Rail의 저항

1) 지하구간 Rail (60Kg)의 저항

Rail 60Kg = 0.014 (Ω/Km)

Rr = 0.014 x 0.9 = 0.0126(Ω/Km) (지하구간 누설전류 10%)

2.4 강체전차선 저항

1) 강체전차선로 저항

전차선로 구분			연동표준저항 Ω(M.㎟)	도전율 (%)	도체저항(Ω/Km)	비 고
A6063S	AL T-Bar 2100㎟		0.01724	53	0.0154	
	Long ear 542㎟		0.01724	53	0.0600	
Tolley wire	Cu 170㎟	마모전	-	-	0.1040	170㎟(적용)
		마모후	-	-	0.2981	59.3㎟(적용)

2) 마모전 AL T-Bar +Long ear + Trolley + Rail 의 저항

$$R_{BET} = \frac{R_B R_E R_T}{R_E R_T + R_B R_T + R_B R_E}$$

$$= \frac{0.0154 \times 0.06 \times 0.104}{(0.06 \times 0.104) + (0.0154 \times 0.104) + (0.0154 \times 0.06)}$$

$$= 0.01096 \quad [\Omega/km]$$

$$R_r = R_{BET} + R_r$$

$$= 0.01096 + 0.0126$$

$$= 0.02356 \quad [\Omega/km]$$

3) 마모후 AL T-Bar +Long ear + Trolley + Rail 의 저항

$$R_{BET} = \frac{R_B R_E R_T}{R_E R_T + R_B R_T + R_B R_E}$$

$$= \frac{0.0154 \times 0.06 \times 0.2981}{(0.06 \times 0.2981) + (0.0154 \times 0.2981) + (0.0154 \times 0.06)}$$

$$= 0.01177 \quad [\Omega/km]$$

$$R_r = R_{BET} + R_r$$

$$= 0.01177 + 0.0126$$

$$= 0.02437 \quad [\Omega/km]$$

2.5 강체전차선로 합성저항

Al T-Bar 가선방식			강체전차선저항 (Ω/Km)	Rail 저항 (Ω/Km)	전차선로 저항 (Ω/Km)	비고
A6063S AL T-Bar 2100㎟	Trolly wire 170㎟	마모전	0.01096	0.0126	0.02356	
		마모후	0.01177	0.0126	0.02437	

3. 급전조수 및 Simulation에 의한 부하전류 검토(예)

3.1 수계산에 의한 부하전류계산 및 급전선 종류(예)

1) 계산조건

① 운전조건(2021년 최종년도 기준)

㉠ 열차편성 : 6량(3M3T)

㉡ 운전시격 : 2.5분

㉢ 표정속도 : 34[km/h]

② 차량중량

㉠ 공차시 : 182 [ton/6 Car]

㉡ 만차시 : 276 [ton/6 Car]

③ 1량 평균중량 : 276 ton ÷ 6 Car = 46 [ton/Car]

④ 원단위 소비전력량 : 3.42 [kWh/Car-km]

⑤ 전압변동률 : 1.1

2) 부하전류 계산

$$I = 6(\text{량}) \times \frac{60(\text{분})}{2.5(\text{분})} \times 3.42 \times \frac{1.1}{1.5\text{kV}} = 361.15[\text{A/km}]$$

3) 급전선 종류

① 정 급 전 선 : 3.3kV HFCO 케이블 400㎟, 허용전류 700A/조

② 부 급 전 선 : 600V HFCO 케이블 400㎟, 허용전류 700A/조

③ 가공급전선 : HAL 510㎟, 허용전류 1058A/조

3.2 본선 급전선 선정(부산 3호선의 예)

1) Simulation에 의한 부하전류

변전소 \ 구 분		정급전선[A]		부급전선[A]	
		상 선	하 선	상 선	하 선
좌수영 T/P		770	840	2,110	1,900
망미 S/S	좌수영 T/P 방향	770	840		
	연산 S/S 방향	1,340	1,060		
연산 S/S	망미 S/S 방향	1,070	1,270	2,650	2,680
	미남 S/S 방향	1,580	1,410		
미남 S/S	연산 S/S 방향	1,150	1,320	2,030	1,940
	만덕 S/S 방향	880	620		
만덕 S/S	미남 S/S 방향	880	1,020	2,030	2,260
	낙동 S/S 방향	1,150	1,240		
낙동 S/S	만덕 S/S 방향	1,370	1,350	2,520	2,310
	대저기지 S/S 방향	1,150	960		
대저기지 S/S	낙동 S/S 방향	890	890	890	890

2) 정, 부급전선 급전조수 산정

트레이, 크리트, 트라후, 전력구등의 조건과 다조포설에 의한 저감률을 고려하여 해당개소에 적용한 케이블의 허용전류로 나누어서 급전조수를 산정하였음.

① 정급전선 : 3.3KV HFCO 400㎟ 1C

② 부급전선 : 600V HFCO 400㎟ 1C

3) 정, 부급전선 급전조수

변전소 \ 구 분		정급전선[A] 상 선	정급전선[A] 하 선	부급전선[A] 상 선	부급전선[A] 하 선
좌수영 T/P		2	2		
망미 S/S	좌수영 T/P 방향	2	2	5	5
	연산 S/S 방향	3	3		
연산 S/S	망미 S/S 방향	3	3	5	5
	미남 S/S 방향	3	3		
미남 S/S	연산 S/S 방향	3	3	5	5
	만덕 S/S 방향	3	3		
만덕 S/S	미남 S/S 방향	3	3	5	5
	낙동 S/S 방향	3	3		
낙동 S/S	만덕 S/S 방향	3	3	5	5
	대저기지 S/S 방향	3	3		
대저기지 S/S	낙동 S/S 방향	3	3	3	3

3.3 차량기지 급전선 선정(부산 3호선의 예)

1) 차량, 케이블 제원 및 운행조건

① 차량 및 케이블 제원

㉠ 열차편성 : 6량 (3M 3T)

㉡ 견인방식 : VVVF 구동 유도 전동기

㉢ 전압 : DC 1,500[V]

㉣ 열차 최종 편성수 : 24편성 (최종년도 2016년)

㉤ 차량의 Heater 부하 : 350W(1단계), 700W(2단계), 1,050W(3단계)

㉥ 정급전선 : 3.3kV HFCO 400[㎟]

㉦ 부급전선 : 600V HFCO 400[㎟]

② 운행조건

㉠ 모든 차량의 히터부하가 가동되는 상태에서 1편성 차량이 출고 또는 입고의 상태

를 최대 부하 용량으로 본다.

㉡ 차량기지 특성상 시운전선을 제외한 구내 최대속도는 25[Km/h] 미만을 기준으로 한다.

㉢ 시운전선을 구내 최대속도는 60[Km/h] 미만을 기준으로 한다

2) 차량기지 부하전류

① 1편성 Heater 부하전류

1,050[W] × 16[ea] × 6[량] = 100,800[W]

$$\text{부하전류(A)} = \frac{100,800[W]}{1,500[V]} \fallingdotseq 68[A]$$

② 24편성 부하 : 68[A] × 24[편성] ≒ 1,613[A]

③ 1편성 출고 또는 입고 운행전류 : 1,334[A]

④ 시운전선 1편성 운행전류 : 2,670[A]

3) 정급전선 조수 산정

① 1군 유치선 : 14선로 〈허용전류 : 520[A] 적용 - 2단 4열 조건〉

㉠ 연속 가압 부하

14[편성] × 68[A] = 952[A]

952[A] ÷ 520[A] = 1.83조 〈 2조 ---------------------- O.K

㉡ 순시적 가압 경우

952[A] + 1,334[A] = 2,286[A]

2,286[A] ÷ 2,500[A] = 0.92조 〈 2조 -------------------- O.K

② 2군 유치선 : 5선로 〈 허용전류 : 520[A] 적용 - 2단 4열 조건〉

㉠ 연속적 가압 경우

5[편성] × 68[A] = 340[A]

340[A] ÷ 520[A] = 0.66조 〈 2조 ---------------------- O.K

㉡ 순시적 가압 경우

340[A] + 1,334[A] = 1,674[A]

1,674[A] ÷ 2,500[A] = 0.67조 〈 2조 --------------------- O.K

③ 3군 시운전선 : 1선로 〈 허용전류는 520[A]적용 - 2단 4열 조건〉

㉠ 연속적 가압 경우

1편성 × 68[A] = 68[A]

68[A] ÷ 650[A] = 0.1조 〈 2조 ---------------------------- O.K

㉡ 순시적 가압 경우

68[A] + 2,670[A] = 2,738[A]

2,738[A] ÷ 2,500[A] = 1.1조 〈 2조 ------------------------ O.K

4) 부급전선 조수 산정

① 적용 조건

차량기지와 인입선로는 임피던스 본드로 구분되어 있으며, 전기적으로는 구분 되어지지 않으므로 순시적 가압되는 부하는 연속적으로 가압되는 부하로 본다.

② 조수 선정

600V/HFCO 400㎟사용 경우 (허용전류는 520A로 적용 : 2단 4열 조건)

㉠ 차량기지 24편성 부하 : 1,632A

㉡ 1편성 출고 또는 입고 운행전류 : 1,334[A]

㉢ 2,966A ÷ 520A = 5.7조 〈 6조 -------------------------- O.K

4. 강체전차선의 TROLLEY WIRE 마모율 검토

4.1 Trolley Wire 형상 및 치수

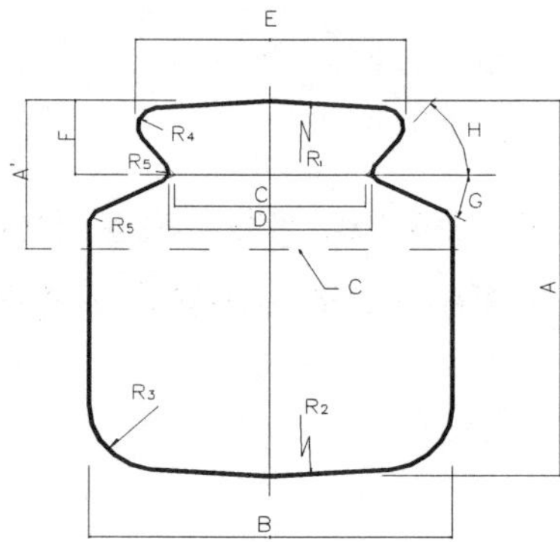

제형	DIMENSION[㎜]						각도 [deg]	잔존량[㎜]
	A	B	C	D	E	F	G	A'
170㎟	14.8	13.0	6.85	7.27	9.6	3.0	27°	6.0
	R1	R2	R3	R4	R5	F	H	면적[㎟]
	30	35	2.5	0.75	0.38	-	51°	59.3

4.2 Trolley Wire 잔존단면적

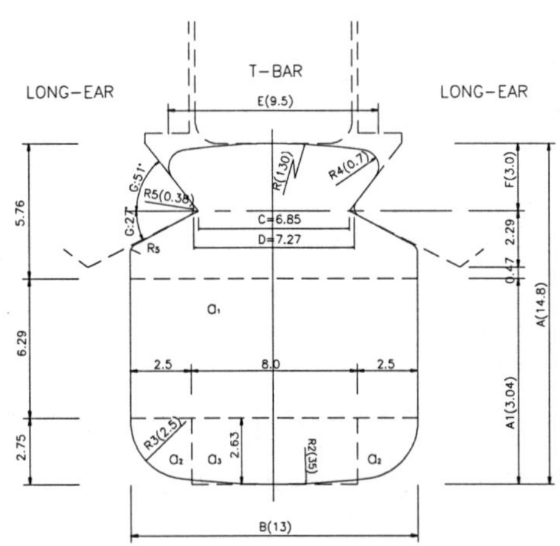

1) 마모가능 단면적 : Sa

$$S_a = a_1 + 2a_2 + a_3$$

$$= 13 \times 6.29 + 2 \times \pi \times 2.5^2 / 4 + 8.0 \times 2.63$$

$$= 112.63\,\mathrm{mm}^2$$

2) 잔존 단면적 : S'

S' = S - Sa

= 170 - 112.63 = 57.37[㎟]

4.3 결론

전차선(제형 GT 170㎟)의 마모율은 Pantograpth의 습동으로 인한 마모로 신선의 교체하여야 하는 주기는 마모가능 단면적이 112.63[㎟]이므로 전차선의 잔존면적 57.37[㎟]이 적정함.

5. AL T-BAR의 강도 계산

5.1 T-BAR의 단면 제원

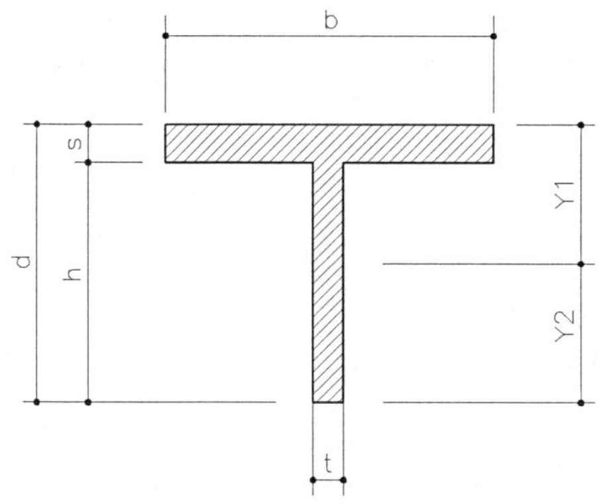

b : 12Cm

s : 1.1Cm

t : 1.1Cm

d : 8Cm

h : 6.9Cm

5.2 단면적

$$A = (b \times s) + (h \times t)$$

$$A = (12 \times 1.1) + (6.9 \times 1.1)$$

$$A = 20.79\text{㎠}$$

5.3 중심거리

$$Y_1 = \frac{d_t^2 + S^2(b - t)}{2A}$$

$$Y_1 = \frac{((8^2 \times 1.1) + (1.1^2 \times (12 - 1.1)))}{2 \times 20.79}$$

$$Y_1 = 2.01(\text{cm})$$

$$Y_2 = d - Y$$

$$Y_2 = 8 - 2.01$$

$$Y_2 = 5.99\ \text{cm}$$

5.4 관 성

$$MOMENT_1 = \frac{[((t \times Y_2^3) + (b \times Y_1^3)) - ((b - t) \times (Y_1 - s)^3)]}{3}$$

$$MOMENT_1 = \frac{[((1.1 \times 5.99^3) + (12 \times 2.01^3)) - ((12 - 1.1) \times (2.01 - 1.1)^3)]}{3}$$

$$MOMENT_1 = 108.55 (Cm^4)$$

6. AL T-BAR의 DEFLECTION 검토

6.1 계산조건

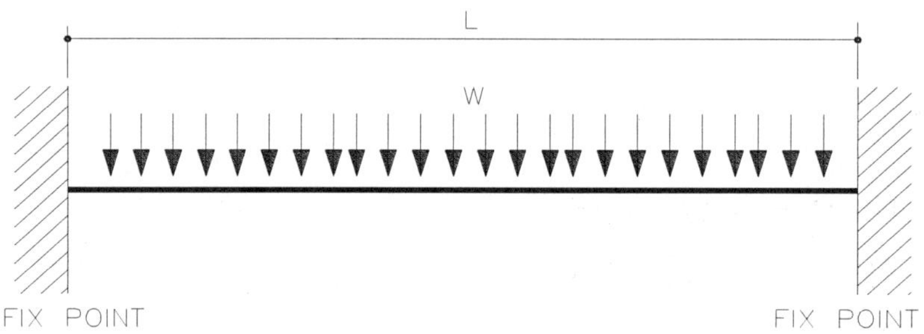

6.2 적용공식(양단 Rigid 시)

$$Df = \frac{W \times L^4}{384 \times E \times I} \text{ ------------------------------ (m)}$$

Df : Deflection

W : 강체 전차선 단위 중량 (Kg/Cm)

구분	A5083S	A6063S
Al T-BAR (Al 2100㎟)	0.056	0.057
TROLLEY WIRE (Gt 170㎟)	0.01511	0.01511
LONG EAT (271㎟ x 2)	0.015	0.012
TOTAL	0.08611 (Kg/Cm)	0.08711 (Kg/Cm)

L : Al의 지지점 간격 ------------------------------ 500 (Cm)

E : Al의 탄성계수 ---------------- A5083S 720,000 (Kg/Cm2)

I : Al T-BAR의 관성 MOMENT --- A6083S 700,000 (Kg/Cm2)

Df 계산.

$$Df = \frac{500^4 \times 0.08611}{384 \times 720,000 \times 108.55}$$

$$Df = 0.181(cm)$$

$$Df = \frac{500^4 \times 0.08711}{384 \times 700,000 \times 108.55}$$

$$Df = 0.188(cm)$$

6.3 검토결과

5m의 지지점이 고정된 경우라고 생각하면 지하 구간의 허용 편차 1/1,000‰ 인 2.5mm 보다 적은 값으로 만족한다.

지하부 편차 2.5mm 〉 1.88mm ---------- O.K (지지점간 중앙부 기준)

7. AL T-Bar 신축량 검토

7.1 개요

전차선의 접속은 직선접속을 할 경우 접합부분에 홈이 생기거나 온도 신축으로 굴곡 또는 사이가 벌어지면 팬터그래프가 파손되어 열차운행에 지장을 주게 된다. 온도변화량에 따른 AL T-Bar의 신축량을 검토하여 적절한 AL T-Bar의 간격을 선정하고자 한다.

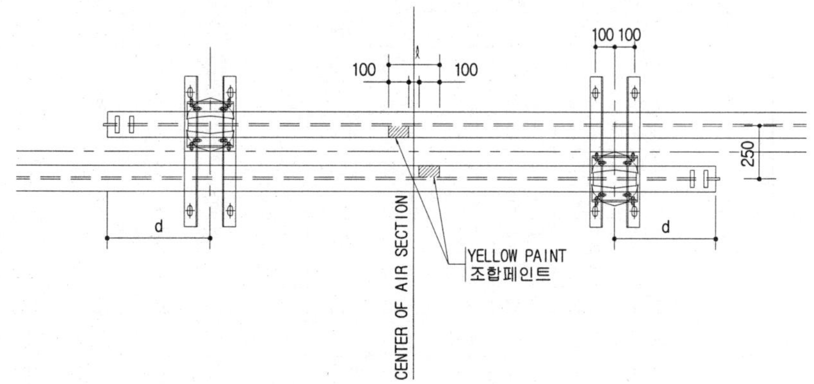

7.2 계산식 및 설계기준

1) 설계기준

① d의 최소길이 : 450㎜(at 10℃)

② ℓ 의 길이 : 250㎜

③ 온도변화후의 T-Bar의 길이 : Anchoring 설비 기준

2) 계산식

$L \;=\; L_0\,(1 \;+\; \alpha\,\Delta t)$

L : 온도 변화후의 T-Bar의 길이(m)　　L_0 : 10℃일때 T-Bar의 가선 길이(m)

α : 선팽창계수(2.5×10−6) − A6063　　Δt : 변화된 온도차(℃)

3) 온도변화 5℃에서의 검토

① L이 100m일 경우 팽창길이(ℓ ')

[100{1+(2.5×10−5)×5}−100]×1,000 = 12.5[㎜]

② L이 125m일 경우 팽창길이(ℓ ')

[125{1+(2.5×10−5)×5}−125]×1,000 = 15.625[㎜]

③ L이 150m일 경우 팽창길이(ℓ ')

[150{1+(2.5×10−5)×5}−150]×1,000 = 18.75[㎜]

4) 온도변화에 따른 AL T-Bar 신축량표

길이(m) \ 온도변화(t0)		-15	-10	-5	0	5	10	15	20	25	30	35	40	50
100	d	388	400	413	425	438	450	463	475	488	500	513	525	550
	ℓ	188	200	213	225	238	250	263	275	288	300	313	325	350
105	d	385	398	411	424	437	450	463	476	489	503	516	529	555
	ℓ	185	198	211	224	237	250	263	276	289	303	316	329	355
110	d	381	395	409	423	436	450	464	478	491	505	519	533	560
	ℓ	181	195	209	223	236	250	264	278	291	305	319	333	360
115	d	378	393	407	421	436	450	464	479	493	508	522	536	565
	ℓ	178	193	207	221	236	250	264	279	293	308	322	336	365
120	d	375	390	405	420	435	450	465	480	495	510	525	540	570
	ℓ	175	190	205	220	235	250	265	280	295	310	325	340	370
125	d	372	388	403	419	434	450	465	481	497	513	528	544	575
	ℓ	172	188	203	219	234	250	266	281	297	313	328	344	375
150	d	356	375	394	413	431	450	469	488	506	525	544	562	600
	ℓ	156	175	194	213	231	250	269	288	306	325	344	363	400

5) 온도변화에 따른 AL T-Bar 신축량 그래프

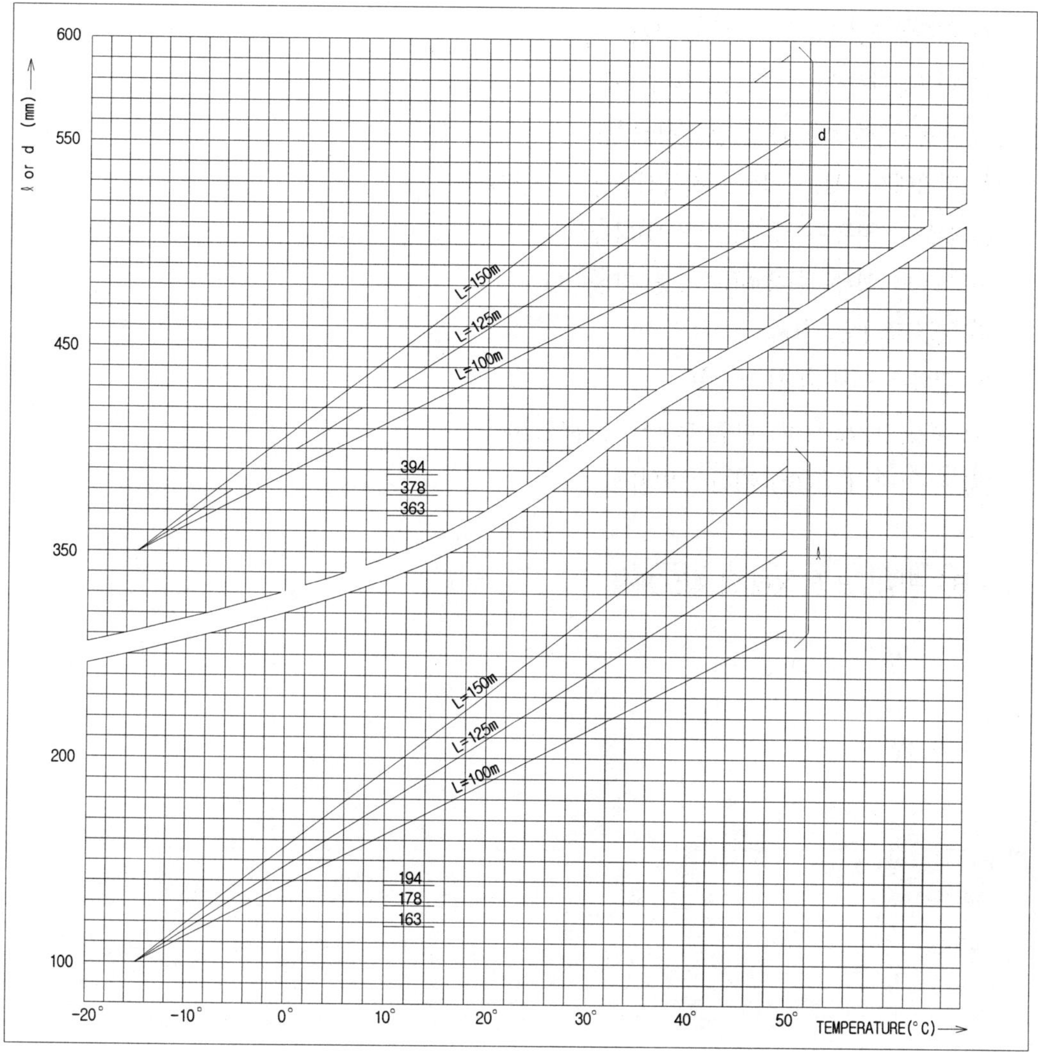

8. AL T-Bar 지지금구 강도계산

8.1 설계조건

1) 구조물중 가장 취약한 부분인 Flat Bar(65×6t)와 지지볼트(M12)에 대하여 계산

2) 사용강재 : 일반구조용 압연강재(SS41)

3) 허용굽힘응력(σ b) : 1,200[kgf/㎠]
4) 허용압축응력(σ c) : 1,200[kgf/㎠]
5) 허용전단응력(τ) : 700[kgf/㎠]
6) 허용인장응력(σ t) : 1,200[kgf/㎠]
7) 지지애자, AL T-Bar, 전차선중량 : 50.6[kgf]
8) 볼트의 허용인장응력(σ) : 840[kgf/㎠]
9) 볼트의 허용전단응력(τ) : 500[kgf/㎠]
10) 정하중 factor(Fs) : 1.1
11) 동하중 factor(Fd) : 1.3
12) 평강(FB 65×6t) 단위 무게 : 3.06[kg/m]
13) 평강(FB 65×6t) 길이 : 318[㎜]

8.2 평강(FB 65×6t)의 강도계산

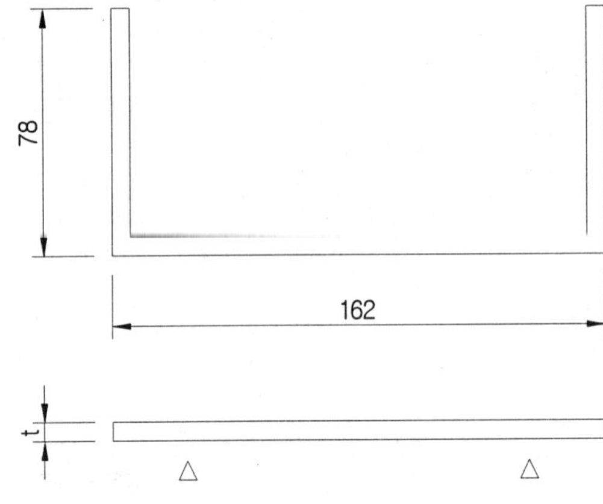

1) 단면계수(Z)

$$Z = \frac{W \times t^2}{6} = \frac{6.5 \times t^2}{6}$$

2) 굽힘모멘트(Mb)

$$M_b = \frac{\frac{\omega}{2} \times L}{6} = \frac{\frac{50.6}{2} \times 162}{6} = 102[cm^4]$$

3) 굽힘응력(σ b)

$$\sigma_b = \frac{F_s \times F_d \times M_b}{Z} = \frac{1.1 \times 1.3 \times 102}{\frac{6.5 \times t^2}{6}} = 1{,}200[kgf/㎠]$$

4) 강판두께(t2)

$$t = \sqrt{\frac{6 \times 1.1 \times 1.3 \times 102}{6.5 \times 1{,}200}} = 0.335[cm] < 6[mm] \text{-------- O.K}$$

8.3 볼트(M12) 강도계산

1) M12 볼트에 작용하는 하중 : 51.45[kgf]
2) 지지볼트가 4[ea]이므로 볼트 1[ea]에 작용하는 하중 : 12.86[kgf]
3) 볼트의 지름(d)

$$\sigma = \frac{F_s \times F_d \times W}{A} \quad \sigma = \frac{1.1 \times 1.3 \times 12.86}{\frac{\pi d^2}{4}} \text{ 에서}$$

$$d = \sqrt{\frac{1.1 \times 1.3 \times 4 \times 12.86}{3.14 \times 840}} = 0.17[cm]$$

$$= 1.7[mm] < 12[mm] \text{-------- O.K}$$

4-8. 전차선로 구조물 계산서

1. 곡선로에서의 횡장력 및 진동방지장치 설치 검토

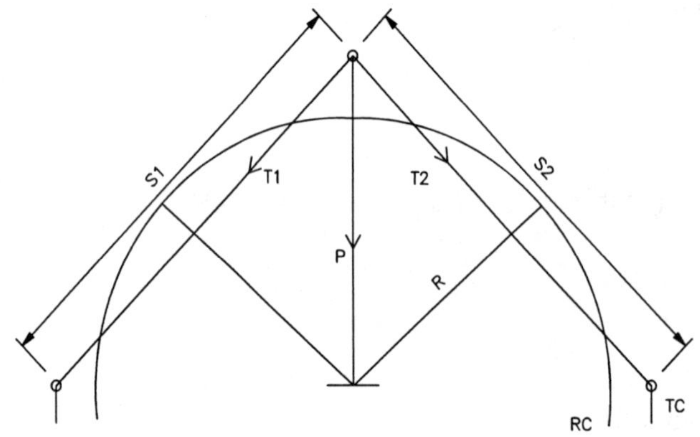

S1, S2 : 경간 [mm]
T1, T2 : 전차선 장력 [Kgf]
R : 곡선변경 [Kgf]
P : 횡장력 [Kgf]

1.1 횡장력 검토

1) 계산식

$$P = \frac{S \times T}{R} \ [Kgf]$$

2) 곡선반경 및 경간에 따른 계산결과

곡선반경(m)		200		400			800
경간(m)		15	20	15	20	25	35
횡장력(kgf)	2[Ton]	75	100	37.5	50	62.5	43.75
	3[Ton]	112.5	150	56.25	75	93.75	65.63

1.2 풍압하중 검토

1) 계산식

$$P_1 = D \times (\frac{V_X}{40})^2 \times S \ [Kgf]$$

2) 2[Ton]계 - 조가선의 영향을 받지 않을 때의 전차선 풍압하중

최대 풍속(Vx) : 30 [m/s]

전차선 직경(D) : 1.234[cm]

경간(S) : 45 [m]

$$P_1 = 1.234 \times (\frac{30}{40})^2 \times 45[Kgf] = 31.23\ [kgf]$$

3) 3[Ton]계 - 조가선의 영향을 받지 않을 때의 전차선 풍압하중

최대 풍속(Vx) : 30 [m/s]

전차선 직경(D) : 1.549[cm]

경간(S) : 45 [m]

$$P_1 = 1.549 \times (\frac{30}{40})^2 \times 45[Kgf] = 39.2\ [kgf]$$

1.3 횡장력 및 풍압하중에 의한 곡선 반지름 검토

1) 계산식

$$R = \frac{S \times T}{P}\ [Kgf]$$

2) 2[Ton]계 (풍압하중 = 횡장력의 경우 곡선반지름)

$$R = \frac{45 \times 1000}{31.23}\ [Kgf]$$

$$= 1440\ [m]$$

3) 3[Ton]계 (풍압하중 = 횡장력의 경우 곡선반지름)

$$R = \frac{45 \times 1500}{39.2}[Kgf] = 1{,}722\ [m]$$

1.4 결론

풍압하중이 횡장력과 같게되는 곡선반지름을 구하면, 곡선반지름이 1,440[m], 1,722[m],가 되므로 1600m이상의 곡선로에서는 진동 방지장치를 설비한다.

2. 전주대용물 크기 검토

2.1 설계적용 고려사항

1) 수직하중

- W_1 : 전선의 하중 [kgf]
- W_2 : 애자의 하중 [kgf]
- 경간(S) : 20[m]
- 곡선반경(R) : 200[m]
- 중량
  - 급전선(Cu 325㎟×2) : 2.937[kg/m] × 20[m] × 2[조] = 117.48[kg]
  - 애자(Φ180×2) : 3.8[kg] × 2 = 7.6[kg]

$$W = W_1 + W_2[kgf]$$
$$= 117.48 + 7.6$$
$$= 125.08[kg]$$

2) 수평하중

- P1 : 곡선로에 의한 수평장력 [kgf]
- P2 : 전선과 애자의 풍압하중 [kgf]

$$P = P1 + P2[kgf]$$
$$= 345.6[kgf] + 1.77[kgf/m] \times 20[m] + 0.85[kgf] \times 2$$
$$= 382.7[kgf]$$

3) 진동각

$$\Theta = \tan^{-1}\frac{P}{W}\ [°]$$
$$= \tan^{-1}\frac{382.7}{125.08} = 71.9\ [°]$$

4) 가선의 이동량(l)

- l' : 애자의 연결길이[㎜]
- L : 지주로부터의 이격거리[㎜]
- d : 전기적 절연최소 이격거리[㎜]
- c : 여 유[㎜]

$l = l' + \sin\theta[㎜] = 360[㎜] \times \sin 71.9° = 342[㎜]$

3.2 지주로부터의 이격거리(L)

$$L = l + d + c[㎜]$$
$$= 342[㎜] + 250[㎜] + 53[㎜]$$
$$= 645[㎜]$$

2.3 전주대용물의 높이(H)

- t : 고리판 금구의 길이[㎜] – 100[㎜]
- 여유 : 215[㎜]

$$H = l' + d + t + c$$
$$= 360 + 250 + 100 + 215$$
$$= 925[㎜]$$

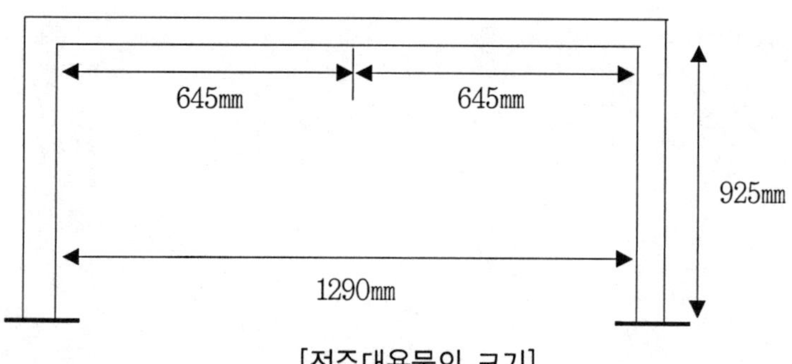

[전주대용물의 크기]

저자 이 준 경

- 공학박사
- 전기철도기술사
- 전기응용기술사
- 건축전기설비기술사

전기철도 핵심실무

2008년 8월 25일 초판 인쇄
2008년 8월 31일 초판 발행
저 자 : 이 준 경
발행인 : 김 복 순
발행처 : (株)圖書出版 技多利
서울특별시 성동구 성수1가 2동 13-187
등 록 : 1975년 3월 31일 NO.제6-25호
e-mail : kidarico@hanmail.net
Homepage : http://www.kidari.co.kr
ISBN 978-89-7374-304 정가 : 20,000원